Carl-Alexander Graubner, Katja Hüske

Nachhaltigkeit im Bauwesen

Grundlagen – Instrumente – Beispiele

Ernst & Sohn
A Wiley Company

Carl-Alexander Graubner, Katja Hüske

Nachhaltigkeit im Bauwesen

Grundlagen – Instrumente – Beispiele

Ernst & Sohn
A Wiley Company

Univ.-Prof. Dr.-Ing. Carl-Alexander Graubner
Technische Universität Darmstadt
Institut für Massivbau
Alexanderstraße 5
D-64283 Darmstadt

Dr.-Ing. Katja Hüske
Günthersburgallee 69
D-60389 Frankfurt

Dieses Buch enthält 113 Abbildungen und 120 Tabellen

Bibliografische Information Der Deutschen Bibliothek
Die Deutsche Bibliothek verzeichnet diese Publikation in der Deutschen Nationalbibliografie;
detailliert bibliografische Daten sind im Internet über <http://dnb.ddb.de> abrufbar.

ISBN 3-433-01512-0

Satz: Manuela Treindl, Laaber
Druck: Strauss Offsetdruck GmbH, Mörlenbach
Bindung: Großbuchbinderei J. Schäffer GmbH & Co. KG, Grünstadt

Printed in Germany

Geleitwort

von Dr. Rainer Jansen*

„Das Handlungsfeld Bauen und Wohnen ist gleichermaßen von zentraler wirtschaftlicher und sozialer Bedeutung, und es bietet die größten Handlungspotenziale für eine nachhaltige Gestaltung unseres derzeit verschwenderischen Umgangs mit Ressourcen!" Diese Feststellung trifft die Enquete-Kommission des Deutschen Bundestages „Schutz des Menschen und der Umwelt – Ziele und Rahmenbedingungen einer nachhaltig zukunftsverträglichen Entwicklung" 1998 in ihrem Abschlussbericht „Konzept Nachhaltigkeit – vom Leitbild zur Umsetzung". Unter Berücksichtigung der ökologischen, ökonomischen und sozial/kulturellen Dimension der Nachhaltigkeit werden für die zukünftige Bau- und Wohnungspolitik drei Strategien vorgeschlagen: Die Stärkung städtischer Strukturen gegen das zunehmende Wachstum in der Fläche, die Konzentration auf den Wohnungsbestand, das ressourcensparende Bauen und Wohnen. Der einzuschlagende Weg ist damit definiert. Es gilt, diesen konsequent zu beschreiten und das dazu erforderliche Orientierungswissen zu erarbeiten. Das 1999 vom Bundesministerium für Bildung und Forschung (BMBF) gestartete Forschungsprogramm „Bauen und Wohnen im 21. Jahrhundert" mit seinen tragenden Säulen „Zukunftsverträgliches Wohnen in Stadt und Region" und „Bauforschung und -technik im Wohnungsbau sowie für eine nachhaltige Stadt- und Raumentwicklung" leistet dazu einen Beitrag.

Die Innovationsbereitschaft und -fähigkeit deutscher Bauunternehmen ist im internationalen Vergleich deutlich unterentwickelt. Wirtschaftsunternehmen in Deutschland investieren durchschnittlich 3,9 % ihres Umsatzes in Forschung und Entwicklung, das deutsche Baugewerbe nur 0,1–0,4 %. Die Internationalisierung und Globalisierung des Baumarktes mit der zunehmenden Konkurrenz von Unternehmen aus dem europäischen, auch außereuropäischen Ausland wird vor diesem Hintergrund für die Bauunternehmen in Deutschland zu einer großen Herausforderung. Entsprechend sollen die Unternehmen der Bauwirtschaft durch das o.g. Forschungsprogramm im Sinne von „Hilfe zur Selbsthilfe" unterstützt werden, in Zusammenarbeit mit wissenschaftlichen Einrichtungen Forschung, Entwicklung und Innovation im Bereich des Bauwesens voranzubringen. Nachhaltigkeit ist dabei mehr als ein Zauberwort, es ist gleichermaßen Herausforderung und Chance. Will man das damit verbundene Innovationspotential konsequent nutzen, so stößt man sehr schnell auf ein komplexes Bündel im Sinne der Nachhaltigkeit zu lösender Detailaufgaben und eine Vielzahl involvierter Akteure. Oftmals bedarf es auch der Überzeugungskraft und Bereitschaft, gängige Denkpfade nach dem Motto „Das haben wir schon immer so gemacht!" zu verlassen und innovative, nachhaltige Lösungen zu realisieren.

An dieser Stelle setzen die Verfasser dieses Buches an, indem sie Antworten geben auf die Frage: Was bedeutet Nachhaltigkeit konkret für den Lebenszyklus eines Gebäudes, angefangen von der Planung bis zum Abriss? Umfassend werden die gesetzlichen und technischen Ausgangsbedingungen beschrieben, mögliche Strategien und Instrumente einer nachhaltigen Entwicklung im Baubereich dargestellt. Neueste Ergebnisse von Forschungsvorhaben, die im Rahmen des vorgenannten BMBF-Forschungsprogramms gefördert worden sind, sind in dieses Buch eingeflossen.

Es ist zu wünschen, dass nicht nur viele Akteure des Bauwesens dieses Buch lesen, sondern dass der Inhalt auch im Alltag der Baupraxis zügig umgesetzt wird.

---

* Referatsleiter im Bundesministerium für Bildung und Forschung (BMBF), zuständig für das Forschungsprogramm „Bauen und Wohnen im 21. Jahrhundert".

Vorwort

Bauwerke sind einerseits durch eine lange Nutzungsdauer und andererseits durch einen hohen Ressourcenverbrauch gekennzeichnet. Um die ökologischen Auswirkungen besser abschätzen zu können, werden Aspekte der Nachhaltigkeit im Bauwesen zukünftig erheblich an Bedeutung gewinnen. Insbesondere durch eine Optimierung der Bauwerkserstellung, eine Verbesserung der Energieeffizienz bei der Nutzung von Gebäuden sowie eine Reduzierung der Umweltwirkungen bei Abbruch und Entsorgung von Bauwerken kann ein maßgeblicher Beitrag für eine nachhaltige Entwicklung unserer Gesellschaft geleistet werden.

Die Thematik des nachhaltigkeitsorientierten Entwurfs von Baukonstruktionen wird in Wissenschaft und Politik bereits seit geraumer Zeit diskutiert und hat im Leitfaden „Nachhaltiges Bauen" der Bundesregierung Berücksichtigung gefunden. Der Praxis fehlt jedoch häufig der Bezug zu den Zielen einer nachhaltigen Entwicklung im Bauwesen, da konstruktive Hilfen für deren Umsetzung weitgehend unbekannt und im realen Baugeschehen auch schwer umsetzbar sind. Zur Realisierung des Nachhaltigkeitsgedankens ist es daher notwendig, Materialauswahl und Herstellungsverfahren zukünftig in fachübergreifenden Planungsteams unter Einsatz von integrierten Lebenszykluswerkzeugen zu treffen. Dazu sind Methoden der lebenszyklusbezogenen Energie- und Stoffstromanalyse, der Lebenszykluskostenanalyse und der Abschätzung der humantoxischen Risiken notwendig. Nur die gleichzeitige, d.h. integrierte Anwendung der ökologischen und der ökonomischen Nachhaltigkeitsanalyse kann zuverlässige Grundlage für Entscheidungen sein.

Das Buch dient der Zusammenfassung des „Standes der Technik" von Nachhaltigkeitsanalysen über den kompletten Lebenszyklus von Gebäuden und behandelt gleichzeitig offene Fragestellungen, die es für die verstärkte Umsetzung von Nachhaltigkeitszielen im Bauwesen zu lösen gilt. Damit wird einer zunehmend nachhaltigkeitsorientierten Entwicklung in unserer Gesellschaft Rechnung getragen.

Der Leser erhält zunächst einen Überblick über die Grundlagen des Nachhaltigkeitsgedankens im globalen Kontext. Des Weiteren bietet das Buch allen am Bau Beteiligten (Architekten, Ingenieuren, Bauausführenden, Wissenschaftlern) die Möglichkeit, sich mit den derzeit vorhandenen Instrumenten und Hilfsmitteln, mit denen die Nachhaltigkeit eines Bauwerks beurteilt werden kann, vertraut zu machen. Es wird ein neuentwickeltes Bewertungsverfahren zur ganzheitlichen Nachhaltigkeitsbeurteilung von Bauwerken sowie das zugehörige Softwaretool *bauloop* vorgestellt. Ergänzt werden die Ausführungen durch die Darstellung verschiedener beispielhaft ausgewerteter Baukonstruktionen.

Der Dank der Verfasser gilt allen Mitarbeitern am Institut für Massivbau der Technischen Universität Darmstadt, die bei der Erstellung dieses Buches mitgewirkt haben. Zu besonderem Dank sind wir Herrn Dipl.-Ing. A. Renner und Frau S. Steinmetz für die Erstellung der Bilder und bei der Bearbeitung des Manuskriptes verpflichtet. Die grundlegenden Arbeiten entstanden im Rahmen des Forschungsvorhabens „Qualitätsmontagehausbau", welches vom Bundesministerium für Bildung und Forschung finanziell großzügig gefördert wird. Für die Unterstützung dieser Forschungstätigkeiten möchten sich die Autoren ausdrücklich bedanken.

Darmstadt, im April 2003
Carl-Alexander Graubner
Katja Hüske

Über die Autoren

Univ.-Prof. Dr.-Ing. Carl-Alexander Graubner
ist seit 1997 Professor für Massivbau an der TU Darmstadt und seit 2001 Partner im Ingenieur-büro König, Heunisch und Partner (KHP) in Frankfurt/Main. Nach dem Studium des Bauingenieurwesens an der TU München und anschließender Promotion im Jahr 1989 sammelte er Erfahrungen in der Bauindustrie bei der Firma Held & Francke Bau AG und als Leiter des Technischen Büros der Philipp Holzmann AG in München. Im Jahr 1995 machte er sich mit einem Ingenieurbüro selbständig und wurde 1997 zum Prüfingenieur für Baustatik/Fachrichtung Massivbau ernannt.

Dr.-Ing. Katja Hüske
schloss 1994 das Studium des Bauingenieurwesens an der TU Darmstadt ab. Anschließend war sie in der Projektleitung bei der Philipp Holzmann AG, Neu-Isenburg, tätig. 1997 kehrte sie als wissenschaftliche Mitarbeiterin an das Institut für Massivbau der TU Darmstadt zurück. Ihre Forschungsarbeit zum Thema „Nachhaltigkeit im Bauwesen" führte sie auch an die University of New South Wales, Sydney (Australien). Seither beschäftigt sie sich intensiv mit der Lebenszyklusanalyse von Baukonstruktionen. 2002 promovierte sie an der TU Darmstadt und ist wieder in der Bauindustrie tätig.

Inhaltsverzeichnis

1   Einführung und Zielsetzung

Ziel einer nachhaltigen Entwicklung ist es, die Verbesserung der Lebensbedingungen des Menschen in wirtschaftlicher und sozialer Hinsicht mit der langfristigen Sicherung der natürlichen Lebensgrundlagen in Einklang zu bringen. Das Bauwesen nimmt diesbezüglich einen besonderen Stellenwert in unserer Gesellschaft ein und beeinflusst unsere Umwelt in vielfältiger Hinsicht. Beginnend mit der Ressourcenentnahme zur Herstellung von Baumaterialien für die Errichtung von Bauwerken, über die Abgabe von Emissionen in die Natur während der Nutzungsphase bis hin zum Abbruch eines Gebäudes ergeben sich signifikante ökologische, ökonomische und soziale Auswirkungen. In Zukunft werden daher Aspekte der Nachhaltigkeit bei Neubauten, bei Instandsetzungsmaßnahmen und bei der Sanierung bestehender Gebäude eine immer wichtigere Rolle spielen.

Eine nachhaltige Entwicklung im Bauwesen wird durch das Schließen von Stoffkreisläufen und den Einsatz umweltgerechter Technologien bei gleichzeitiger Integration ökonomischer und gesellschaftlicher Ziele erreicht. Durch das Bauen hervorgerufene Materialströme, die mit ca. 70 % der gesamten Stoffströme in Deutschland den größten Anteil einnehmen, müssen analysiert, Prozessen zugeordnet und durch einen optimierten Rohstoffeinsatz und eine Kreislaufführung von Baustoffen reduziert werden. Für die Schonung der zur Verfügung stehenden Ressourcen sowie im Hinblick auf das politisch festgesetzte Ziel einer Reduktion des CO_2-Ausstoßes um 25 % bis zum Jahr 2005 liegt ein großes Potential im Bereich der weiteren Reduktion der für den Betrieb von Gebäuden erforderlichen Energie. Des weiteren gewinnen optimierte Rückbaukonzepte, eine Kreislaufführung von Baurestmassen anstelle von Entsorgungsprozessen sowie der Erhalt bestehender Bausubstanz durch Revitalisierung immer mehr an Bedeutung.

Zur Verwirklichung des Nachhaltigkeitsgedankens im Bauwesen muss es gelingen, „Win-Win"-Situationen zu schaffen und den langfristigen ökologischen, wirtschaftlichen und gesellschaftlichen Nutzen nachhaltigkeitsorientierter Entwurfskonzepte zu verdeutlichen. Zu diesem Zweck bedarf es der Lebenszyklusbetrachtung von Gebäuden bereits in der Planungsphase. Mit Hilfe geeigneter Bewertungsverfahren und computergestützter Hilfsmittel müssen alle maßgeblichen Kriterien für eine zielgerichtete Analyse erfasst und beurteilt werden.

Im Rahmen dieses Buches werden die erforderlichen Grundlagen für eine Analyse der Nachhaltigkeit von Baukonstruktionen vorgestellt. Ausgehend von den gesetzlichen und den technischen Rahmenbedingungen einer nachhaltigen Entwicklung im Bauwesen werden verschiedene Strategien zur praxisorientierten Umsetzung von Nachhaltigkeitszielen beschrieben und vorhandene Instrumente zur Nachhaltigkeitsanalyse präsentiert. Eine Darstellung der für die Nachhaltigkeitsbeurteilung von Baukonstruktionen wichtigen Aspekte und daraus entwickelter Bewertungsmethoden schließt sich an. Dabei werden alle Lebensphasen eines Bauwerks von der Materialherstellung bis zum Abbruch detailliert betrachtet. Damit stehen dem entwerfenden Ingenieur bereits jetzt die erforderlichen Hintergrundinformationen für die konkrete Umsetzung von Nachhaltigkeitszielen zur Verfügung.

Die Beurteilung der Nachhaltigkeit von Gebäuden auf der Basis wissenschaftlich „exakt" quantifizierbarer Einflussfaktoren stellt den derzeitigen Stand der Technik dar. Dabei werden überwiegend die bei der Bauwerkserstellung entstehenden Umweltwirkungen sowie der vorhersehbare Energiebedarf in der Nutzungsphase untersucht. Eine ganzheitliche Analyse der Problematik über den kompletten Lebenszyklus eines Gebäudes ist bei dieser Vorgehensweise jedoch nicht möglich, da wesentliche Einflussgrößen bei der Instandsetzung von Gebäuden sowie in der Rückbau- und Entsorgungsphase eines Bauwerks nur qualitativ erfasst werden können. Diesbezüglich wird in Erweiterung bereits bestehender Verfahren der Ökobilanzierung eine neu entwickelte Bewertungsmethodik auf Basis der Nutzwertanalyse vorgestellt, welche die realitätsnahe Abbildung aller wesentlichen Einflussparameter einer komplexen Baukonstruktion gestattet. Damit steht ein effizientes Verfahren zur lebenszyklusorientierten Nachhaltigkeitsbeurteilung unter Berücksichtigung aller auftretenden Prozesse in den einzelnen Lebensphasen eines Gebäudes zur Verfügung.

Konventionell entworfene Bauwerke weisen bei einer ganzheitlichen Nachhaltigkeitsbetrachtung ein hohes Optimierungspotential auf. Verschiedene beispielhafte Analyseauswertungen von Bauteilen und Bauwerken hinsichtlich der wesentlichen ökologischen Nachhaltigkeitskriterien mit Hilfe des neuartigen Softwaretools *bauloop* veranschaulichen, welche Möglichkeiten bereits in der Entwurfsphase bestehen. Gleichzeitig wird deutlich, dass es für die unterschiedlichen Situationen, in denen Entscheidungen zur nachhaltigen Gestaltung einer Baukonstruktion getroffen werden müssen, und bei der Vielzahl möglicher Randbedingungen keine Patentrezepte gibt. Es lassen sich jedoch allgemeine Handlungsanweisungen für die am Baugeschehen Beteiligten identifizieren, die eine Verwirklichung des Leitbildes einer nachhaltigen Entwicklung im Bauwesen gestatten.

2 Ausgangssituation für eine nachhaltige Entwicklung im Bauwesen

2.1 Leitgedanken einer nachhaltigen Entwicklung

In den letzten Jahren wurde deutlich, dass Umweltprobleme, die unseren heutigen Lebensraum bedrohen, zu irreparablen Folgen in der Ökosphäre führen können, wenn nicht rechtzeitig in die bisherigen Handlungsweisen eingegriffen wird. Auswirkungen menschlichen Handelns sind seit kurzer Zeit von ähnlicher Größenordnung wie natürliche Vorgänge in der Biosphäre und bringen Veränderungen und Risiken mit sich, die in Zukunft zu berücksichtigen sind [137].

In der Vergangenheit bestand Umweltschutz im Wesentlichen darin, durch Gesetze die Einhaltung gewisser Umweltschutzauflagen zu erreichen oder Umweltschäden mit staatlichen Mitteln zu „reparieren". Wird bei dieser Vorgehensweise die Umwelttechnologie als letztes Glied an eine Produktionskette angehängt, spricht man auch von einer „End-of-pipe-technology". Zukünftig müssen jedoch an Stelle von „nachgelagerten" Reparaturprozessen Vermeidungsstrategien mit prozess- bzw. produktintegrierten Maßnahmen [81] umgesetzt werden, um eine dauerhafte Lebensgrundlage für zukünftige Generationen sicherzustellen [73]. In weiten Teilen unserer Gesellschaft ist dieser Umdenkungsprozess bereits in Gang gekommen – weg vom erzwungenen, nachsorgenden Umweltschutz hin zu einer präventiven Vorgehensweise. Vorausschauender Umweltschutz bedeutet in diesem Sinne, dass schon bei der Planung von Produkten deren Auswirkungen auf die Umwelt während ihres gesamten Lebensweges berücksichtigt und durch Alternativen bei der Stoff- und Prozessauswahl Umweltbeeinträchtigungen minimiert werden.

Einen wichtigen Beitrag zu dieser Erkenntnis lieferte bereits der „Bericht des Club of Rome zur Lage der Menschheit: Die Grenzen des Wachstums" [104]. Die Autoren machen in ihrer Studie auf die Gefahren eines anhaltenden Wirtschaftswachstums angesichts der begrenzten Energie- und Rohstoffreserven der Erde aufmerksam und legten somit den Grundstein für eine Auseinandersetzung mit Anforderungen und Zielen einer nachhaltigen Entwicklung. Maßgebliches Ziel dieser Entwicklung ist es, von der bisher üblichen Durchflusswirtschaft, bei der die Umwelt gleichzeitig als unerschöpfliches Reservoir von Materie und Energie und als unbegrenzter Abfalldeponieraum bzw. Schadstoffabsorptionsmechanismus betrachtet wird, zur Kreislaufwirtschaft überzugehen. Ein solcher Ansatz in Kreisläufen wird als *nachhaltig* bezeichnet und im Weiteren mit seinen einzelnen Dimensionen näher erläutert.

Der in jüngster Zeit an die breite Öffentlichkeit gelangte Begriff des *Sustainable Development* („Nachhaltige Entwicklung") ist wie folgt definiert [31]:

> *„Entwicklung, welche den Bedürfnissen der gegenwärtig lebenden Menschen entspricht, ohne die Möglichkeiten zukünftiger Generationen zur Befriedigung ihrer Bedürfnisse zu gefährden."*

Grundgedanke der Nachhaltigkeit ist demnach die beständige Funktions- und Leistungsfähigkeit von Systemen. Ausgangspunkt und zentrales Anliegen einer nachhaltigen Entwicklung ist die Vorstellung, zukünftigen Generationen einen Lebensraum zu übergeben, der auch ihnen gleichwertige Lebensbedingungen und die nötigen Ressourcen bietet. Eine Gesellschaft ist dann nachhaltig, wenn sie so strukturiert ist und sich derart verhält, dass sie über alle Generationen und innerhalb jeder Generation existenzfähig bleibt.

Für die Umsetzung einer „Nachhaltigen Entwicklung" in unserer Gesellschaft nennt die Enquete-Kommission „Schutz des Menschen und der Umwelt – Bewertungskriterien und Perspektiven für umweltverträgliche Stoffkreisläufe in der Industriegesellschaft" des 12. Deutschen Bundestages vier Regeln [31]:

- Die Abbaurate sich erneuerbarer Ressourcen darf deren Regenerationsrate nicht überschreiten.
- Die Nutzungsrate sich erschöpfender Ressourcen darf die Rate der Erschließung regenerierbarer Rohstoffquellen nicht überschreiten.
- Die Rate der Schadstofffreisetzungen darf nicht die Aufnahmekapazität der Senken überschreiten
- Das Zeitmaß anthropogener – d. h. vom Menschen erzeugter – Einträge bzw. Eingriffe in die Umwelt muss im ausgewogenen Verhältnis zum Zeitmaß der für das Reaktionsvermögen der Umwelt relevanten natürlichen Prozesse stehen.

Nachhaltigkeit bedeutet demnach unsere Umwelt nicht als beliebig verfügbare und manipulierbare Masse aufzufassen, sondern als überaus sorgsam zu pflegendes und dadurch auf potentiell unendliche Dauer zu erhaltendes, natürliches Produktionsmittel. Von dem uns zur Verfügung stehenden Kapital darf lediglich dessen laufender Zuwachs (Zins) genutzt werden [58].

Eine konsequent nachhaltige Bewirtschaftung von Biosphäre und Ressourcen muss allerdings auch auf gesellschaftliche Bedingungen verschiedenster Art Rücksicht nehmen und gegenwärtigen menschlichen Bedürfnissen gerecht werden. Umweltprobleme dürfen nicht isoliert von wirtschaftlichen und gesellschaftlichen Entwicklungen betrachtet werden.

In Abbildung 2-1 ist das integrale System der „Nachhaltigkeit" zwischen Wirtschaft, Gesellschaft und Umwelt mit seinen Einzelaspekten dargestellt. In Anlehnung an die Einzelaspekte sind Leitgedanken zu den Dimensionen Umwelt, Wirtschaft und Gesellschaft im Sinne einer nachhaltigen Entwicklung zu formulieren.

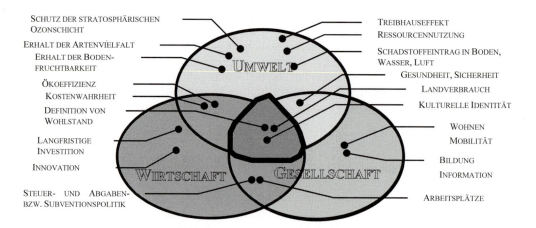

Abb. 2-1: Darstellung der drei Dimensionen der Nachhaltigkeit in Anlehnung an [137]

Leitgedanken zur Umwelt

- Die Risiken im Zusammenhang mit einer Erwärmung der Atmosphäre sind durch einen Abbau des Ausstoßes sogenannter Treibhausgase – insbesondere CO_2 – zu reduzieren [137].
- Die Ozonschicht muss geschützt werden.
- Der Verbrauch nicht erneuerbarer Ressourcen bzw. Rohstoffe muss durch ein effizientes und verantwortungsbewusstes Ressourcenmanagement minimiert bzw. optimiert werden. Ziel ist die Etablierung einer dauerhaften Kreislaufwirtschaft [95, 137].
- Stoffströme müssen reduziert und Stoffstromkreisläufe geschlossen werden.
- Der Einsatz umweltfreundlicher Technologien muss gefördert werden [66].
- Der Ausstoß nicht abbaubarer Schadstoffe, welcher in der Biosphäre (Luft, Wasser, Boden) zu irreversiblen Schäden an Fauna und Flora führt, muss minimiert werden [137].
- Gefahren für die menschliche Gesundheit müssen vermieden werden.

Leitgedanken zur Wirtschaft

- Die Kostenwahrheit (z. B. Integration externer Kosten in die Produktion) muss in allen Aktivitäten angestrebt werden und das Verursacherprinzip vermehrt zur Anwendung kommen [137].
- Wirtschaftlichkeitsbetrachtungen und Investitionen müssen auf langfristiger und volkswirtschaftlicher Grundlage vorgenommen werden.
- Die Lebenszykluskosten müssen minimiert werden [118].
- Marktwirtschaftliche Instrumente müssen entwickelt und zweckmäßige Anreizsysteme geschaffen werden, um Wirtschaftsprozesse in Richtung Nachhaltigkeit zu steuern.
- Die Entwicklung innovativer Produkte und Verfahren muss gefördert werden.

Leitgedanken zur Gesellschaft

- Bei der Gestaltung unserer Umwelt haben kulturelle und ästhetische Anliegen eine zentrale Bedeutung für die Identifikation mit unserem Lebensraum.
- Die Sicherung von Arbeitsplätzen ist ein wesentliches Ziel einer nachhaltigen Entwicklung.

Das Bauwesen gewinnt in diesem Zusammenhang in letzter Zeit stark an Bedeutung. Während Aspekte einer optimierten Bauwerkserstellung sowie die Reduktion des erforderlichen Energieeinsatzes für den Betrieb bereits Eingang in den Planungsprozess gefunden haben, bleiben Instandsetzungs- und Erneuerungsprozesse während der Nutzung sowie das Lebensende eines Gebäudes vielfach unberücksichtigt. Um zu einer wirklichen nachhaltigen Entwicklung im Bauwesen zu kommen, muss die Art des Entwurfs, die Bauwerkserstellung, die Nutzung sowie der Abbruch von Gebäuden und die Entsorgung von Baurestmassen betrachtet und optimiert werden. Neben einer entsprechenden Baustoffauswahl sowie einem optimierten Entwurfskonzept in energetischer Hinsicht müssen nachhaltige Konstruktionsalternativen das Ziel haben, eine langfristige Recyclingfähigkeit bzw. Wiederverwendbarkeit möglichst vieler Baustoffe und Bauteile zu gewährleisten.

2.2 Aspekte der Nachhaltigkeit für das Bauwesen

2.2.1 Bedeutung von Nachhaltigkeitsaspekten im Handlungsfeld Bauen und Wohnen

Für eine nachhaltige Entwicklung können verschiedene Handlungsfelder identifiziert werden. Es handelt sich um den Produktions- und Dienstleistungsbereich im Allgemeinen, den Konsumbereich, Bereiche des Verkehrs und der Stadtentwicklung, den Land- und Forstwirtschaftsbereich sowie auch den Bau- und Wohnungsbereich.

Die Baubranche schafft in unserer Gesellschaft durch die Bereitstellung der erforderlichen Infrastruktur in Form von Straßen, Produktionsstätten, Versorgungssystemen und Wohnraum die Voraussetzungen für viele industrielle Tätigkeiten. Durch den langfristigen und dauerhaften Charakter von Bauwerken sowie durch den hohen Ressourcenverbrauch nimmt die Bauwirtschaft eine Schlüsselstellung für eine nachhaltige Entwicklung unserer Gesellschaft ein.

Ökologische Bedeutung

Gewinnung, Herstellung und Transport der Baustoffe sowie der Bauvorgang selbst, aber auch die Nutzung und später der Abriss von Gebäuden verbrauchen in der Regel Fläche, Energie und Rohstoffe, belasten Luft und Wasser mit Schadstoffen, induzieren große Abfallströme und verursachen Lärm- und Staubbelästigungen. Die Flächenversiegelung infolge Bauen, Rohstoffentnahme und Verkehr sind beachtlich [32]. Mineralische Rohstoffe sind aus geologischer Sicht zwar nahezu unbegrenzt verfügbar, dennoch gehen sie in Ballungsräumen lokal zur Neige, da nur ca. ein Drittel tatsächlich abgebaut werden kann. Die Gewinnung von Energieträgern und die Energieerzeugung ist mit einer Vielzahl von Umweltbelastungen verbunden.

Anfallende Baurestmassen haben einen in Deutschland maßgeblichen Anteil am Gesamtabfallaufkommen (gewichtsmäßig ca. 60 % und volumenmäßig ca. 80 %) [157] bzw. [141] und müssen mit dem Ziel der Kreislaufführung von Rohstoffen reduziert werden. Ein weiterer Aspekt der Bedeutung des Bauwesens im Rahmen einer nachhaltigen Entwicklung ist der Aufenthalt der Menschen in Gebäuden, der in unseren Breitengraden ca. 90 % unserer Zeit beträgt. Schadstoffkonzentrationen in Innenräumen können die Gesundheit der Nutzer maßgeblich beeinträchtigen.

Da sich das Produkt „Gebäude" durch eine hohe Langlebigkeit auszeichnet, werden auch zukünftige Generationen die heute geschaffene Bausubstanz nutzen und ihnen obliegt der Betrieb, die Entsorgung sowie die Verwertung anfallender Baurestmassen. Um diesen Generationen einen Lebensraum zu hinterlassen, der langfristig gesichert ist, müssen bereits heute Umweltaspekte bei der Planung von Bauwerken Beachtung finden.

Wirtschaftliche Bedeutung

Mit ca. 12 % des Sozialproduktes ist das Bauwesen einer der bedeutendsten Industriezweige in Deutschland. Mit 8 % aller deutschen Arbeitsplätze [101] ist die Bauwirtschaft für den Arbeitsmarkt von großer Bedeutung. Außerdem ist die Bauindustrie der volkswirtschaftlich relevanteste Bereich für Güterumsätze bzw. Roh- und Hilfsstoffe [67]. Die mit dem Bau und der Nutzung von Gebäuden in Zusammenhang stehenden Aufwendungen und Belastungen haben einen wesentlichen Anteil am Produktions- und Konsumvolumen in der industriellen Gesellschaft [85] und stellen daher ein großes Potential für eine nachhaltige Entwicklung dar.

Gesellschaftliche Bedeutung

Viele Grundbedürfnisse des Menschen werden durch bauliche Infrastruktur gedeckt. Hier ist vor allem der Wohnungs- und Wirtschaftsbau zu nennen. Aber auch die Anlagen des Verkehrs sowie der technischen, sozialen und kulturellen Infrastruktur sind ein entscheidender Faktor für die Lebensqualität und die Gestaltung unserer Umwelt. Sicherheit, Schutz, Geborgenheit und Wohlbefinden sind eng mit der Erstellung und Nutzung von Gebäuden verknüpft. Auch die sozio-kulturelle Identität und Stabilität einer Gesellschaft werden durch Qualität der baulich gestalteten Umwelt beeinflusst.

Insbesondere im Handlungsfeld „Bauen und Wohnen" ist das komplexe Beziehungsgeflecht zwischen ökologischen, ökonomischen und gesellschaftlichen Aspekten stark ausgeprägt. Gebäude und die Gestalt der von Menschen besiedelten Landschaft bilden die räumliche Hülle für das Alltagsleben, für die Gesellschaft und die Kultur der Menschen, die in ihnen leben. Die Bautätigkeit ist das Mittel zur Anpassung dieser Hülle an die individuellen Bedürfnisse der Gesellschaft. Die Neugestaltung dieses zentralen Lebensbereiches nach den Zielvorgaben einer nachhaltig zukunftsverträglichen Entwicklung stellt für das Bauwesen eine zentrale Herausforderung dar [5].

Zur Umsetzung einer nachhaltigen Entwicklung im Bauwesen müssen die genannten Leitgedanken als Ziele definiert und Indikatoren formuliert werden, mit denen Maßnahmen, die der Erreichung dieser Ziele dienen, bewertet werden können. Bei einer Beurteilung verschiedener Maßnahmen ist zu beachten, dass Aspekte der Nachhaltigkeit prinzipiell über den kompletten Lebenszyklus eines Bauwerks zu betrachten sind. Im Folgenden werden die für die Betrachtung von Nachhaltigkeitsaspekten im Bauwesen relevanten Lebensphasen eines Bauwerks mit ihren Auswirkungen auf Umwelt und Wirtschaft kurz beschrieben.

Bauwerkserstellung

Die Bauwerkserstellung umfasst den Herstellungsprozess der Baumaterialien inklusive aller Vorstufen sowie den Bauprozess. In der Phase der Bauwerkserstellung werden einhergehend mit den physikalischen Stoffflüssen auch finanzielle Ströme hervorgerufen, die als *direkte Kosten* bezeichnet werden.

Der Herstellungsprozess eines Baumaterials aus verschiedenen Rohstoffen und Basismaterialien beinhaltet die gesamte Prozesskette, von der Rohstoffgewinnung bis zur Materialherstellung inklusive aller während der Herstellung anfallenden Entsorgungs- und Energiebereitstellungsprozesse. Bei der Baustoffherstellung entstehen diverse stoffliche Emissionen durch Stoffumwandlung und Transporte (Luft-, Wasser- und Bodenbelastung) sowie zusätzliche Emissionen durch Lärm und Staub. Feste, unbrauchbare Nebenprodukte bleiben als Abfall zurück.

Umweltbelastung sowie Kosten, die aus dem Transport von Baumaterialien vom Hersteller oder Regionallager zur Baustelle sowie durch den Betrieb einer Baustelle resultieren, werden im Bauprozess berücksichtigt. Baumaschinen zur Gebäudeerstellung verbrauchen bei ihrem Einsatz Rohstoffe und Energie. Bauverfahren wie Rammarbeiten, Schalungen und das Betonieren bringen Belastungen von Wasser und Luft sowie Belästigungen durch Lärm, Staub und Erschütterung mit sich. Durch Inanspruchnahme von Abstell- und Transportflächen oder durch momentane Veränderung des Umweltgleichgewichtes, z. B. durch Absenken des Grundwasserspiegels, können Teile der Flora und Fauna zerstört werden.

Wesentliche Umweltbelastungen der Prozesse der Baustoffherstellung sind die Entnahme von Rohstoffen, die damit einhergehende Flächeninanspruchnahme sowie der Energieverbrauch, Emissionen und Abfälle. Umweltbelastungen durch die Baumaterialherstellung sind in der Regel bekannt und lassen sich gut beschreiben. Die Umweltbeeinträchtigungen durch die

Bauausführung sind dagegen im Vorfeld schwer zu kalkulieren und generell nicht einfach zu validieren. Wesentliche Umweltwirkungen entstehen durch Flächeninanspruchnahme, Bodenverdichtung und Grundwasserabsenkung, prozess- und energiebedingte Emissionen, Belästigungen durch Lärm, Staub und Erschütterungen sowie durch die anfallenden Baurestmassen.

Nutzung bzw. Umnutzung

Die Nutzungsphase ist die längste und energieintensivste Lebensphase eines Gebäudes und beeinflusst daher die Nachhaltigkeit des Bauwerks am stärksten. Diesbezüglich umfasst die Nutzungsphase alle funktionalen Vorgänge, wie z. B. die Herstellung des Innenraumklimas (Temperatur, Feuchtigkeit, Luftqualität), die Befriedigung der Grundbedürfnisse (Licht, Beleuchtung, Warmwasser) sowie Abfallmanagement, Wasserverbrauch, Reinigung und die Anbindung an den ÖPNV zum Transport der Nutzer.

Des weiteren beinhaltet die Nutzungsphase den Unterhaltungsprozess durch Instandhaltung (Wartung, Instandsetzung, Erneuerung und Modernisierung) von Bauteilen der Konstruktion, der Gebäudehülle, des Ausbaus oder der gebäudetechnischen Ausrüstung. Die Anforderungen an unsere Gebäude ändern sich immer rascher und Erneuerungsarbeiten während der Nutzung werden nicht immer aus technischer Notwendigkeit, sondern auch aus ästhetischen oder wirtschaftlichen Gründen durchgeführt [133]. Es kann zu kompletten Nutzungsänderungen oder zu partiellen Anpassungen kommen, wie z. B. die Anpassung der technischen Ausrüstung an den neusten Stand der Technik. Für Gebäude mit einer unflexiblen Tragstruktur bedeutet dies häufig den Abbruch bzw. Teilabbruch der Konstruktion mit gleichzeitig hoher Umweltbelastung durch Lärm, Staub und Luftverschmutzung sowie der erforderlichen Deponierung der anfallenden Baurestmassen.

Die beschriebenen Vorgänge in der Nutzungsphase sind nur beschränkt in wirtschaftliche Marktmechanismen eingebunden. Auswirkungen der Nutzungsphase auf unsere Umwelt und dabei entstehende Schäden werden zum großen Teil sozialisiert und bilden die so genannten *externen Kosten*. Kosten der Instandhaltung und für funktionale Vorgänge – wie z. B. der Gebäudebetrieb – werden dagegen zu den *indirekten Kosten* gezählt.

Abbruch-, Entsorgungs- und Nachnutzungsphase

Diese Lebensphase beinhaltet den Rückbau bzw. den Abbruch eines Gebäudes sowie die Entsorgung der anfallenden Baurestmassen und endet, wenn alle Bestandteile eines Gebäudes wiederverwendet, verwertet oder entsorgt sind.

Während des Abbruchs treten ähnliche Umweltbelastungen wie bei der Bauausführung auf. Die Umweltbelastungen sind hier jedoch schwer zu quantifizieren. Der Abbruchprozess muss den erforderlichen Energieeinsatz und die Betriebsstoffe sowie Belästigungen durch Lärm, Staub und Erschütterungen berücksichtigen.

In der Entsorgungsphase werden Auswirkungen durch Beseitigung (Deponierung oder Verbrennung) oder Verwertung (Produkt- und Materialrecycling) anfallender Baurestmassen betrachtet. Bei der Beseitigung wird die Umwelt durch Verbrennung (Luftbelastung) sowie durch direkte Wasser- und Bodeneinträge und Flächenverbrauch durch Deponiebedarf beansprucht. Ein Produkt- oder Materialrecycling ruft Belastungen durch Aufarbeitungs- und Aufbereitungsprozesse hervor.

Die Analyse des Abbruchs und der Entsorgung betrifft nicht nur den Komplettabbruch am Ende der Lebensdauer, sondern insbesondere auch die Phase der Baunutzung, in der durch Instandhaltungs-, Verschönerungs-, und Erneuerungsmaßnahmen Baurestmassen anfallen, deren Zusammensetzung sehr vielfältig sein kann [101] und deren Entsorgung detailliert analysiert werden muss. Eng an die Entsorgungsphase angelehnt ist auch die Integration und Bewertung einer Nachnutzung bzw. der Kreislauffähigkeit unterschiedlicher Baukonstruktionen.

Die Kosten für Abbruch und Entsorgung werden während der Planung eines Bauwerkes in der Regel nicht betrachtet. Diese Kosten werden zu den *indirekten Kosten* gezählt und müssen in einer ganzheitlichen Analyse eines Bauwerkslebenszyklus mit betrachtet werden.

2.2.2 Indikatoren zur Bewertung von Nachhaltigkeitsaspekten im Bauwesen

Die Übertragung der Dimensionen „Umwelt", „Wirtschaft" und „Gesellschaft" auf das Bedürfnisfeld „Bauen" erfolgt in der Regel mit Hilfe einzelner Indikatoren oder Kriterien. Zum jetzigen Zeitpunkt ist festzustellen, dass in der Regel der Zugang zur Nachhaltigkeit über die Betrachtung ökologischer Aspekte erfolgt. Optimierungspotentiale, die sich aus der Betrachtung umweltlicher Indikatoren ergeben, werden üblicherweise mit ihren Auswirkungen auf Wirtschaft und die Gesellschaft in einem nachlaufenden Arbeitsgang reflektiert und die ursprünglich identifizierten Optimierungspotentiale iterativ angepasst.

Im Folgenden werden einige Indikatoren der verschiedenen Dimensionen der Nachhaltigkeit aufgezählt. Wirtschaftliche und gesellschaftliche Indikatoren sind bisher nicht einheitlich formuliert und werden daher nur allgemein beschrieben. Eine detaillierte Zusammenstellung einzelner Indikatoren findet sich in Abschnitt 5.5.

Indikatoren der ökologischen Dimension

- Flächeninanspruchnahme
- Verbrauch, Zerstreuung und Vermischung mineralischer und energetischer Rohstoffe
- Emissionen in Form des unerwünschten Ausstoßes fester, flüssiger oder gasförmiger Stoffe, die zur Verunreinigung der Biosphäre und zu Umweltschäden führen
- Abfälle, die Schadstofffreisetzungen verursachen und wertvolle Ressourcen dem Naturkreislauf entziehen
- Lärm, Staub und Erschütterungen

Indikatoren der ökonomischen Dimension

- Lebenszykluskosten von Gebäuden
- Umbau- und Erhaltungsinvestitionen in Relation zu den Erstellungskosten

Indikatoren der gesellschaftlichen Dimension

- Schaffung bzw. Sicherung von Arbeitsplätzen
- Sicherung bedarfsgerechten Wohnraums nach Alter und Haushaltsgröße
- Schaffung eines geeigneten Wohnumfeldes
- Schaffung von kostengünstigem Wohnraum, Erhöhung der Wohneigentumsquote
- Vernetzen von Arbeiten, Wohnen und Freizeit in der Siedlungsstruktur
- „Gesundes Wohnen" innerhalb und außerhalb der Wohnung

Für eine ganzheitliche Betrachtung von Baukonstruktionen müssen die aufgezählten ökologischen, ökonomischen und sozialen Indikatoren über den kompletten Lebenszyklus eines Bauwerks ganzheitlich betrachtet und ausgewertet werden.

2.3   Gesetzliche Rahmenbedingungen einer nachhaltigen Entwicklung im Bauwesen

2.3.1   Allgemeines

Gesetzliche Vorgaben und Konventionen werden sowohl bei der Grundlagenermittlung für die Neuplanung eines Bauwerks (Formulieren der Zielsetzung) als auch zum Abgleich mit Sollwerten während aller Planungsphasen berücksichtigt. In der Regel handelt es sich bei Gesetzen bzw. Vorgaben zur Nachhaltigkeit um politisch festgelegte Grenzwerte, die meistens in Form von Regeln oder Tabellenwerken vorliegen und überwiegend die Dimension „Ökologie" erfassen.

Anstrengungen zur Reduktion von Umweltbelastungen konzentrieren sich derzeit auf die Begrenzung von Emissionen durch Industrieanlagen und Kraftwerke sowie auf die Abfallbeseitigung. Eine Reihe von Gesetzen, Verordnungen und Bestimmungen regelt den Betrieb umweltrelevanter Anlagen oder beeinflusst den Neubau. Die festgeschriebenen Vorgaben dienen als Entscheidungshilfe zwischen Alternativlösungen und bieten den Vorteil einer kategorischen Regelung des Schutzes des Menschen und der Umwelt. Auf der anderen Seite gibt es üblicherweise keine Anreize, die in Regelwerken vorgegebenen Werte noch zu unterschreiten, was dazu führt, dass ein Optimum oft nicht erreicht wird und Innovationen auch verhindert werden können.

Einzelne Grenzwerte beziehen sich in der Regel auf ein einziges Kriterium und können daher dem Anspruch an eine ganzheitliche, nachhaltige Entwicklung nicht gerecht werden. Wegen der Komplexität der Einflüsse, die durch den Bauprozess ausgelöst werden, ist eine Bewertung der Nachhaltigkeit und hier insbesondere der Umweltverträglichkeit allein anhand von Gesetzen, der Einhaltung von Vorschriften, Richtlinien und Normen nicht zu bewerkstelligen. Es sind zahlreiche Faktoren einzubeziehen, die zum jetzigen Zeitpunkt in normativen Regeln nicht erfasst werden können. Dennoch stellen Grenzwerte (MAK- oder MIK-Werte, Grenzwerte aus dem Bundes-Immissionsschutzgesetz) ein wichtiges Instrument zur Erfassung einiger Indikatoren dar und bestimmen die Rahmenbedingungen einer nachhaltigen Entwicklung.

2.3.2   Umweltrecht

Der Umweltschutz wird in Deutschland durch eine Vielzahl von Rechtsnormen geregelt. Im Folgenden werden die gesetzlichen Rahmenbedingungen, die im Rahmen einer Nachhaltigkeitsanalyse eine Rolle spielen können, kurz aufgeführt.

Umweltverträglichkeitsprüfung (UVPG) [150]

Im Rahmen der Umweltverträglichkeitsprüfung wird gefordert, die unmittelbaren Auswirkungen eines Vorhabens, wie z. B. die Errichtung neuer Anlagen, auf Mensch, Flora, Fauna, Luft, Wasser, Boden, Klima und Landschaft sowie Kultur- und sonstige Sachgüter zu prüfen. Sachlicher Bestandteil der UVP sind Umweltverträglichkeitsstudien (UVS), die sich in den letzten Jahren als eigenständiges Bewertungsinstrument etabliert haben.

Bundesimmissionsschutzgesetz (BimSchG) [12]

Das Bundesimmissionsschutzgesetz ist ein Steuerungskonzept für die Bereiche Verkehr, Produkte und Brennstoffe, dessen Ziel die Verhinderung von Umwelteinwirkungen wie Luftverunreinigung, Gewässerverschmutzung, Lärm und Erschütterung ist. Es zielt darauf ab, Menschen, Tiere und Pflanzen, den Boden, das Wasser, die Atmosphäre sowie Kultur- und sonstige Sachgüter vor schädlichen Umwelteinwirkungen zu schützen. Die im BimSchG geregelten Lärmschutzbestimmungen sowie Angaben zu Erschütterungen können im Rahmen der Nachhaltigkeitsanalyse als Grundlage für Bewertungsmaßstäbe verwendet werden.

Chemikaliengeset (ChemG) [25]

Das Chemikaliengesetz, die Chemikalienverbots- und die Gefahrstoffverordnung (ChemVerbotsV, GefStoffV) dienen dem Schutz vor gefährlichen Stoffen. Die Schutzfunktion wird an stofflichen Regeln festgemacht. Daher kommt dem ChemG sowie den darauf aufbauenden Verordnungen, wie der Gefahrenstoffverordnung und der Chemikalienverbotsverordnung im Hinblick auf die technischen Regeln für Bauprodukte große Bedeutung zu.

Wasserhaushaltsgesetz (WHG) [160]

Das Wasserhaushaltsgesetz begrenzt die Verschmutzung von Gewässern, z. B. beim Bauen im Grundwasser oder beim Bauen in Wasserschutzgebieten.

Energieeinsparungsgesetz (EnEG) [45]

Das Energieeinsparungsgesetz ist die Grundlage für die Wärmeschutzverordnung bzw. neuerdings für die Energieeinsparverordnung, aus der sich Anforderungen an den Wärmeschutz bei der Nutzung von Gebäuden ergeben Die Energieeinsparverordnung (EnEV) soll dazu dienen den Energiebedarf, der mit dem Heizen von Bauwerken verbunden ist, zu optimieren und auf ein sinnvolles Maß zu begrenzen. Es wird eine umfassende Betrachtung des Heizenergiebedarfs angestrebt, die auch Aufwendungen für die Gebäudetechnik umfasst. Die Verordnung bildet eine ganzheitliche Betrachtungsweise ab, wie sie auch der Nachhaltigkeitsgedanke fordert [46]. Wegen der großen Bedeutung der EnEV für die Nachhaltigkeit in der Nutzungsphase wird diese im nachfolgenden Abschnitt 2.3.3 ausführlicher vorgestellt.

Des Weiteren wurden unter der Federführung verschiedener Institutionen zusätzliche Richtlinien erarbeitet, da zur exakten Bewertung der von Baustoffen ausgehenden Umwelteinflüsse die o. g. Gesetze nicht ausreichen. Merkblätter (z. B. Merkblatt zur Bewertung der Boden- und Grundwassergefährdung durch Bauprodukte) und Leitfäden (z. B. Leitfaden zur Beurteilung von Bauprodukten unter Gesundheitsaspekten) stellen nur Empfehlungen dar, können aber, da sie den Stand der Technik repräsentieren, einen quasi-gesetzlichen Charakter bekommen.

2.3.3 Energieeinsparverordnung (EnEV)

Der Bundesrat hat anlässlich seiner Zustimmung zur Wärmeschutzverordnung im Oktober 1993 eine Anpassung des Anforderungsniveaus an den Energiebedarf bis zum Jahr 2000 für Neubauten und eine Ausweitung der ordnungsrechtlichen Vorschriften im Gebäudebestand gefordert. Ziel des veränderten Anforderungsniveaus der Energieeinsparverordnung (EnEV) ist die zusätzliche Senkung des Energiebedarfs in Höhe von rd. 25 bis 30 %. Aufgrund dieses bedeutsamen Einsparpotentials im Gebäudebereich bildet die Energieeinsparverordnung daher auch ein wesentliches Element des Klimaschutzprogramms der Bundesregierung. Gut ein Drittel der CO_2-Emissionen wird dem Energieverbrauch im Gebäudebereich zugerechnet. Die jetzt vorgesehene Verschärfung der Anforderungen ist deshalb auch Bestandteil der Initiative der Bundesregierung zur Senkung der CO_2-Emissionen.

Mit der EnEV soll vor allem der Energiebedarf für die Beheizung von Gebäuden und die Warmwasserbereitung reduziert werden. Zu diesem Zweck wurden die Wärmeschutz-verordnung und die Heizungsanlagen-Verordnung in einer Verordnung zusammengefasst und ihre Anforderungen mit den folgenden Schwerpunkten weiterentwickelt.

Übergreifende Schwerpunkte

- Rechtsvereinfachung durch Zusammenfassung von Wärmeschutz- und Heizungsanlagen-Verordnung zu einer einheitlichen Verordnung
- Entlastung des Verordnungstextes durch Verweise auf Regeln der Technik
- Umsetzung europarechtlicher Vorgaben
- Anpassung der energiesparrechtlichen Vorschriften an die Weiterentwicklung der techni-schen Regeln, insbesondere die neuen europäischen Normen [46]

Neubau

- Senkung des Energiebedarfs neu zu errichtender Gebäude auf einen Niedrigenergiehaus-standard, also um durchschnittlich 30 % gegenüber dem Niveau des geltenden Rechts
- Übergang zu einer ganzheitlichen Betrachtung von Neubauten unter Einbeziehung der Anlagentechnik, auch um das Einsparziel flexibel und kostengünstig zu erreichen
- Weiterentwicklung des vereinfachten Nachweisverfahrens für bestimmte Wohngebäude
- Erleichterung des Einsatzes erneuerbarer Energien zur Heizung, Lüftung und Warmwasser-bereitung insbesondere bei Neubauten
- Erhöhung der Transparenz für Bauherren und Nutzer durch aussagefähige Energieausweise

Gebäudebestand

- Verschärfung der energetischen Anforderungen bei wesentlichen Änderungen an Bauteilen, die erneuert, ersetzt oder erstmalig eingebaut werden
- Verpflichtung zur Außerbetriebnahme besonders alter Heizkessel, die deutlich unter den heutigen Effizienzstandards liegen, bis zum Ende des Jahres 2005 bzw. 2008
- Dämmung von obersten Geschossdecken und von ungedämmten Rohrleitungen für die Wärmeverteilung und Warmwasser bis Ende 2005
- Rahmen für freiwillige Angabe von Energieverbrauchskennwerten

Eine wesentliche Neuerung der Energieeinsparverordnung ist die vorgesehene Umstellung der Anforderungen an Neubauten vom Jahres-Heizwärmebedarf auf den Jahres-Primärenergie-bedarf des Gebäudes. Der Ausnutzungsgrad der für Heizung und Warmwasserbereitung benö-tigten Energie soll gesteigert, der Energiebedarf im Gebäudebereich reduziert und damit letztlich auch der Ausstoß des Treibhausgases CO_2 verringert werden. Zur Vermeidung einer übermä-ßigen Gebäudeaufheizung im Sommer (Behaglichkeit) sieht die EnEV erstmals auch den Nachweis des sommerlichen Wärmeschutzes vor. Bei neuen Wohngebäuden fließt auch der Energiebedarf für die Warmwasserbereitung in die Berechnungen ein. Für Nicht-Wohngebäu-de wird von der Einbeziehung des Energiebedarfs für die Warmwasserbereitung abgesehen, da in diesen Gebäuden der Warmwasserbedarf stark von der Gebäudenutzung abhängt. Der Energiebedarf entzieht sich damit einer typisierenden normativen Regelung.

Bei einer weiteren Verschärfung der energetischen Anforderungen gewinnt das Zusammen-spiel zwischen dem Gebäude und seiner Anlagentechnik zunehmend an Bedeutung. Da ge-eignete technische Regeln vorliegen, kann die Verordnung im Neubaubereich auf eine ganz-heitliche Betrachtung von Gebäude und Anlagentechnik ausgerichtet werden. Die Berück-sichtigung der Anlagentechnik ist auch im Hinblick auf das Wirtschaftlichkeitsgebot des

Energieeinsparungsgesetzes sinnvoll, weil eine übergreifende, an das Gebäude als Ganzes gerichtete, energiebezogene Anforderung in der Regel einfacher und wirtschaftlicher zu erfüllen ist als Einzelanforderungen auf entsprechendem Niveau. Schließlich kann auch durch eine Erhöhung der Effizienz der Anlagentechnik der notwendige Energiebedarf reduziert werden.

Einen weiteren Schwerpunkt der Verordnung bilden die Nachrüstungsvorschriften für bestehende Gebäude und Anlagen. Die vorgesehenen Verpflichtungen zur Nachrüstung sind in besonderem Maße wirtschaftlich, weil sich ihre Kosten in verhältnismäßig kurzer Zeit amortisieren. Einsparpotentiale sollen hier auch durch die Außerbetriebnahme von Heizkesseln erschlossen werden, die vor 1978 eingebaut worden sind. Ferner ist eine Pflicht zur nachträglichen Dämmung bestimmter Wärme- und Warmwasserverteilungseinrichtungen aufgenommen worden. Als bauliche Nachrüstungspflicht wird die nachträgliche Dämmung oberster Geschossdecken unter nicht ausgebauten Dachräumen eingeführt. Einen zunehmend wichtigen Beitrag zur Energieeinsparung und damit auch zur Vermeidung von CO_2-Emissionen soll die Nutzung erneuerbarer Energien leisten. Bei der Bemessung der Anforderungen soll deshalb auch die Verwendung erneuerbarer Energien so weit begünstigt werden, wie dies unter Beachtung der Ziele des Energieeinsparungsgesetzes und des Wirtschaftlichkeitsgebots (§ 5 Abs. 1 EnEG) vertretbar ist. Gerade im Gebäudebereich eröffnen sich breite Anwendungsmöglichkeiten sowohl für erneuerbare Energien als auch für Wärme aus der Kraft-Wärme-Kopplung. Hier stehen insbesondere zur Wärmeerzeugung und zur Warmwasserbereitung seit Jahren bewährte Techniken zur Verfügung.

Durch die Einführung von Energiekennzahlen soll die Bedeutung des Merkmals „Energieeffizienz" bei Errichtung, Kauf und Anmietung von Gebäuden und Wohnungen erhöht werden. Für Neubauten wird – als Weiterentwicklung des Wärmebedarfsausweises nach der Wärmeschutzverordnung – ein Energiebedarfsausweis eingeführt, der auf den bei der Planung zu führenden Nachweisen aufbaut. Grundlage hierfür ist – neben dem Jahres- Primärenergiebedarf – der Endenergiebedarf, der für den Verbraucher am aussagekräftigsten ist. Mit der Verbreitung von Energiebedarfsausweisen im Neubau wird sich am Grundstücksmarkt zunehmend das Bewusstsein für die Bedeutung der energetischen Eigenschaften von Gebäuden bilden.

Wissenschaftliche Untersuchungen zufolge ist der wirtschaftliche Spielraum für die Verschärfung der Anforderungen an Neubauten bei kleinen, freistehenden Gebäuden – also den klassischen Einfamilienhäusern – deutlich geringer als bei großen, kompakten Gebäuden. Im Bereich der Einfamilienhäuser können auf dieser Grundlage die Anforderungen nur um etwas mehr als 25 % verschärft werden, während die Anhebung bei großen, kompakten Gebäuden mit etwa 35 % zu beziffern ist.

2.3.4 Bauordnungs- und Bauproduktenrecht

Rechtsgrundlage des Bauordnungsrechtes sind die Bauordnungen der Bundesländer. Das Bauproduktenrecht [16] ist Bestandteil des Bauordnungsrechtes. Die Bauordnungen der Bundesländer basieren auf einer, von einer Sachverständigenkommission aufgestellten Musterbauordnung (MBO), und sind somit in vielen Bereichen einheitlich. Der § 3 MBO enthält die allgemeinen Anforderungen zur Gefahrenabwehr im Sinne einer Generalklausel. Danach sind bauliche Anlagen so anzuordnen und zu errichten, dass die öffentliche Sicherheit oder Ordnung, insbesondere Leben, Gesundheit oder die natürliche Lebensgrundlage, nicht bedroht werden. Bauprodukte dürfen nur verwendet werden, wenn die mit ihnen errichteten Anlagen auch die Anforderungen an Hygiene, Gesundheit und Umweltschutz der Bauordnung erfüllen. Als Kriterien zur Beurteilung von Bauprodukten werden z. B. das Freisetzen giftiger Gase, das Vorhandensein gefährlicher Teilchen oder Gase in der Luft, die Emission gefährlicher Strahlen, die Wasser- oder Bodenverunreinigung oder -vergiftung durch unsachgemäße Beseitigung von Abwasser, Rauch, festem oder flüssigem Abfall sowie die Flüssigkeitsansammlung in Bauteilen und auf deren Oberflächen in Innenräumen genannt.

Europäisch harmonisierte Anforderungen an Bauprodukte ergeben sich aus der EG-Bauproduktenrichtlinie [15]. Sie resultieren aus Forderungen an bauliche Anlagen, die in sechs Grundlagendokumenten definiert sind. Die Bauproduktenrichtlinie wird bezüglich des Inverkehrbringens der Bauprodukte durch das Bauproduktengesetz und bezüglich der Verwendung der Produkte durch die Landesbauordnungen in nationales Recht umgesetzt [32].

Die Bauproduktenrichtlinie (BPR) regelt den freien Warenverkehr von Bauprodukten innerhalb der europäischen Gemeinschaft. Als Produkt werden alle Produkte bezeichnet, die hergestellt werden, um dauerhaft in Bauwerke des Hoch- und Tiefbaus eingebaut zu werden. Die Forderungen der BPR beziehen sich ausschließlich auf die Nutzungsphase von Bauprodukten. Für die Umsetzung der Anforderungen stellt die BPR keine exakten Grenzwerte auf. Es wird auf so genannte technische Spezifikationen verwiesen, worunter z. B. harmonisierte europäische Normen und technische Zulassungen zu verstehen sind.

2.3.5   Empfehlungen für öffentliche Bauten

Da Bund, Länder und Gemeinden nach wie vor die größten Bauherren in Deutschland sind, hat die öffentliche Hand gute Voraussetzungen politisch gewünschte Nachhaltigkeitsziele beim Bauen umzusetzen. Eine Möglichkeit, den Nachhaltigkeitsgedanken in das öffentliche Bewusstsein zu tragen, besteht in der Einführung diesbezüglicher Regelungen für ihren Zuständigkeitsbereich. Mit dem im Jahr 2001 eingeführten Leitfaden „Nachhaltiges Bauen" des Bundesministeriums für Verkehr, Bau- und Wohnungswesen, sollen Grundsätze zum nachhaltigen Planen und Bauen, Betreiben und Unterhalten sowie zur Nutzung von Liegenschaften und Gebäuden berücksichtigt werden. Der Leitfaden beinhaltet allgemeine Planungsgrundsätze, die für das nachhaltige Bauen zu beachten sind. Dazu gehören unter anderem das Kaskadenmodell zur Rohstoffschonung, grundlegende Überlegungen zur langfristigen Wirtschaftlichkeit unter Einbeziehung der Nutzungsphase oder auch die Behandlung von soziokulturellen Aspekten. In den Anlagen des Leitfadens werden diese allgemeinen Prinzipien in Anforderungen an einzelne Bereiche und Gewerke konkretisiert. In der Gesamtbeurteilung fließen ökologische, ökonomische und sozio-kulturelle Aspekte zusammen [95].

2.3.6   Vorschriften zur Entsorgung von Baurestmassen

2.3.6.1   Das Kreislaufwirtschafts-Abfallgesetz

Die Vorschriften zur Entsorgung von Baurestmassen in Form des Kreislaufwirtschafts-Abfallgesetzes [KWAG] werden an dieser Stelle ausführlich erläutert, da sie eine maßgebliche Grundlage für die Nachhaltigkeitsanalyse insbesondere des Lebensendes eines Bauwerkes darstellen.

In dem seit 7.10.1996 im Vollzug befindlichen *Kreislaufwirtschaft- und Abfallgesetz* werden Ziele und wichtige Rahmenbedingungen sowie die so genannten untergesetzlichen Regelwerke einer geordneten Kreislaufwirtschaft beschrieben. Der bisherige lineare Stofffluss Rohstoff ⇒ Produktion ⇒ Produkt ⇒ Abfall soll durch den in Abbildung 2-2 dargestellten Kreislauf ersetzt werden, wobei der Wirtschaft und den Konsumenten Raum für unternehmerische Eigenverantwortung und innovative und wirtschaftlich vernünftige Lösungen eingeräumt werden [27].

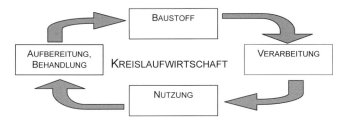

Abb. 2-2: Ziele der Kreislaufwirtschaft

Ein neuer Begriff im Abfallrecht ist die Produktverantwortung. Zur Erfüllung der Produkt-verantwortung sind Erzeugnisse nach § 22 Abs. 1 so zu gestalten, dass bei deren Herstellung und Gebrauch das Entstehen von Abfällen vermindert wird und die umweltverträgliche Ver-wertung und Beseitigung der Abfälle sichergestellt ist [147]. Die Verantwortung erstreckt sich demnach von der Herstellung, über die Nutzung bis hin zur Rücknahme, Verwertung und Beseitigung der Produkte [84].

Abbildung 2-3 verdeutlicht die Zielhierarchie des Kreislaufwirtschafts-Abfallgesetzes (Krw-/AbfG). Primäres Ziel des Krw-/AbfG ist zunächst die Vermeidung von Stoffen, die nicht wieder in einen Produktionskreislauf gebracht werden können (Wiederverwendung). Die Ver-meidung bzw. die Verminderung von Abfällen soll nach § 4 Abs. 2 KrW-/AbfG durch an-lageninterne Kreislaufführung, abfallarme Produktgestaltung und ein auf Erwerb abfall– und schadstoffarmer Produkte gerichtetes Konsumverhalten erreicht werden.

Unvermeidliche Abfälle sollen einer stofflichen (Recycling) oder energetischen Verwertung zugeführt und zu möglichst hochwertigen Produkten verarbeitet werden. Aber nur wenn der Absatz des Recyclingproduktes sichergestellt ist, kann ein Kreislauf geschlossen und eine Ressourceneinsparung erreicht werden. Nach § 5 Abs. 4 KrW-/AbfG ist eine Verwertung umzusetzen, wenn sie technisch möglich und wirtschaftlich zumutbar ist bzw. wenn die Beseitigung nicht die umweltverträglichere Lösung darstellt.

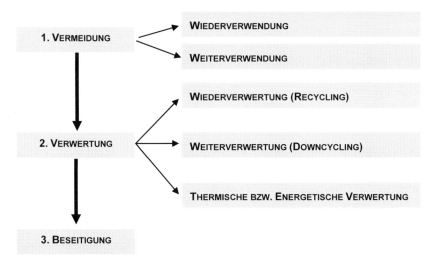

Abb. 2-3: Entsorgungswege nach dem Grundsatz der Kreislaufwirtschaft

Abfallstoffe, die sich nicht für die Kreislaufwirtschaft eignen, sollen möglichst vermieden werden und sind stets umweltverträglich zu beseitigen. Vor Beseitigung der Abfälle muss in der Regel eine Behandlung vorgenommen werden, welche das Schadstoffpotential reduziert.

Im KrW-/AbfG werden die stoffliche und energetische Verwertung zur Abfallbehandlung unterschieden. Die beiden Arten der Verwertung sind grundsätzlich gleichrangig, wobei nach § 6 Abs. 1 im Einzelfall die umweltverträglichere Verwertungsart zu bevorzugen ist. Dies kann für einzelne Abfallarten durch Rechtsverordnungen festgelegt werden.

Die stoffliche Verwertung beinhaltet nach KrW-/AbfG § 4 Abs. 3 die Substitution von Rohstoffen durch das Gewinnen von Stoffen oder Energie aus Abfällen bzw. die Nutzung der stofflichen Eigenschaften der Abfälle für den ursprünglichen oder für einen anderen Zweck mit Ausnahme der unmittelbaren Energierückgewinnung [147].

Die energetische Verwertung beinhaltet den Einsatz von Abfällen als Ersatzbrennstoff. Ist kein Vorrang festgelegt, ist eine energetische Verwertung nur zulässig, wenn:

- der Heizwert des unvermischten Abfalls mindestens 11.000 kJ/kg beträgt
- ein Feuerwirkungsgrad von mindestens 75 % erzielt wird (bei Abfällen aus nachwachsenden Rohstoffen z. B. Holz, Papier, ist eine energetische Verwertung auch dann zulässig, wenn der Heizwert keine 11.000 kJ/kg erreicht)
- entstehende Wärme selbst genutzt oder an Dritte abgegeben wird
- die im Rahmen der Verwertung anfallenden weiteren Abfälle möglichst ohne weitere Behandlung abgelagert werden können

Für die Abgrenzung zwischen Verwertung und Behandlung ist der Hauptzweck der Maßnahme entscheidend. Art und Ausmaß einer Verunreinigung, die durch Behandlung anfallenden weiteren Abfälle und die entstehenden Emissionen bestimmen, ob der Hauptzweck auf der Verwertung oder der Behandlung liegt.

Nicht verwertbare Abfälle sind nach § 10 KrW-/AbfG dauerhaft von der Kreislaufwirtschaft auszuschließen und so zu entsorgen, dass das Allgemeinwohl nicht beeinträchtigt wird. Eine Beeinträchtigung liegt dann vor, wenn:

- die Gesundheit der Menschen beeinträchtigt wird
- Tiere und Pflanzen gefährdet sowie Gewässer und Boden schädlich beeinflusst werden
- schädliche Umwelteinwirkungen durch Luftverunreinigungen oder Lärm herbeigeführt werden
- die Belange der Raumordnung und der Landesplanung, des Naturschutzes und der Landespflege sowie des Städtebaus nicht gewahrt werden

Die Abfallbeseitigung umfasst das Bereitstellen, die Behandlung und die Ablagerung von Abfällen. Die Behandlung von Abfällen dient der Verminderung von Menge und Schädlichkeit. Die bei der Behandlung und Ablagerung anfallende Energie ist soweit wie möglich zu nutzen. Die Behandlung und Ablagerung ist auch dann als Abfallbeseitigung anzusehen, wenn dabei anfallende Energie oder Abfälle genutzt werden können, diese Nutzung aber nur untergeordneter Nebeneffekt der Beseitigung ist.

2.3.6.2 Überwachung und Charakterisierung von Baurestmassen

Die erforderliche Überwachung von Abfällen nach dem KrW-/AbfG geht aus Abbildung 2-4 hervor. Abfälle zur Verwertung und zur Beseitigung unterliegen bestimmten Anforderungen, die eine umweltgerechte und sichere Entsorgung der anfallenden Abfälle sicherstellen soll.

Nicht überwachungsbedürftige Abfälle können ohne nähere Untersuchung direkt verwertet werden. Beispiele hierfür sind Erde und Steine ohne schädliche Verunreinigungen.

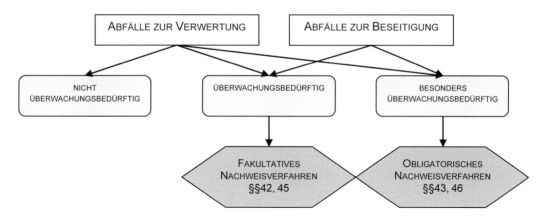

Abb. 2-4: Regelung der Überwachung nach KrW-/AbfG

Überwachungsbedürftige Abfälle müssen bestimmte Anforderungen zur Sicherung der ordnungsgemäßen und schadlosen Verwertung oder Beseitigung erfüllen.

Besonders überwachungsbedürftige Abfälle sind nach ihrer Art und Beschaffenheit in besonderem Maße gesundheits- oder umweltgefährdend. Diese Abfälle sind mit starken Verunreinigungen versehen und müssen deshalb bei der Verwertung oder Beseitigung in besonderem Maße beobachtet und behandelt werden.

Baurestmassen werden nach KrW-/AbfG in die Gruppen Bodenaushub, Straßenaufbruch, Bauschutt und Baustellenabfälle aufgeteilt. Nach dem von der Länderarbeitsgemeinschaft Abfall (LAGA) erstellten Abfallartenkatalog sind die Bauabfälle ebenfalls in diese vier Kategorien eingeteilt [92]. Den verschiedenen Kategorien werden nach der TA Siedlungsabfall (siehe Abschn. 2.3.6.3) die in Abbildung 2-5 dargestellten Materialien zugeordnet. Im Rahmen einer Nachhaltigkeitsanalyse von Baukonstruktionen sind hauptsächlich die Gruppen Bauschutt und Baustellenabfälle zu betrachten, da die beim Abbruch von Bauwerken bzw. bei der Instandsetzung anfallenden Baurestmassen im allgemeinen in diese Gruppen eingeordnet werden können.

Bodenaushub

Unter dem Begriff „Bodenaushub" wird nicht kontaminiertes, natürlich gewachsenes oder bereits verwendetes Erd- oder Felsmaterial [126] eingeordnet. Es handelt sich dann um ein *nicht* überwachungsbedürftiges Material. Bei mit wasser-, boden- und gesundheitsgefährdenden Stoffen verunreinigtem Bodenaushub handelt es sich um besonders überwachungsbedürftigen Abfall.

Straßenaufbruch

Unter „Straßenaufbruch" werden mineralische Stoffe verstanden, die hydraulisch, mit Bitumen oder Teer gebunden oder ungebunden im Straßenbau verwendet werden. Mineralisches, bituminös oder hydraulisch gebundenes Material gilt als unbelasteter, Aufbruchmaterial aus teerhaltigen oder teerbehafteten Stoffen bzw. schadstoffbelasteten Zuschlagstoffen als belasteter Straßenaufbruch [88].

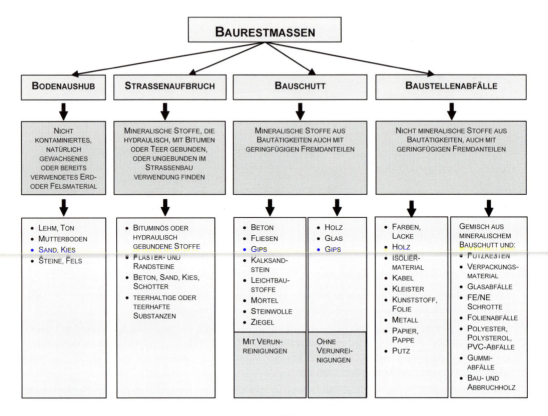

Abb. 2-5: Gliederung von Baurestmassen (nach [62])

Bauschutt

Die Gruppe „Bauschutt" beinhaltet mineralische Stoffe aus Bautätigkeiten, auch mit geringfügigen Fremdanteilen [126]. Bauschutt kann in die drei Kategorien unbelasteter, belasteter und schadstoffverunreinigter Bauschutt untergliedert werden.

• Unbelasteter Bauschutt:
Als „Unbelasteter Bauschutt" wird mineralisches Material bezeichnet, das bei Abbruchmaßnahmen an nicht kontaminierten Bauwerken anfällt und aufgrund von Vorsortierung bzw. systematischer Demontage nur geringfügig (kleiner als 5 %) mit anhaftenden Störstoffen (Installationsleitungen, Eisen- und Holzteilen, Kunststoffen, Teerpappen etc.) verunreinigt ist [88].

• Belasteter Bauschutt:
Bei „Belastetem Bauschutt" handelt es sich um nicht sortierte, nicht schadstoff-verunreinigte mineralische Stoffe aus Abbruchmaßnahmen. Belasteter Bauschutt enthält neben verunreinigtem Mauerwerk, Holzbaustoffen und konstruktiven Eisenmaterialien (Maueranker, Betonstahlbewehrung) bauseitige Installations- und Ausbaumaterialien (Versorgungsleitungen, Fußboden-, Wand- und Deckenbekleidungen, Farb-, Öl-, Fett- und Treibstoffe, Teere, organische und anorganische Stoffe etc.).

- Schadstoffverunreinigter Bauschutt:
  „Schadstoffverunreinigter Bauschutt" liegt vor, wenn überwiegend mineralisches Material wasser-, boden- oder gesundheitsgefährdende Stoffe (chemische, mikrobiologische oder radioaktive Verunreinigungen) enthält. Schadstoffverunreinigter Bauschutt gilt nach der TA Siedlungsabfall als besonders überwachungsbedürftiger Abfall.

Baustellenabfälle

Unter dem Begriff „Baustellenabfälle" werden nichtmineralische Stoffe aus Bautätigkeiten, auch mit geringfügigen Fremdanteilen, verstanden. Diese Gruppe beinhaltet auch die aus dem Ausbau entstehenden Baurestmassen.

2.3.6.3 Verwaltungsvorschriften zum Kreislaufwirtschafts- und Abfallgesetz

Verwaltungsvorschriften in Form von Richtlinien und technischen Anleitungen haben keinen zwingenden Charakter im Sinne rechtskräftiger Verordnungen, sondern dienen Vollzugsbehörden als Prüfungs- und Entscheidungsgrundlage. Die TA Abfall ist eine Verwaltungsvorschrift und Teil eines Gesamtregelwerkes für besonders überwachungsbedürftige Abfälle.

TA Abfall

Ziel der am 12.3.1991 erlassenen „Technischen Anleitung zur Lagerung, chemisch/physikalischen und biologischen Behandlung, Verbrennung und Ablagerung von besonders überwachungsbedürftigen Abfällen" (TA Abfall) ist die Gewährleistung einer umweltverträglichen Abfallentsorgung nach § 10 Abs. 4 KrW-/AbfG, wobei es sich hier nur um die Regelung der Verwertung und sonstigen Entsorgung besonders überwachungsbedürftiger Abfälle, nicht aber um deren Vermeidung handelt. Die TA Abfall enthält technische, organisatorische und administrative Anforderungen an die Entsorgung von Sonderabfällen.

TA Siedlungsabfall

Grundlage bei der Erstellung von Abfallwirtschaftskonzepten zur Vermeidung, Verwertung, Behandlung und sonstigen Entsorgung von Siedlungsabfällen – hierzu zählt die Gesamtheit der Bauabfälle – bildet die Technische Anleitung Siedlungsabfall (TA-SI).

Die TA-SI gibt Mindestanforderungen für die Planung, Errichtung und den Betrieb von Abfallbehandlungs- und Verwertungsanlagen und die Ablagerung von Abfällen vor. Ziel der TA-SI ist es, die Mengen der zur Deponierung gelangenden Siedlungsabfälle zu verringern, indem die entsorgungspflichtigen Körperschaften die Möglichkeiten der stofflichen Verwertung und Schadstoffentfrachtung weitgehend ausschöpfen. Zu diesem Zweck werden die Kriterien für die Zuordnung von Abfallströmen an Entsorgungsverfahren und Anforderungen an die stoffliche Verwertung (einschließlich Kompostierung) und Schadstoffentfrachtung normiert.

Ein wesentliches Kriterium zur Verringerung des Abfallaufkommens ist die Verwertung. Um diese abzusichern, geht die TA-SI von dem Grundsatz der Getrennthaltung aus. So sind Schadstoffe und Wertstoffe grundsätzlich getrennt zu erfassen, um eine Nutzung der Wertstoffe zu ermöglichen oder um die Behandlung verwertbarer Restabfälle zu erleichtern [121].

Durch hinreichende Vorbehandlungsmaßnahmen muss sichergestellt sein, dass die abzulagernden Reststoffe weitestgehend schadstofffrei, homogenisiert und mineralisiert sind. Bei der Ablagerung des inertisierten Restabfalls müssen Reaktionen der Abfallstoffe untereinander und mit dem umgebenden Boden sowie eine nachteilige Beeinflussung des Grundwassers möglichst ausgeschlossen werden. Eine Möglichkeit der Vorbehandlung ist die Verbrennung z. B. des Hausmülls, wodurch organische Bestandteile im Abfall zuverlässig beseitigt und eine Umsetzung der organischen Bestandteile auf der Deponie in Deponiegas mit den dabei auftretenden kanzerogenen Inhaltsstoffen verhindert wird. Des weiteren kann durch eine Verbrennung sowohl das Volumen als auch das Gewicht verringert werden.

Für Deponien werden Vorgaben für Planung und Betrieb festgelegt. Hierzu zählen insbesondere Anforderungen an Festigkeit, organischen Anteil sowie Eluatkriterien für die vorgesehenen Deponieklassen I und II (Anhang B der TA Siedlungsabfall) [129].

2.4   Technische Rahmenbedingungen für eine nachhaltige Entwicklung im Bauwesen

2.4.1   Vorbemerkungen

Zu den Voraussetzung einer nachhaltigen Entwicklung im Bauwesen gehören neben den zuvor aufgezählten gesetzlichen Rahmenbedingungen auch eine Reihe technischer Kriterien, auf die im folgenden eingegangen wird.

Während der Erstellung bzw. der Nutzung von Bauwerken müssen Randbedingungen zum Bauprozess sowie hinsichtlich Schall-, Wärme- und Brandvorschriften beachtet werden. Bereits in der Planungsphase eines Bauwerks sind diverse technische Randbedingungen zu berücksichtigen, welche die Nachhaltigkeit der Konstruktion in den verschiedenen Lebensphasen signifikant beeinflussen. Für die Nachhaltigkeitsbeurteilung und insbesondere den zielführenden Vergleich verschiedener Ausführungsvarianten ist von entscheidender Bedeutung, dass das Objekt oder die funktionelle Einheit (siehe Abschn. 5.2) annähernd identische Eigenschaften und Randbedingungen aufweist.

Neben der Nutzungsphase haben insbesondere der Rückbau von Baukonstruktionen und die Entsorgung von Baumaterialien erheblichen Einfluss auf die Nachhaltigkeit des Bauwerks. Der *Rückbau* dient grundsätzlich der Auftrennung eines kompletten Gebäudes in kleinere, unterschiedlich große Einheiten. Der eigentlichen Verwertung oder Entsorgung geht z. B. häufig eine mehr oder weniger aufwendige Demontage von Baumaterialschichten bzw. Bauteilen voraus. Die *Entsorgung* umfasst für Baurestmassen mit positivem Marktwert eine Aufbereitung (Verwertung) oder Aufarbeitung (Wieder- und Weiterverwendung), welche sich wiederum aus unterschiedlichen verfahrenstechnischen Prozessen wie Zerkleinern, Sortieren oder Reinigen zusammensetzen. Baurestmassen mit negativem Marktwert werden thermisch verwertet oder auf einer Deponie beseitigt.

Um Optimierungspotentiale nachhaltig entworfener Baukonstruktionen über den Lebenszyklus identifizieren zu können, müssen die technischen Rahmenbedingungen für die maßgeblichen Rückbau- und Entsorgungsprozesse mit besonderem Augenmerk betrachtet werden. In den Abschnitten 2.4.3 und 2.4.4 werden die diesbezüglich zu beachtenden Randbedingungen ausführlich dokumentiert, da in diesem Bereich eine Vielzahl von Einflussgrößen zu beachten ist und nur wenige normative Regelungen bestehen. Demgegenüber liegen für die Rahmenbedingungen der Erstellungs- und der Nutzungsphase wissenschaftlich fundierte Bemessungsansätze vor, so dass die entsprechenden Ausführungen in Abschnitt 2.4.2 nur die wesentlichsten Grundlagen beinhalten.

2.4.2   Rahmenbedingungen in der Erstellungs- und der Nutzungsphase

In der der Erstellungsphase zugeordneten Entwurfs- und Planungsphase werden wesentliche Eigenschaften der Baukonstruktion festgelegt. Das der Bemessung zu Grunde liegende Sicherheitskonzept spielt für den erforderlichen Baustoffeinsatz in den einzelnen Bauteilen eine wichtige Rolle. Durch die Vorgabe nahezu einheitlicher Versagenswahrscheinlichkeiten für alle Bauarten (Holzbau, Massivbau, Stahlbau) in DIN 1055-100 ist weitestgehend sichergestellt, dass bezüglich der Standsicherheit und der Gebrauchstauglichkeit der Konstruktion ähnliche Randbedingungen vorliegen, wodurch ein baustoffübergreifender Vergleich erst möglich ist. Gleichzeitig müssen die auf das Bauwerk wirkenden Beanspruchungen eindeutig definiert sein. Dies ist in der Bemessungspraxis durch die Berücksichtigung der normativen Regelungen zu den Einwirkungen in DIN 1055 gewährleistet. Die neueste Generation der Einwirkungs- und Bemessungsnormen basiert diesbezüglich auf dem so genannten Teilsicherheitskonzept, welches von einer Bauteilversagenswahrscheinlichkeit von $1 \cdot 10^{-6}$ ausgeht und ein sehr gleichmäßiges Zuverlässigkeitsniveau aufweist. Das für die Bauwerkserstellung gewählte Bauverfahren beeinflusst die Nachhaltigkeit der Konstruktion insbesondere in ökonomischer, aber auch in ökologischer Hinsicht. Ein in Ortbetonbauweise errichtetes Tragwerk benötigt einen anderen Personaleinsatz und andere Baumaschinen als ein im wesentlichen aus Fertigteilen bestehendes Gebäude. Diesbezügliche Unterschiede sollten also in einer Nachhaltigkeitsanalyse zumindest näherungsweise Berücksichtigung finden.

In der Nutzungsphase ist der Energieverbrauch für den Betrieb des Gebäudes hinsichtlich der Nachhaltigkeit von entscheidender Bedeutung. Eine vergleichende Untersuchung muss sich daher stets auf Bauwerke mit gleichen Randbedingungen bezüglich des geforderten und gewünschten Wärmeschutzes beziehen. Bei abweichenden Randbedingungen bezüglich des baulichen Wärmeschutzes, muss der jährliche Heizenergiebedarf in eine Analyse mit einbezogen werden. Der gewünschte Standard beeinflusst zusätzlich die Materialwahl für die Außenhaut und die zugehörige Materialmenge sowie die Art und den Umfang der technischen Anlagen in erheblichem Umfang. Durch gesetzliche Vorgaben in DIN 4108 bzw. der Energieeinsparverordnung (vgl. Abschn. 2.3.3 und 3.3) liegen hier einheitliche Rahmenbedingungen für Gebäude mit ähnlicher Nutzung vor. Darüber hinaus müssen weitere Anforderungen zum Schallschutz nach DIN 4109 beachtet werden, da nach § 18.2 der Musterbauordnung Gebäude „einen ihrer Nutzung entsprechenden Schallschutz" aufweisen müssen. Ferner sind Anforderungen hinsichtlich des Brandschutzes nach DIN 4102 zu berücksichtigen, um der Entstehung eines Brandes sowie der Ausbreitung von Feuer und Rauch vorzubeugen und im Brandfall die Rettung von Lebewesen zu ermöglichen. Weitere normative Regelungen betreffen den Feuchteschutz (DIN 4108), die Bauwerksabdichtung nach DIN 18 195 sowie den Nutzungskomfort in Form von Behaglichkeitskriterien.

2.4.3   Rahmenbedingungen in der Rückbauphase

Rückbauprozesse werden maßgeblich durch die eingesetzten Verbindungstechniken zwischen einzelnen Materialien und Bauteilen beeinflusst. Die Umweltbelastung durch Bauschuttentsorgung oder -aufarbeitung hängt wiederum signifikant von der Sortenreinheit verschiedener Materialfraktionen und somit von der gewählten Rückbaustrategie ab [156]. Die angestrebte Rückbaustrategie bestimmt daher indirekt die einzusetzenden Verbindungstechniken und die möglichen Entsorgungsprozesse und deren Auswirkungen auf verschiedene Nachhaltigkeitsaspekte. In einer Nachhaltigkeitsanalyse müssen daher die Prozessstufen *Rückbau* und *Entsorgung* mit ihren gegenseitigen Abhängigkeiten unter Berücksichtigung der Verbindungswahl betrachtet werden. Im Folgenden werden zunächst die Rahmenbedingungen für die Prozessstufe *Rückbau* beschrieben, welcher neben dem Logistikaufwand für das Sammeln und Sortieren sowie den verfahrenstechnischen Schritten der Aufbereitung wesentlich zu den Auswirkungen auf die Nachhaltigkeit einer Baukonstruktion beiträgt.

Grundsätzlich sind zwei alternative Varianten für den Rückbau eines Gebäudes zu unterscheiden. Der Abbruch eines Bauwerkes kann einerseits mit konventionellen Abbruchverfahren und Großgeräten ohne differenzierte Demontage und Sortierung von Baurestmassen vor Ort (*Konventioneller Abbruch*) erfolgen. Andererseits ist der Rückbau eines Bauwerkes mit selektiven Abbruchmethoden und einer möglichst weitgehenden Gewinnung von sortierten, separierten Baurestmassen vor Ort (*Selektiver Rückbau oder Demontage*) möglich. Während es vor einigen Jahrzehnten noch üblich war Gebäude auch händisch abzubrechen und die anfallenden Baurestmassen zu verkaufen, wurde dieser kontrollierte Rückbau durch Bauzeitverkürzungsbestrebungen in letzter Zeit in den Hintergrund gedrängt [14]. Andererseits gewinnen die positiven Auswirkungen des Selektiven Rückbaus auf eine Verwertung von Baurestmassen zunehmend an Bedeutung und tragen dazu bei, dass dieser Rückbaustrategie wieder mehr Aufmerksamkeit geschenkt wird. Die Vorgaben des Kreislaufwirtschaft-Abfallgesetzes führen dazu, dass heute der konventionelle Abbruch kaum noch durchgeführt werden kann. Vor einem Abbruch mit Großgeräten (in dieser Arbeit als konventioneller Abbruch bezeichnet) muss ein Gebäude in der Regel entkernt (Ausbau von technischen Installationen sowie einzelnen Schichten des Innenausbaus) und von einer Kontamination mit Schadstoffen befreit werden.

Die Festlegung einer bestimmten Abbruchvariante ist zum Zeitpunkt einer Planung sehr schwer möglich [57]. Ausschlaggebend für die Wahl sind die im Folgenden aufgeführten Randbedingungen [138]:

- zukünftige Strategie für die Entsorgung anfallender Baurestmassen (Deponierung oder Verwertung)
- Bauweise und Konstruktion (eingesetzte Verbindungstechniken)
- Annahmegebühren und Bedingungen von Recycling- oder Entsorgungsanlagen
- rechtliche Rahmenbedingungen und Einschränkungen (Erschütterung, Lärm, Staub)
- lokale Aspekte (Platzverhältnisse am Abbruchort, Beschaffenheit des Untergrundes)
- vorgegebener Zeitplan sowie Lohn- und Transportkosten

Es ist offensichtlich, dass die eingesetzten Verbindungstechniken für Bauteile und Bauteilschichten die Entscheidung für oder gegen eine bestimmte Rückbaustrategie beeinflussen. Sind Verbindungen nicht lösbar und Bauteilschichten nur unter hohem Kosten- und Zeitaufwand trennbar, so wird in Abhängigkeit der anfallenden Kosten für Annahmegebühren und Bedingungen von Recycling- und Entsorgungsanlagen die Wahl in den meisten Fällen auf den konventionellen Abbruch fallen.

Für eine Verbesserung der Qualität verwertbarer Sekundärrohstoffe ist es allerdings erforderlich, verschiedene Materialfraktionen beim Rückbau und der Instandsetzung getrennt zu erfassen und weitgehend sortenrein einer Verwertung zuzuführen. Dies ist nur durch eine aus ökologischer Sicht optimale Vorgehensweise beim Rückbau, wie z. B. durch einen Selektiven Rückbau, zu erreichen.

Für einen Selektiven oder einen konventionellen Rückbau können die in Abbildung 2-6 dargestellten Abbruch- bzw. Rückbaumethoden zur Anwendung kommen. In der Regel werden für den Rückbau mehrere der aufgeführten Rückbau- und Dekontaminierungsmethoden parallel angewendet.

Der Einsatz von Presslufthammer, von Sprengverfahren, der Abriss-Fallbirne oder von Hydraulikmeißeln belastet beim derzeit noch weit verbreiteten konventionellen Abriss die nähere Umgebung durch Lärm, Staub und Erschütterungen. Die üblicherweise verwendeten

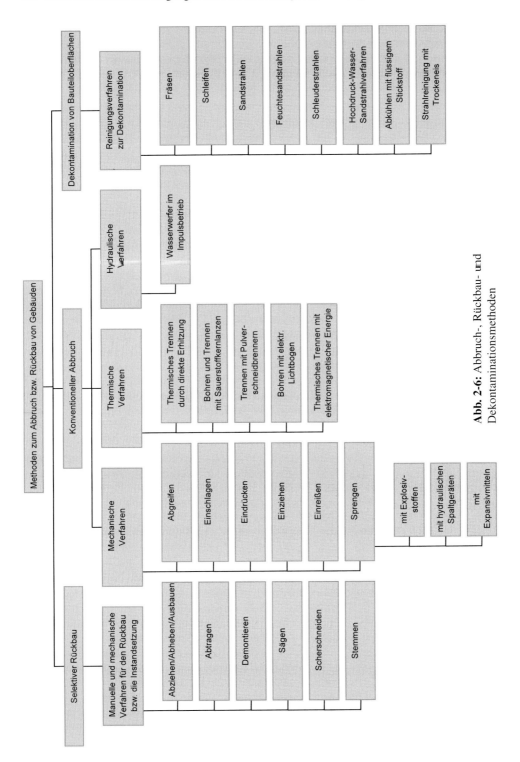

Abb. 2-6: Abbruch-, Rückbau- und Dekontaminationsmethoden

Großgeräte verbrauchen Energie und beanspruchen die Umwelt zusätzlich auf globaler Ebene. Des Weiteren werden Baurestmassen unkontrolliert zerstört und liegen in einem heterogenen Stoffgemisch vor, wodurch eine qualitativ hochwertige Verwertung – wenn überhaupt – nur unter hohem Kosten- und Zeitaufwand möglich ist. In den meisten Fällen führt diese Vorgehensweise zur Beseitigung wertvoller Sekundärrohstoffe auf der Deponie.

Vorteile gegenüber dem Selektiven Rückbau sind der eingesparte Platzbedarf für das Lagern unterschiedlicher Materialfraktionen, ein geringerer Zeitbedarf sowie aus wirtschaftlicher Sicht eine schnelle Nachnutzung der Fläche durch einen schnellen Abbruchfortschritt.

Nachteilig gegenüber dem Selektiven Rückbau mit einer Kreislaufführung von Rohstoffen ist die erforderliche Nachsortierung auf dem Gelände des Abbruchunternehmens oder der Materialaufbereitungsgesellschaft und die dadurch entstehenden hohen Kosten für die Baurestmassenbehandlung.

Ein Selektiver Rückbau erfolgt im Idealfall durch Demontage einzelner Bauteile in einer zum Bau umgekehrten Reihenfolge. Diese Vorgehensweise erweist sich als interessante Alternative zum konventionellen Abbruch, da eine Gewinnung von wiederverwendbaren Bauteilen ermöglicht und eine Vermischung der verschiedenen Materialien vermieden wird [7]. Baurestmassen können somit größtenteils schad- und störstofffrei einer Aufbereitung zugeführt werden. Die Zusammensetzung bzw. der Verschmutzungsgrad einzelner Materialfraktionen und somit die Möglichkeiten zur Kreislaufführung lassen sich gezielt durch die Demontagetiefe und Selektivität des Gebäuderückbaus beeinflussen. Der Rückbau lässt sich in mehrere Phasen aufteilen, die in Abbildung 2-7 dargestellt sind [62, 130].

Beim Selektiven Rückbau spielen die durch die Demontage und das Trennen verursachten Kosten gegenüber einem konventionellen Abbruch mit Großgeräten eine maßgebliche Rolle. Dies gilt insbesondere für das Produktrecycling, für das die zerstörungsfreie Demontage einer der vorbereitenden Schritte für die Aufarbeitung ist. Aber auch mit dem Ziel des Materialrecycling werden Demontageschritte während des Rückbaus erforderlich, um unverträgliche Werkstoffe voneinander zu trennen, reine Wertstofffraktionen zu erreichen oder Werkstoffe mit Gefahrenpotential zu separieren [18].

Informationen zur stofflichen Zusammensetzung abzubrechender Bauwerke sind oft nur schwer oder sogar überhaupt nicht zu erhalten. Daher bedingt der Selektive Rückbau einen höheren Planungsaufwand der Abbruchmaßnahme [130]. Er umfasst in der Regel eine größere Anzahl von Vorgängen, ist personalintensiver und erfordert einen höheren Zeitaufwand. Weitere Nachteile gegenüber dem konventionellen Abbruch sind der hohe Platzbedarf zur Sortierung der einzelnen Materialfraktionen auf der Baustelle sowie der Einsatz verschiedener kleinteiliger Geräte und Maschinen.

Zurzeit besteht die weit verbreiteten Annahme, dass ein kontrollierter Rückbau gegenüber einem konventionellem Abbruch einen höheren ökonomischen Aufwand verursacht. Zur Untersuchung der technischen und ökonomischen Durchführbarkeit des Selektiven Rückbaus wurden hierzu von der TU Karlsruhe verschiedene Objekte analysiert. Es hat sich gezeigt, dass die Kosten, die durch die Demontage von Bauelemente entstehen, einerseits durch Gewinne durch den Verkauf der wiederverwendbaren Elemente (massenmäßig ca. 1 % bis 6 % der anfallenden Baurestmassen), andererseits durch die Reduktion der Verwertungskosten (bis zu 92 % der Materialien können stofflich verwertet werden) mehr als kompensiert werden [7]. Allerdings wurde auch festgestellt, dass die wirtschaftliche Durchführbarkeit eines Selektiven Rückbaus stark von regional unterschiedlichen gesetzlichen Rahmenbedingungen sowie den Verwertungs- und Entsorgungskosten abhängt. Optimierte Demontagekonzepte, die bereits in der Planungsphase von Neubauten ansetzen, sind für einen wirtschaftlich umsetzbaren Selektiven Rückbau Voraussetzung.

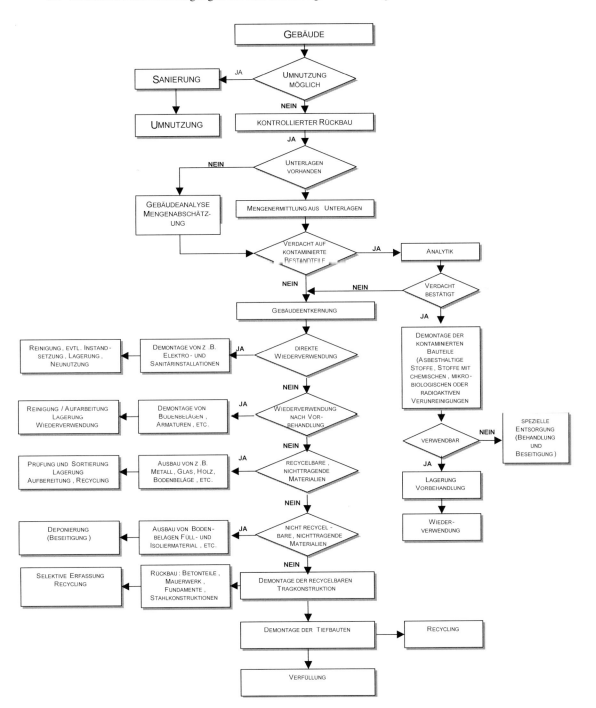

Abb. 2-7: Ablaufplan zum kontrollierten Rückbau

2.4.4   Rahmenbedingungen in der Entsorgungsphase

Um den Anforderungen für Sekundärrohstoffe zu genügen, müssen Baurestmassen im Allgemeinen als sortenreine Materialfraktionen vorliegen. Werden während des Abbruchs unterschiedliche Materialien nicht voneinander getrennt gewonnen oder liegen Verbundmaterialien vor, die im Rahmen eines Abbruchvorgangs nicht getrennt werden können, muss eine Sortierung im Rahmen der Aufbereitung erfolgen. Vermischt anfallende Baurestmassen werden zerkleinert, in die verschiedenen Stofffraktionen aufgetrennt und können zu qualitativ hochwertigen Recyclingprodukten verarbeitet werden.

Es lassen sich zwei verschiedene Anlagengrundtypen für die Aufbereitung von Baurestmassen, die beim Abbruch eines Bauwerks anfallen, unterscheiden:

- Sortieranlagen für Baustellenmischabfälle und
- Bauschuttaufbereitungsanlagen.

Diese beiden Anlagentypen werden sowohl einzeln als auch kombiniert betrieben. Der Aufbau und die Verfahrensschritte dieser Anlagen sind in Abbildung 2-8 dargestellt.

Gemischte Baustellenabfälle müssen, im Gegensatz zu Bauschutt, bei dem die Zerkleinerung im Vordergrund steht, sortiert werden. Dabei steht die Klassifizierung in Leicht- und Schwerfraktionen im Vordergrund. Ziel ist das Aufteilen von Baureststoffen in mineralische, metallische sowie brennbare Bestandteile. Anschließend können die getrennten Materialfraktionen einem weiteren Verwertungs- oder Entsorgungsprozess zugeführt werden (Bauschuttaufbereitung, Schrottverwertung, Verbrennung oder Deponierung).

Eine Vorsortierung von Baustellenmischabfällen kann bereits am Ort der Rückbau-Maßnahme stattfinden, um vorgegebene Anforderungen bezüglich der Beschaffenheit der zur weiteren Verwertung anstehenden Reststoffe zu erfüllen. Hierzu bedarf es entsprechender Platzverhältnisse sowie der Bereitstellung personeller wie auch technischer Kapazitäten. Die Sortierung selbst kann mit Hilfe von semimobilen Sortieranlagen ebenfalls direkt auf der Baustelle geschehen. Ansonsten erfolgt die Sortierung nach dem Abtransport der Baustellenabfälle in stationären Sortieranlagen.

Das Ziel einer Bauschuttaufbereitung ist die Verarbeitung von gemischtem Bauschutt zu mineralischen Sekundärbaustoffen mit definierter Zusammensetzung und Korngrößenverteilung, die frei von unerwünschten Verunreinigungen, wie Bewehrungsstahl, Holz, Kunststoffen und anderen Leichtfraktionen ist. Die verfahrenstechnischen Grundoperationen bei der Aufbereitung von Baurestmassen sind in Abbildung 2-8 dargestellt. Dabei können die Aufbereitungsstufen, je nach Zusammensetzung des Bauschutts, verschieden angeordnet sein [115].

Zur Bewertung von Entsorgungsprozessen müssen verschiedene Entsorgungs-, Aufbereitungs- und Nachnutzungsmöglichkeiten betrachtet werden, denen ein Produkt nach Ende des Gebrauchs zugeführt werden kann. Eine Nachnutzung kann unter Beibehaltung der Produktgeometrie als Verwendung bzw. unter Auflösung als Verwertung erfolgen [107]. Des Weiteren können Produkte thermisch verwertet, kompostiert, thermisch beseitigt oder nach Zerkleinerung deponiert werden. Auf dieser Grundlage ergeben sich für die Entsorgung von Baurestmassen acht unterschiedliche Entsorgungswege[1], wobei drei Hauptgruppen unterschieden werden:

---

[1] Diese acht Entsorgungspfade werden auch in der so genannten „Delft Ladder" beschrieben [74].

- Verwendung (Wiederverwendung und Weiterverwendung)
- Verwertung (Wiederverwertung (Recycling und Upcycling), Weiterverwertung (Downcycling, Verwertung mit Energienutzung)
- Deponierung (Kompostierung, Verbrennung und Deponierung, sonstige Behandlung und Deponierung)

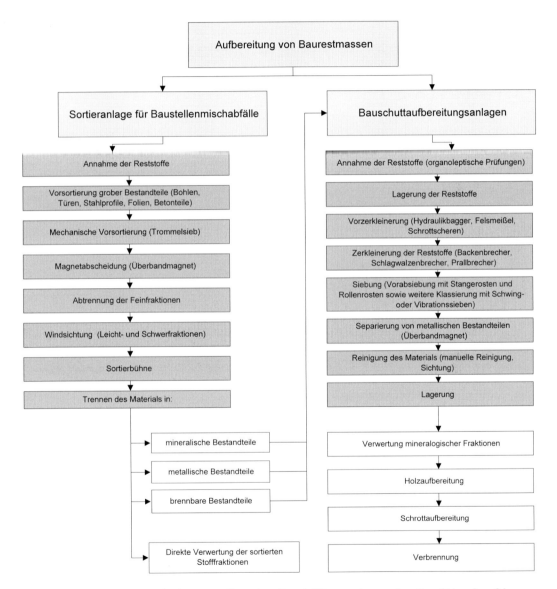

Abb. 2-8: Verwertungsmaßnahmen von Bauschutt/Bauabfällen aus konventionellen Abbruchverfahren

Die einzelnen Verwertungs- bzw. Entsorgungswege von Baurestmassen sind wie folgt definiert:

1. Wiederverwendung

Eine Wiederverwendung liegt dann vor, wenn ein Baureststoff nach einer eventuell notwendigen geringfügigen Aufarbeitung (z. B. Reinigung) ohne Veränderung seiner Gestalt wieder mit der gleichen Funktion wie zuvor verwendet wird. Ein Beispiel für eine Wiederverwendung eines Baureststoffes aus dem Ausbau ist z. B. die Wiederverwendung eines PVC-Fensters, das bei unbeschädigtem Ausbau wieder als Fenster in einem anderen Bauwerk eingesetzt werden kann.

2. Weiterverwendung

Bei dieser Recyclingform bleibt, wie bei der Wiederverwendung, die Gestalt des Reststoffes erhalten. Allerdings erfüllt das Material oder das Bauteil nicht mehr seine ursprüngliche Funktion, sondern wird für einen anderen Zweck eingesetzt. Bei dem Behandlungsprozess, den das Produkt für seine Rückführung in den Wirtschaftskreislauf durchlaufen muss, spricht man, wie bei der Wiederverwendung, von einer Aufarbeitung. Beispiele für eine Weiterverwendung sind die weitere Nutzung einer Pfandflasche als Blumenvase oder die erneute Verwendung von ehemals als Dämmstoff genutzten Blähperliten als Bodenhilfsstoffe.

3. Stoffliche Wiederverwertung

Bei einer Wiederverwertung liegt der Reststoff nach dem Aufbereitungsprozess nicht mehr in seiner ursprünglichen Produktgestalt vor. Durch fertigungstechnische Prozesse, wie z. B. Einschmelzen, Zerkleinern, etc., wird das Produkt einer Aufbereitung unterzogen und anschließend wieder in einen gleichartigen Herstellungsprozess zurückgeführt, aus dem der Reststoff stammte. Ein Beispiel für eine Wiederverwertung eines Baureststoffes aus dem Ausbau ist das Einschmelzen eines Fensterglases und die anschließende Herstellung eines neuen Fensterglases aus dieser Glasmasse.

4. Stoffliche Weiterverwertung

Bei der Weiterverwertung, wird analog zur Wiederverwertung, die Produktgestalt des Reststoffes durch verschiedenartige, technische Prozesse aufgelöst. Nach dieser Aufbereitung wird der daraus gewonnene Stoff allerdings nicht wieder für die Produktion des Ausgangsstoffes eingesetzt, sondern erfüllt am Ende der Verwertung eine andere Funktion als der Ausgangsstoff. Um bei dem Beispiel des Fensterglases zu bleiben, würde dieses bei einer Weiterverwertung z. B. eingeschmolzen und als Material zur Produktion von Glaswolle verwendet. Eine andere weitverbreitete Form der Weiterverwertung von Baurestmassen ist die Nutzung als Verfüllmaterial.

5. Verwertung mit Energienutzung

Nach dem KrW-/AbfG handelt es sich bei einem Entsorgungsprozess um eine thermischen Verwertung, wenn Abfälle als Ersatzbrennstoffe eingesetzt werden und der Hauptzweck der Verbrennung – im Gegensatz zur thermischen Behandlung von Abfällen zur Beseitigung – nicht auf eine Inertisierung und Volumenreduktion abzielt, sondern auf die Energiegewinnung gerichtet ist.

Eine energetische Verwertung ist nur zulässig, wenn der Heizwert des einzelnen Abfalls ohne Vermischung mindestens 11.000 kJ/kg beträgt (bei nachwachsenden Rohstoffen wie Holz, Papier darf der Heizwert auch unter 11.000 kJ/kg liegen), ein Feuerungswirkungsgrad von mindestens 75 % erreicht wird, die entstehende Wärme/Energie an Dritte abgegeben oder selbst genutzt wird und die bei der thermischen Verwertung anfallenden Reststoffe ohne weitere Behandlung abgelagert werden können [27]. Werden Heizwerte und Mindestwirkungsgrad verfehlt, gilt der Vorgang als thermische Beseitigung bzw. thermische Vorbehandlung mit anschließender Deponierung, selbst wenn die dabei erzielte Wärme und/oder Energie genutzt wird.

6. Kompostierung

Da bei einer Kompostierung kein neues Produkt entsteht, wird dieser Vorgang nicht zu den Verwertungsmaßnahmen gezählt, sondern der Hauptgruppe Deponierung zugeordnet.

Bei einer Kompostierung werden organische Substanzen durch Mikroorganismen biochemisch abgebaut und umgesetzt, was zu einer Volumenreduktion des Abfalls führt. Als Abbauprodukte entstehen unter anderem Wasser und Kohlendioxid, als Umbauprodukte entstehen, neben anderen, Huminstoffe [108]. Verarbeitet werden können bei der Kompostierung prinzipiell alle Stoffe, die organischen Ursprungs und biologisch abbaubar sind. Diese Stoffe dürfen keine Schad- und Störstoffe enthalten, die eine Verwertung der Komposte verhindern oder erschweren.

7. Verbrennung/Deponierung (Thermische Beseitigung)

Neben mineralischen Abfällen, wie Bauschutt, erfüllen nach derzeitigem Stand der Technik nur thermisch vorbehandelte Reststoffe die Kriterien, die eine Ablagerung auf Deponien zulassen [147]. Durch die Verbrennung in Müllverbrennungsanlagen vor der Deponierung wird sowohl das Volumen als auch das Gewicht des Abfalls reduziert. Organische Anteile der Abfälle werden weitestgehend beseitigt und es kommt zu einer thermischen Zerstörung organischer Schadstoffe, d. h. zu einer Hygienisierung des Abfalls. Die eigentlichen verbleibenden Rückstände der Verbrennung müssen in Glasschlacken überführt werden, die entweder durch Einbindung, z. B. als Zuschlagstoff, wiederverwertet oder aber gefahrlos abgelagert werden können.

8. Behandlung/Deponierung

Ausreichend inertisierte Stoffe, wie z. B. mineralische Stoffe (Bauschutt), die den Anforderungen an eine Deponierung genügen, können ohne Vorbehandlung deponiert werden. Zur Volumenreduktion wird einer endgültigen Deponierung oft eine mechanische Behandlung vorgeschaltet. Die mechanische Behandlung umfasst in diesem Fall eine Zerkleinerung und Homogenisierung des Abfalls, ähnlich dem Vorgang zur Bauschuttaufbereitung.

Abbildung 2-9 gibt einen zusammenfassenden Überblick über die Regelungen zur Verwertung bzw. Beseitigung.

Eine Deponierung von Abfällen sollte immer die letzte Möglichkeit der Entsorgung darstellen. Nur Abfälle, die keiner Verwertung zugeführt werden können, sollen auf Deponien dauerhaft abgelagert werden.

Die TA Siedlungsabfall schreibt vor der Deponierung die weitgehende Inertisierung von Abfällen vor. Nach einer Übergangsfrist bis zum Jahr 2005 sollen die Eigenschaften der abzulagernden Reststoffe eine nachsorgefreie Entsorgung auf den Deponien sicherstellen. Dieses

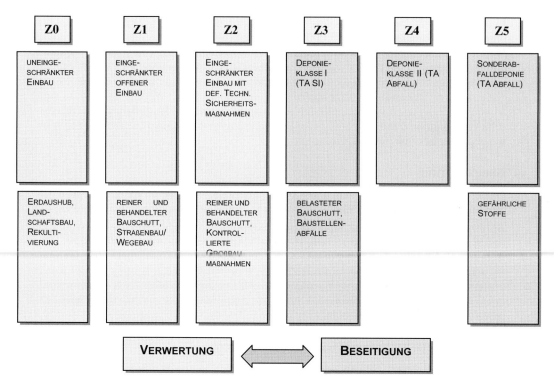

Abb. 2-9: Deponieklassen [27]

Ziel und die Volumenverringerung der Abfallmengen wird durch eine Vorbehandlung (thermisch, biologisch, mechanisch) der Reststoffe vor der Ablagerung erreicht. Die TA Siedlungsabfall unterscheidet zwischen zwei Deponietypen bzw. Deponieklassen, die hinsichtlich des Deponiestandortes und der Deponieabdichtung (Basis- und Oberflächenabdichtung) unterschiedlich strengen Anforderungen unterliegen.

Deponieklasse I (Mineralstoffdeponie)

Für Bauabfälle, die auf einer Deponie der Klasse I abgelagert werden sollen, sind besonders hohe Anforderungen an den Inertisierungsgrad bzw. Mineralisierungsgrad der abzulagernden Abfälle (z. B. Bauschutt, verglaste Schlacke) einzuhalten. Hinsichtlich des Deponiestandortes und der Deponieabdichtung werden relativ geringe Anforderungen gestellt [7, 126]. Auf Mineralstoffdeponien (Deponieklasse I) können Bauschutt, Straßenaufbruch, Bauabfälle und bauschuttähnliche Abfälle zur Ablagerung gebracht werden. Neben den üblichen Ablagerungsmaterialen wie Beton, Estrich, Mörtel usw. gelangen auch andere Stoffe wie Papier, Holz und Beläge auf diese Deponien, weil sie z. T. mit den restlichen Materialien verbunden sind.

Deponieklasse II

Bei Deponien der Klasse II sind die Anforderungen hinsichtlich des Inertisierungsgrades der abzulagernden Abfälle geringer. Die Anforderungen an die Deponieabdichtung und den Standort sind jedoch wesentlich anspruchsvoller als bei Deponien der Klasse I.

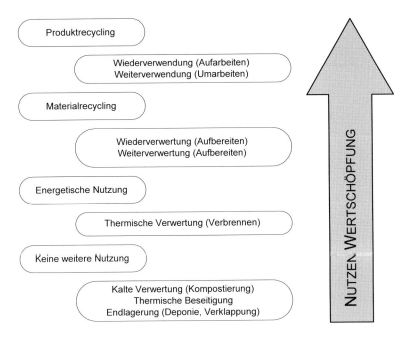

Abb. 2-10: Wertschöpfungskette von Entsorgungspfaden

Abfälle, die weder die Zuordnungskriterien (Festigkeit, organischer Anteil des Trocken-rückstandes der Originalsubstanz, Eluatkriterien) der Deponieklasse I noch der Klasse II erfüllen, können auf Sonderabfalldeponien gelagert werden.

Betrachtet man die reine Wertschöpfungskette so ergibt sich die in Abbildung 2-10 dargestellte Hierarchie. Für eine wirtschaftlich umsetzbare Kreislaufführung von Bauprodukten muss der aus dem Recycling erwachsende Nutzen ein möglichst hohes Wertschöpfungspotential realisieren. In diesem Fall werden die Erlöse sowie auch Auswirkungen auf unsere Umwelt durch Sekundärprodukte und eingesparten Aufwand für die Deponierung der Produkte maximiert und der mit dem Recycling verbundene Aufwand minimiert.

Die Verwertung von Produkten und Materialien während der Produktentstehung, während des Gebrauchs und nach dem Ende des Produktlebens ist zunehmend als Alternative zu der bisher üblichen Entsorgungsstrategie „Deponierung/Energetischer Nutzen" zu verstehen [18].

Wenn ein hoher Energieeinsatz oder zusätzliche Hilfsstoffe und natürliche Rohstoffe zur Aufbereitung von Sekundärmaterialien benötigt werden, stellt die Verwendung oder Verwertung allerdings nicht immer die beste Entsorgungsstrategie dar. Idealerweise sollte für jeden Einzelfall durch detaillierte Untersuchungen (Ökobilanzen und Wirtschaftlichkeitsuntersuchungen) entschieden werden, welche der möglichen Strategien die ökologisch und ökonomisch günstigste und auch technisch realisierbar ist.

3 Strategien für eine nachhaltige Entwicklung im Bauwesen

3.1 Überblick

Ziel dieses Kapitels ist es, verschiedene Strategien und Entwurfskonzepte für eine nachhaltige Entwicklung im Bauwesen im Gesamtzusammenhang vorzustellen. Da es sich hierbei um Strategien handelt, die mehrere der in Abschnitt 2.2.2 aufgeführten Indikatoren aufgreifen, spricht man auch von „mehrkriteriellen" Strategien, durch deren Umsetzung einzelne Lebensabschnitte eines Bauwerks optimiert werden können. Es ist zu beachten, dass eine Umsetzung dieser Strategien – isoliert von einer ganzheitlichen Betrachtung des kompletten Lebenszyklus – leicht zu gegenläufigen Auswirkungen innerhalb unterschiedlicher Lebensphasen führen kann. So macht es z. B. keinen Sinn, die Betriebsenergie während der Nutzung auf ein Minimum zu beschränken, wenn auf der anderen Seite zur Bauwerkserstellung ein ungleich höherer Energieeinsatz erforderlich ist. Nur eine ganzheitliche Betrachtung unter Berücksichtigung aller Lebensphasen sowie aller im Folgenden aufgeführten Kriterien ist für eine nachhaltige Entwicklung zielführend.

Bei den vorgestellten Strategien handelt es sich in der Regel um Konzepte, die anhand ökologischer Gesichtspunkte entwickelt wurden. Obwohl die Bedeutung wirtschaftlicher und gesellschaftlicher Aspekte unbestritten ist, werden diese Dimensionen der Nachhaltigkeit für die Optimierung von Baukonstruktionen bisher selten berücksichtigt und meist erst in einem nachgeschalteten Bewertungsvorgang erfasst.

3.2 Reduktion der Umweltbelastungen im Zuge der Bauwerkserstellung

Eine Möglichkeit zur Reduktion der Umweltbelastung durch das Bauen beruht auf einer Optimierung der Bauwerkserstellung durch eine nachhaltigkeitsorientierte Baustoffherstellung und entsprechend optimierte Baustellen- und Transportprozesse.

Die Baustoffherstellung umfasst die Gewinnung von Rohstoffen sowie ihre weitere Verarbeitung. Umweltbelastungen entstehen durch Energieumwandlung (Luftbelastung) sowie durch direkte Prozessemissionen (Wasser- und Bodenbelastung) [85]. Der Energieaufwand für die Herstellung von Baustoffen ist im Allgemeinen groß. Die Analyse, Bewertung und Optimierung der Bauwerkserstellung erfolgt üblicherweise mit Hilfe einer Ökobilanz. Diese gestattet die konkrete Erfassung des Rohstoffverbrauchs und des erforderlichen Energieaufwands. Eine detaillierte Beschreibung der einzelnen Verfahrensschritte einer Ökobilanz enthält Abschnitt 6.2.

Die Erfassung lokaler Umweltauswirkungen wie z. B. die Emission von Staub und die Einwirkungen durch Lärm oder Erschütterungen im Zuge der Bauwerkserstellung werden bei den zur Zeit üblichen Analysen nicht berücksichtigt, da das Verfahren der Ökobilanz hier keine methodischen Ansätze zur Verfügung stellt. An dieser Stelle wird üblicherweise auf gesetzliche Regelungen wie z. B. das Bundesimmissionsschutzgesetz verwiesen.

Um Umweltbelastungen durch die Bauwerkserrichtung detailliert abschätzen zu können, wurden in den letzten Jahren mehrere Ökobilanzstudien veröffentlicht, die hauptsächlich Daten zur Produktion von Baustoffen bereitstellen [z. B. 49, 77]. In diesem Rahmen erwähnenswert ist das Projekt „Ganzheitliche Bilanzierung von Baustoffen und Gebäuden" [56], in welchem unter Beteiligung der Baustoffindustrie Baustoffe des Rohbaus, des Ausbaus und für Heizanlagen bilanziert wurden. Durch die Verwendung einer einheitlichen Vorgehensweise zur Ökobilanzerstellung liegen Daten vor, die Durchschnittswerte für Deutschland darstellen. Sie sind untereinander vergleichbar und besitzen eine hohe Repräsentativität und Genauigkeit. Die Ergebnisse werden für jeden Baustoff in so genannten Baustoffprofilen in Form von fünf Kategorien zusammengefasst. Diese geben Aufschluss über die aus der Baustoffproduktion entstehenden Umweltbelastungen.

Des weiteren wurden mit Hilfe von Ökobilanzen Entwicklungspotentiale bei der Zementherstellung [32] und bei der Entwicklung von Wärmedämmverbundsystemen identifiziert. So hat z. B. die Zementindustrie in den vergangenen Jahren große Anstrengungen zur Verminderung des Brennstoffenergieverbrauches unternommen. Der anlagetechnische Wirkungsgrad und damit die Ausnutzung der Brennstoffenergie im Gesamtprozess beträgt heute über 70 %. Die Verringerung der Brennstoffenergie wurde insbesondere durch eine Änderung der Struktur der Ofenanlage bewirkt. Damit konnte eine deutliche Verminderung des CO_2-Ausstoßes erreicht werden. Durch den verstärkten Einsatz von Zement mit mehreren Hauptbestandteilen besteht die Chance, den erforderlichen Energieverbrauch auch in Zukunft nennenswert zu senken. Neben Zementklinker weisen in Deutschland insbesondere Hüttenzemente sowie ungebrannter Kalkstein eine technische Bedeutung als Hauptbestandteil auf. Eine weitere Möglichkeit der CO_2-Minderung besteht in der Ausweitung des Einsatzes von Sekundärbrennstoffen, die beim Klinkerbrennprozess, heizwertäquivalente fossile Brennstoffe substituieren und daher nicht an anderer Stelle zu CO_2-Emissionen führen [32].

Im Zuge der Bauausführung können im Wesentlichen Aspekte des Ressourcen- und Flächenverbrauchs und die Masse anfallender Abfälle optimiert werden. Als Konsequenz hieraus ergeben sich folgende Zielsetzungen [32]:

- Einsatz umweltverträglicher Bauverfahren: Verbesserung des Immissionsschutzes, d. h. den Schutz vor Lärm und Erschütterungen
- Verwendung umweltfreundlicher Bauzusatz- und Bauhilfsstoffe
- Einsatz umweltverträglicher und energieeinsparender Baumaschinen
- Verkürzung von Transportentfernungen für Baustoff- oder Bauteiltransporte
- Minimierung der Flächeninanspruchnahme durch Baustelleneinrichtung
- verbesserter Arbeitsschutz, z. B. weniger Erschütterungen und Lärm bei der Bauwerkserstellung
- Reduktion des Eingriffes in die Natur durch Verkürzung der Bauzeit
- Dauerhaftigkeit und lange Lebensdauer der Bauwerke durch optimale Ausführungsqualität
- Verringerung und verbesserte Verwertung von Bauabfällen

Zusammenfassend ist festzuhalten, dass eine Analyse der Bauwerkserstellung mit Hilfe von Ökobilanzen gute Ergebnisse liefert. Voraussetzung für eine objektive vergleichende Analyse verschiedener Baumaterialien oder Bauprozesse ist allerdings ein einheitliches Vorgehen sowie eine ausreichende Datengrundlage. Des Weiteren ist darauf hinzuweisen, dass Ökobilanzen häufig den erforderlichen Detaillierungsgrad bei der Beschreibung der langen Nutzungsphase von Bauprodukten vermissen lassen, obwohl hier die größten ökologischen Optimierungspotentiale zu erwarten sind [133].

3.3   Verringerung des Energiebedarfs von Gebäuden

3.3.1   Grundlagen zur Ressourcenschonung und zum Umweltschutz

Ein zentrales Ziel nachhaltigen Bauens muss die Optimierung des erforderlichen Energiebedarfs für die sehr lange Nutzungsphase von Gebäuden sein. Dabei ist zwischen den stark von der Nutzungsart abhängigen Energiemengen für den Betrieb des Gebäudes (z. B. Strom für Geräte) und dem durch die Baukonstruktion beeinflussbaren Energiebedarf für Heizung, Kühlung und Lüftung und Warmwasserbedarf zu differenzieren. Die derzeitigen Bestrebungen (z. B. der Energieeinsparverordnung, s. Abschn. 2.3.3) zielen auf eine deutliche Reduzierung des spezifischen Heizenergiebedarfs von Gebäuden ab. Die Energieträger, welche der Primärenergieerzeugung in Deutschland zu Grunde liegen, sind in Abbildung 3-1 dargestellt. Regenerative Energien (Wasserkraft, Windkraft, Solarenergie) kommen mit 2 % Anteil offensichtlich noch ungenügend zum Einsatz.

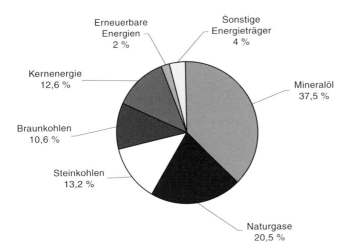

Abb. 3-1: Struktur des Primärenergieverbrauchs in Deutschland im Jahr 2000 [71]

Abbildung 3-2 gibt einen Überblick über die Struktur des Endenergiebedarfs in Deutschland und verdeutlicht, dass über alle Sektoren etwa ein Drittel der verbrauchten Energie zur Gebäudeerwärmung benötigt wird. Der Endenergiebedarf ist diejenige Energiemenge, die dem Gebäude tatsächlich zugeführt werden muss, und beinhaltet daher die innerhalb des Gebäudes anfallenden Verluste sowie die notwendige Energie zum Betrieb der Anlagentechnik. Der zugehörige Primärenergiebedarf ergibt sich durch die Berücksichtigung der zusätzlichen Energiemenge, die durch vorgelagerte Prozessketten außerhalb der Systemgrenze „Gebäude" bei der Gewinnung, Umwandlung und Verteilung der jeweils eingesetzten Brennstoffe entstehen [159].

Insgesamt wurden im Jahr 1998 ca. 3200 Peta-Joule zur Erzeugung von Raumwärme verwendet, davon ca. 2/3 im Bereich von Haushalten. Betrachtet man im Detail die zur Heizenergieerzeugung dienenden Energieträger (siehe Abb. 3-3), so ist wiederum die große Bedeutung der fossilen Energieträger Erdgas und Erdöl zu erkennen. Ersichtlich wird auch, dass die Verteilung der Heizenergieträger von örtlichen Gegebenheiten abhängt. Im städtischen Bereich

Endenergieverbrauch 2000

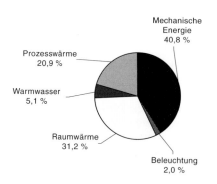

Endenergieverbrauch von Haushalten 2000

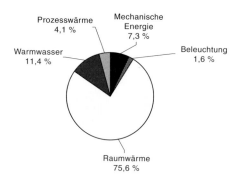

Abb. 3-2: Struktur des Endenergieverbrauchs in Deutschland im Jahr 2000 (nach [71])

Heizenergieträger in Deutschland 1998

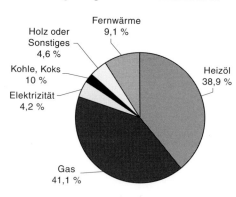

Heizenergieträger in Hamburg 1998

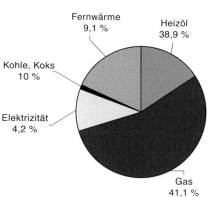

Abb. 3-3: Heizenergieträger für Haushalte [53]

wird naturgemäß ein wesentlich größerer Anteil des Heizenergiebedarfs durch den aus Umweltgesichtspunkten günstigeren Energieträger Fernwärme abgedeckt. Berücksichtigt man weiterhin, dass die weltweiten Vorräte fossiler Energieträger begrenzt sind und der Energiebedarf nur teilweise durch erneuerbare Energien abgedeckt werden kann, so ist das enorme Potential und die große Bedeutung der Energieeinsparung im Hinblick auf die Ressourcenschonung evident.

Neben der Reduzierung des Verbrauchs nicht erneuerbarer Ressourcen spielt aber auch der Umweltaspekt eine wichtige Rolle. Bei der Verbrennung fossiler Energieträger fallen erhebliche Schadstoffemissionen (CO_2, SO_2, NO_x) an, die beträchtliche Umweltwirkungen haben. So trägt z. B. der CO_2-Ausstoß maßgeblich zur globalen Erwärmung der Erdatmosphäre, dem Treibhauseffekt bei. In Tabelle 3-1 sind die CO_2-Emissionsfaktoren verschiedener Energieträger zusammengestellt. Es zeigen sich deutliche Vorteile bei der Fernwärme, während Strom extrem negativ abschneidet. Dies ist bei der Bewertung verschiedener Konzepte von Niedrigenergiehäusern zu beachten.

Tabelle 3-1: Zusammenstellung der CO_2-Emissionen verschiedener Energieträger (nach [47])

Energieträger	CO_2-Emissionsfaktoren in (g/kWh)		
	direkte Emission	indirekte Emission	gesamte Emission
Erdgas	198	11	209
Heizöl	263	25	288
Strom	584	39	623
Steinkohle	335	12	347
Braunkohle	403	62	465
Fernwärme	144	13	157

Tabelle 3-2: Anteilige Schadstoffemissionen nach Sektoren in Deutschland im Jahr 1997 in Anlehnung an [158]

Verursacher	Schadstoffe			
	CO_2	NO_x, NO_2	SO_2	Staub
Haushalte	16	6	8	14
Kleinverbraucher	6	2	3	2
Industrie	14	19	26	13
Verkehr	21	14	2	51
Energieerzeugung	43	59	61	20

Tabelle 3-2 zeigt, dass Haushalte – und hier im Wesentlichen der Energieverbrauch zum Heizen und zur Warmwasserbereitung – einen nicht zu vernachlässigenden prozentualen Anteil aufweisen. Eine deutliche Reduzierung des Energieverbrauchs in der Nutzungsphase von Gebäuden hat also nachhaltige Auswirkungen auf die von Menschen verursachten Umweltbelastungen.

3.3.2 Entwicklung energiesparender Bauweisen

Die erstmals im Jahr 1976 erlassene Wärmeschutzverordnung und deren Novellierung in den Jahren 1984 und 1995 hat die Entwicklung energiesparender Bauweisen entscheidend beeinflusst. In Abbildung 3-4 sind die zugehörigen Grenzwerte für den zulässigen Heizenergieverbrauch und die daraufhin entwickelten Gebäudetypen dargestellt. Ausgehend von Häusern mit Nutzung der Solarenergie, über die Entwicklung von Niedrigenergie- und Ultra-Niedrigenergiehäusern bis hin zu Passivhäusern, Null-Heizenergiehäusern und energieautarken Häusern sind wesentliche Fortschritte zu verzeichnen. Fassaden mit transparenter Wärmedäm-

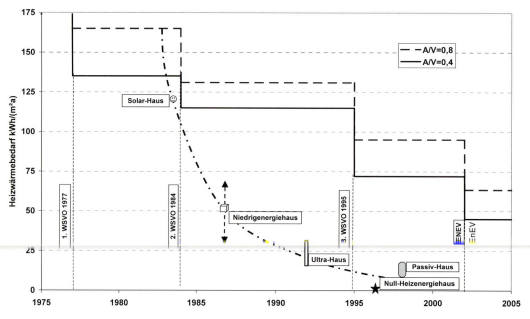

Abb. 3-4: Entwicklung des Heizwärmebedarfs von Niedrigenergiehäusern

mung und Ganzglasfassaden sind weitere Entwicklungen, die der Energieoptimierung dienen sollen. Während im Gebäudebestand mit Baujahren vor 1975 noch Verbrauchswerte von 200–400 kWh je Quadratmeter Nutzfläche im Jahr vorgefunden werden, benötigen nach neuesten Erkenntnissen gebaute Häuser weniger als 10 % dieses Heizenergiebedarfs. Bezogen auf die gesetzlichen Vorschriften dürfen Gebäude heute nur noch 1/3 der vor 25 Jahren zulässigen Heizwärme verbrauchen.

Niedrigenergiehäuser

Unter Niedrigenergiehäusern (NEH) werden Gebäude verstanden, deren maximaler Heizwärmebedarf die Anforderungen der Wärmeschutzverordnung 1995 um mehr als 30 % unterschreitet. Der Jahres-Heizwärmebedarf liegt somit etwa zwischen 30 und 70 kWh/(m^{2}a) [158]. Bei NEH werden die Transmissionswärmeverluste der Gebäudehülle im Wesentlichen durch die gute Wärmedämmung aller Außenbauteile, eine möglichst kompakte Gebäudeform, die Nutzung solarer Energiegewinnung sowie eine gute Luftdichtigkeit erreicht. Die Lüftung kann über die Fenster oder mit einer mechanischen Lüftungsanlage erfolgen.

Ultra-Niedrigenergiehäuser

Derartige Haustypen sind eine Weiterentwicklung der Niedrigenergie mit dem Ziel, die Transmissionswärmeverluste der Gebäudehülle weiter zu reduzieren [48]. Daher wird eine besonders kompakte Gebäudeform bevorzugt und es kommen Aufbauteile mit hochwertigem Wärmeschutz zur Anwendung. Aus Kostengründen werden die Fensterflächen nur gerade so groß gewählt, wie es für den Tagesbedarf notwendig ist. Die solare Energiegewinnung ist von nachrangiger Bedeutung, während die Abwärme aus der Heizungsanlage durch Anordnung der Heizräume im beheizten Bereich gezielt genutzt wird.

Passivhaus

Das Passivhaus-Konzept hat zum vorrangigen Ziel, die Investitionskosten für die Heizungs-technik zu minimieren und die Lüftungswärmeverluste drastisch zu reduzieren. Durch den sehr geringen Heizwärmebedarf kann eine konventionelle Heizungsanlage entfallen, es ist nur eine elektrische Nachheizung der Zuluft notwendig. Weiterhin sind besonders effiziente Passiv-hausfenster sowie eine mechanische Lüftung mit Wärmerückgewinnung erforderlich. Besonders große Fensterflächenanteile an der Südseite des Gebäudes dienen der solaren Wärmegewinnung. Passivhäuser sollen definitionsgemäß nur 1/5 des spezifischen Heizwärmebedarfs nach WSV 1995 aufweisen ($Q_H \leq 15$ kWh/m^{2}a). Dabei wurden jedoch die Lüftungswärmeverluste in der Heizperiode niedriger als bei der üblichen Berechnungsweise angesetzt. Passivhäuser können in schwerer Massivbauweise, aber auch in leichter Holzbauweise realisiert werden. Das Passiv-haus-Konzept achtet stets auf eine einfache, wartungs- und nutzungsfreundliche Haustechnik sowie eine besondere Qualitätssicherung hinsichtlich der konstruktiven Details (Wärmebrücken, Luftdichtigkeit). Im Zuge des Gebäudebetriebs kommen energieeffiziente Geräte zum Ein-satz, die den Gesamtenergiebedarf bei normaler Wohnnutzung auf 30 kWh/(m^{2}a) reduzieren sollen.

Null-Heizenergie-Haus

Dieser Gebäudetyp ist nach [48] dadurch gekennzeichnet, dass keinerlei Brennstoffkosten zur Erzeugung von Wärme entstehen. Dies wird erreicht, indem die gesamte Wärmegewinnung über Solarenergie in Kombination mit einem Langzeitwärmespeicher erfolgt. Dieser Speicher ist für einen möglichst effizienten Anlagenbetrieb in das beheizte Gebäudevolumen zu inte-grieren. Die Investitionskosten für Solaranlagen und Wärmespeicher sind erheblich höher als beim üblichen Niedrigenergiehaus.

Energieautarkes Haus

Das energieautarke Haus benötigt für seinen Betrieb keine fossilen Energieträger, sondern verwendet ausschließlich erneuerbare Energien. Die Erzeugung der Heizwärme und des Warm-wassers erfolgt über Sonnenkollektoren oder Geothermie. Der Strombedarf wird durch Pho-tovoltaik gewonnen. Der Investitionsaufwand für die Anlagentechnik ist sehr hoch, so dass bei den derzeitigen Energiekosten die Wirtschaftlichkeit des energieautarken Hauses nicht gegeben ist.

Fassaden mit transparenter Wärmedämmung (TWD)

Die wesentlichen Eigenschaften derartiger Bauteile sind eingehend in [61] beschrieben. Es handelt sich dabei um transparente Fassadenbekleidungen mit verschiedenartigen dahinter-liegenden Wandbildnern zur Energiespeicherung. Bei einer so genannten „Hybriden Transpa-renten Wärmedämmung" (HTWD) befindet sich zwischen Fassadenbekleidung und Wand ein Absorberregister für Wasser und an der Wandinnenseite ein Heiz- bzw. Kühlregister zur Ab-führung überflüssiger solarer Energie. In [61] wird überzeugend dargestellt, dass insbesondere die Umgebungsbedingungen (Strahlungsintensität, Außenlufttemperatur, Wind) und die innenseitigen Randbedingungen (z. B. Rohdichte des Wandbaustoffs) die möglichen Heiz-energieeinsparungen deutlich beeinflussen. Normale TWD-Fassaden sind demnach herkömm-lichen Wärme-Dämm-Verbundsystemen in Bezug auf die erreichte Heizenergieeinsparung in etwa gleichwertig, in wirtschaftlicher Hinsicht jedoch deutlich unterlegen. HDTW-Fassaden bieten demgegenüber signifikante energetische Vorteile.

Glas-Doppelfassaden (GDF)

Bei Büro- und Verwaltungsgebäuden, insbesondere bei Hochhäusern, muss die Gebäudehülle besonderen architektonischen Ansprüchen genügen. Dabei kommen aus technischen und ästhetischen Gründen (Belichtung, Optik, Vermietbarkeit) häufig Glasfassaden zur Anwendung. Bei derartigen Fassaden ist bei Verwendung hochdämmender Scheiben die für die Beheizung erforderliche Energie oftmals niedriger als die für die Einhaltung von Behaglichkeitskriterien im Sommer erforderliche Kühlleistung. Zur Sicherstellung des sommerlichen Wärmeschutzes wurden so genannte Glas-Doppelfassaden entwickelt. Einen exzellenten Überblick zum derzeitigen Entwicklungsstand sowie die Vor- und Nachteile verschiedener Varianten gibt [61]. Wesentliches Ergebnis ist, dass Glas-Doppelfassaden hinsichtlich des winterlichen Wärmeschutzes konventionellen Wärmedämmsystem gleichwertig sind, hinsichtlich des sommerlichen Wärmeschutzes jedoch extrem negativ abschneiden.

3.3.3   Nachhaltigkeitsorientierte Beurteilung energetisch optimierter Gebäude

Wie im vorangegangenen Abschnitt gezeigt, konnte der erforderliche Heizenergiebedarf in der Nutzungsphase von Gebäuden in der jüngeren Vergangenheit deutlich reduziert werden. Für eine ganzheitliche Nachhaltigkeitsbetrachtung in ökologischer und ökonomischer Hinsicht muss jedoch der kumulierte Energieaufwand (KEA) für Herstellung, Nutzung, Abriss und Entsorgung zugrunde gelegt werden. Abbildung 3-5 zeigt, dass das energieautarke Haus nicht das energetische Optimum darstellt, da die Energiemehrverbräuche für Herstellung und Abriss deutlich größer sind als die Energieeinsparung in der Nutzungsphase [47]. Den geringsten Gesamtenergieaufwand weist bei Annahme einer Nutzungsdauer von 50 Jahre das Nullheizenergiehaus auf. Bezüglich des Passivhauskonzepts ist zu berücksichtigen, dass der überwiegende Anteil des Heizenergiebedarfs aus der mechanischen Lüftung mit Wärmerückgewinnung resultiert. Der hierfür erforderliche Stromverbrauch ist in ökologischer Hinsicht nachteiliger zu beurteilen (vgl. Tabelle 3-1) als der direkte Verbrauch fossiler Energieträger.

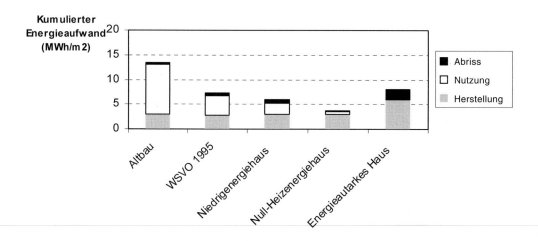

Abb. 3-5: Gesamtenergieaufwand unterschiedlicher Gebäudevarianten (nach [47])

Es ist aber auch zu beachten, dass bei Niedrigenergiehauskonzepten die Relevanz von Bauwerks-erstellungs- und Bauwerksinstandsetzungsprozessen in erheblichen Maß zunimmt [67]. Eine vor einigen Jahren durchgeführte Studie eines Bürohauses in Melbourne hat bestätigt, dass über eine Lebensdauer von 40 Jahren, in der mehrere Renovierungen stattfanden, der Gesamt-energieaufwand für die Baustruktur größer war als der Aufwand für die Betriebsenergie [146]. Zusammenfassend ist also festzustellen, dass Herstellungs- und Entsorgungsprozesse, die in energetischer Hinsicht bisher von untergeordneter Bedeutung waren, zukünftig an Relevanz signifikant zunehmen werden.

Während Nullheizenergiehäuser in energetischer und damit ökologischer Hinsicht das Opti-mum darstellen, sind sie dies in wirtschaftlicher Hinsicht unter Berücksichtigung aktueller Herstellungs- und Energiekosten leider nicht. Tabelle 3-3 veranschaulicht, dass für ein Einfa-milienhaus mit 150 m^2 Nutzfläche die Investitionskosten je eingesparte Kilowattstunde Heiz-energie mit höherem Wärmeschutzstandard überproportional ansteigen. Demnach ist bereits beim Niedrigenergiehauskonzept mit einer Amortisationszeit von ca. 40 Jahren zu rechnen, während das Ultra-Haus und das Nullheizenergiehaus inakzeptable Amortisationszeiten zei-gen.

Detaillierte Untersuchungen zu den ökonomischen Auswirkungen der neuen Energieeinspar-verordnung (EnEV) haben sehr aufschlussreiche Ergebnisse gebracht [100]. Demnach beein-flusst bei Gebäuden mit normalen Innentemperaturen insbesondere das A/V-Verhältnis die Berechnungsergebnisse deutlich. Bei einem ungünstigeren Verhältnis von ca. 1,1 beträgt die Amortisationszeit der gegenüber der Wärmeschutzverordnung 1995 erforderlichen Mehr-investitionen ca. 29 Jahre, während bei einem günstigeren Wert A/V = 0,21 bereits nach ca. 8 Jahren Wirtschaftlichkeit gegeben ist. Im Einzelnen wurde festgestellt, dass die Luftdichtigkeit der Gebäude eine ganz wesentliche Rolle spielt. Für eine wirtschaftliche Lösung sind Luftwechselraten $n_T < 0{,}6$/h anzustreben. Dabei ist bemerkenswert, dass eine natürliche Be-lüftung (Fensterlüftung) stets die wirtschaftlich günstigste Lösung darstellt. Für mechanische Abluftanlagen mit Luftwechselraten $n_T = 0{,}45$/h ergeben sich Amortisationszeiten größer als 25 Jahre, was außerhalb der technischen Nutzungsdauer derartiger Anlagen liegt. Als besonders

Tabelle 3-3: Wirtschaftlichkeitsanalyse unterschiedlicher Niedrigenergiehausstandards (nach [47])

Parameter	Einheit	Ausführungsvariante			
		WSVO 1995	NEH	UltraNEH	Nullheiz-energie
Heizenergiereduzierung	kWh/a	0	4500	8500	11 000
Heizkostenreduzierung	DM/m^{2}a	0	1,3	1,7	3,7
Minimale Mehrinvestition	DM/m^{2}a	0	50	250	800
Statistische Amortisation	a		40	160	220
Mindestkosten für eingesparte Heizenergie	DM/(kWh/a)		1,8	4,7	16,9
CO_2-Emissionsminderung	kg/m^{2}a	0	6,3	10,5	12,6
Mindestinvestition pro CO_2-Reduzierung	DM/(kg/a)		8	23,9	63,6

ungünstig haben sich Lüftungsanlagen mit Wärmerückgewinnung erwiesen, deren Amortisationszeiten weit über der Nutzungsdauer der Gebäude liegen. Als wirtschaftlich sinnvoll erweist sich dagegen der Einsatz energieoptimierter Heizungsanlagen (Brennwerttechnik) in Verbindung mit der Vermeidung konstruktiver Wärmebrücken. Die genannten Untersuchungsergebnisse basieren auf der Kapitalwertmethode, wobei mit einem Energiepreis von 0,06 DM/kWh, einem Realzins von 4 % und einer Energiepreissteigerung von 1 % pro Jahr gerechnet wurde. Abbildung 3-6 zeigt den starken Einfluss des zugrunde gelegten Kapitalzinses sowie der Energiepreissteigerung auf die Amortisationszeit am Beispiel eines Einfamilienhauses mit einem A/V-Verhältnis von 0,85 und ca. 150 m^2 Nutzfläche. Bei einem kleineren A/V-Verhältnis ergeben sich geringere Auswirkungen.

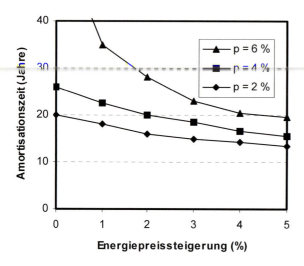

Abb. 3-6: Einfluss des Kapitalzinses und der Energiepreissteigerung auf die Amortisationszeit der Mehrinvestitionen nach Energieeinsparverordnung für ein Einfamilienhaus [100]

Nicht berücksichtigt wurde in den Wirtschaftlichkeitsbetrachtungen, dass sich bei vorgegebener Grundstücksgröße und kommunal festgelegten Obergrenzen für die Grundflächen- und die Geschäftsflächenzahl infolge der wärmeschutztechnisch bedingten größeren Außenwanddicken kleinere Nutzflächen ergeben als bisher. Hier scheint der Gesetzgeber gefordert, die Berechnungsverfahren zur GRZ und GFZ entsprechend auf die tatsächlich nutzbare Fläche zu beziehen.

Insgesamt lässt sich feststellen, dass die mit der EnEV verfolgte Strategie der Reduzierung der für die Gebäudeerwärmung benötigten Primärenergie aus ökologischer Sicht sinnvoll und in technischer und ökonomischer Hinsicht mit dem Niedrigenergiehauskonzepten umsetzbar ist. Die politisch gewollte überdurchschnittliche Erhöhung der Energiekosten (Ökosteuer) wird das Ihre dazu beitragen, diese Strategie zu stützen. Allerdings sollte bei allen politischen Entscheidungen beachtet werden, dass lokale und auf einige wenige Kriterien der Nachhaltigkeit ausgerichtete Maßnahmen nur sehr bedingt dazu beitragen können, die weltweiten Auswirkungen der von Menschen verursachten Umweltbeeinflussungen zu reduzieren. Hier ist ein ganzheitliches globales Vorgehen erforderlich.

3.4 Kreislaufführung von Baurestmassen in der Abbruch- und Entsorgungsphase

3.4.1 Vorbemerkungen

Die Beschränktheit natürlicher Ressourcen sowie die in den letzten Jahren verstärkt beobachtbaren negativen Umweltauswirkungen einer unzureichenden Abfallentsorgung zwingen zu einem Umdenken in der Abfallwirtschaft. Langfristig gesehen sind die Anforderungen an eine nachhaltige Entwicklung im Bauwesen mit der Vermeidung von Baurestmassen und der Kreislaufführung verbauter Materialien verbunden [101]. Des Weiteren ist für eine in der Fläche stark genutzte Industrienation mit hoher Produktivität wie Deutschland mit steigenden Anforderungen an die Anlage und den Betrieb von Deponien zu rechnen, die zu einer Verteuerung und Verknappung von Deponieraum führen werden. In Anbetracht dieser zunehmenden Deponieknappheit und erschöpfter oder wirtschaftlich nicht mehr erschließbarer Rohstoffreserven ist die Notwendigkeit der Wiederverwertung von Baurestmassen als Strategie für eine nachhaltige Entwicklung unbestritten.

Die Forderung nach einer Kreislaufwirtschaft verfolgt das Ziel, Stoffe möglichst lange in Wirtschaftskreisläufen zu halten, bevor sie diesem über eine ordnungsgemäße Entsorgung entzogen werden [140]. Eine stoffliche Verwertung von Baurestmassen, die bei einer Instandsetzung oder dem Abbruch anfallen, bietet die Möglichkeit der Rückführung von Ressourcen in den Wertschöpfungskreislauf bei gleichzeitiger Vermeidung von Abfällen.

Zurzeit liegt das Bauschuttaufkommen in ähnlicher Größenordnung wie der normale Hausmüll, wobei die Wiederverwendungsrate relativ klein ist [85]. Man kann unseren Gebäudebestand auch mit einem „riesigen Zwischenlager" vergleichen, aus dem der abfließende Abfall nach Gewicht fast die Hälfte des gesamten jährlichen Mülls in Deutschland ausmacht [31]. Tabelle 3-4 zeigt die Entwicklung des Bauabfallaufkommens vom Jahr 1990 bis 1995 auf.[2)]

Die beachtliche Größenordnung des Bauschuttaufkommens und dessen absolutes Wachstum verdeutlichen, welches Potential zur Produktion von Sekundärrohstoffen sowie zur Entlastung von Deponiekapazitäten in einer Kreislaufführung von Baurestmassen steckt. In einer weiteren Untersuchung durch den „Bundesverband Baustoffe Steine + Erden" wurden die Verwertungsquoten von im Jahr 1997 angefallenen, mineralischen Baurestmassen betrachtet. Ergänzt man die Ergebnisse dieses Berichtes mit den Daten für das Gesamtabfallaufkommen in der Bauindustrie, ergibt sich die in Abbildung 3-7 dargestellte Aufteilung für die Verwertungsquoten.

Es sind Verwertungsquoten von ca. 60 % für Bauschutt- und Straßenaufbruchrestmassen sowie von ca. 30 % für Baustellenabfälle erkennbar. Vergleicht man diese Quoten mit den durch die Bundesregierung vorgegebenen Quoten für 1995 von 90 % für Straßenaufbruch, 60 % für

---

[2)] Die Zahlen basieren auf Untersuchungen des Statistischen Bundesamtes sowie des Bundesministeriums für Umwelt, Naturschutz und Reaktorsicherheit. Die Erhebungen des Statistischen Bundesamtes wurden bisher alle 3 Jahre durchgeführt. Die Daten für die Erhebungsjahre 1990 und 1993 sind in Tabelle 3-4 dargestellt. Aktuellere Daten sind nach Angaben des Statistischen Bundesamtes noch nicht veröffentlichungsreif und werden daher nicht freigegeben (Schriftliche Mitteilung des Statistischen Bundesamtes). In Ergänzung zu den Daten des Statistischen Bundesamtes hat das Bundesministerium für Umwelt, Naturschutz und Reaktorsicherheit für das Jahr 1995 eine Abfallstatistik veröffentlicht. Diese Daten für das Jahr 1995 werden ebenfalls in Tabelle 3-4 dargestellt.

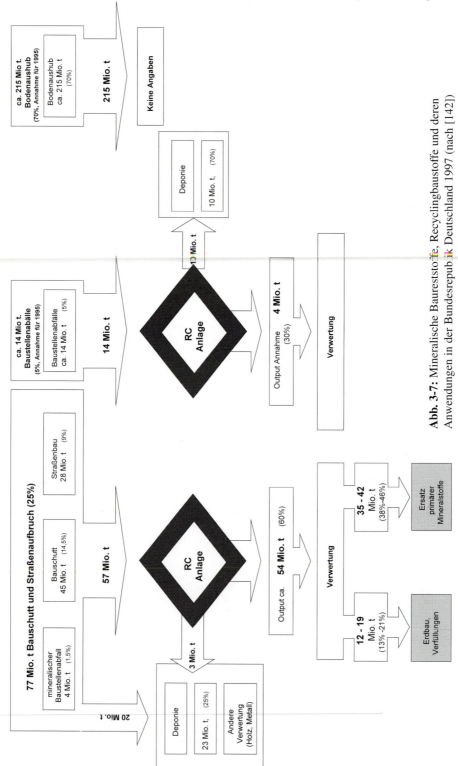

Abb. 3-7: Mineralische Baureststoffe, Recyclingbaustoffe und deren Anwendungen in der Bundesrepublik Deutschland 1997 (nach [142])

Tabelle 3-4: Baurestmassenaufkommen in Deutschland

Abfallarten	1990 Aufkommen in		1993 Aufkommen in		1995 Aufkommen in	
	[1.000 t/a]	[%]	[1.000 t/a]	[%]	[1.000 t/a]	[%]
Bodenaushub	98.800	72,9	99.876	71,5	215.000	71,7
Straßenaufbruch	10.559	7,8	11.252	8,1	26.000	8,7
Bauschutt	24.938	18,4	26.515	19,0	45.000	15,0
Baustellenabfälle	1.292	1,0	1.995	1,4	14.000[a]	4,7
Summe	**135.589**	**100,0**	**139.638**	**100,0**	**300.000**	**100,0**

[a] Nach Berechnungen des Statistischen Bundesamtes ist für 1995 mit einem Aufkommen von 14 Mio. t Baustellenabfällen zu rechnen [138].

Bauschutt und 40 % für Baustellenabfälle wird deutlich, dass beim Baureststoffrecycling noch großer Handlungsbedarf besteht.

Neben der Größenordnung der anfallenden Baurestmassen bereiten eher kleinere Massenströme einzelner Komponenten zunehmend Probleme. Einige sind toxisch (Arbeitsschutz, Grundwassergefährdung etc.), andere wirken sich negativ auf die Recyclingfähigkeit aus. Eine Vielzahl dieser Baustoffe wird erst seit einigen Jahrzehnten eingesetzt und ist deshalb als Entsorgungsproblem bislang nur in geringem Umfang deutlich geworden, da die heute verbauten Stoffe in der Regel erst in 30 bis 100 Jahren zum Bauabfall werden. Mit dem Ziel, den Lebensbereich Wohnraum so zu gestalten, dass künftige Generationen nicht vor bereits heute absehbare schwierige Handhabungs- bzw. Entsorgungsprobleme gestellt werden, muss einer möglichen Kreislaufführung von Baurestmassen bei Neuplanungen eine höhere Bedeutung zugewiesen werden.

3.4.2 Produkt- und Materialrecycling

Der Begriff „Recycling" stammt aus dem Englischen und setzt sich aus den Silben „re" = „zurück, wieder" und „cycle" = „Kreis, Kreislauf" zusammen. Er bedeutet soviel wie eine Rückführung bzw. „Wiedereinführung von Alt- und Abfallstoffen in den Stoffkreislauf, d. h. ihre Rückgewinnung und Wiederverwertung" [8]. Im Allgemeinen wird unter Recycling die erneute Verwendung oder Verwertung von Produkten oder deren Teile am Ende ihrer Lebenszeit verstanden mit dem Ziel einer umweltentlastenden Substitution von Primärrohstoffen [121].

„Recycling" umfasst sämtliche Aktivitäten von der Wärmerückgewinnung in Kraftwerken über Mehrwegflaschen und Verpackungskonzepte bis hin zum Wiedereinsatz aufgearbeiteter Bauteile. Ebenfalls beinhaltet ist die Umnutzung und somit Wiederverwendung von kompletten Gebäuden. In Abhängigkeit vom qualitativen Niveau des durch die Recyclingmaßnahme erhaltenen Produktes kann in „Upcycling", d. h. Gewinnung von Produkten auf gleichem oder ähnlich hohem Produktniveau, und „Downcycling", d. h. Gewinnung von Produkten mit niedrigerem Qualitätsniveau als das Ausgangsprodukt, unterschieden werden. Abbildung 3-8 beschreibt eine Differenzierung verschiedener Recyclingmöglichkeiten nach der VDI-Richtlinie-Recycling [151].

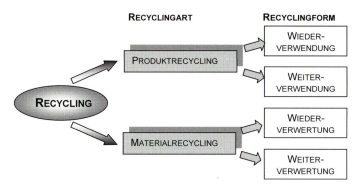

Abb. 3-8: Arten und Formen des Recyclings (nach [121])

Produktrecycling

Beim Produktrecycling bleibt die Produktgestalt weitgehend erhalten. Innerhalb dieser Recyclingart unterscheidet man die beiden Recyclingformen Wiederverwendung und Weiterverwendung. Bei der *Wiederverwendung* erfüllt das recycelte Produkt die gleiche Funktion wie das Ausgangsprodukt, bei der *Weiterverwendung* eine andere. Beispiele sind:

- Wiederverwendung (zum gleichen Zweck): Kupferrohre, Natursteinplatten
- Weiterverwendung (zu einem anderen Zweck): Fenster als Abdeckung für Frühbeete

Materialrecycling

Unter Materialrecycling versteht man das Rückführen und Verwerten von Produkten oder Altstoffen unter Auflösung der ursprünglichen Stoffgestalt. Für den Bausektor bedeutet dies die Zerlegung von Bauteilen und die Verwertung einzelner Komponenten und Stoffe durch Aufbereitungsverfahren. Man unterscheidet auch hier zwischen *Wiederverwertung* und *Weiterverwertung* je nach Art der Anwendung. Beispiele sind:

- Wiederverwertung (ohne Qualitätseinbußen): Kupfer, Glas, mineralischer Abbruch, Recyclingzuschlag
- Weiterverwertung (niedrigere Qualitätsstufe): Betonabbruch als Verfüllmaterial

Eine Wiederverwendung bzw. Wiederverwertung entspricht im Allgemeinen einem Upcycling, während eine Weiterverwendung bzw. Weiterverwertung in der Regel ein Downcycling beschreibt.

In Abbildung 3-9 sind drei mögliche Recyclingkreisläufe für das Material- bzw. Produktrecycling dargestellt. Solange technische Möglichkeiten und wirtschaftliche Voraussetzungen für ein Recycling gegeben sind, können die genannten Kreisläufe auch mehrmals durchlaufen werden.

- *Produktionsrecycling (gestrichelter Kreislauf)*

  Das Produktionsrecycling ist gekennzeichnet durch das Wiedereinbringen von Abfallstoffen, die während der Produktion anfallen. Diese Kreislaufart wird nach VDI-Richtlinie 2243 als Produktionsrücklaufrecycling bezeichnet. Darunter wird die Rückführung von Produktionsrücklaufstoffen sowie Hilfs- und Betriebsstoffen verstanden (Materialerhaltung $\Rightarrow$ Materialrecycling).

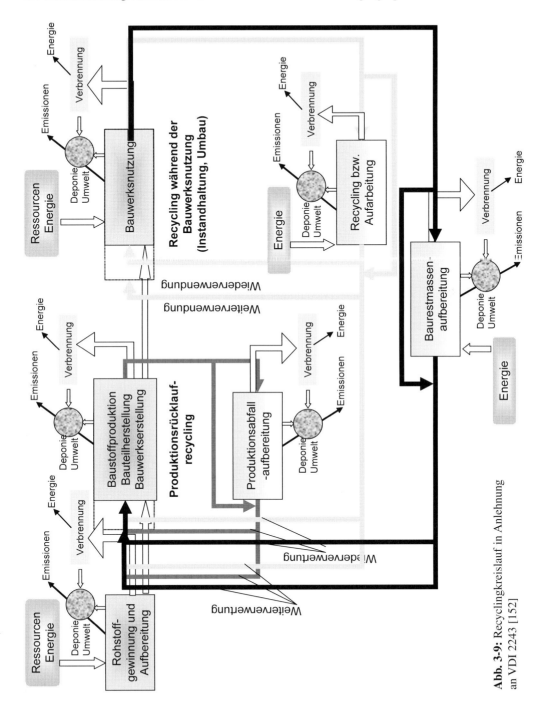

Abb. 3-9: Recyclingkreislauf in Anlehnung an VDI 2243 [152]

- *Produktrecycling während der Nutzung oder nach Abbruch (grauer Kreislauf)*

  Das Produktrecycling während der Nutzung stellt die Rückführung von gebrauchten Produkten nach oder ohne Durchlauf eines entsprechenden Behandlungsprozesses in ein neues Gebrauchsstadium (Aufarbeitung) dar. Ein genutztes Produkt wird, soweit sinnvoll, einer erneuten Verwendung zugeführt, ohne die Gestalt des Produktes dabei zu verändern (Erhalt der Produktgestalt ⇒ Produktrecycling).

- *Altstoffrecycling während der Nutzung oder nach Abbruch (schwarzer Kreislauf)*

  Das Altstoffrecycling stellt die dritte Kreislaufart dar. Dieser Kreislauf besteht aus der Rückführung von gebrauchten Produkten bzw. Altstoffen nach oder ohne Durchlauf eines Behandlungsprozesses (Aufbereitung) in einen neuen Produktionsprozess. Dabei wird eine möglichst weitgehende Erhaltung der Qualität der Werkstoffe angestrebt.

3.4.3   Stoffliche Verwertung von Baurestmassen

Die Verwertung von sekundären Rohstoffen wie Hochofenschlacke, Steinkohlenflugaschen und Rauchgasentschwefelungsgips zu Baustoffen ist in Deutschland weit entwickelt und hat z. T. eine lange Tradition. Die Verwendungs- und Verwertungsmöglichkeiten von Baureststoffen werden in mehreren Veröffentlichungen beschrieben [2, 10, 87].

In der aktuellen öffentlichen Diskussion nimmt das Recycling von Materialien, die beim Abbruch oder Rückbau anfallen, eine größere Bedeutung ein als die Wiederverwertung von Produktionsresten [32]. Hierbei leistet im Bereich des Betonbaus der Straßenbau durch eine möglichst hochwertige Verwertung schon heute einen wichtigen Beitrag. Recycling-Zuschlag aus diesem weitgehend homogenen Material wird bereits seit langem für den Bau neuer Fahrbahndecken eingesetzt.

In zunehmendem Maße werden heute auch ältere Gebäude rückgebaut oder abgebrochen, deren Materialien aufbereitet und als Zuschlag eingesetzt werden können. Der Einfluss des Einsatzes von Recycling-Zuschlag auf die Eigenschaften von neuem Beton wurde in den letzten Jahren intensiv erforscht. Erwähnenswert ist an dieser Stelle das Verbundvorhaben „Baustoffkreislauf im Massivbau" [11]. Im Rahmen dieses Forschungsvorhabens hat sich gezeigt, dass die Verwertung von Betonsplitt aus rezykliertem Zuschlag schon in größerem Maßstab möglich ist, ohne die Eigenschaften des neuen Betons negativ zu beeinflussen.

3.4.4   Recyclinggerechte Konstruktionen

Sobald Bauwerke saniert, renoviert, erweitert oder umgenutzt und rückgebaut werden, stellt die bereits bestehende, aber auch die neu erstellte Bausubstanz selbst ein Abfallpotential dar, das zur Baurestmassenentsorgung ansteht. Einer Rückführung in Stoffkreisläufe und damit einem echten Recycling von Baurestmassen steht im Wesentlichen die Vermischung verschiedener Baustoffe entgegen, die als Gemisch im Verwertungsprozess unverträglich sind. Vor allem die große Vielfalt von Materialien bereitet erhebliche Probleme, da eine ökonomisch und ökologisch sinnvolle Verwertung in der Regel nur für sortenreine und hochwertige Werkstoffe möglich ist. Die Trennung unterschiedlicher Materialien in die einzelnen Fraktionen kann mit hohen Kosten verbunden sein, so dass die Wertstoffrückgewinnung nicht immer wirtschaftlich ist [138]. Zur Zeit wird daher eher ein Downcycling von Baumaterialien betrieben.

Neben einer Kreislaufführung von Baurestmassen ist das konsequente Bemühen um die Weiter- bzw. Umnutzung bestehender Bausubstanz [24] von großer Bedeutung. Unter dem

Aspekt der Abfallvermeidung wird daher die Erstellung langlebiger, flexibel nutzbarer Konstruktionen als Strategie für eine nachhaltige Entwicklung im Bauwesen verfolgt [70]. In diesem Sinne können Bauwerke durch den Einsatz recyclinggerechter Konstruktionen optimiert werden, indem die wirtschaftlich vertretbare Aufbereitung einzelner Materialien sichergestellt wird, Vorkehrungen zur Wiederverwendung kompletter Baueile getroffen werden und die flexible Anpassbarkeit von Bauwerken im Fall einer Umnutzung realisierbar ist.

Recyclinggerechte Konstruktionen werden durch das konsequente Zusammensetzen von Einzelbauteilen und Materialien mit lösbaren Verbindungen realisiert. Für das Materialrecycling werden sortenreine Stofffraktionen erreicht, und bei zerstörungsfreier Demontage können Komponenten dem Bauteilrecycling zugeführt werden. Des Weiteren ist es möglich, nur die Teile einer Konstruktion zu erneuern bzw. auszutauschen, bei denen dies erforderlich ist, ohne dass gleichzeitig angrenzende, intakte Bauteile zerstört werden. Dem demontagerechten Entwurf ist wegen seiner besonderen Bedeutung ein eigener Abschnitt 3.4.5 gewidmet. Das Neuartige dieser Konstruktionen sind nicht die Baustoffe selbst, sondern bisher unübliche konstruktive Regeln und Materialkombinationen. Nachfolgend werden einige Strategien für recyclinggerechte Konstruktionen beschrieben [19, 20, 102, 161].

Materialverträglichkeit im Aufbereitungsprozess

Die Materialverträglichkeit hat besondere Bedeutung für Baustoffe, die in einem nicht oder nur schwer lösbaren Verbund miteinander eingesetzt und deshalb bei Rückbau oder Demontage nicht separiert ausgebaut werden können. Für diese Baustoffe muss sichergestellt werden, dass sie im „Verbund" kreislauffähig sind und somit gemeinsam aufbereitet oder wiederverwendet werden können.

Separierbarkeit nicht gemeinsam recyclingfähiger Materialien

Kann eine Materialverträglichkeit im Aufbereitungsprozess nicht realisiert werden, so wird die Strategie der Separierbarkeit verfolgt. Leicht zerlegbare Montagekonstruktionen mit gut separierbaren Stoffen gelten auch mit größerer Materialvielfalt noch als recyclinggerecht.

Demontierbarkeit und Wiederverwendbarkeit von Bauteilen

Grundanforderung für die Demontierbarkeit und Wiederverwendbarkeit von Bauteilen ist eine Verbindungstechnik, die nicht nur zerstörungsfrei lösbar und mehrfach wiederverwendbar ist, sondern auch der Rationalisierung der Montage- und Demontageprozesse Rechnung trägt. Hierzu gehören z. B. die langfristig gute Zugänglichkeit für Montagewerkzeuge oder die Vereinheitlichung von Verbindungsmitteln (z. B. gleiche Schraubengröße). Ziel der Demontierbarkeit ist die möglichst weitgehende Wiederverwendung von Bauteilen ohne aufwendigen Aufbereitungsprozess, also Produkt-Recycling vorrangig vor Material-Recycling. Wiederverwendbare Bauteile müssen projektunabhängig anpassbar an unterschiedliche geometrische, technische, funktionale und möglichst auch gestalterische Anforderungen sein. Erleichtert wird diese Anpassbarkeit von Bauteilen durch Kleinteiligkeit und eine Beschränkung auf wenige Standardmaße, die modular kombinierbar sind.

Für lange Nutzungszyklen, wie z. B. im Wohnungsbau (Rohbau 80–100 Jahre, Ausbau 30–40 Jahre), ist die vollständige Demontierbarkeit und Wiederverwendung eines Bauwerks kein realistisches Ziel. Vielmehr ist eine angemessene Kombination aus einer langlebigen, recyclingfähigen Rohbaustruktur mit wiederverwendbaren Montagekonstruktionen im Ausbau anzustreben.

3.4.5   Der demontagegerechte Entwurf

Die kulturbedingten Ansprüche an das Wohnen ändern sich in immer rascherer Folge. Dennoch werden Bauwerke vielfach für eine sehr langfristig ausgelegte Nutzung entworfen. In der Realität zeigt sich, dass Gebäude flexibel sein müssen, da in kurzen Abständen maßgebliche Renovierungsarbeiten, Umbauarbeiten für Umnutzungen und oft der Komplettabbruch eines Bauwerks erforderlich werden. Vor diesem Hintergrund ist die zerstörungsfreie und wirtschaftliche Demontage einzelner Bauteile oder Bauteilschichten, kombiniert mit der Möglichkeit einer erneuten wirtschaftlichen Montage, zielführend. Viele unserer heutigen Bauwerke erfüllen diese Voraussetzung nicht und werden am Nutzungsende nach Entfernung noch vorhandener Wertgegenstände konventionell mit Großgeräten abgebrochen. Die wirtschaftlich wertlosen Reste der Konstruktion werden zum größten Teil auf Deponien entsorgt. Der Abbruch oder auch Teilabbruch wird in der Regel vom Einsatz schwerer Maschinen begleitet, die Energieeinsatz erfordern und zu Belästigungen durch Lärm, Staub und Erschütterungen führen.

Einer der Hauptgründe für die immer noch zu niedrigen Verwertungsraten von Baureststoffen ist die Schwierigkeit einzelne Bauteile oder Materialien vom Rest des Gebäudes zu trennen. Dadurch wird ein Selektiver Rückbau entweder verhindert oder derart verlangsamt, dass der Aufwand wirtschaftlich nicht mehr vertretbar ist. Der dann durchgeführte konventionelle Abbruch führt zu einer Zerstörung einzelner Bauteile und Stofffraktionen oder einer Kontamination sortenrein aufzubereitender Baureststoffe mit Störstoffen, so dass oft die Entsorgung auf einer Deponie die Folge ist.

Bereits vor 20 Jahren wurde offensichtlich, dass diese Praxis nicht nachhaltig sein kann, sondern Gebäude anpassbar sein müssen. Anpassbar heißt in diesem Fall erweiterbar, reduzierbar, mobil, veränderbar und flexibel. Erwähnenswert sind in diesem Zusammenhang die Arbeiten von Reinhardt [117], Apol [4] und Walraven [154], die sich mit dieser Thematik, insbesondere mit der Verbindungstechnik von demontierbaren Betontragwerken, beschäftigten.

Idealerweise werden recyclinggerechte Konstruktionen demontagegerecht entworfen, da jedem Recyclingvorgang, sei es ein Material- oder Produktrecycling, in der Regel ein Demontageprozess vorgeschaltet ist.

Ein Weg zu flexibleren Bauwerken, deren Materialien am Ende der Lebenszeit zum größten Teil im Wirtschaftskreislauf erhalten bleiben, ist das Konzept des „Design for Disassembly (DFD)" bzw. des „Demontagegerechten Entwurfs". Dieser ermöglicht in der Regel eine Trennung unterschiedlicher Bauteilschichten sowie den optimierten Rückbau einzelner Bauteile.

Mit dem konventionellen „Wiege-zu-Bahre"-Ansatz (s. Abb. 3-10) ist eine nachhaltige Ressourcennutzung nicht möglich. Baumaterialien, Bauteile oder sogar komplette Gebäude müssen mit dem Ziel der Kreislaufführung mehrere Lebenszyklen durchlaufen, bevor sie ihr endgültiges Lebensende erreichen. Der demontagegerechte Entwurf verfolgt daher vorrangig die folgenden Ziele:

1. Aufbereitung von anfallenden **Baureststoffen** als Ersatz für natürliche Rohmaterialien bei der Herstellung von neuen Baumaterialien und Bauteilen

2. Wiederverwendung von **Bauteilen** im gleichen oder in einem anderen Gebäude. Fassadenelemente oder Elemente des Ausbaus, die einem „Standard"-Design entsprechen, können wiederverwendet werden

3. Standortwechsel und Wiederverwendung eines kompletten **Gebäudes.** Bauwerke werden nur für einen begrenzten Zeitraum an einem Standort benötigt und können nach der Demontage und Wiedermontage an einem anderen Standort im ursprünglichen Sinne oder für ähnliche Zwecke genutzt werden

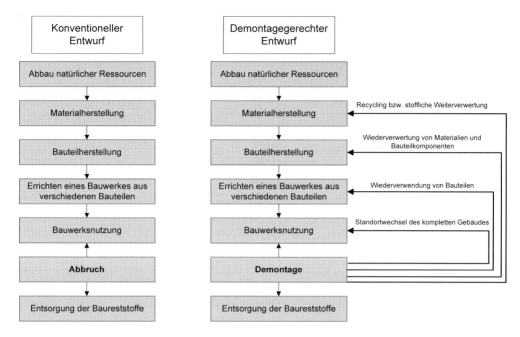

Abb. 3-10: Konventionelles „Wiege-zu-Bahre"-Prinzip und Lebenszyklus unter Berücksichtigung der drei Hauptstrategien der Wiederverwendung bzw. Verwertung [28]

Unter Berücksichtigung dieser Hauptziele ergibt sich ein verändertes Bild der Lebenszyklusdarstellung (vgl. Abb. 3-10). Im Sinne der Nachhaltigkeit sollten Gebäude idealerweise entweder komplett oder zumindest in einzelnen Bauteilen wiederverwendet werden. Betrachtet man allerdings die übliche Praxis des Bauens, den technischen Fortschritt und die sich daraus ergebenden sehr schnell ändernden Ansprüche an Gebäude, erscheint es realistischer, nur die Wiederverwendung einzelner Bauteile sowie eine stofflichen Verwertung von Baumaterialien zu verfolgen.

Das Grundprinzip eines demontagegerechten Entwurfes basiert auf der Unterscheidung zwischen den sehr langlebigen Bauteilen des Rohbaus (Primärstruktur) und den kurzlebigen und veränderbaren Bauteilen des Ausbaus und der technischen Installation (Sekundärstruktur). Die Lebensdauer der einzelnen Bauwerksbestandteile ist ausschlaggebend für eine Zuordnung zur Primär- oder Sekundärstruktur. Diese Lebensdauer muss nicht nur technisch, sondern auch funktional und evtl. auch gestalterisch beurteilt werden. So werden häufig technisch noch intakte Bauteile wegen gestiegener funktionaler Anforderungen (z. B. Fassaden und Fenster wegen erhöhter Wärmeschutzanforderungen) oder wegen veränderter gestalterischer Bedürfnisse (z. B. Boden-, Wand- und Deckenbekleidungen) erneuert.

Stuart Brand gibt in seinem Buch „How Building Changes" [17] folgenden Denkanstoß: „Wenn die verschiedenen Schichten eines Bauwerkes nicht voneinander getrennt werden, so werden die schnelllebigen inneren Schichten die langlebigen Schichten zerstören, während die langlebigen Schichten der tragenden Struktur die schnelllebigen verdecken." Der demontagegerechte Entwurf basiert daher im Allgemeinen auf einem Ebenen- bzw. Schichtenmodell. Prinzipiell können hier die vier Ebenen *Tragstruktur*, *Ausbau*, *Installationen* und *Raumabschluss* genannt werden. Das Ziel der Trennung unterschiedlicher Funktionen mit unterschiedlicher

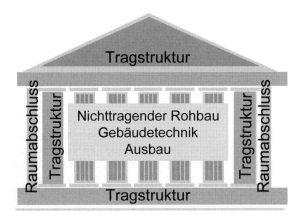

Abb. 3-11: Darstellung der verschiedenen Ebenen beim demontagegerechten Entwurf

Lebensdauer auf Grundlage des Schichtenmodells führt zur Definition der in Abbildung 3-11 dargestellten Ebenen, die demontierbar miteinander verbunden werden müssen.

Mit einer derartigen Trennung nach Funktionalität und Lebensdauer lassen sich weitere Zielsetzungen des demontagegerechten Entwurfs formulieren:

- Optimierung der Instandhaltung während der Nutzungsphase von Bauwerken durch das Trennen kurzlebiger Strukturen des Ausbaus von langlebigen Strukturen des Rohbaus.
- Optimierung der Entsorgung von Baurestmassen durch eine vereinfachte Trennung unterschiedlicher Stofffraktionen.
- Optimierung der Rückbauprozesse durch das Vorsehen lösbarer Verbindungen, die ohne großen Aufwand getrennt werden können.

Eine mehr oder weniger umfangreiche Demontage ist bei fast allen hochwertigen Recyclingverfahren erforderlich. So ist selbst bei der Weiterverwertung als niedrigster Stufe des Recycling eine Demontage zur Sortentrennung bzw. zur Schadstoffentfrachtung notwendig.

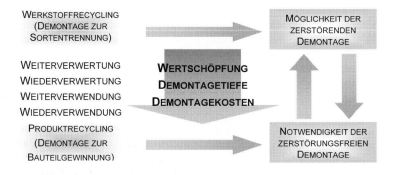

Abb. 3-12: Zusammenhänge zwischen Recyclingart, Wertschöpfung, Demontagetiefe und Demontageart [79]

Die Demontage wird unterschieden in die zerstörungsfreie Demontage, die durch den Einsatz lösbarer Verbindungen eine Wiederverwendung kompletter Elemente gestattet, und zum anderen in die zerstörende Demontage, die eine Trennung unterschiedlicher Materialien und damit ein hochwertiges Recycling ermöglicht. Mit steigendem Wertschöpfungsniveau des Recycling steigt auch die Notwendigkeit der zerstörungsfreien Demontage und die Demontagetiefe (vgl. Abb. 3-12). Zur Zeit erweist sich durch die im Vergleich zu den Entsorgungskosten hohen Demontage(lohn)kosten die Wiederverwertung durch Schredder- und Separierverfahren mit hohem Deponierungs- und Verbrennungsanteil als wirtschaftlich sinnvoll. Steigen in Zukunft die Deponiekosten weiter an und setzen sich recyclinggerechte Produkte durch, so wird die Zerlegung bei wachsender Demontagetiefe rentabler sein [128].

Rund um den Tunnelbau

Girmscheid, G.
Baubetrieb und Bauverfahren
im Tunnelbau
2000. XX, 658 Seiten,
534 Abbildungen, 118 Tabellen.
Gb., € 179,-* / sFr 264,-
ISBN 3-433-01350-0

In dem vorliegenden Buch werden ausgehend von der geologischen Situation Verfahren vorgestellt und alle zu beachtenden Arbeitsschritte aus der Sicht des Baubetriebs erläutert. Sowohl die technischen Möglichkeiten als auch die Anforderungen an diese Ingenieurdisziplin sind vielfältiger als früher. Für die Durchführung solcher Projekte hat damit die Verfahrensauswahl und baubetriebliche Abwicklung einen hohen Stellenwert erhalten. Bei der Planung und Durchführung von modernen Tunnelbauwerken wird das vorliegende Buch ein hilfreiches Arbeitsmittel sein.

Maidl, B. et al.
Tunnelbohrmaschinen im Hartgestein
2001. XIV, 350 Seiten,
256 Abbildungen, 37 Tabellen.
Gb., € 95,-* / sFr 140,-
ISBN 3-433-01453-1

Das vorliegende Werk vermittelt die Grundlagen der Tunnelbohrmaschinen-Vortriebstechnik: Bohren, Vorschub, Aushubtransport und Sicherung. Der Inhalt ist so aufbereitet, daß der Leser von den Grundlagen des Bauverfahrens über die wesentlichen Funktionselemente der Tunnelbohrmaschinen zu den unterschiedlichen Maschinentypen mit den jeweiligen Einsatzbereichen und Ausrüstungen geführt wird und somit einen aktuellen Überblick über den Entwicklungsstand bekommt.

Ernst & Sohn
Verlag für Architektur und
technische Wissenschaften GmbH & Co. KG

Für Bestellungen und Kundenservice:
Verlag Wiley-VCH
Boschstraße 12
69469 Weinheim
Telefon: (06201) 606-400
Telefax: (06201) 606-184
Email: service@wiley-vch.de

A Wiley Company

www.ernst-und-sohn.de

* Der €-Preis gilt ausschließlich für Deutschland

01113016.my   Änderungen vorbehalten.

4 Instrumente für die Nachhaltigkeitsanalyse von Bauwerken

4.1 Anforderungen

Zur Beurteilung der Auswirkungen verschiedener Entwurfskonzepte in ökologischer, ökonomischer und gesellschaftlicher Hinsicht ist die Gegenüberstellung von Vor- und Nachteilen in allen maßgebenden Lebensphasen erforderlich. Bereits in der Initiativ- und Planungsphase sollte auf Grundlage dieser Beurteilungen die Basis für nachhaltiges Bauen gelegt werden. Während heute in späten Lebensphasen nachsorgend für eine Einschränkung von Umweltbelastungen gesorgt wird, sollten in Zukunft Aspekte des nachhaltigen Bauens bereits integraler Bestandteil im Entwurfsprozess sein.

Für die zielführende Umsetzung von Nachhaltigkeitsstrategien im Bauwesen sind Verfahren der Informationsverarbeitung und Bewertungsmethoden erforderlich. Nachfolgend werden aktuell verfügbare Orientierungshilfen, Methoden und Softwaretools vorgestellt.

Nachhaltigkeitsanalysen müssen bei Baukonstruktionen unterschiedliche Aspekte erfassen, die im Hinblick auf die Ziele einer nachhaltigen Entwicklung (vgl. Abschn. 2.2.1) formuliert und mit Hilfe verschiedener Indikatoren beschrieben werden (vgl. auch Abschn. 2.2.2). Diese Indikatoren können in einer Analyse entweder mit Hilfe quantitativ erfassbarer Messgrößen, qualitativer Aussagen oder durch die Einhaltung gesetzlich festgelegter Grenzwerte berücksichtigt werden. Es muss davon ausgegangen werden, dass nicht alle Einflussgrößen quantitativ bestimmt werden können und daher auch die Integration qualitativ beschreibbarer Aspekte sowie die Berücksichtigung von Grenzwerten im Rahmen einer Nachhaltigkeitsanalyse in Teilbereichen erforderlich ist. Im Folgenden sind die maßgebenden Indikatoren zusammengestellt.

Ökologische Aspekte

- Flächeninanspruchnahme
- Verbrauch mineralischer Rohstoffe
- Verbrauch energetischer Ressourcen
- Emissionen in Luft, Wasser und Boden
- Abfälle
- Lärm, Staub, Erschütterungen
- Innenraumbelastung
- Belastung am Arbeitsplatz

Ökonomische Aspekte

- Investitionskosten (direkte Kosten)
- Betriebskosten (indirekte Kosten)
- Instandhaltungskosten (indirekte Kosten)
- Erneuerungskosten (direkte Kosten)
- Abbruch- und Entsorgungskosten (indirekte Kosten)
- Externe Kosten
- Dauerhaftigkeit

Gesellschaftliche Aspekte

- Arbeitsplatzsicherung
- Schaffung eines geeigneten Wohnumfeldes

Die Forderung, ökologische, ökonomische und soziale bzw. gesellschaftliche Aspekte in die Entscheidungsfindung bzw. in eine ganzheitliche Nachhaltigkeitsanalyse einfließen zu lassen, erfordert für die abschließende Bewertung die Gewichtung einzelner Teilaspekte gegeneinander. Diese Gewichtung ist von den Wertmaßstäben des jeweiligen Anwenders abhängig und kann daher nicht einheitlich festgeschrieben, sondern muss über individuell festlegbare Gewichtungen in eine Analyse integriert werden. Auch die Gewichtung verschiedener Indikatoren innerhalb eines Aspektes kann vielfach nicht wissenschaftlich fundiert werden, sondern muss entweder dem Nutzer überlassen oder als Basis eines Verfahrens transparent dargestellt werden.

Die Anforderungen an den Umfang einer Nachhaltigkeitsanalyse für Bauwerke unter Berücksichtigung der verschiedenen Indikatoren können wie folgt zusammengefasst werden:

- Parallele Berücksichtigung ökonomischer, ökologischer und gesellschaftlicher Aspekte
- Erfassung aller die Nachhaltigkeit einer Konstruktion bestimmenden Indikatoren (Kriterien) innerhalb der einzelnen Aspekte (z. B. globale, regionale und lokale Umweltauswirkungen) (vgl. obige Aufzählung)
- Betrachtung des kompletten Lebenszyklus eines Bauwerks, insbesondere der Nutzungsphase bei Bauwerken (Erfassung aller relevanten Input- und Outputströme von der Herstellung über die Nutzung bis zur Entsorgung oder Nachnutzung (Kreislauffähigkeit))
- Berücksichtigung von spezifischen Randbedingungen im Bauwesen (anwendungs-bezogene Randbedingungen, zeitabhängige Energieströme und Emissionen, unterschiedliche Maßnahmen zur Instandhaltung) [133]
- Eindeutige Definition der Vergleichsbasis (Baumaterial, Bauelement oder Bauwerk)
- Transparente Darstellung aggregierter Messgrößen oder Darstellung der einzelnen Indikatoren in nicht aggregierter Form
- Transparente Darstellung der verwendeten Systemgrenzen und Randbedingungen

4.2   Instrumente

4.2.1   Überblick

Zur Analyse von Bauwerken und Baustoffen in nachhaltiger, speziell in ökologischer Hinsicht, gibt es eine Vielzahl von Instrumenten, von denen im Folgenden einige beispielhaft beschrieben werden. Instrumente, die sich ganzheitlich mit einer Analyse der Nachhaltigkeit befassen und alle in der obigen Aufzählung aufgeführten Indikatoren erfassen und bewerten, existieren derzeit nicht bzw. befinden sich noch im Stadium der Entwicklung. Die im Weiteren untersuchten Instrumente werden in *Informationssysteme*, *Methoden*, *Orientierungshilfen* und *Softwaretools* unterschieden.

„Informationssysteme" stellen Informationen ohne weitergehende Bewertung zu spezifischen Problemstellungen bereit (z. B. Datenbanken oder Grenzwerte) und dienen als Grundlage für weiterführende Bewertungen bzw. als „Instrument" für einfache Anwendungsfälle. „Methoden" beschreiben das prinzipielle Vorgehen sowie die berücksichtigten Rahmenbedingungen

Abb. 4-1: Zusammenhang zwischen Informationssystemen, Methoden und Instrumenten

einer standardisierten Analyse und werden in Abschnitt 4.3 vorgestellt. „Orientierungshilfen"
und „Softwaretools" haben in der Regel einen direkten Bezug zur Umsetzung in einem bestimmten Anwendungsgebiet (z. B. Bauwesen), basieren auf „Methoden" und nutzen
„Informationssysteme" (vgl. auch Abb. 4-1),

Einfache Informationssysteme und Orientierungshilfen haben den Vorteil einer schnellen und
kostengünstigen Anwendung, die auch für Nicht-Experten in Frage kommt. Der Einsatz steht
somit einer großen Bandbreite von Anwendern offen. Die Informationstiefe dieser Instrumente ist üblicherweise niedrig, da oft nur Einzelkriterien betrachtet werden. Es besteht die Gefahr des Informationsverlustes durch vereinfachte Darstellung komplexer Zusammenhänge
und einer daraus resultierenden Fehlinterpretation eines vermeintlich eindeutigen Ergebnisses.

Informationssysteme

Zielsetzung von Informationssystemen ist die Bereitstellung von Informationen. Diese werden entweder zur Verarbeitung auf höheren Ebenen einer Analyse benötigt oder können in
einzelnen Planungsphasen direkt verwendet werden.

Unter Informationssystemen werden folgende Instrumente eingeordnet:

- Datenbanken
- Elementkataloge
- Deklarationsraster

Orientierungshilfen

Orientierungshilfen werden in der Vorplanungsphase für Handlungsanweisungen zur Verfügung gestellt oder dienen zum einfachen Produktvergleich auf Grundlage einzelner bzw. mehrerer Kriterien, die mit Hilfe einer bestimmten „Methode" vorab analysiert wurden.

Unter Orientierungshilfen werden verstanden:

- Leitlinien
- Checklisten und Pflichtenhefte
- Fallbeispiele
- Kennzeichnungen und Zeichen
- Positiv- und Negativlisten

Planungsphasen		Aufgabenstellung
Vorplanung	Grundlagenermittlung	• Prüfung Neubau, Sanierung oder Verzicht auf bauliche Lösung unter Einbeziehung von Fallstudien, Leitfaden (z. B. Kaskadenmodell) und Checklisten • Klärung gesetzlicher Rahmenbedingungen
	Machbarkeitsstudie	• Analysen potenzieller Standorte • Prüfung möglicher Wirkungen auf die Umwelt (Umweltverträglichkeit)
	Aufgabenstellung	• Standortauswahl • Abklären technischer, rechtlicher, ökonomischer und ökologischer Rahmenbedingungen • Auswertung von Leitlinien • Vorgabe von Bewertungskriterien bzw. Grenz- und Zielwerten • Formulierung geometrischer Randbedingungen (Nutzflächen, Raumhöhen) • Formulierung von Nutzeranforderungen (Temperatur, Licht, Luftwechsel) • Formulierung von Grenz- und Zielwerten (Medienverbrauch, Behaglichkeit etc.) • Vorgabe eines Anforderungsprogramms
Planung/Entwurf	Konzeptentwicklung	• Gebäudekonzept und Energiekonzept (Festlegung der wärmetauschenden Hüllfläche) • Festlegung der Gebäudeorientierung • Simulationsrechnung zum laufenden Energieverbrauch während der Nutzungsphase • Auswahl von Berechnungs- und Bewertungsmethoden • Beschaffung von Informationen durch Auswertung von Informationsquellen • Auswertung von Fallbeispielen und Checklisten • Auswerten von Sach- und Wirkungsbilanzen (Datenbanken) • Vergleich verschiedener Rohbauvarianten
	Entwurfsplanung	• Auswahl der Bauweise, Haupt- und Massenbaustoffe • Vorauswahl und Grobplanung der Heizungs- und Lüftungssysteme • Simulation des Lebenszyklus (Energie- und Stoffstrom, Kosten) • Aufstellung von Sachbilanzen und Wirkungsbilanzen • Dokumentation der Ergebnisse
	Genehmigungsplanung	• Erarbeitung von Nachweisen, z. B. Wärmeschutz
Vorbereitung der Ausführung	Ausführungsplanung	• Auswahl von Material und Oberflächen • Detailplanung zum Energiekonzept (Wärmebrücken, Luftdichtigkeit) • Detailplanung Haustechnik (Heizung, Lüftung, Sanitär, Elektro)

	Leistungsbeschreibung	• Formulieren ökologischer Anforderungen in der Ausschreibung
		  – an Baustelle und Baustelleneinrichtung
		  – an einzusetzende Bauprodukte und Qualitätsnachweise
		  – an Bauprozesse

	Angebotsbearbeitung	• Abklären von Risiken für Umwelt und Gesundheit durch Produkte und Prozesse • Auswahl umweltfreundlicher Bauverfahren und Transportprozesse • Auswahl umwelt- und gesundheitsgerechter Produkte (Bau- und Bauhilfsstoffe)
	Vergleich/Vergabe	• Prüfung von Angebotsunterlagen nach ökologischen Kriterien • Quervergleich von Angeboten auf technische/physikalische Verträglichkeit
Ausführung	Baustelleneinrichtung	• Organisation des Umwelt- und Gesundheitsschutzes • Vorbereitung der Trennung und Entsorgung von Bauabfällen
	Baudurchführung	• Sicherung der Einhaltung von Umwelt- und Gesundheitsschutz (Arbeitsschutz) • Eigenkontrolle der Ausführungsqualität durch Ausführungsbetrieb
	Überwachung/Abnahme	• Qualitätskontrolle/Fremdüberwachung (z. B. Thermographie, Luftdichtheit)
	Dokumentation	• Erarbeitung Gebäudepass/Energieausweis, ggf. externe Zertifikate • Vorbereitung von Wartungsanweisungen für die Haustechnik • organisatorische und technische Vorbereitung der Messung/Verbrauchserfassung

Abb. 4-2: Übersicht über die verschiedenen Planungsphasen und Aufgabenstellungen

Ganzheitliche bzw. mehrkriterielle Bewertungsmethoden liefern meist die transparenteren Ergebnisse, ihr Einsatz ist aber in der Regel mit einem erheblich höheren Arbeitsaufwand verbunden. Durch den Einsatz von Softwarepaketen kann dieser Arbeitsaufwand reduziert werden. Des Weiteren ermöglicht die Anwendung von Softwaretools eine flexible Berücksichtigung unterschiedlicher Randbedingungen (Bauteilaufbau, evtl. Systemgrenzen) und kann durch die Bereitstellung von Datenbanken und Berechnungseinheiten eine Analyse erheblich vereinfachen.

Gesetzliche Vorgaben, wie z. B. Vorschriften, Konventionen sowie Grenz- und Zielwerte, legen die Rahmenbedingungen für Nachhaltigkeitsanalysen fest und wurden bereits in Abschnitt 2.3 beschrieben.

Des Weiteren ist von Bedeutung, in welcher Planungsphase die unterschiedlichen Instrumente sinnvollerweise zum Einsatz kommen. Abbildung 4-2 gibt eine Übersicht über die verschiedenen Planungsphasen nach HOAI mit den zugehörigen nachhaltigkeitsspezifischen Aufgabenstellungen, für welche unterschiedliche Verfahren ihre Einsatzberechtigung haben [98].

Je nach Planungsphase bzw. Planungsgegenstand müssen Entscheidungen entweder auf hoher Aggregationsebene (Planung eines kompletten Gebäudes) oder für Detailfragen (Materialauswahl) getroffen werden. Auf dieser Grundlage können die im Folgenden beschriebenen Instrumente drei unterschiedlichen Planungsstadien zugeordnet werden:

- Instrumente für die Vorplanung (Bewertungsrahmen und Anforderungsdefinition)
- Instrumente für die Vorentwurfs- oder Ausführungsphase auf Stoff- bzw. Materialebene
- Instrumente für die Vorentwurfs- oder Ausführungsplanung auf Produkt- bzw. Bauteilebene (Produktvergleich und Informationsdatenbanken)

Die meisten Informationssysteme und Orientierungshilfen wurden mit dem Ziel entwickelt, Anreize für den Markt hinsichtlich der Berücksichtigung ökologischer Aspekte bei der Entscheidungsfindung zu schaffen und die Qualität unserer Bauwerke im Hinblick auf eine nachhaltige Entwicklung zu verbessern. Fast alle Instrumente dienen der Zusammenstellung und Präsentation von Informationen.

Den nachfolgend beschriebenen Instrumenten ist gemein, dass sich keines wirklich mit der integrierten Betrachtung aller Nachhaltigkeitsaspekte beschäftigt, sondern vielfach nur einzelne Dimensionen, und hier hauptsächlich die Dimension „Ökologie", abgedeckt werden. Die Zusammenstellung erhebt keinen Anspruch auf Vollständigkeit, sondern soll Einsatzmöglichkeiten für bereits bestehende Instrumente aufzeigen, wobei zur besseren Veranschaulichung zusätzlich zur grundsätzlichen Beschreibung einige beispielhafte Anwendungen für das Bauwesen genannt werden.

4.2.2   Instrumente für die Vorplanung

Bereits in der Vorplanung eines Bauwerks wird die Basis zur erfolgreichen Umsetzung des Nachhaltigkeitsgedankens gelegt, da in dieser Phase die spezifischen Anforderungen an alle drei Nachhaltigkeitsdimensionen beschrieben werden müssen. Dabei können verschiedene Hilfsmittel zum Einsatz kommen.

Checklisten dienen dazu, konkrete Anforderungen an Einzelprojekte aufzuführen und bilden ein einfach zu handhabendes Aufgabenbeschreibungs- und Überprüfungsinstrument. Durch den Einsatz von Checklisten kann sichergestellt werden, dass insbesondere bei einer derart komplexen Thematik wie der Nachhaltigkeit alle maßgeblichen Anforderungen an ein Projekt im Entwurf Beachtung finden.

Fallstudien können zur Planungsunterstützung herangezogen werden, um durch an anderer Stelle bereits gelöste Fragestellungen auf neu zu planende Projekte zu schließen und somit auf einen bereits erlangten Erfahrungsschatz aufbauen zu können. Hier sind z. B. die Fallbeispiele zu „Nachhaltigen Strategien für Siedlungen in industrieller Bauweise" [69] zu nennen.

Ein *Leitfaden* enthält in der Regel Vorgaben sowie Checklisten, deren Einhaltung zur Umsetzung bestimmter Handlungsempfehlungen dienen können. Nach Vorgaben der Enquete Kommission [51] hat z. B. das BMVBW[3] unter Einbeziehung von Sachverstand aus Wissenschaft und Praxis den Leitfaden „Nachhaltiges Bauen bei Bundesbauten" für die Anwendung bei Bundesbauvorhaben erarbeitet. Ziel dieses Leitfadens ist es, dem Planer ein Instrument zur Verfügung zu stellen, mit dem ganzheitliche Ansätze im Sinne der Nachhaltigkeit bei Bundesbaumaßnahmen sicher umgesetzt werden können [6]. Zusätzlich zur Erstellungsphase eines Gebäudes wird gefordert, alle nachfolgenden Lebensphasen einschließlich Weiter- und Wiederverwertung bzw. den Rückbau mit allen lokalen und ggf. globalen ökologischen, ökonomischen und sozio-kulturellen Auswirkungen zu bewerten. Die Leitlinie gilt für die Planung, das Bauen und den Bauunterhalt von Liegenschaften und Gebäuden des Bundes sowie deren Nutzung und basiert auf Forderungen der Enquete-Kommission „Schutz des Menschen und der Umwelt" des Deutschen Bundestages, des Kreislaufwirtschafts- und Abfallgesetzes und des Energieeinspargesetzes (vgl. Abschn. 2.3.5). Konkrete Handlungsanweisungen bzw. Bewertungsmaßstäbe können dem Leitfaden allerdings nicht entnommen werden [95].

4.2.3   Instrumente für die Vorentwurfsphase auf Stoff- bzw. Materialebene

Einer ganzheitlichen Analyse der Nachhaltigkeit von Gebäuden muss für die Betrachtung aller maßgeblichen Lebensphasen die funktionelle Einheit[4] „Bauwerk" zu Grunde gelegt werden. Die im Folgenden betrachteten Instrumente werden als „Informationssystem oder Hilfsmittel" bezeichnet, da sie als Grundlage für weitergehende Analysen oder zur Anwendung in frühen Planungsphasen oft nur Informationen zu Unterebenen eines Bauwerkes liefern, wie z. B. über Baumaterialien oder Bauteile. Diese Hilfsmittel kommen hauptsächlich in der Phase der Konzeptentwicklung zum Einsatz, in der ein grober Überblick über verschiedene Alternativen benötigt wird, ohne dass an dieser Stelle detaillierte Analysen erforderlich und auch durchführbar sind. Des Weiteren werden die beschriebenen Instrumente in der Ausführungsphase angewandt, wenn die Betrachtung und Optimierung des komplexen Gebildes „Gebäude" bereits abgeschlossen ist und Detailfragen zu Materialwahl und Arbeitssicherheit zu klären sind.

Mit Hilfe verschiedener *Informationssysteme* können Materialien im Hinblick auf ausgewählte Merkmale eingeordnet werden. *Datenbanken* und *Deklarationsraster* dienen im Allgemeinen dazu, einem Planer alle für einen optimalen Vorentwurf erforderlichen Informationen zur Verfügung zu stellen, ohne diese Informationen bereits auszuwerten. Werden durch Informationssysteme bereits Bewertungen zur Verfügung gestellt, so ist sicherzustellen, dass der Anwender die einer Bewertung zu Grunde gelegten Kriterien kennt und dieses Wissen in eine abschließende Urteilsfindung einbezieht.

Unter Beachtung der bereits erwähnten Grenzen einer reinen Baustoffbetrachtung stehen für oben genannte Zwecke verschiedene Datenbanken und Informationssysteme zu Bauprodukten für einfache Betrachtungen auf reiner Materialebene zur Verfügung.

---

[3] Bundesministerium für Verkehr, Bau- und Wohnungswesen.
[4] Die funktionelle Einheit dient als Maß für den Nutzen eines Produktes oder eines Produktsystems.

SIA Deklarationsraster D093

Mit Hilfe des SIA Deklarationsrasters D093 [135], welches vom Schweizerischen Ingenieur-
und Architekten-Verein (SIA) veröffentlicht wurde, können unterschiedliche Baustoffe im
Hinblick auf verschiedene Merkmale eingeordnet werden. Es werden die wichtigsten ökologischen und toxikologischen Merkmale infolge Herstellung, während der Nutzung und bei
der Entsorgung für 11 unterschiedliche Baustoffgruppen erfasst. Für die Herstellung beschränken sich die Merkmale zur Zeit auf:

- Massenanteile von recycelten, sekundären Rohstoffen
- Massenanteile von erneuerbaren Rohstoffen
- Massenanteile von besonders umweltgefährdenden Bestandteilen

Während der Verarbeitung und Nutzung werden folgende Merkmale deklariert:
- Emissionen flüchtiger, organischer Lösungsmittel
- Arbeitshygienisch auffällige Stoffe (Risikopotential)

Die Hauptmerkmale der Entsorgung sind:
- Wiederverwertbarkeit (Kriterien sind logistische, ökonomische und
  technologische Voraussetzungen)
- Bilden von Rückständen in der Verbrennung
- Deponierbarkeit

Das Deklarationsraster hat zum Ziel, für den Planer angesichts der oft verwirrenden Vielfalt von
Baustoffen am Markt Produkte zu identifizieren, die geringe oder zumindest bekannte Auswirkungen auf die Umwelt haben. Durch die systematische Erfassung ökologisch relevanter Kriterien können Produkte, die bezüglich Beständigkeit, Langlebigkeit und anderer bauphysi-
kalischer Eigenschaften gleichwertig sind, auf Baustoffebene miteinander verglichen werden.

Informationssystem DATA_BAUM

Mit Hilfe des Informationssystems DATA_BAUM soll die Auswahl von umweltfreundlichen
Baustoffen für ökologisches Planen und Bauen durch die Bereitstellung von Baustoff-
informationen erleichtert werden [29]. Die Datenbank enthält wesentliche technische, wirtschaftliche und andere Produktinformationen wie z. B. bauphysikalische, umwelt- und an-
wendungsrelevante Eigenschaften [30]. Eine Produktbeschreibung zur bautechnischen Eignung
ermöglicht Informationen zu verschiedenen Produkten und kann die Auswahl eines geeigneten Baustoffes für einen bestimmten Anwendungsbereich erleichtern.

Ein Bestandteil der Datenbank ist eine von der Transferstelle „Ökologisch orientiertes Bauen"
entwickelte ABC-Analyse [1]. Auf der Basis qualitativer und quantitativer Angaben verfolgt
sie das Ziel, eine Gesamtbewertung der Umweltverträglichkeit eines Produktes von der Herstellung über die Verarbeitung und Nutzung bis zur Verwertung und Entsorgung zu ermöglichen. Sie liefert Teilbeurteilungen in den Kategorien:

- Rahmenbedingungen für langfristige Marktchancen des Produktes
- Umwelt- und Gesundheitsverträglichkeit des Produktes
- Umweltverträglichkeit der vor- und nachgelagerten Stufen

Mit Hilfe von DATA_BAUM können in den ersten Phasen der Konzeptentwicklung Informationen zu verschiedenen Baumaterialien zusammengestellt werden, wobei darauf hingewiesen werden muss, dass die reine Baustoffbetrachtung ohne Zuordnung einer funktionellen
Einheit auf Bauteilebene nur grobe Anhaltspunkte liefern kann. Des Weiteren kann eine „blin-
de" Anwendung der bereitgestellten ABC-Analyse ohne genaue Kenntnis der Hintergründe

zu Fehlentscheidungen führen, da im Zuge der Bewertung Gewichtungen zu Grunde gelegt werden, die von jedem Anwender kritisch hinterfragt werden sollten. Das Haupteinsatzgebiet von DATA_BAUM liegt in der Ausführungsphase, in der die zu verwendenden Baumaterialien, insbesondere für den Ausbau, festgelegt werden.

Informationssystem GaBi Datenbasis

Wesentliches Ziel des Forschungsvorhabens „Ganzheitliche Bilanzierung von Baustoffen und Gebäuden" war die Erstellung einer Datenbasis mit konsistenten, nach gleicher Methodik und vergleichbaren Randbedingungen erhobenen Daten. Die Ergebnisse des in Zusammenarbeit mit Unternehmen und Verbänden der Baustoffindustrie, Bauunternehmen und Gebäudeausrüstern durchgeführten Forschungsprojekts werden in [56] beschrieben. Nach Abschluss des Forschungsvorhabens existiert eine auf den Bilanzraum Deutschland bezogene Datenbank für eine Vielzahl von Bauprodukten und Bauprozessen.

Die relevanten Umweltwirkungen, die mit der Produktion und dem Einbau von Baustoffen verbunden sind, werden in Form von Baustoffprofilen dargestellt. Die Ermittlung der Eingangsdaten zur Bestimmung der Baustoffprofile erfolgte unter vergleichbaren Systemgrenzen und Randbedingungen. Es werden alle maßgeblichen, in einer Ökobilanz untersuchten, Wirkkategorien (vgl. Abschn. 6.2.2) erfasst und zusätzlich der Primärenergieverbrauch aus nicht erneuerbaren Energieträgern sowie einige weitere Informationen angegeben. Die aufgeführten Baustoffprofile können als Ausgangspunkt für weiterführende Bilanzen von kompletten Bauteilen oder Gebäuden dienen.

Die Ergebnisse von GaBi werden in dieser Arbeit für die Ökobilanzierung verschiedener Baumaterialien berücksichtigt.

Gefahrstoffinformationssystem [63]

Das Gefahrstoffinformationssystem der Berufsgenossenschaften der Bauwirtschaft (GISBAU) ist eine Datenbank, die allen Betroffenen in der Bauwirtschaft Informationen zum Umgang mit Gefahrstoffen bietet und entscheidungsunterstützend wirken kann. Mit Hilfe von GISBAU werden Betriebe in die Lage versetzt, Produkte der Bauchemie zu beurteilen, mögliche Gefährdungen beim Umgang mit diesen Produkten zu erkennen und Maßnahmen zur Vermeidung oder Minderung dieser Gefährdungen zu treffen. GISBAU bietet Entwürfe von Betriebsanweisungen gemäß § 20 der Gefahrstoffverordnung sowie Handlungsanleitungen und Broschüren zur Gefahrstoffproblematik in den verschiedenen Baubereichen.

4.2.4   Instrumente für die Vorentwurfsphase auf Produkt- bzw. Bauteilebene

Erfahrungen zeigen, dass der Auswahl von Baukonstruktionen bereits in einer frühen Projektphase eine hohe Bedeutung zukommt [118], die sich nicht aus der Summe der Einzelentscheidungen über einzusetzende Materialien ableiten lässt. Die zur Analyse komplexer Baukonstruktionen erforderliche Modellierung der Energie- und Stoffströme für Gebäude während der Lebensdauer sowie ihre Bewertung ist in der Regel sehr aufwendig. Aus diesem Grund wurden *Orientierungshilfen* in Form der Kennzeichnung von Produkten und fest definierten Standardbauteilen entwickelt. Ziel der zur Verfügung stehenden Datenbanken oder Umweltzeichen ist es, verschiedene, meist auf ökologischen Gesichtspunkten basierende, Kriterien über den Lebenszyklus eines Produktes zu erfassen, zu bewerten und eventuell Handlungsempfehlungen auszusprechen. Umweltzeichen, Kennzahlen oder auch Elementkataloge werden als Orientierungshilfen bezeichnet.

Mittlerweile gibt es neben deutschen *Umweltzeichen* (z. B. dem „Blauen Engel") das europäische Umweltzeichen und viele andere, meist selbstvergebene Gütesiegel [42]. Diese Gütesiegel wurden mit dem Ziel entwickelt, Verbrauchern einen schnellen Überblick über verschiedene Produkte zu geben, indem Handlungsempfehlungen in Form einer Kennzeichnung ausgesprochen werden. Auf der Suche nach Kriterien für die Bewertung von Produkten wird dabei oft auf Elemente der ökologischen Produktbewertung (z. B. LCA[5]) zurückgegriffen. Grundsätzlich sollten Gütesiegel nachprüfbare und nachgeprüfte Kriterien enthalten, die im Rahmen eines Standardverfahrens untersucht und im Anschluss von unabhängiger Seite zertifiziert werden. Der Vorteil derartiger Kennzeichnungen liegt in der einfachen Anwendbarkeit. Es ist aber zu beachten, dass meist nur ein Leitkriterium betrachtet wird und für den Nutzer kaum Transparenz über die untersuchten Kriterien besteht. Die „ultimative" Weiterentwicklung zu einem Nachhaltigkeitszeichen steht in Deutschland noch aus. Es stellt sich allerdings die Frage, ob die Komplexität der Nachhaltigkeit mit Hilfe einer **einzigen** Kennzahl überhaupt erfasst werden kann.

Ein weiteres Mittel zur Bauteilbeurteilung sind so genannte *Elementkataloge*. In diesen Katalogen werden üblicherweise Standardkonstruktionen im Hinblick auf verschiedene Kriterien bewertet und vergleichend dargestellt. Im Allgemeinen werden hier ökologische sowie ökonomische Kriterien berücksichtigt. Diese Kataloge erlauben dem Planer, in einer frühen Planungsphase die Anzahl im Detail zu untersuchender Alternativkonstruktionen einzugrenzen.

Informationssystem Element-Katalog SIA 123

Die Dokumentation SIA 123 [136] umfasst eine Sammlung von Hochbaukonstruktionen (Dach, Decke, Wand), die mit dem Instrument der Ökobilanzierung untersucht, mit ergänzenden Betrachtungen versehen und vereinheitlicht dargestellt werden. Das Beurteilungsraster enthält neben Ökobilanzdaten die Beschreibung ökologisch relevanter baupraktischer Erfahrungen und stellt ein Instrument für die Grobauswahl von Hochbaukonstruktionen nach ökologischen Gesichtspunkten dar.

Die ökologische Beurteilung umfasst alle Lebensphasen des Gebäudes und der Baukonstruktion. Die Herstellung der Baustoffe wird mit einem Index quantifiziert, die übrigen Lebensphasen werden durch Profilkriterien qualitativ berücksichtigt. Der Index stellt die quantitative wissenschaftliche Beurteilungsebene im Gesamtbeurteilungsschema dar. Hier werden die jeweiligen Faktoren beschrieben, die mengenmäßig erfassbar sind wie z. B. die Berücksichtigung der Lebensphase Herstellung sowie die Baustoffdaten aus dem Deklarationsraster SIA D093 [135]. Im Profil werden die Lebensphasen von der Verarbeitung bis zur Entsorgung betrachtet sowie baupraktisch ausgerichtete Komponenten erfasst, die eher qualitativer Natur sind und mit Hilfe von Standardbeschreibungen auf einer 6-stufigen Skala bewertet werden. Es handelt sich hierbei um Aspekte, die nicht quantitativ erfassbar sind (z. B. Beschreibung der Bauprozesse, der Instandhaltung, der Erneuerung und der Entsorgung).

Das Deklarationsraster ermöglicht eine Auswahl von Baukonstruktionen in einer frühen Projektphase, beschreibt aber hauptsächlich in der Schweiz zur Anwendung kommende Konstruktionen und dient als Grundlage für die BauBioDataBank[6], die in Abschnitt 4.4 näher beschrieben wird.

---

[5] Life Cycle Analysis – Ökobilanzierung.

[6] Die BauBioDataBank ist ein Instrument zur baubiologischen und bauökologischen Beurteilung von Konstruktionen. Das Werkzeug erlaubt es, Umweltbelastungen von Konstruktionen und Gebäuden nach SIA 123 zu berechnen. Ebenso sind Wärmedurchgang und die Elementkosten von Konstruktionen berechenbar.

4.3   Ganzheitliche Methoden der Lebenszyklusanalyse

Methoden dokumentieren eine standardisierte und somit nachvollziehbare Vorgehensweise (z. B. ISO 14 040) und dienen zur Bereitstellung bereits ausgewerteter Informationen oder als Basis für Softwaretools. Zu den Methoden werden z. B. gezählt:

- Ökobilanzen (LCA)
- Ganzheitliche Bilanzierung
- Produktlinienanalyse

Des Weiteren stehen auch Methoden zur Aggregation von Ergebnissen einer Ökobilanz oder einer ganzheitlichen Bilanzierung zu Verfügung. Hierunter zählen z. B.:

- ÖÖB (vgl. Abschn. 4.3.2)
- EPS-System (vgl. Abschn. 6.2.3)
- Eco-Indicator (vgl. Abschn. 6.2.3)

Ganzheitliche Methoden zur Bewertung beinhalten die gleichzeitige Betrachtung mehrerer Aspekte, welche die Beurteilung beeinflussen. Durch eine ganzheitliche Vorgehensweise sollen Problemverschiebungen von einem Bereich in den anderen, wie zum Beispiel von einer Lebensphase eines Bauwerks in eine andere, dem Entscheidungsträger verdeutlicht und dadurch verhindert werden.

Zurzeit gibt es kaum Methoden, die alle in Kapitel 2 aufgezählten Indikatoren der ganzheitlichen Nachhaltigkeitsanalyse erfassen. Dennoch können die beschriebenen Ansätze als „Mehrkriterielle Bewertungsmethoden" bezeichnet werden, da sie prinzipiell den kompletten Lebenszyklus sowie eine große Anzahl der zu betrachtenden Indikatoren berücksichtigen. Nachfolgend werden Methoden zur Lebenszyklusanalyse von Produkten vorgestellt. Vielen dieser Methoden ist gemeinsam, dass sie zur Erfassung ökologischer Gesichtspunkte auf der Ökobilanz (siehe Abschn. 6.2) basieren.

Ganzheitliche Bilanzierung [56]

Die Ganzheitliche Bilanzierung wurde vom Institut für Kunststoffprüfung und Kunststoffkunde der Universität Stuttgart entwickelt. Ziel ist es, die sich vermeintlich entgegenstehenden Anforderungen an ökologisch orientierte Entscheidungen und an das betriebliche Interesse der Gewinnmaximierung zu kombinieren und integriert zu optimieren. Die Ganzheitliche Bilanzierung stellt den Umweltschutz als gleichberechtigtes Kriterium neben die oft allein ausschlaggebenden Entscheidungsgrößen der technischen und wirtschaftlichen Anforderungen und beinhaltet entsprechend ökologisch, ökonomisch und technisch relevante Kriterien. Die Ganzheitliche Bilanzierung betrachtet den gesamten Lebenszyklus eines Produktes, nutzt im ökologischen Bereich die Methodik und prinzipiellen Vorgehensweise der Ökobilanz und ist definiert als ein Instrument zur Erhebung, Dokumentation und Aufbereitung umweltlicher Parameter von Produkten, Verfahren, Systemen oder Dienstleistungen auf der Basis technischer und wirtschaftlicher Pflichtenhefte.

Abbildung 4-3 zeigt das Ablaufschema einer Ganzheitlichen Nutzwert-Analyse. Hierbei wird von Bauteil- und Systembeschreibungen ausgegangen, die den Betrachtungsgegenstand und seine Vergleichsalternativen mit ihren Profilen beschreiben. Aufbauend auf den Pflichtenheften wird der Bilanzierungsumfang festgelegt. Die Systembeschreibung legt die in der Bilanz zu berücksichtigenden Stoff- und Energieströme fest.

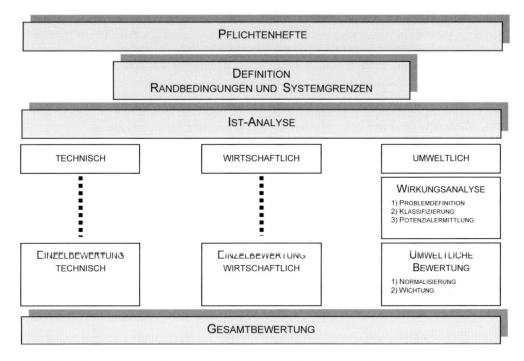

Abb. 4-3: Schematischer Aufbau einer Ganzheitlichen Bilanzierung [56]

Im Zentrum der ganzheitlichen Bilanzierung wird für alle drei Aspekte eine Ist-Analyse bezüglich aller relevanten Daten entlang des Produktlebenszyklus aufgestellt. Dies erfolgt im ökologischen Bereich mit Hilfe einer Sachbilanz und Wirkungsabschätzung (siehe Abschn. 6.2), im ökonomischen und technischen Bereich mit den jeweils für diese Bereiche bewährten Hilfsmitteln (z. B. Kosten-Nutzen-Analyse für ökonomische und Qualitätssicherung für technologische Gesichtspunkte).

Ziel der anschließenden Bewertung ist es, ein umfassendes Bild zu einem abschließenden Urteil zusammenzufassen, indem die Einzelaspekte Ökonomie, Ökologie und Technik integriert betrachtet werden. Die Ganzheitliche Bilanzierung ist somit ein Werkzeug zur Unterstützung der Planung und Entwicklung neuer Produkte oder Systeme sowie zur Schwachstellenanalyse und Optimierung.

Produktlinienanalyse (PLA) [111]

Die Produktlinienanalyse wurde vom Öko-Institut e. V. entwickelt und stellt ein sehr umfassendes Instrument zur Bewertung von Produkten dar [42].

Produktlinienanalysen erfassen den gesamten Lebensweg eines Produktes und analysieren die ökologischen, ökonomischen und sozialen Auswirkungen. Die längs des Lebensweges auftretenden Stoff- und Energieumsätze und die daraus resultierenden Umweltbelastungen und sozioökonomischen Wirkungen (z. B. Arbeitsplatzqualität) werden bewertet. Produktlinienanalysen werden von einem Forum, bestehend aus Vertretern verschiedener gesellschaftlicher Gruppen, begleitet. Die jeweils zu betrachtenden Kriterien werden von diesen Gremien festgelegt und sind vom betrachteten Produkt abhängig. Durch die nicht starr festgelegte

Methodik kann die PLA auf spezifische Besonderheiten unterschiedlicher Produkte eingehen. Allerdings führt diese Vorgehensweise dazu, dass Produktlinienanalysen, die von unterschiedlichen Stellen angefertigt werden, mit großer Wahrscheinlichkeit nicht vergleichbar sind.

Für die PLA existieren keine allgemein anerkannten Bewertungsmodelle, die über die Erfassung quantitativ erfassbarer Energie- und Materialströme hinausgehen und eine integrierte Bewertung ökonomischer, ökologischer und sozialer Aspekte ermöglichen. Die PLA findet in der Praxis keine Anwendungen und bis auf einige vom Öko-Institut selbst durchgeführte Produktlinienanalysen sind keine praktischen Ausführungsbeispiele bekannt.

Entmaterialisierung und MIPS-Konzept [103]

Auf der Grundlage der Entmaterialisierungstheorie [26] wurde am Wuppertaler Institut das MIPS-Konzept entwickelt. Die Abkürzung MIPS steht für Materialinput pro Serviceeinheit (Material Input per Service Unit). Der MIPS zugeordnete Zahlenwert berechnet sich als Quotient aus dem Materialinput, der für die Produktion des jeweiligen Produktes notwendig war, und der Serviceeinheit, welche ein Maß für den Nutzen des Produktes darstellt.

MIPS beinhaltet zwei unterschiedliche Materialströme. Direkter Materialinput sind die Rohstoffe, die in den Wirtschaftskreislauf zur Weiterverarbeitung eintreten. Versteckte Materialströme werden als „Ökologischer Rucksack" eines Produktes bezeichnet. Hierunter werden solche Materialien verstanden, die zusammen mit den direkten Materialien abgebaut werden, sowie alle Materialien, die während des Abbaus bewegt und die zur Herstellung und Instandhaltung benötigt werden.

MIPS stellt ein grundlegendes Maß für die Abschätzung der Umweltbelastung durch Ressourcenverbrauch eines Produktes dar. Im MIPS-Konzept wird im Gegensatz zu den auf einer Ökobilanz basierenden Verfahren hauptsächlich Wert auf die Rohstoffbeschaffung und Materialbewegungen gelegt. Für eine erste Bewertung werden die so bilanzierten Input- und Outputströme ungeachtet ihrer jeweiligen ökologischen Bedeutung zur Gesamt-Material-Intensität addiert. MIPS eignet sich nach Ansicht der Verfasser erst dann für detaillierte ganzheitliche Analysen von Produkten, wenn eine Bewertung unter Einbeziehung zusätzlicher Umweltproblemfelder erfolgt.

Energiekennzahlen [44]

Der rationelle Energieeinsatz wird als wichtiges Kriterium für Umweltschutz und Ressourcenschonung gesehen [124]. Zur Berechnung des kumulierten Energieverbrauchs (KEV) ökonomischer Güter und Dienstleistungen sind genaue Analysen der jeweiligen Prozesse und Prozessketten erforderlich, die bei der Herstellung und der Nutzung eines Gutes involviert sind. Nicht erfasst im KEV sind zunächst energierelevante Bereiche wie Wiederverwendung, Verwertung und Entsorgung. Durch Berücksichtigung dieser Lebensphasen wird der kumulierte Energieverbrauch zum kumulierten Energieaufwand (KEA siehe auch Abschn. 3.3.3) erweitert. Der Kumulierte Energieaufwand bietet einen bestechend einfachen Ansatz zur Bewertung von Produkten und Bauteilen. Als Vergleichsgröße werden alle energetischen Aufwendungen für ein Produkt oder eine Dienstleistung betrachtet. Dabei wird festgeschrieben, dass alle Arten von Umweltbelastungen dem jeweiligen Anteil an Energieumwandlung entsprechen. Huber [75] dagegen vertritt die Meinung, dass die Komponente Energie für sich betrachtet ihre Berechtigung hat, sie sollte aber lediglich als **ein** Indikator dienen und andere Bewertungssysteme ergänzen.

Wichtiger Bestandteil bei der Ermittlung von Energiekennzahlen ist im Baubereich der erforderliche Energieeinsatz zum Betrieb eines Gebäudes. Um den Einsatz von Heizenergie bei der

Nutzung von Gebäuden zu begrenzen, müssen Richtwerte der geltenden Wärmeschutz-verordnung bzw. der Energieeinsparverordnung (siehe Abschn. 2.3.3) eingehalten werden.

OGIP/DATO [77]

OGIP/DATO (bzw. KOBEK) ist eine Methode zur „Optimierung von Gesamtenergie, Um-weltbelastung und Baukosten" und wurde im Rahmen eines Forschungsvorhabens an der Universität Karlsruhe am Institut für industrielle Bauproduktion entwickelt. Ergebnisse des Vorhabens wurden auch im europäischen Projekt REGENER [110] verarbeitet. Ziel des In-strumentes ist es, die mit der Herstellung, Nutzung und Entsorgung eines Gebäudes in Verbin-dung stehenden Stoff- und Energieströme und deren Wirkungen auf die Umwelt (Inanspruch-nahme von Naturpotentialen) und die Menschen zu erfassen, transparent aufzubereiten und zu bewerten. Dabei wird der gesamte Lebenszyklus der Produkte, einschließlich der Prozesse der Energiebereitstellung und notwendige Transporte, berücksichtigt. OGIP basiert auf der Elementmethode des CRB[7]. Bauelemente sind einerseits mit den Kalkulationsgrundlagen des CRB und der Fachverbände [165] und andererseits mit den Ökoinventaren der ETH Zürich [109] verknüpft. Über eine Schnittstelle kann auch die benötigte Betriebsenergie be-rechnet werden. OGIP ist eine Methode, welche die Kalkulationsgrundlagen für die Kosten-überwachung gleichzeitig für die Berechnung der Energie- und Stoffströme verwendet.

Das Ergebnis der Stoff- und Energiebilanz für ein Produkt ist die systematische Zusammen-stellung von Daten über Umwandlungsprozesse, Wärmeströme (Energiebilanz) sowie von Tabellen mit Eingangsstoffen und Ausgangsprodukten. Somit sind Aussagen über Ressourcen-verbrauch, Kosten, Energie und Umwelt möglich. Die Ökoinventar-Daten umfassen Angaben zu einer großen Zahl verschiedener Baustoffe, Energieträger und Prozesse, die einzeln be-trachtet werden können. Der in OGIP aus Kapazitätsgründen verwendete Datensatz enthält jedoch nur aggregierte Werte für Primärenergie, CO_2, Externe Kosten und Umweltbelastungs-punkte [165]. Analysen sind für Elemente, Systeme oder ganze Gebäude möglich. Außerdem werden der Einfluss von Baukörper, Haustechnik und Nutzung auf die Kosten, den Energie-bedarf und die Umweltbelastung veranschaulicht.

Die Erneuerung und der Unterhalt des Gebäudes werden durch vereinfachte Ersatzmodelle beschrieben. Für die Phase Abbruch finden die Entsorgungsprozesse für verschiedene Abfall-kategorien pauschal Berücksichtigung.

Neben komplexen Planungswerkzeugen (vgl. auch Beschreibung der Softwaretools in Abschn. 4.4), wurden Bewertungssysteme auf der Basis von Methoden der Wertung und Gewichtung von Einzelkriterien entwickelt. Während die komplexen Werkzeuge unmittelbar mit Daten-banken verknüpft sind, die eine Ermittlung des Energiebedarfs bzw. der Stoffströme über den Lebenszyklus eines Bauwerks ermöglichen, müssen diese Eingangsinformationen bei der Anwendung so genannter (Schnell)-Bewertungssysteme von außen eingebracht werden. Rei-ne Bewertungsmethoden zur Aggregation von Einzelergebnissen weisen in der Regel keine internen Berechnungsalgorithmen oder Datenbanken auf. Im Folgenden werden zwei dieser (Schnell)-Bewertungssysteme beschrieben.

---

[7] CRB: Schweizerische Zentralstelle für Baurationalisierung.

ÖÖB [33]

Das Bewertungssystem für ökonomisches und ökologisches Bauen und gesundes Wohnen (ÖÖB) wurde von der Forschungsgruppe „Bauwirtschaft" der Universität Wuppertal entwickelt. Das System basiert auf der Vergabe von Wertungspunkten (Erfüllungspunkte) und Wichtungszahlen (Gewichtung) für festgelegte Kriterien.

Das System kann in drei unterschiedlichen Planungsphasen zum Einsatz kommen: nach Abschluss der Vorplanung, zum Ende der Eingabeplanung bzw. vor Baubeginn. Mittels einer Nutzwertanalyse werden monetäre und nicht monetäre Zielerfüllungsgrade für unterschiedliche Kriterien bestimmt. „ÖÖB" bewertet die Planung hinsichtlich externer Faktoren, die das Gelingen eines Projektes beeinflussen, hinsichtlich ökonomischer Faktoren, die Herstellungs-, Nutzungs- und Entsorgungsphase berücksichtigen sowie hinsichtlich ökologischer Faktoren, die die Auswirkungen der Baumaßnahme auf die Umwelt verdeutlichen. Im einzelnen werden die folgenden Aspekte betrachtet:

- Projektbedingungen
- Standort
- Gebäudekonzept
- Energieinput
- Ressourcenverbrauch
- Schadstoffe
- Recycling/Entsorgung
- Wasser/Boden/Luft
- Baumanagement
- Kosten

„ÖÖB" stellt kein Hilfsmittel für die Ermittlung der Basisdaten einer Bewertung, wie z. B. Kosten, Energie- und Stoffströmen oder Umweltbelastungen dar. Die externe Ermittlung dieser Eingangsdaten ist eine Voraussetzung für die Anwendung von ÖBB. Die wichtigsten Ergebnisse der Bewertung werden zu einem Bewertungspass zusammengefasst. Neben den allgemeinen Angaben zu dem bewerteten Projekt enthält er die wichtigsten Angaben zu den ökonomischen und den ökologischen Komponenten.

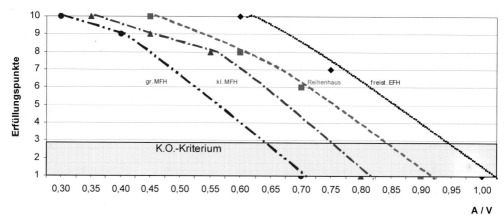

Abb. 4-4: Übersicht über Bewertungshilfen des Verfahrens „ÖÖB" Schematischer Aufbau einer Ganzheitlichen Bilanzierung [33]

Standard nach Nutzeranforderung	ja	nein
Die Fragen sollen mit ja oder nein beantwortet und das entsprechende Feld mit einem x gekennzeichnet werden.		
➤ Ist der Nutzer bekannt bzw. eine spezifische Gruppe, die mit dem Gebäude angesprochen werden soll?	X	
➤ Entspricht der geplante Standard dem vom Nutzer gewünschten bzw. ist ein höherer Standard schlüssig zu begründen?		X
➤ Wie verhält sich der gewählte Standard zu dem der Nachbargebäude? Fügt er sich in die Umgebung ein?	X	
➤ Kann der Standard durch erleichterte Nachrüstungsmaßnahmen den Nutzerwünschen angepasst werden?		X
➤ Welche besonderen Ansprüche hat der Nutzer, insbesondere in Bezug auf erforderliche Sicherheitseinrichtungen? Ist sein Bedarf klar definiert?	X	
➤ Wurden diese in der Planung berücksichtigt?	X	
➤ Gibt es witterungsgeschützte Stellplätze für Fahrräder und Kinderwagen?		X
➤ Sind Spielanlässe oder Spielanlagen in unmittelbarer Nähe vorhanden?	X	
➤ Ist das Gebäude gut lärmgeschützt? (zählt zweifach)	X	
Erfüllungspunktzahl EZ 6		

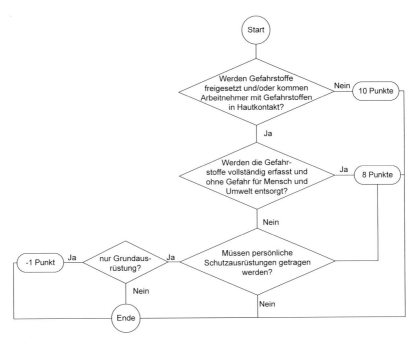

Abb. 4-4 (Fortsetzung)

Zur Vereinfachung der Bewertung bietet „ÖÖB" unterschiedliche Arten von Bewertungshilfen an (vgl. Abb. 4-4):

- Diagramme, aus denen die Bewertung anhand von messbaren Daten abgelesen werden kann
- Fragenkataloge, bei denen die Anzahl positiv beantworteter Fragen die Bewertung ergibt
- Flussdiagramme, bei denen man dem zutreffenden Strang folgt und am Ende die Bewertung abliest

BREEAM [99]

Das Bewertungsverfahren BREEAM (BRE Environmental Assessment Method) wurde in Großbritannien entwickelt und wird insbesondere für die Bewertung von Büro- und Industriebauten eingesetzt. Die Vergabe eines Zertifikates „fair", „good" oder „very good" erfolgt auf der Basis verschiedener Einzelbewertungen unterschiedlicher Kriterien mit Hilfe der Vergabe von Punkten. Es werden Kriterien wie die Ressourceninanspruchnahme, globale Umweltaspekte, lokale Umweltaspekte sowie Fragen der Gesundheit und der Behaglichkeit der Nutzer in Innenräumen berücksichtigt.

Eine Bewertung mit BREEAM gliedert sich in drei Teile. Die eigentliche Kernbewertung der in einem Bauwerk verbauten Materialien sowie der Betriebsprozesse wird in der Regel immer durchgeführt, indem die durch ein Bauwerk hervorgerufenen Umweltbelastungen betrachtet werden. Zwei weitere Teile der Bewertung sind optional und erfassen die Qualität des Entwurfs sowie den Betrieb des Bauwerks.

Bewertungen mit BREEAM werden immer durch einen Mitarbeiter von BRE bzw. einer durch BRE zugelassenen Organisation durchgeführt. Das Zertifikat als Ergebnis der Bewertung wird von einem Gutachter auf Grundlage eines ausführlichen Berichtes ausgestellt. Die Anwendung der Methode wird eng überwacht, um Qualität und Konsistenz aufrechtzuerhalten.

Die Übersicht in Abbildung 4-5 beschreibt die Einordnung der verschiedenen Instrumente anhand verschiedener Kriterien. Die Analyse der Hilfsmittel und Methoden verdeutlicht, dass eine ganzheitliche Analyse der Nachhaltigkeit von Baukonstruktionen im Allgemeinen mit Hilfe der bereits zur Verfügung stehenden Mittel nicht durchzuführen ist, da nicht alle maßgeblichen Kriterien bzw. Indikatoren sowie alle Lebensphasen in ausreichendem Detaillierungsgrad erfasst werden.

4.4   Softwaretools zur Nachhaltigkeitsanalyse

Die Komplexität von Methoden zur Lebenszyklusanalyse von Produkten erfordert eine Fülle von Wissen über Daten, Berechnungsmethoden und Randbedingungen unterschiedlicher Herkunft. Die Erstellung und Verwaltung derartig großer Datenmengen legt den Einsatz der elektronischen Datenverarbeitung nahe. Inzwischen wurden international eine ganze Reihe von Computeranwendungen speziell zur Betrachtung von Produktlebenszyklen entwickelt.

Die Softwaretools verfolgen im Allgemeinen einen mehrkriteriellen Bewertungsansatz bei Betrachtung des kompletten Lebenszyklus. Es werden in der Regel quantitativ erfassbare Daten in der Analyse verwendet, die in Teilbereichen durch qualitative Aussagen ergänzt werden. Bei der Erfassung quantitativer Daten wird häufig auf die bereits erwähnten Informationssysteme oder Methoden zurückgegriffen. Randbedingungen können flexibel angepasst werden und die Informationstiefe ist relativ hoch.

Methoden und Hilfsmittel	Analysegegenstand: Material: M, Bauteil/Produkt: B, Bauwerk/Projekt: P	Analysegegenstand	Analyseziel: Information (I) oder Bewertung (B)	Ökologische Aspekte – Globale Auswirkungen: Nicht erneuerbare Ressourcen oder Energieträger	Ökologische Aspekte – Globale Auswirkungen: Treibhauseffekt (ÖB)	Ökologische Aspekte – Globale Auswirkungen: Ozonabbau der Stratosphäre (ÖB)	Ökologische Aspekte – Globale Auswirkungen: Anfallende Abfälle/Deponiebedarf	Ökologische Aspekte – Regionale Auswirkungen: Flächeninanspruchnahme	Ökologische Aspekte – Regionale Auswirkungen: Versauerung (ÖB)	Ökologische Aspekte – Regionale Auswirkungen: Innenraumbelastung/Gesundheit	Ökologische Aspekte – Regionale Auswirkungen: Eutrophierung/photochemische Ozonbildung (ÖB)	Ökologische Aspekte – Lokale Auswirkungen: Lärm	Ökologische Aspekte – Lokale Auswirkungen: Staub	Ökologische Aspekte – Lokale Auswirkungen: Erschütterungen	Ökologische Aspekte – Lokale Auswirkungen: Belastung am Arbeitsplatz	Ökonomische Aspekte – Direkte und indirekte Kosten: Investitionskosten (einmalig)	Ökonomische Aspekte – Direkte und indirekte Kosten: Betriebskosten (Energie, Reinigung)	Ökonomische Aspekte – Direkte und indirekte Kosten: Instandhaltungskosten (laufend)	Ökonomische Aspekte – Direkte und indirekte Kosten: Erneuerungs-/Umbaukosten (periodisch)	Ökonomische Aspekte – Direkte und indirekte Kosten: Entsorgungskosten/Abbruchkosten	Ökonomische Aspekte – Externe Kosten: Schadenskosten, Vermeidungskosten, Ausweichkosten, Fiktive Zahlungsbereitschaft	Lebensphasen: Alle Lebensphasen erfasst: Erstellung, Nutzung, Entsorgung	Ganzheitliche Bewertung der Nachhaltigkeit möglich?	Basierende Methode
Grenzwerte		M, P	I	–	–	–	–	–	–	X	–	X	X	X	X	–	–	–	–	–	–	Nein	Nein	keine
Informationssysteme	Datenbanken, Deklarationsraster	M	I	Unterschiedliche Datenbanken oder Elementkataloge können für die verschiedenen Indikatoren zur Anwendung kommen. Die Erfassung ökologischer Aspekte erfolgt im Allgemeinen quantitativ, die Erfassung ökonomischer Aspekte eher qualitativ.																		Ja/ Nein	Nein	z. B. Ökobilanz
Informationssysteme	Elementkataloge	B	I																			Ja/ Nein	Nein	z. B. Ökobilanz
Orientierungshilfen	Checklisten/ Leitfaden/ Fallstudien	P	I	Es werden unterschiedliche, oft umfassend aufgeführte Kriterien aufgelistet und qualitativ beschrieben. Es handelt sich um kein Bewertungsinstrument, sondern um eine Planungshilfe.																		Ja	Nein	keine
Orientierungshilfen	Umweltzeichen	B	B	Qualitative Einordnung verschiedener Produkte auf Grundlage quantitativ erfassbarer Kriterien, die nachprüfbar und transparent dargestellt werden müssen.												–	–	–	–	–	–	Nein	Nein	verschiedene
Methoden	Energiekennzahlen	B, P	B	X (KEA)	–	–	–	–	–	–	–	–	–	–	–	–	–	–	–	–	–	Ja	Nein	KEA
Methoden	Ökobilanzen	M,B, P	B	(X)	X	X	(X)	X	X	–	X	–	–	–	–	–	–	–	–	–	–	Ja	Nein	Ökobilanz
Methoden	Ganzheitliche Bilanzierung	M,B, P	B	X	X	X	X	–	X	–	X	–	–	–	–	Grundlage der Bilanzierung sind wirtschaftliche und technische Pflichtenhefte						Ja	Nein	Ökobilanz
Methoden	Life Cycle Costing	M,B, P	B	–	–	–	–	–	–	–	–	–	–	–	–	X	X	X	–	X	(X)[1]	Ja	Nein	LCC
Methoden	MIPS	B, P	B	X	–	–	X	–	–	–	–	–	–	–	–	–	–	–	–	–	–	Ja	Nein	MIPS
Methoden	PLA	P	B	(X)	X	X	(X)	X	X	(X)	X	–	X	–	–	Qualitative Erfassung						Ja	Nein	Ökobilanz

X wird berücksichtigt (Die Erfassung erfolgt qualitativ oder quantitativ)
(X) wird teilweise berücksichtigt
– wird nicht berücksichtigt

1) Es gibt kein einheitliches Konzept zur Erfassung externer Kosten.

Abb. 4-5: Einschätzung von Instrumenten für die Nachhaltigkeitsanalyse [32]

Die verschiedenen Tools unterscheiden sich in der Komplexität ihrer Funktionen, in Umfang und Qualität ihrer Daten sowie in der Gestaltung der Oberfläche. Alle Programme verfügen über eine Datenbank, in der eine große Anzahl von grundlegenden Informationen bereitgestellt wird und benutzereigene Daten ergänzt werden können. Grundlage der meisten Softwaretools sind Stoff- und Energiebilanzen, in denen eine Gegenüberstellung aller ein- und ausgebrachten Stoff- und Energiemengen in Form von Input- und Outputgrößen im Produktionsprozess vorgenommen und damit die Inanspruchnahme der Naturpotentiale durch verschiedene Prozesse beschrieben wird. Einige Programme besitzen Werkzeuge für die Aggregation und berechnen darauf aufbauend Wirkungsbilanzen und Bilanzbewertungen.

An dieser Stelle wird eine Auswahl von Softwaretools vorgestellt, die im Rahmen einer Nachhaltigkeitsanalyse zur Anwendung kommen können. Die meisten der im Folgenden beschriebenen Tools haben gemeinsam, dass eine quantitative Bewertung nur im Vergleich mehrerer Varianten aussagekräftig ist.

GaBi 3.0 [55]

Auf Basis theoretischer Erkenntnisse der „Ganzheitlichen Bilanzierung" wurde das Softwaretool GaBi entwickelt. Mit Hilfe von GaBi können Massen- und Energieströme entlang des gesamten Lebenszyklus (Herstellung, Nutzung, Entsorgung) von Produkten und Systemen, inklusive nötiger Transporte und Energiebereitstellungsprozesse, ermittelt werden. Während klassische Ökobilanz-Tools lediglich Einblicke in umweltliche Auswirkungen von Prozessen, Produkten und Systemen bieten, liefert GaBi zusätzlich Hinweise zu anfallenden Kosten und technischen Anforderungen. Zu diesem Zweck werden in die erstellten Module einige wirtschaftliche Größen wie Energiekosten, Materialkosten und Personalkosten sowie technische Daten zur Verfahrenstechnik und physikalische Produkteigenschaften aufgenommen. Ein Produkt oder eine Technologie kann somit über die drei Dimensionen Technik, Wirtschaft und Umwelt analysiert und bewertet werden. Die zum Software-System gehörenden Datenbanken basieren auf Erfahrungen aus Industriekooperationen und Patent-/Fachliteratur und machen *GaBi3* zu einem umfangreichen Ökoinventar-Datenbanksystem, welches allerdings besonders im Bereich von Ausbaumaterialien noch Lücken aufweist.

Build it ist Teil des GaBi-Tools und wurde entsprechend den Anforderungen des Bauwesens auf diese spezifische Benutzergruppe angepasst. Es basiert auf einer Datenbank, in der die ökologischen Profile der im Bauwesen relevanten Werkstoffe und Verarbeitungsprozesse hinterlegt sind. Basierend auf dieser Datenbank werden Ökobilanzen für einzelne Konstruktionen bzw. für gesamte Gebäude berechnet. Zusätzlich zu den ökologischen Kennzahlen lassen sich Arbeitszeit- und Kostenvorgaben für die verschiedenen Konstruktionen berücksichtigen. Des Weiteren können die Wärmedurchgangskoeffizienten und der jährliche Heizwärmebedarf berechnet werden.[8] Die Simulation der Nutzungsphase ermöglicht dem Planer die Aussage, ob und wie sich beispielsweise der für eine Verbesserung des Wärmedurchgangswiderstandes einer Konstruktion anfallende Zusatzaufwand über die Nutzungsphase amortisiert. Gleichzeitig werden die Kostenwirkungen konstruktiver Änderungen ermittelt. Die Lebensphasen Rückbau und Entsorgung werden mit GaBi allerdings nicht detailliert analysiert.

---

[8] Heizwärmebedarf nach Wärmeschutzverordnung 1994 und DIN 4108 (August 1981).

GEMIS 3.0 [54]

Das <u>G</u>esamt-<u>E</u>missions-<u>M</u>odell <u>i</u>ntegrierter <u>S</u>ysteme (GEMIS) wurde vom Öko-Institut im Auftrag des Hessischen Ministeriums für Umwelt, Energie, Jugend, Familie und Gesundheit entwickelt.

Ursprünglich wurde GEMIS als ein Instrument für die vergleichende Untersuchung von Umwelteffekten aus Energiebereitstellung und -nutzung entwickelt. Generell wurden bei der Umweltbetrachtung von Energiesystemen (z. B. Stromerzeugung durch Kraftwerke verschiedenster Art) hauptsächlich die direkten Umwelteffekte unter Einbeziehung der „vorgelagerten" Prozesse für Gewinnung, Transport und Umwandlung betrachtet. Erst seit einigen Jahren werden unter dem Begriff Ökobilanz auch die Stoffe zur Herstellung der Energiesysteme berücksichtigt, was dazu führte, dass GEMIS um den Verkehrsbereich erweitert und Stoffströme (auch Baustoffe) aufgenommen wurden.

Der Lebensweg eines Produktes wird in GEMIS durch so genannte Prozessketten dargestellt. Wie weit man den Lebensweg nach der Produktion eines Stoffes verfolgt, d. h., ob man die Nutzungsphase und die Entsorgung einbezieht, bleibt dem Programmnutzer selbst überlassen. Das Programm basiert nicht auf der LCA-Methodik (siehe Abschn. 6.2), kann aber für die Erstellung einer quantitativen Sachbilanz verwendet werden. Rein qualitative Daten werden nicht berücksichtigt.

Nicht nur Stoff- und Energieströme können mit GEMIS analysiert werde, auch deren Kosten können berechnet werden, wobei die betriebswirtschaftlichen („internen") Kosten und externe Umweltkosten getrennt ermittelt werden und zur Bestimmung der volkswirtschaftlichen Gesamtkosten dienen. Die Ergebnisse lassen sich in Form von Tabellen oder Grafiken darstellen.

Greencalc (TWIN Model) [148]

Das TWIN-Model ist ein Instrument zur ökologischen Beurteilung im Bauwesen, das auf der Lebenszyklusanalyse aufbaut. Umweltinformationen beinhalten üblicherweise Landschaftseinflüsse, Rohstoffverbrauch und sonstige Beeinträchtigungen der Umwelt, während andere Effekte nicht genügend berücksichtigt werden [68]. Hierbei handelt es sich vor allem um Aspekte der Instandhaltung während der Nutzung sowie um von Baumaterialien ausgehende Auswirkungen auf die Gesundheit. In Ergänzung zu den durch ein Gebäude verursachten Stoff- und Energieströmen wird im TWIN Model auch die Qualität des Innenraumklimas von Gebäuden bei der Betrachtung der Nachhaltigkeit von Bauwerken berücksichtigt. Das „TWIN Model" sowie das zugehörige Softwareprogramm *Greencalc* stellen ein Methode zur Verfügung, die auf heute verfügbaren quantitativen Daten beruht, zusätzlich aber qualitativ beschreibbare Aspekte berücksichtigt.

Das TWIN Model setzt sich aus zwei Komponenten zusammen, die qualitative und quantitative Angaben verarbeiten. Die in den jeweiligen Komponenten enthaltenen Kriterien werden in Subkategorien eingeteilt. Für jedes Subkriterium wurde eine Leistungsbeschreibung erstellt, der wiederum spezifische Umweltbelastungspunkte zugesprochen werden. Pro Umwelt- oder Gesundheitskriterium werden die Umweltbelastungspunkte der unterschiedlichen Subkriterien zu einem Wert pro Kriterium zusammengefasst.

Die Methode ermöglicht die Monetarisierung[9] von Umweltwirkungen. Auf der einen Seite bietet diese Vorgehensweise den Vorteil, dass alle Umwelteinflüsse in einer Zahl zusammen-

---

[9] Die Monetarisierung wurde in Zusammenarbeit mit der ERASMUS Universität Rotterdam, der TU Eindhoven, BDO/CampsObers und dem NIBE entwickelt.

gefasst werden können und so die Gegenüberstellung verschiedener Varianten vereinfacht wird. Auf der anderen Seite geht ein hoher Aggregationsgrad auch immer mit einem Informationsverlust einher.

BauBioDataBank

Die BauBioDataBank ist ein Instrument zur baubiologischen und bauökologischen Beurteilung von Konstruktionen [23]. Das Werkzeug erlaubt es, Umweltbelastungen von Konstruktionen und Gebäuden nach SIA 123 [136] zu berechnen. Ebenso sind der Wärmedurchgang und die Elementkosten von Konstruktionen bestimmbar. Der gesamte Material- und Lebenszyklus kann bis zu den chemischen Zusammensetzungen nachverfolgt werden. Eine zentrale *Produkt-* und *Material*-Datenbank enthält eine Tabelle mit Deklarationen der Inhaltsstoffe, die einen direkten Bezug zu den enthaltenen *chemischen Elementen* und *Baustoffdaten* hat. Die Daten werden aus Prospekten von Firmen, Merkblättern, SIA Deklarationsrastern sowie aus fachspezifischer Literatur bezogen.

Folgende Datenbanken stehen zur Beurteilung und zur Entscheidungsfindung zur Verfügung:

Gebäude

- technische Werte und Kostenangaben
- Energiekennzahlen
- Verbrauchsdaten Energie, Wasser, Elektro etc.
- BauEcoIndex nach SIA 123
- Wärmebedarfsberechnung für Heizung und Lüftung

Konstruktionen

- k-Wert
- BauEcoIndex nach Schweizer und europäischem Strommix (Schichtaufbauten mit Massenangaben, Umweltlasten (GWP und AP über Lebensdauer, Nutzungszeiten werden berücksichtigt, Angabe der Umweltlasten pro m^2a), Primärenergie (erneuerbar und nicht erneuerbar) pro m^2a)
- BauEcoProfil mit beschreibenden Angaben zum Lebenszyklus
- Richtpreisangaben in DM, CHF

Produkte

Empfehlungen verschiedener Arbeitsgruppen
- Allgemeine Daten, Technische Daten und Handelsdaten
- BauEcoIndex-Daten nach SIA 123
- Lebenszyklusangaben
- Deklaration der Inhaltsstoffe nach SIA D093 [135]
- Bezug zur Datenbank ELEMENTE, in der hauptsächlich baubiologische Daten sowie Sicherheitshinweise bei der Bearbeitung enthalten sind

LEGOE [94]

Seit kurzem ist das Produkt LEGOE auf dem Markt, in welchem die wissenschaftlichen Erkenntnisse des Forschungsvorhaben OGIP/DATO in ein Softwaretool umgesetzt sind. LEGOE orientiert sich an der Arbeitsweise von Architekten bei der Planung von Bauwerken. Es baut auf der Element-Methode auf. Die in der Planungspraxis eingeführten Kostenkennwerte für

Elemente wurden um bewertete Angaben zum Energie- und Stoffstrom ergänzt. Für die Beschreibung und Bewertung der Nutzungsphase werden Elemente für die Instandhaltung, Reinigung und den Betrieb entwickelt und mit Kostenkennwerten sowie Angaben zum bewerteten Energie- und Stoffstrom versehen. Mit LEGOE können der einmalige (Baukosten) und der laufende finanzielle Aufwand (Baunutzungskosten), der einmalige und der laufende energetische Aufwand (KEA), die Ressourceninanspruchnahme und die resultierende Umweltbelastung (Wirkkriterien) berechnet und dargestellt werden. Die Demontage und Entsorgung von Bauteilen wird grob erfasst. Ein Vergleich mit vereinbarten Zielvorgaben ist ebenso möglich wie das Erzeugen von Dokumenten (Energiebedarfsausweis, Objektdokumentation) [99].

bauloop [76]

Im Rahmen des vom Bundesministerium für Forschung und Technologie geförderten Verbundprojekts „Qualitätsmontagehausbau" wird von den Autoren ein Softwaretool entwickelt, welches alle wesentlichen konstruktionsbezogenen Aspekte der Nachhaltigkeit berücksichtigen soll. *bauloop* dient der Durchführung der Lebenszyklusanalyse und soll einen Überblick über die Auswirkungen von Planungsentscheidungen auf verschiedene Kriterien innerhalb einzelner Lebensphasen eines Bauwerks oder Bauteils ermöglichen. Insbesondere können über das Programm die Auswirkungen unterschiedlicher Arten von Verbindungen (von Schichten oder Bauteilen) analysiert werden. Die Nutzungsphase des Bauwerks kann über Austauschzyklen, Schichterneuerungszyklen und Instandsetzungszyklen modelliert werden. Rückbau- und Entsorgungsprozesse können beschrieben und bewertet werden [99]. Die Grundlagen dieses computergestützten Bewertungsverfahrens werden in den nachfolgenden Kapiteln eingehend vorgestellt. Einzelheiten des Softwaretools enthält Kapitel 7.

Wie die Zusammenstellung der verschiedenen Softwaretools zur Nachhaltigkeitsanalyse zeigt, wurden in letzter Zeit unterschiedliche, in ihrer Anzahl steigende, ganzheitliche oder auf Teilbetrachtungen beschränkte Verfahren zur Nachhaltigkeitsanalyse entwickelt. Diese Verfahren erfassen zahlreiche Einflussfaktoren und ermöglichen eine grobe Bewertung von Gebäudevarianten in der Planungsphase unter Berücksichtigung verschiedenster Aspekte. Die aufgeführten Programme bieten dem Anwender Basisdaten zu Grundstoffen, Transporten, Entsorgung und Energiebereitstellung inkl. deren Vorketten an. Weiterhin werden spezielle Daten aus dem Einsatz der Systeme, Bauteile, Baumaterialien etc. dargestellt.

Es ist festzustellen, dass Erneuerungsprozesse während der Nutzung sowie die Demontierbarkeit bzw. die Recyclingfähigkeit von Baustoffen und Bauteilen von den computergestützten Verfahren bisher nur stark vereinfacht oder zum Teil gar nicht erfasst wird. Die Entsorgung von Baurestmassen wird im Allgemeinen gar nicht oder nur sehr grob berücksichtigt, indem vorab definierte Abfallkategorien mit nur wenigen Entsorgungsprozessen verknüpft werden. Rückbau- sowie Nachnutzungsszenarien finden in der Regel keine Beachtung. Dies ist im Wesentlichen darauf zurückzuführen, dass hauptsächlich quantitativ erfassbare Daten verarbeitet werden. Die quantitative Erfassung der hohen Anzahl an Rückbau-, Entsorgungs- und Nachnutzungsprozessen wurde aber bis zum jetzigen Zeitpunkt noch an keiner Stelle umfassend verfolgt.

5 Grundlagen der Nachhaltigkeitsanalyse von Baukonstruktionen

5.1 Zielsetzung und Vorgehensweise

Ziel einer Nachhaltigkeitsanalyse von Baukonstruktionen ist in der Regel der Vergleich verschiedener Entwurfsvarianten (z. B. Konventioneller Entwurf und Demontagegerechter Entwurf) mit dem Zweck die optimale Variante zu finden. Hierzu müssen Informationen bezüglich der auftretenden Stoffströme mit Hilfe eines festgelegten Kriterienrasters durchkämmt und Stärken und Schwächen unterschiedlicher Konstruktionen über den kompletten Lebenszyklus herausgearbeitet werden. Da die eindeutige Bestimmung einer „optimalen" Lösung für alle Bewertungsaspekte in den meisten Fällen nicht möglich ist, stellt die Identifikation von Lebensphasen und Faktoren (Material, Verbindungswahl, Ursache eines Stoffstroms), die das Gesamtergebnis maßgeblich beeinflussen, das Hauptziel der Nachhaltigkeitsanalyse dar. Mit Hilfe mehrerer Einzelbewertungen für die unterschiedlichen Lebensphasen können Optimierungen durchgeführt und Schwächen eines Produktes beseitigt bzw. Stärken deutlich gemacht werden. Wesentlich ist, dass vergleichende Nachhaltigkeitsanalysen stets für die gleiche *funktionelle Einheit* (Material, Bauteil, Gebäude siehe Abschn. 5.2) erfolgen müssen, um zielführende Ergebnisse zu erhalten.

Abbildung 5-1 gibt einen Überblick über das prinzipielle Vorgehen einer Analyse. Üblicherweise basieren Nachhaltigkeitsuntersuchungen auf einem *Lebenszyklusmodell,* welches alle maßgeblichen Prozesse über den gesamten Lebenszyklus eines Bauwerks abbildet. Die auf dem Lebenszyklusmodell aufbauende Analyse erfolgt für die gewählte *Funktionelle Einheit*

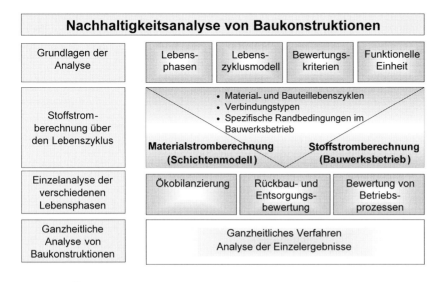

Abb. 5-1: Überblick über die Nachhaltigkeitsanalyse von Baukonstruktionen

(Bauteile, Gebäude) im Hinblick auf verschiedene *Kriterien bzw. Indikatoren (z. B. Umwelt-problemfelder einer Ökobilanz)* und unter Nutzung unterschiedlicher *Bewertungsmethodiken.*

Der erste Berechnungsschritt der Analyse ist stets eine Material- bzw. Stoffstromberechnung. Unter einem Stoffstrom wird hierbei die räumliche Bewegung fester Materialien sowie energetischer Größen als Input und Output eines Bauwerks über den Lebenszyklus verstanden.

Auf Grundlage der berechneten Stoffströme werden die Kennzahlen zur Bewertung bestimmt. Die Berechnung dieser Kennzahlen erfolgt in der Regel mit Prozesskettenanalysen (z. B. Ökobilanz), die wiederum auf dem als Grundlage definierten Lebenszyklusmodell basieren.

Stehen die Kennzahlen zur Bewertung fest, können die unterschiedlichen Lebensphasen im Einzelnen beurteilt werden. Eine ganzheitliche Bewertung von Bausystemen und Baukomponenten ist durch die Betrachtung verschiedener Aspekte möglich, indem man die verschiedenen Einzelanalysen zusammenfassend beurteilt.

5.2   Funktionelle Einheit

Eine vergleichende Analyse der Nachhaltigkeit muss auf der eindeutigen Definition einer funktionellen Einheit basieren. Die funktionelle Einheit (FE) dient als Maß für den Nutzen eines Produktes oder eines Produktsystems und definiert dessen Leistungsfähigkeit. Des Weiteren dient die FE als Bezugseinheit der im Rahmen einer Analyse in Form von Input- und Outputströmen erfassten Daten und ist im Bauwesen prinzipiell auf den in Tabelle 5-1 dargestellten Ebenen denkbar [60]. Erst die Definition einer funktionellen Einheit ermöglicht vergleichende Analysen.

Baustoffe können im einzelnen oder im Verbund mit anderen in den verschiedensten Anwendungsfällen eingesetzt werden. Dies bedeutet, dass die funktionelle Einheit je nach Anwendungsfall variiert. Dies hat zur Folge, dass reine Baustoff-Vergleiche in der Regel nicht zielführend sind. Lediglich bei der Analyse von Herstellungsprozessen spielt der Einzelbaustoff als funktionelle Einheit eine Rolle [89]. Eine weitere Charakterisierung der funktionellen Einheit erfolgt über Leistungsmerkmale wie z. B. den Wärmedurchgangskoeffizienten, das Schallschutzmaß oder statische Anforderungen und wird im so genannten Pflichtenheft festgehalten.

Tabelle 5-1: Funktionelle Einheiten der Nachhaltigkeitsanalyse von Baukonstruktionen

Funktionelle Einheit	Ziel der Analyse	Beispiel
Einheitsmasse Material, Baustoff	Schwachpunktanalyse und Optimierung der Materialproduktion	kg Zement, 1 m^3 Porenbeton
Einheitsmasse Baurestmasse	Schwachpunktanalyse und Optimierung der Abfallentsorgung	m^3 mineralische Abfallstoffe
Einheitsfläche Bauteil	Optimierung eines Bauteils (eingesetzte Materialien, Verbindungen, Instandsetzungszyklen, Entsorgung)	m^2 Deckenaufbau oder Außenwand bzw. 1 Fenster der Größe 1 m × 1 m
Gebäude	Optimierung eingesetzter Bauteile, Reduktion der Betriebsenergie	Gebäude mit 120 m^2 Wohnfläche, 1 Einfamilienhaus

Die kleinstmögliche funktionelle Einheit für eine Nachhaltigkeitsanalyse im Bauwesen ist das Baumaterial. Ziel einer Schwachstellenanalyse der Baustoffherstellung ist z. B. die Optimierung der Materialproduktion. Des Weiteren dient die Untersuchung der funktionellen Einheit „Baustoff" der Ermittlung von Baustoffprofilen, die in weiteren Untersuchungen zur weiterführenden Betrachtung auf Bauteil- und Gebäudeebene verwendet werden

Die nächst größere funktionelle Einheit mit Anwendungsbezug ist das Bauteil. Durch das verbesserte Zusammenwirken mehrerer Einzelbaustoffe kann eine Optimierung der Gesamtkonstruktion erreicht werden. Das Interesse richtet sich hierbei auf die Auswahl des optimalen Baustoffs bzw. der optimalen Verbindung für einen spezifischen Anwendungsfall. Eine Charakterisierung dieser funktionellen Einheit kann über bestimmte Leistungsmerkmale (z. B. Wärmedurchgangskoeffizienten oder statische Anforderungen) erfolgen, die über die technischen Kriterien festgeschrieben sind.

Die Bilanzierung von Bauteilen dient allerdings nur als Übergangsstufe zur Betrachtung von ganzen Gebäuden, da erst auf Gebäudeebene alle maßgeblichen Parameter einer nachhaltigen Entwicklung erfasst werden. Sind funktionale Randbedingungen wie Wasserverbrauch oder Heizenergieverbrauch vergleichbar, so kann die funktionelle Einheit „Bauwerk" durch einfache Aggregation mehrerer „Bauteile" abgebildet werden.

Die Bildung und Verwendung von Elementen ist ein geeignetes Vorgehen, um die problematisch zu handhabende Komplexität des Bauens und von Bauwerken und ihres Lebenszyklus in Einzelprobleme aufzuteilen [98]. So lassen sich einerseits gewünschte Gebrauchseigenschaften von der Ebene Gesamtbauwerk auf das Element herunterbrechen und andererseits die Eigenschaften von Bauprodukten auf der Ebene von Elementen zusammenfassen. Insofern stellt bereits das Element (Bauteil) eine Schnittstelle von Aufwand und Nutzen und somit einen geeigneten Bewertungsgegenstand dar.

5.3 Lebensphasen eines Bauwerks

Grundsätze der Nachhaltigkeit müssen in allen Lebensphasen eines Bauwerks Beachtung finden. Die Entscheidung, inwieweit ein Gebäude als nachhaltige Konstruktion erstellt wird, fällt bereits in der Planungsphase. Daher sollte eine Nachhaltigkeitsanalyse bereits in einem frühen Planungsstadium erfolgen.

Üblicherweise werden folgende Lebensphasen unterschieden (vgl. Abb. 5-2):

- Bauwerkserstellung bestehend aus Baustoffherstellung (inkl. Rohstoffgewinnung) und Bauausführung (inkl. Baustofftransporte)
- Nutzung (inkl. Instandhaltung)
- Umnutzung
- Abbruch und Entsorgung der Abbruchmassen bzw. deren Wiederverwendung

Bauwerkserstellung

Die Erstellungsphase beinhaltet zum einen den *Herstellungsprozess* der Baumaterialien sowie den *Bauprozess*.

Der *Herstellungsprozess* eines Baumaterials aus verschiedenen Rohstoffen und Basismaterialien umfasst die gesamte Prozesskette, also den Werdegang eines Materials von der Rohstoffgewinnung bis zu seiner Verarbeitung. Berücksichtigt werden müssen dabei Stoff- und Energieflüsse des Prozesses selbst wie auch Material- und Energieaufwand der benötigten Infrastruk-

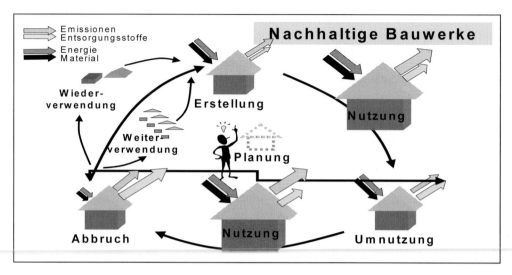

Abb. 5-2: Lebenszyklus von Bauwerken und relevante Massen- und Energieströme

tur beim Hersteller. Durch die Entscheidung für ein bestimmtes Baumaterial und die dafür erforderlichen Rohstoffe bzw. den erforderlichen Energie- und Geräteeinsatz zur Herstellung wird die Nachhaltigkeit eines Gebäudes beeinflusst.

Im direkten Zusammenhang mit der Ressourcenentnahme steht das Landschaftsbild, welches bei der Herstellung vieler Baustoffe direkt verändert wird, z. B. durch Kiesgruben, Rodungen etc. Aber auch durch den Bau von Baustofffabriken und Baustofflagern wird Fläche verbraucht und in das Landschaftsbild eingegriffen.

Bei der Baustoffherstellung entstehen diverse stoffliche Emissionen durch Energie- und Stoffumwandlung (Luft-, Wasser- und Bodenbelastung) sowie zusätzliche Emissionen wie Lärm, Geruch und Abwärme. Feste, unbrauchbare Nebenprodukte bleiben als Abfall zurück.

Beim Transport von Grundstoffen zur Herstellung von Baustoffen werden durch die Herstellung und Nutzung der Transportmittel ebenfalls Energie und Rohstoffe benötigt und es entstehen entsprechende Emissionen.

Die Umweltbelastungen, die aus dem *Transport von Baumaterialien* vom Hersteller oder Regionallager zur Baustelle sowie durch den Betrieb einer Baustelle resultieren, werden üblicherweise dem Bauprozess zugeordnet.

Im Zuge des Planungsprozesses wird festgelegt, welche Bauweise ausgeführt wird (z. B. Fertigteil- oder Ortbetonbauweise) und welche Geräte zum Einsatz kommen. Die auftretenden Emissionen wie Abgase, Lärm und Staub sowie der erforderliche Energieeinsatz haben einen wesentlichen Einfluss auf die Nachhaltigkeit einer Konstruktion.

Baumaschinen zur Gebäudeerstellung benötigen Rohstoffe und Energie bei ihrer Herstellung und ihrem Einsatz. Bauverfahren wie Rammarbeiten, Schalungen oder Betonieren bringen Belastungen von Wasser und Luft sowie Lärm, Erschütterung, Staub etc. mit sich. Manche Belastungen treten nur vorübergehend auf, ihre Auswirkungen können dennoch langfristig sein. Durch Inanspruchnahme von Grundfläche als Abstell- und Transportfläche oder durch momentane Veränderung des Umweltgleichgewichtes, z. B. durch Absenken des Grundwasserspiegels, werden Teile der Flora und Fauna beeinträchtigt.

Bodenversiegelung durch Gebäudeerrichtung hat zur Folge, dass Regenwasser nicht mehr versickern und ins Grundwasser gelangen kann. Daher muss es in Kanälen gesammelt und Kläranlagen zugeführt werden. Des Weiteren wird durch die Gebäudeerrichtung das Landschaftsbild verändert und Fläche verbraucht.

Die Bautätigkeit erfordert große Mengen an Baumaterial, von denen ein beträchtlicher Anteil (ca. 5–10 %) bereits in der Bauphase wieder als Bauschutt anfällt. Dies sind vor allem Abfälle wie Verpackungsmaterial, Schalungen, Altöl etc.

Zusammenfassend lässt sich feststellen, dass die Umweltbelastungen durch Baumaterialherstellung in der Regel bekannt sind und sich durch Ökobilanzen gut beschreiben lassen. Wesentliche Umweltbelastungen der Prozesse der Baustoffherstellung sind die Entnahme mineralischer Rohstoffe, die damit einhergehende Flächeninanspruchnahme sowie Energieverbrauch, Emissionen und Abfälle. Die Lebensphase Bauausführung umfasst den Zeitraum der Erstellung eines Gebäudes. Die Umweltbelastungen dieser Lebensphase sind im Vorfeld schwer zu kalkulieren und generell nicht einfach zu beschreiben. Verallgemeinerbare Aussagen zu Umweltbelastungen sind wegen der wechselnden Standorte, unterschiedlicher örtlicher Gegebenheiten und der Vielzahl von Gewerken kaum möglich. Wesentliche Umweltbelastungen sind die direkten Eingriffe in den Naturhaushalt des Umfeldes, verursacht durch Flächeninanspruchnahme, Bodenverdichtung oder Grundwasserabsenkungen, durch prozess- und energiebedingte Emissionen sowie durch Lärm und Schwingungen.

Nutzungsphase

Die Nutzungsphase ist üblicherweise die längste und energieintensivste Lebensphase eines Gebäudes und beeinflusst daher die Nachhaltigkeit am stärksten. Im Sinne der Nachhaltigkeit umfasst die Nutzungsphase alle Vorgänge zur Herstellung des Innenraumklimas (Temperatur, Feuchtigkeit, Luftqualität) und der Grundbedürfnisse (Licht, Beleuchtung, Warmwasser) sowie funktionelle Vorgänge wie Reinigung, Abfallmanagement, Wasserverbrauch, Transport vom Wohnort zur Arbeitsstätte oder Transport von Besuchern und Klienten.

Des Weiteren beinhaltet die Nutzungsphase den Unterhaltungsprozess durch die Instandsetzung bzw. die Reparatur von Bauteilen der Konstruktion, des Ausbaus oder der gebäudetechnischen Ausrüstung. Diesbezüglich kann maßgeblicher Einfluss auf die Nachhaltigkeit ausgeübt werden, indem die Zugänglichkeit der auszutauschenden oder zu reparierenden Bauteilen sichergestellt ist. Im Rahmen von Kontrollaufgaben, Reinigungsaufgaben oder partiellen Erneuerungen können dadurch Abbruchmaßnahmen vermieden werden.

Materialströme für die Instandhaltung müssen bei der Betrachtung von Baukonstruktionen unter Annahme von Lebensdauern und in Abhängigkeit gewählter Verbindungen (siehe Abschn. 5.6.2) ermittelt werden. Hierbei müssen die Verbindungstypen so detailliert vorgegeben werden, dass die Sortenreinheit der anfallenden Baurestmassen sowie die Größenordnung der Bauabfälle detailliert ermittelt werden können.

Um intensive Instandhaltungsarbeiten während der Nutzungsphase zu vermeiden, sollten neue Baukonstruktionen eine gute Qualität und Langlebigkeit, das bedeutet eine hohe Stabilität und geringen Verschleiß, aufweisen. Der existierende Gebäudebestand sollte effizient gepflegt und genutzt werden. Neue Bauten sollten gut reparierbar und pflegefreundlich sein.

Der Energieverbrauch in der Nutzungsphase (siehe auch Abschn. 6.3) ist von großer ökologischer und ökonomischer Bedeutung. Eine nachhaltige Konstruktion zeichnet sich durch einen über alle Lebensphasen optimierten Energiebedarf aus (siehe Abschn. 3.3).

Da der Mensch einen großen Teil seines Lebens in Gebäuden verbringt und dabei in direkter Wechselwirkung mit den Baustoffen steht, ist die Gesundheitsverträglichkeit der Baustoffe eines der wichtigsten Kriterien bei der Baustoffauswahl. In der Bauproduktenrichtlinie wird gefordert, dass Bauprodukte keine Schadstoffe freisetzen dürfen, welche die Gesundheit und Hygiene von Bewohnern, Benutzern und Anwohnern beeinträchtigen können [16].

Umnutzungsphase

Die Umnutzungsphase umfasst alle Prozesse, die bei einer Änderung der Gebäudenutzung auftreten. Hierzu gehören Abbruch und Entsorgung der anfallenden Baurestmassen ebenso wie die Neueinrichtung von Bauteilen und die Erneuerung der technischen Gebäudeausrüstung.

Die Anforderungen an ein Gebäude ändern sich immer rascher. Es kommt zu kompletten Nutzungsänderungen oder zu partiellen Anpassungen, wie z. B. die Anpassung der technischen Ausrüstung an den neusten Stand der Technik. Für Gebäude mit einer unflexiblen Tragstruktur bedeutet dies häufig den Abbruch bzw. Teilabbruch der Konstruktion mit gleichzeitig hoher Umweltbelastung durch Lärm, Staub und Luftverschmutzung sowie dem Deponieren des Entsorgungsmaterials.

Wenn die Lebensdauer eines Gebäudes sehr lange ist, kann es nötig werden, die Art seiner Nutzung mehrfach zu ändern. Außerdem ändert sich mit der Zeit der technische Standard und der Anspruch an die Wohnqualität. Damit das Gebäude trotzdem weitergenutzt werden kann, muss eine hohe Flexibilität, Multifunktionalität und Modernisierbarkeit vorhanden sein. Flexible Konstruktionen können der Veränderung der Familien- und Haushaltsstruktur Rechnung tragen, indem Wohnungsgrößen bei Bedarf veränderbar sind, ohne dass Abbruch- und Erneuerungsmaßnahmen erforderlich werden, welche von erheblichen Emissionen durch Staub und Lärm begleitet sind.

Abbruch- und Entsorgungsphase

Diese Lebensphase beschreibt den Rückbau bzw. den Abbruch eines Gebäudes sowie die Entsorgung der Abbruchmassen am Lebensende eines Bauwerks. Während des Abbruchs treten ähnliche Umweltbelastungen wie bei der Bauausführung auf, die hier allerdings schwerer zu quantifizieren sind. Der Abbruchprozess beinhaltet die zum Abbruch erforderliche Energie und Betriebsstoffe sowie die anfallenden Bauabfälle und Umweltbelastungen durch Lärm- und Staubentwicklung sowie durch Erschütterungen.

In der Entsorgungsphase muss die Umweltverträglichkeit von Baumaterialien anhand der Kriterien Recyclingfähigkeit, Sekundärstoffinhalt, Deponiebedarf – einschließlich Risiken und Emissionen der Deponierung und ggf. der Verbrennung – berücksichtigt werden. Heute werden nur wenige Baustoffe nach einem Gebäudeabriss weiter genutzt, da viele Recyclingverfahren noch nicht befriedigend anwendbar bzw. zu teuer sind.

Während der Entsorgung wird die Umwelt durch Verbrennung (Luftbelastung) sowie durch direkte Wasser- und Bodeneinträge und Flächenverbrauch durch Deponiebedarf beeinträchtigt. Das Problem der Entsorgung von Bauschutt stellt sich als Prozess in nahezu allen Lebensphasen des Gebäudes in unterschiedlicher Intensität. Am Ende der Lebensdauer des Gebäudes tritt zur reinen Bauschuttentsorgung zusätzlich das Problem der Wiederinstandsetzung des Geländes auf.

Beim Entsorgungsprozess sind die Verwendbarkeit und die Verwertbarkeit von Bauteilen und Baustoffen anhand heutiger technischer und ökonomischer Gegebenheiten bewertbar. Der Lebenszyklus endet, wenn alle Bestandteile eines Gebäudes wiederverwendet, verwertet und entsorgt sind.

5.4 Lebenszyklusmodell der Nachhaltigkeitsanalyse

Nachhaltigkeitsanalysen basieren im Allgemeinen auf einem Lebenszyklusmodell, welches alle maßgeblichen Lebensphasen sowie diesen Lebensphasen zugeordnete Prozessstufen erfasst. Dieses Modell bildet die Grundlage der Analyse (vgl. Abb. 5-3).

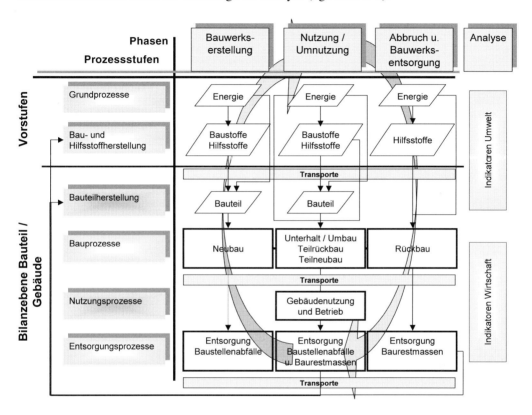

Abb. 5-3: Lebenszyklusmodell in Anlehnung an [86]

Jeder Phase sind so genannte Basisprozesse zugeordnet, die als Vorstufen für alle weiteren Prozessstufen zur Verfügung stehen müssen. Hierunter sind Energiebereitstellungs- und Ressourcenabbauprozesse (Grundprozesse) sowie Bau- und Hilfsstoffherstellungsprozesse zu verstehen. Unter Bauprozessen werden alle von der Materialebene bis zur Gebäudeerstellung auftretenden Prozesse zusammengefasst. Auch in der Nutzungsphase werden durch Instandsetzungsmaßnahmen sowohl Neubau- als auch Rückbauprozesse erforderlich. Entsorgungsprozesse können wiederum allen Lebensphasen zugeordnet werden. Es kann hier zwischen der Entsorgung von Baustellenabfällen und Baurestmassen, die beim Abbruch von Bauwerken oder beim Teilabbruch anfallen, unterschieden werden. Transportaufwendungen werden als Zwischenprozesse interpretiert und je nach gewählter Systemgrenze der entsprechenden Phase zugeordnet.

Jede Lebensphase enthält eine eigene Gliederung nach Prozessstufen, welche in Tabelle 5-2 nochmals detailliert dargestellt sind.

Analysiert bzw. bewertet werden im Rahmen einer Nachhaltigkeitsanalyse die durch die ge-nannten Prozesse hervorgerufenen Stoffströme mit ihren Auswirkungen auf verschiedene In-dikatoren bzw. Kriterien aus den Bereichen Umwelt, Wirtschaft und Gesellschaft.

Tabelle 5-2: Prozessbeschreibung

Prozess	Beschreibung
Energie-bereitstellungs-prozesse	Alle energetischen Vorstufen von der Entnahme aus der Natur bis zur Um-wandlung in Herstellungs-, Erneuerungs-, Nutzungs- und Entsorgungsprozesse (Transportaufwendung inbegriffen).
Ressourcen-abbauprozesse	Alle von der Entnahme aus der Natur bis zur Umwandlung in Materialien zusammengefassten Prozesse (Transportprozesse inbegriffen)
Material-herstellungs-prozesse	Alle Prozesse, die zur Herstellung von Materialien und Bauteilen außerhalb der Baustelle dienen. Energieumwandlung und Transportprozesse (bis zum Mate-rialgroßhandel) inbegriffen.
Bauprozesse	Alle auf der Baustelle und während der Lebensdauer anfallenden Bauprozesse. Bauprozesse umfassen sowohl Neubau- als auch Abbruchprozesse.
Nutzungs-prozesse	Alle bei der Nutzung auftretenden Prozesse, wie Heizung, Lüftung, Beleuch-tung, Reinigung.
Entsorgungs-prozesse	Alle ab Baustelle bis zur Rückgabe in die Natur entstehenden Entsorgungspro-zesse (Transportprozesse inbegriffen). Es wird die Sortenreinheit der anfallen-den Baurestmassen berücksichtigt unter der Voraussetzung, dass ein selektiver Rückbau (bzw. eine Demontage) erfolgen kann.

5.5   Bewertungskriterien

Die Beurteilung der Nachhaltigkeit von Baukonstruktionen beschränkt sich zur Zeit haupt-sächlich auf die Betrachtung ökologischer und ökonomischer Kriterien, da die Integration sozialer Kriterien nur in Ansätzen methodisch erarbeitet wurde [50] und bislang noch kein gesellschaftlicher Konsens besteht [119]. Allerdings sollte eine ganzheitliche Beurteilung ver-schiedener Gebäudeelemente in Bezug auf ihre Nachhaltigkeit neben ökologischen und öko-nomischen zusätzlich auch technische und gegebenenfalls ästhetische Kriterien berücksichti-gen.

Da aufgrund fehlender Daten oder der „Natur" der zur Beurteilung herangezogenen Kriterien nicht alle Aspekte quantitativ erfasst werden können, wird sich eine Gesamtanalyse aus einer gewissen Anzahl deterministisch (quantitativ) und einer Anzahl linguistisch (qualitativ) er-fassbarer Einzelbewertungen zusammensetzen. Qualitative Aspekte sind auch zur Abrundung des Bildes und zur Füllung von Lücken quantitativ nicht erfassbarer Aspekte erforderlich.

Abbildung 5-4 zeigt einen Vorschlag für die Eingruppierung verschiedener Kriterien in die einzelnen Dimensionen der Nachhaltigkeit. In Tabelle 5-3 sind die im Rahmen einer Nachhaltigkeitsanalyse von Baukonstruktionen zu berücksichtigenden Kriterien zusammen-gestellt. In der Spalte „Bemerkung" wird beschrieben, ob und wie die verschiedenen Kriterien in den bis zum jetzigen Zeitpunkt entwickelten Modellen in der Regel berücksichtigt werden.

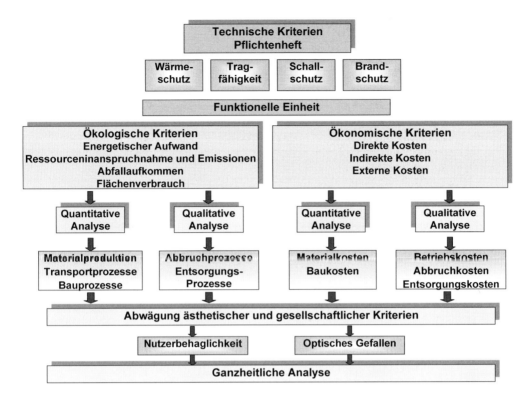

Abb. 5-4: Kriterien der Nachhaltigkeitsanalyse von Baukonstruktionen

Bei der Auswahl und Bewertung der einzelnen Kriterien (vgl. auch Abschn. 2.2.2) sind folgende Gesichtspunkte zu beachten:

Technische Aspekte

Zur Sicherstellung der Vergleichbarkeit von Alternativkonstruktionen ist es erforderlich, eine Reihe von Randbedingungen explizit anzugeben. Dazu zählen konstruktive, geometrische und sonstige Kenngrößen. Aus diesen Randbedingungen der funktionellen Einheit ergibt sich der Gültigkeitsbereich für die Ergebnisse einer Analyse. Im Sinne einer besseren Übersichtlichkeit sollten nur ausgewählte Eigenschaften betrachtet werden, wie z. B. der Wärmedurchgangswiderstand von Bauteilen, der Schallschutzwert sowie die Tragfähigkeit oder der Brandschutz. Die zu betrachtenden technischen Kriterien bilden die Grundlage für eine vergleichbare Analyse und werden im so genannten Pflichtenheft festgelegt. Sie können für jede Planungsaufgabe unterschiedlich sein.

Ökologische Aspekte

Flächeninanspruchnahme: Flächen werden durch die Gewinnung von Rohstoffen (Kiesgrube, Steinbruch) sowie durch Bauwerke selbst in Anspruch genommen. Weiträumige Veränderungen der Landschaft und Zerstörung von Biotopen sind die Folge. Infolge der Bodenver-

Tabelle 5-3: Kriterien der Nachhaltigkeitsanalyse von Baukonstruktionen

Kriterien	Messgröße	Berücksichtigung	Bemerkung
Technische Aspekte			
K-Wert, Schalldämmmaß, Tragfähigkeit		quantitative Angaben	wird über Pflichtenhefte berücksichtigt
Ökologische Aspekte			
Flächeninanspruchnahme	m^2 Fläche für Rohstoffabbau	quantitative Angabe in m^2	wird nur in einigen Verfahren berücksichtigt
Rohstoffverbrauch	KG Materialverbrauch	quantitative Angabe in kg	Ergebnis der Materialstromberechnung
Verbrauch energetischer Ressourcen	Energieverbrauch in MJ	quantitative Angabe in MJ	wird als Ergebnis einer Ökobilanz erfasst
Emissionen in Luft, Wasser und Boden	Wirkungskategorien z. B. nach CML (Treibhauseffekt, Ozonabbau der Stratosphäre etc.)	quantitative Angaben mit Hilfe von Leitgrößen (CO_2-Äquivalente, SO_x-Äquivalente etc.)	wird als Ergebnis einer Ökobilanz erfasst
Abfälle/Entsorgung/ Nachnutzung	Belastung durch Aufbereitung bzw. Entsorgung	quantitative Angabe in kg und qualitative Einordnung der umweltlichen Auswirkungen	wird selten erfasst. In Ausnahmefällen Erfassung über qualitative Aussagen
Lärm, Staub, Erschütterungen	Gesundheitsschädliche Belastung durch Bauprozesse (Errichtung, Umbau, Rück-bau)	qualitative Beschreibung	wird selten erfasst. In Ausnahmefällen Erfassung über qualitative Aussagen
Innenraumbelastung	Ausgasung schädlicher Stoffe während der Nutzung	Grenzwertangaben	
Belastung am Arbeitsplatz	MIK, MAK	Grenzwertangaben	
Ökonomische Aspekte			
Investitionskosten (direkte Kosten)	Kosten für Ersterstellung	quantitative Angabe in DM	wird in Lebenszykluskosten erfasst
Betriebskosten (indirekte Kosten)	Kosten für Energie, Reinigung etc.	quantitative Angabe in DM oder qualitative Beschreibung	wird in Lebenszykluskosten abgeschätzt
Instandhaltungskosten (indirekte Kosten)	laufende Kosten	quantitative Angaben in DM	wird in Lebenszykluskosten erfasst
Erneuerungskosten (direkte Kosten)	periodische Kosten z. B. für einen Umbau	quantitative Angaben in DM (verschiedene Szenarien)	wird in Lebenszykluskosten erfasst
Abbruch- und Entsorgungs-kosten (indirekte Kosten)	Kosten, die während der Instandhaltung bzw. am Ende der Lebensdauer anfallen	qualitative Einordnung der Kosten	wird abgeschätzt oder qualitativ erfasst
Externe Kosten	Schadenskosten, Vermei-dungskosten, Ausweichkosten, Fiktive Zahlungsbereitschaft	quantitative Angaben in DM	werden derzeit in aller Regel nicht erfasst
Dauerhaftigkeit	Lebensdauer einer Konstruktion/Material	quantitative Angaben zur technischen Lebensdauer	wird in der Materialstrom-berechnung über Annahmen zur Lebensdauer erfasst
Ästhetische Aspekte			
Optisches Gefallen, Nutzerakzeptanz		Qualitative Beschreibung	wird im Nachgang an eine Optimierung betrachtet
Gesellschaftliche Aspekte			
Arbeitsplatzsicherung		qualitative Beschreibung	wird im Nachgang an eine Optimierung betrachtet
Schaffung eines geeigneten Wohnumfeldes		qualitative Beschreibung	wird im Nachgang an eine Optimierung betrachtet

siegelung und der Zerschneidung natürlicher Lebensräume treten häufig kleinklimatische, biologische und landwirtschaftliche Veränderungen auf.

Rohstoffverbrauch: Durch den Verbrauch, die Zerstreuung und die Vermischung mineralischer Rohstoffe stehen diese Rohstoffe zukünftigen Generationen nicht mehr zur Verfügung. Die Wiederverwendungs- bzw. Wiederverwertungsmöglichkeiten müssen in einer Nachhaltigkeitsanalyse daher mit erfasst werden.

Verbrauch energetischer Ressourcen: Durch den Verbrauch nicht erneuerbarer Energien stehen diese Rohstoffe zukünftigen Generationen nicht mehr zur Verfügung. Auch bei den erneuerbaren Energien entstehen Emissionen, welche die Umwelt belasten. Die Ermittlung der Umweltwirkungen erfolgt über schadstoffäquivalente Leitgrößen (CO_2, SO_x etc.).

Emissionen: Hierbei handelt es sich um den Ausstoß fester, flüssiger oder gasförmiger Stoffe. Die Folge ist eine Verunreinigung der Biosphäre (Luft, Wasser, Boden) und eine Erhöhung der Umgebungstemperatur (Treibhauseffekt). Die Auswirkungen werden mit Hilfe so genannter Wirkungskategorien (Ozonabbau, Eutrophierung, Versauerung, Sommer Smog) beschrieben.

Abfälle. Der erforderliche Deponieraum, die bei Verbrennung entstehenden Emissionen so wie evtl. freigesetzte Schadstoffe belasten die Umwelt. Darüber hinaus werden kostbare Ressourcen dem natürlichen Kreislauf entzogen.

Lärm, Staub und Erschütterungen: Derartige Emissionen hervorgerufen durch Materialherstellungs-, Bau-, Instandsetzungs- Rückbau- oder Entsorgungsprozesse können gesundheitliche Schäden verursachen und das allgemeine Wohlbefinden stark beeinträchtigen.

Die Bewertung der ökologischen Auswirkungen verschiedener Konstruktionsalternativen für die Bauwerkserstellung erfolgt im Allgemeinen mit Hilfe der Methode der Ökobilanzierung und kann quantitativ dargestellt werden. Gleiches gilt für die Beurteilung der in der Nutzungsphase anfallenden Rohstoffverbräuche und Energieströme. Die Bewertung von Abbruch, Entsorgungs- und Nachnutzungsprozessen kann mit Hilfe der Ökobilanz in der Regel nicht beurteilt werden (Datenmangel) und bedingt andere Verfahren, welche auch die Erfassung qualitativ beschreibbarer Kriterien erlauben (vgl. Kap. 6).

Ökonomische Aspekte

Die auftretenden Stoffströme über den Lebensweg eines Gebäudes können prinzipiell mit den entsprechenden Kosten für Material- und Energieeinsatz und mit entsprechenden Aufwandswerten für Einbau-, Rückbau- und Entsorgungsprozesse verknüpft werden. Eine ausführliche Beschreibung der Kosten in den einzelnen Lebensphasen erfolgt in Abschnitt 6.6.

Bei der Bauwerkserstellung werden einhergehend mit den physikalischen Stoffströmen auch finanzielle Ströme hervorgerufen, die als direkte Kosten bezeichnet werden können. Sie umfassen sämtliche Kosten zur Erstellung eines Bauwerkes (Material, Lohn, Geräte). Die bei der Materialherstellung und der Bauwerkserstellung entstehenden Umweltbelastungen lassen sich nur sehr schwer monetarisieren und werden überwiegend sozialisiert. Innerhalb der ökonomischen Dimension der Nachhaltigkeit werden sie als externe Kosten bezeichnet (siehe Tabelle 5-3).

Die aus dem Energieverbrauch in der Nutzungsphase resultierenden Umweltwirkungen (z. B. CO_2-Emissionen) verursachen ebenfalls externe Kosten, während die Kosten für Instandhaltung, Energiebereitstellung und Betrieb des Gebäudes in dieser Lebensphase zu den indirekten Kosten gezählt werden. Demgegenüber werden periodisch auftretende Umbaukosten den direkten Kosten zugeordnet. Die am Lebensende eines Bauwerks entstehenden Abbruch- und Entsorgungskosten werden zu den indirekten Kosten gerechnet.

Die Materialkosten und die Herstellkosten in der Erstellungsphase können in der Regel quantitativ erfasst und beurteilt werden. Abbruch- und Entsorgungskosten können dagegen zum jetzigen Zeitpunkt nur qualitativ eingeordnet werden, da eine quantitative Ermittlung derartiger Kosten bisher noch nicht in ausreichendem Maße erfolgt ist und die wissenschaftliche Quantifizierung aufgrund politischer Einflussfaktoren häufig nicht eindeutig möglich ist.

Ästhetische Aspekte

Eine Betrachtung dieser Kriteriengruppe wird in der Regel rein qualitativ durchgeführt und kann im Anschluss an eine ökologisch, ökonomische Optimierung stattfinden. Aspekte wie Nutzerakzeptanz, Behaglichkeit und optisches Aussehen können Beachtung finden und spielen bei der Bewertung von Baukonstruktionen häufig eine maßgebliche Rolle. Die Berücksichtigung ästhetischer Kriterien ist nicht direkt in den bereits bestehenden Modellen integriert, kann aber jederzeit im Nachgang erfolgen.

Gesellschaftliche Aspekte

Gesellschaftliche Kriterien wie die Sicherung von Arbeitsplätzen oder die Schaffung eines der Gesellschaftsstruktur angepassten Wohnumfeldes mit einer Vernetzung von Arbeiten, Wohnen und Freizeit werden ebenfalls nur qualitativ zu bewerten sein. Die Beurteilung wird daher ähnlich wie die Betrachtung ästhetischer Kriterien erst im Nachgang an eine ökologisch/ökonomische Analyse erfolgen.

5.6   Materialstromberechnung über den Lebenszyklus

5.6.1   Grundlagen der Berechnung von Materialströmen

Materialströme werden im Rahmen der Erstellung, während der Gebäudenutzung durch Austausch- und Instandsetzungsmaßnahmen oder durch Umbauarbeiten und zum Ende der Lebensdauer durch den Abriss und die Entsorgung von Bauwerken hervorgerufen. Die Berechnung dieser Materialströme sowie der Verbrauchsprozesse während des Betriebes eines Bauwerks (vgl. Abschn. 6.3) sind der Ausgangspunkt für jede Nachhaltigkeitsanalyse. Sie sind Basis der aus diesen Strömen resultierenden Prozesse (z. B. Materialherstellung, Energiebereitstellung etc.), die im Anschluss mit Hilfe verschiedener Methoden analysiert werden und die Grundlage einer ganzheitlichen Analyse bilden.

Die Berechnung der *einzubauenden Neumaterialien* für die Erstellung eines Bauwerks entspricht in der Regel einer üblichen Massenermittlung. Es müssen alle zu verbauenden Materialien des Rohbaus, des Ausbaus und der technischen Gebäudeausrüstung zusammengestellt werden.

Bei der Berechnung der zyklisch neu einzubauenden Materialien für Erneuerungs-, Instandsetzungs- und Umbauarbeiten können zwischen den bestehenden Methoden und Verfahren zur Nachhaltigkeitsanalyse Unterschiede bestehen. So werden z. B. in einigen Verfahren zwar die Lebensdauern der einzelnen Materialschichten betrachtet und es wird ermittelt, wie oft eine bestimmte Materialschicht über den Lebenszyklus eines Bauwerks ausgetauscht werden muss. Es werden allerdings keine Abhängigkeiten der betrachteten Materialschichten von bestehenden Randbedingungen betrachtet. Über eine unlösbare Verbindung einer Materialschicht oder auch eines kompletten Bauteils mit einer angrenzenden Materialschicht bzw. einem Bauteil wird die Lebensdauer einzelner Materialien teilweise maßgeblich verkürzt. Insbesondere bei einer Analyse verschiedener Verbindungstechniken für den nachhaltigen Entwurf eines Bauwerks müssen daher die bestehenden Abhängigkeiten berücksichtigt werden.

Die Berechnung der *anfallenden Baurestmassen* erfolgt analog zur Berechnung der einzubauenden Neumaterialien. Grundsätzlich wird davon ausgegangen, dass alle Materialien, die im Laufe der Nutzungszeit neu einzubauen sind, auch ausgebaut werden müssen und als Baurestmasse zu entsorgen sind. Am Ende der Lebenszeit eines Bauwerks fällt das komplette Bauwerk als Baurestmasse an.

Die Bestimmung von Verbrauchsprozessen ist detailliert in Abschnitt 6.3 beschrieben. Den nachfolgendem Ausführungen zur Materialstromberechnung liegt ein Schichtenmodell zugrunde [76] mit dem die bestehenden Abhängigkeiten zwischen angrenzenden Materialschichten oder auch Bauteilen erfasst werden können. Mit diesem neuartigen Ansatz kann auch die Sortenreinheit bzw. die Zusammensetzung von Verbundmaterialien der Baurestmassen bestimmt werden, was wiederum maßgebliche Auswirkungen auf die Bewertung der Entsorgungs- und Nachnutzungsprozesse hat.

5.6.2 Das Schichtenmodell

Eine *Materialstromberechnung,* mit der verschiedene Verbindungstechniken berücksichtigt und die Sortenreinheit anfallender Baurestmassen erfasst werden kann, erfolgt unter Berücksichtigung spezifischer Material- und Bauteillebenszyklen sowie verschiedener Verbindungstypen und basiert auf einem Schichtenmodell. Das Schichtenmodell besteht aus einzelnen Materialschichten wie in Abbildung 5-5 skizziert. Von der Materialschichtebene aus können Bauteile und auch ganze Gebäude zusammengesetzt werden.

Bei einer Auswertung von Bauteilen besteht das Schichtenmodell aus mehreren kompletten Einheiten (Bauteile), die unter Berücksichtigung ihrer Verbindung zu angrenzenden Bauteilen betrachtet werden. Die Bauteile selbst wiederum bestehen aus mehreren aneinandergrenzenden Materialschichten, die ebenfalls über bestimmte Verbindungstechniken aneinander gekoppelt sind. Es können demnach grundsätzlich zwei verschiedene Arten von Verbindungen unterschieden werden:

- *Einzelverbindungen:*
  Hierunter wird die Verbindung von (meist vorgefertigten) Bauteilen untereinander mit Hilfe einzelner Verbindungen verstanden (z. B. Verbindung Decke-Wand).

- *Verbindung von Materialschichten (Flächenverbindungen):*
  Hierunter werden Verbindungsebenen verstanden, die zwei angrenzende Bauteilschichten miteinander verbinden (z. B. Verbindung Rohbaudecke-Estrich-Fußbodenbelag).

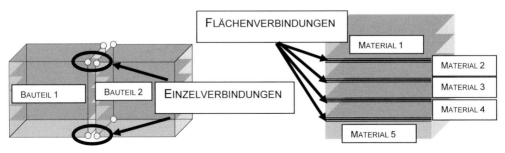

Abb. 5-5: Einzel- und Flächenverbindungen von Bauteilen

Auf der Grundlage des Schichtenmodells können somit Ein- und Ausbau von Materialien und die zugehörigen Entsorgungsprozesse unter Berücksichtigung der entstehenden Abhängigkeiten aus der gewählten Verbindungstechnik schichtenweise ausgewertet werden. Die Verbindungstypen müssen dabei so detailliert vorgegeben werden, dass die Sortenreinheit anfallender Baurestmassen sowie die Größenordnung der Materialströme mit ausreichender Genauigkeit ermittelt werden können.

Grundlegend für eine derartigen Materialstromberechnung ist die Tatsache, dass verschiedene Bauteilschichten unterschiedlich lange technische Lebensdauern und Instandsetzungszyklen haben. Es muss z. B. berücksichtigt werden, dass zu ersetzende Bauteilschichten von anderen, noch intakten Schichten verdeckt werden können. Diese werden dann im Falle eines Austauschs zerstört, fallen als Abfall an und müssen durch Neumaterial ersetzt werden. Des Weiteren entstehen durch unlösbare Verbindungen oft größere Stoffströme als ursprünglich aufgrund der technischen Lebensdauer eines Materials notwendig. Allein durch die mehrmalige Erneuerung vieler Bauprodukte innerhalb der Standzeit eines Gebäudes können die erforderlichen Instandhaltungsmaßnahmen Materialströme verursachen, deren Größenordnung denjenigen der Herstellung nahe kommen oder diese sogar überschreiten [60]. Das Gleiche gilt für unlösbare Verbindungen von Einzelbauteilen. Auch hier bestehen Abhängigkeiten, die insbesondere bei Umbaumaßnahmen von großer Bedeutung sind. Die Ergebnisse einiger Materialstromberechnungen sind in Kapitel 8 dargestellt.

Die bei einer Berechnung der Materialströme zu berücksichtigenden Austausch- und Instandsetzungszyklen (siehe Abschn. 5.6.3) und eine mögliche Klassifizierung verschiedener Verbindungstechniken (siehe Abschn. 5.6.4) werden im Folgenden beschrieben. Des Weiteren werden die zur Bestimmung der maßgeblichen Prozesse (Bewertungsgrundlage für die anschließende Analyse) zu berücksichtigenden Prozessstufen in Abschnitt 5.6.5 dargestellt und die notwendigen Systemgrenzen in den Abschnitten 5.6.6 und 5.6.7 definiert.

5.6.3 Austausch- und Instandsetzungszyklen

Grundlage jeder Berechnung ist zunächst die Festlegung einer Gesamtlebensdauer des betrachteten Bauteils bzw. Bauwerks. Im Sprachgebrauch gibt es verschiedene Formen der Lebens- oder auch Nutzungsdauer: die bautechnische, die finanztechnische, die wirtschaftliche und funktionelle Lebensdauer. Nach Wanninger [155] kann von einer Mindestlebensdauer von ca. 30 bis 60 Jahren für ein in unseren Breiten errichtetes Gebäude ausgegangen werden. Der Leitfaden des BMVBW geht demgegenüber von einer Lebensdauer von 100 Jahren aus [95]. Neben der Gesamtlebensdauer müssen zusätzlich die spezifischen Austausch-, Erneuerungs- und Instandsetzungszyklen der einzelnen Materialschichten bzw. von Einzelbauteilen bekannt sein. Eine Instandsetzung oder der Austausch von Bauteilschichten und Bauteilen kann unterschiedliche Gründe haben. Grundsätzlich muss hier zwischen der technischen und der wirtschaftlichen Lebensdauer unterschieden werden.

Technische Lebensdauer und Bestimmung der Instandsetzungs- und Austauschzyklen

Die technische Lebensdauer stellt die Obergrenze der Haltbarkeit von Bauteilen dar. Sie ist erreicht, wenn das Bauteil die gedachte Funktion nicht mehr erfüllen kann, eine Instandsetzung technisch unmöglich ist und das Bauteil bzw. die Bauteilschicht daher ausgetauscht werden muss. Zum Erreichen des maximal möglichen Austauschzyklus sind im Regelfall Instandsetzungsmaßnahmen erforderlich. Der Begriff „Instandsetzung" beinhaltet alle Maßnahmen zum Schutz der Bauteile, zur Behebung von baulichen Mängeln infolge Bewitterung, Alterung oder Abnutzung, welche in bestimmten Abständen anfallen sowie Standardverbesserungen für eine effektive Funktionserfüllung [145]. Instandsetzungsarbeiten sind zur Erhaltung des ursprünglichen Zustands des Bauteils erforderlich, d. h. sie verlängern nicht die technische Lebensdauer von Bauteilen, sondern helfen diese zu erreichen.

Im Rahmen einer Nachhaltigkeitsanalyse werden der Materialstromberechnung bauteil- bzw. materialspezifische Instandsetzungs- und Austauschzyklen zu Grunde gelegt und Aktivitäten durch Instandhaltung und Austausch automatisch erfasst. Bei der Festlegung der mittleren Lebenserwartung einzelner Materialien oder von Bauteilen wird von normalen, durchschnittlichen Verhältnissen bezüglich Nutzung, Qualität, Umwelt und Instandsetzungsintensität ausgegangen.

Austausch- und Instandsetzungszyklen können anhand einer Literaturrecherche festgelegt werden. Des Weiteren können Erfahrungswerte von Sachverständigen aus der Praxis wichtige Anhaltspunkte liefern.

In der Realität schwankt die Lebensdauer von Bauelementen in einer beträchtlichen Bandbreite. Werden diese Lebensdauern in einem Verfahren automatisch vorgegeben, so ist in jedem Fall eine kritische Prüfung und eventuell eine Anpassung der angenommenen Werte erforderlich. Vorschläge für eine spezifische Materiallebensdauer sollten in der Regel immer als Basisdaten betrachtet werden, die über Eingabeänderungen des Nutzers an spezifische Verhältnisse angepasst werden können. Einflussfaktoren, die eventuell eine Abänderung zur Folge haben sind z. B. Nutzungsintensität (geringe oder starke Beanspruchung), Bauteilqualität (Dimensionierung, fachgerechte Ausführung) oder auch regionale Umwelteinflüsse (Luftverschmutzung, Erschütterungen, stark wechselhafte Klima- und Witterungsverhältnisse) [145]. Eine Liste möglicher mittlerer Lebensdauern ist in Tabelle 5-4 dargestellt (eine erweiterte Liste befindet sich im Anhang 1).

Wirtschaftliche Lebensdauer

Die ökonomische Lebensdauer bzw. die wirtschaftliche Nutzungszeit ist ein Begriff der wirtschaftlichen Wertermittlung. Die wirtschaftliche Lebensdauer hängt von der Nutzungsmöglichkeit, den Abhängigkeiten der Bauteilschichten untereinander und den ästhetischen Ansprüchen des Besitzers ab. Sie ist um so größer, je anpassbarer das Bauteil an geänderte Voraussetzungen ist. Die wirtschaftliche Lebensdauer ist meist kleiner als die technische Lebensdauer und kann in der Regel nicht explizit festgelegt werden. Die Berücksichtigung im Rahmen einer Nachhaltigkeitsanalyse erfolgt in der Regel durch individuelle Vorgaben der Nutzer.

Prinzipiell können zur Bestimmung dieser Lebensdauer zwei verschiedene Gruppen unterschieden werden.

Gruppe A

Diese Kategorie umfasst Bauteile, die aus wirtschaftlichen, optischen oder aus Gründen eines überalterten Standes der Technik ausgetauscht werden. Hier liegt kein direkter Bauteilschaden oder eine Funktionsbeeinträchtigung vor. Aufgrund der Vielzahl an Einflussgrößen (Nutzungsänderung, technischer Fortschritt) sind für diese Gruppe keine generell gültigen ökonomischen Instandsetzungs- oder Austauschzyklen feststellbar. Die im Folgenden genannten Aktivitäten zählen zu den maßgeblichen Einflussgrößen auf die Lebensdauer dieser Bauteilgruppe:

- Umbau durch Nutzungsänderungen bzw. Modernisierung
- Bauliche Maßnahmen zur Anpassung an neue Vorschriften und Gesetze (z. B. Erneuerung von Wärmedämmung auf Grund gestiegener Wärmeschutzanforderungen)

Tabelle 5-4: Austausch- und Instandsetzungszyklen von Baumaterialien und Bauteilen

Bauteile	Bauteilschichten/Material	techn. Lebens-dauer in Jahren	Instandsetzung nach Jahren
Dach			
Flachdach	doppelte Papplage ohne Bekiesung	15	keine
	Bekiesung	40	15
	Bitumen/Kunststoff	25	keine
Wände			
Außenwände	Mauerwerk	100	keine
	Stahlbeton als Sichtbeton	100	30–40
	Stahl	100	40 (Lackierung)
Fassade	Holz	50–60	2 (lasieren) 5 (streichen)
	Isolierputz	40	keine
	Putz auf mineral. Untergrund	30	keine
	Naturstein freihängend	50–60	40
Dämmung	Hartschaumplatten	60	keine
	Mineralwolle	40	keine
Innenwände	Mauerwerk	100	keine
	Stahlbeton	100	keine
Leichtbauwände	Holz- und Holzwerkstoff	80	40
	Vollgips- und Gipskarton	50	keine
Wandverkleidung	Fliesen	50	30
	Massivholz, Holzwerkstoff	60	40
Decken			
Tragkonstruktion	Holzbalken – Einschubdecke	100	40 (chemischer Holzschutz)
	Stahlträger mit Zementdielen	100	keine
	Stahlbetondecke	100	keine
Deckenverkleidung	Holzwerkstoff	15	keine
	Gips	40	keine
	Putz	80	keine
Putze			
Außenwandputz	Kalk- oder Kalkzementmörtel	50	keine
	Trockenmörtel (Edelputz)	50	keine
	Zementmörtel	80	keine
Innendeckenputz in Wohnräumen	Gipsputz	60	keine

Tabelle 5-4 (Fortsetzung)

Bauteile	Bauteilschichten/Material	techn. Lebens-dauer in Jahren	Instandsetzung nach Jahren
Fußböden			
Beläge	Naturstein	70–80	20
	Kunststein	60	20
	Steinzeugplatten	80	40
	Laminat (Kunststoff)	60	keine
	Textilbeläge	10	keine
	PVC	30	keine
	Linoleum	30	10
	Fliesen	50	25
Estrich	Anhydrith ohne Belag	20	10
	Anhydrith mit Belag	40	wie Belag
	Hartholz	50	2 (lasieren) 5 (streichen)
Tapezier- und Malerarbeiten			
Tapeten			
geringer Qualität	Papier	6	keine
mittlerer Qualität	Papier	8	keine
Innenanstrich			
Wohn- und Arbeitsräume	Kalkfarbe/Ölfarbe/Binderfarbe	nicht mehr Stand der Technik	
	Mineralfarbe	10	keine
	Dispersions- und Acrylfarbe	15	keine
Elektrotechnische Anlagen			
Leitungen	unter Putz	50–60	keine
	auf Putz	50–60	keine
	Feuchtraumleitungen	50–60	keine
Sanitäre Anlagen			
Abwasserrohre	Gusseisen	60	keine
	Blei	(80) nicht mehr Stand der Technik	
Wasserrohr-leitungen	Stahl verzinkt	30	keine
	Kunststoff	70	keine
	Kupfer	40–50	keine
	Metall-Kunststoff	35–40	10 (Kaltverzinker)

- Austausch von bestimmten Bauteilen oder Einrichtungen aus optischen Gründen bzw. auf Grund eines Missfallens des Eigentümers
- Erneuerungen der Elektroleitungen in Bürogebäuden in Folge neuer Datentechniken (Telefon, Computer)

Gruppe B

Diese Kategorie umfasst Bauteile bzw. Bauteilschichten, deren ökonomische Lebensdauer von der geringeren technischen Lebensdauer einer anderen, verbundenen Bauteilschicht abhängig ist. Die Berücksichtigung der ökonomischen Lebensdauer sollte bei der Bestimmung von Materialströmen berücksichtigt werden, da sie maßgeblichen Einfluss auf die Größenordnung auftretender Stoffströme und somit auch auf die Bewertung der Nachhaltigkeit hat. Für diese Gruppe stehen folgende Fälle als Beispiel:

- Die ökonomische Lebensdauer einer Außenwanddämmung ist mit der technischen Lebensdauer bzw. dem Austausch der Fassadenverkleidung gleichzusetzen.
- Die ökonomische Lebensdauer eines Fußbodenbelages kann durch die technische Lebensdauer eines Estrichs bestimmt werden.

5.6.4   Verbindungstypen

Um die Materialströme über den Lebenszyklus eines Bauwerks ausreichend genau berechnen zu können, sollte im Berechnungsmodell das Zusammenwirken einzelner Materialschichten und/oder Bauteile mit Hilfe unterschiedlicher Verbindungstypen mit festgelegten Eigenschaften abgebildet werden. Des Weiteren ist mit Hilfe einer derartigen Standardisierung die Ermittlung von Verbundstoffen und sortenreinen Abfallstoffen und somit eine Bewertung der Recyclingfähigkeit von Baurestmassen möglich. Zusätzlich werden mit der Verbindungswahl mögliche Trennverfahren bestimmt, was wiederum Auswirkungen auf die Bewertung der Rückbauprozesse hat.

Sowohl für Einzel- als auch für Flächenverbindungen können drei bzw. vier verschiedene Verbindungstypen definiert werden, deren Eigenschaften in Tabelle 5-5 dargestellt sind.

Typ 1:   Lösbare Verbindung (ein Trennen ist zerstörungsfrei möglich).
Typ 2:   Bedingt lösbare Verbindung (ein Trennen mit Teilzerstörung ist möglich).
Typ 3:   Verunreinigt lösbare Verbindung (beim Trennen von zwei Materialschichten in einem Bauteil bleiben Reste der einen Schicht an der zu lösenden Schicht hängen).
Typ 4:   Unlösbare Verbindung (ein Trennen während des Rückbaus ist nicht möglich)

Die Wiederverwendung einer Baukonstruktion hängt maßgeblich von den Resteigenschaften und der Restnutzungsdauer der Bauteile, ihrer Lösbarkeit aus der Primärkonstruktion, ihrer Anpassungsfähigkeit an sekundäre Gebrauchseigenschaftsanforderungen sowie dem gewählten Rückbauverfahren ab. Bei lösbaren Verbindungen können verbundene Materialschichten bzw. Bauteile in der Regel ohne Zerstörung wieder gelöst werden und stehen als sortenreines Material für einen optimierten Verwertungsvorgang zur Verfügung. Im Falle bedingt oder unlösbarer Verbindungen können Materialien und Bauteile teilweise erst im Entsorgungsvorgang getrennt werden. Dies verhindert eine Verwertung auf hohem Qualitätsniveau.

Klassifizierung der Verbindung einzelner Bauteile

Die Wahl der Einzelverbindungen beeinflusst die Montagefreundlichkeit von Bauteilen sowie auch die Nachhaltigkeit der Gebäude für den Fall der Demontage, der Wiederverwendung

Tabelle 5-5: Definition von Verbindungstypen

Verbindungskategorie	1	2	2	3	4	4
Beschreibung	Keinerlei Verbund zwischen den Schichten I und J bzw. Bauteil A und B. Durch Austausch oder Instandsetzung von Schicht I entstehen keine zusätzlichen Materialströme aufgrund der Verbindung. Der Trennprozess ist von untergeordneter Bedeutung.			Die Verbindung zwischen Schicht I und Schicht I erlaubt eine Trennung der Schichten I und J. Allerdings können die beiden Schichten nicht sortenrein getrennt werden. Bei Demontage der Schicht I fällt immer eine geringe Masse der Schicht J als Verbundstoff an.		Schicht I und Schicht J sind nicht demontierbar miteinander verbunden. Wird eine der beiden Schichten ausgetauscht/instand gesetzt/ersetzt, so fällt die angrenzende Schicht mit als Verbundstoff an.
Verbindungstyp	Flächenverbindung	Einzelverbindung	Flächenverbindung	Flächenverbindung	Fläche verbindung	Einzelverbindung
Verbindungsbeschreibung	Lösbare Verbindung	Bedingt lösbare Verbindung	Bedingt lösbare Verbindung	Verunreinigt lösbare Verbindung	Unlösbare Verbindung	Unlösbare Verbindung
Auswirkungen durch Trennprozess	Hauptsächlich manuell	Geringer Maschineneinsatz	Geringer Maschineneinsatz	Maschineneinsatz	Keine Trennung	Keine Trennung
Zerstörungspotenzial für Bauteil und Verbindung	Zerstörungsfrei (Verbindung erhalten)	Teilweise zerstörend (Verbindung zerstört)	Teilweise zerstörend (Verbindung zerstört)	Teilweise zerstörend (Oberflächenreinigung)	Zerstörend (fraktionierend)	Zerstörend (fraktionierend)
Materialstrom durch zerstörungsfreien bzw. nicht zerstörungsfreien Austausch (verdeckte Schichten)	Keine zusätzlichen Materialströme	Eventuell zusätzliche Materialströme	Eventuell zusätzliche Materialströme	Zusätzliche Materialströme	Zusätzliche Materialströme	Zusätzliche Materialströme
Materialstrom durch Verbindungswahl zur angrenzenden Schicht	Keine zusätzlichen Materialströme	Keine zusätzlichen Materialströme	Keine zusätzlichen Materialströme	Minimale zusätzliche Materialströme	Zusätzliche Materialströme	Zusätzliche Materialströme
Wiederverwendung	Möglich	Eventuell nach Reparatur möglich	Eventuell nach Reparatur möglich	Eventuell nach Reinigung möglich	Nicht möglich	Nicht möglich
Verwertung	Möglich	Möglich	Möglich	Nach Reinigung möglich	Möglich (im Aufbereitungsprozess)	Möglich (im Aufbereitungsprozess)

sowie der Instandsetzung von Bauteilen. Der Markt stellt derzeit eine Vielzahl von unterschiedlichsten Produkten für Verbindungen von vor Ort hergestellten Bauteilen, im Werk vorgefertigten Bauelementen sowie für die nachträgliche Befestigung von Fassaden, Vordächern, abgehängten Decken etc. zu Verfügung. Die Wahl einer bestimmten Verbindung von zwei Bauteilen spielt wie die Wahl einer Flächenverbindung zwischen Materialschichten eine maßgebliche Rolle bei der Berechnung von Materialströmen.

Tabelle 5-6 gibt einen Überblick über die verschiedenen lösbaren und unlösbaren Verbindungsmöglichkeiten für Einzelbauteile. Tabelle 5-7 zeigt, welche Rückbauverfahren bei Flächenverbindungen zum Einsatz kommen können und berücksichtigt die Herstellung und die Kraftübertragung der Verbindung ebenso wie den Fügeaufwand. Eine detaillierte Beschreibung der einzelnen Verbindungstechniken kann Anhang 2 entnommen werden.

Tabelle 5-6: Klassifizierung von Einzelverbindungen

Verbindungs-technik	Untergründe [162]	Krafteinleitung	Fügeaufwand [151]	Lösbarkeit	Wirkprinzip	Klassifizierung der Verbindung (Verbindungskategorie)	Abtragen	Abgreifen	Einschlagen	Eindrücken	Einreißen	Demontieren	Sprengen	Sägen
Press-verbindung	Stahl, Beton, Holz, Leichtmetall	Vorder-seite	Gut	Gut	Kraft-schlüssig	Typ 1 Typ 2	X	X	X	X	X	–	X	–
Schraub-verbindung	Stahl, Hohlwände, Holz, Leichtmetall	Innen	Mittel bis schlecht	Gut	Kraft-schlüssig	Typ1 Typ 2	X	X	X	X	X	X	–	x
Spann- und Vorspann-verbindung	Stahl, Beton	Vorder-seite	Mittel	Gut	Kraft-schlüssig	Typ 1 Typ 2	X	X	X	X	X	X	–	x
Muffen-verbindung	Stahl, leichtmetall	Innen	Mittel bis schlecht	Mittel	Kraft-schlüssig	Typ 1 Typ 2 Typ 3	X	X	X	X	X	X	X	–
Keilverbindung	Stahl, Beton, Holz, Leicht-metall	Innen	Mittel	Mittel	Form-schlüssig	Typ2 Typ 3 Typ 4	X	X	X	X	X	–	X	–
Stiftverbindung	(Dübel) Beton, Mauerwerk, Holz, Hohlwände, Naturstein	Innen	Mittel	Schlecht bis mittel	Kraft-schlüssig	Typ 3 Typ 4	X	X	X	X	X	–	X	–
Schweiß verbindung	Stahl, Leichtmetall	Vorder-seite	Mittel	Schlecht bis mittel	Stoff-schlüssig	Typ2 Typ 3 Typ 4	–	X	X	–	X	–	X	x
Schnapp-verbindung	Klemmen: Stahl, Leichtmetall, Buntmetall	Innen	Mittel bis schlecht	Mittel	Form-schlüssig	Typ2 Typ 3 Typ 4	X	X	X	X	X	X	X	–
Verzahnungs-verbindung	Stahl, Leichtmetall	Innen	Mittel	Schlecht	Form-schlüssig	Typ2 Typ 3 Typ 4	X	X	X	X	X	X	X	–

Tabelle 5-7: Klassifizierung von Flächenverbindungen

Verbindungstechnik	[162] Untergründe	[162] Krafteinleitung	[5] Abbindeart	[5] Klebstoffart	[151] Fügeaufwand	[151] Lösbarkeit	[151] Wirkprinzip	Verbindungskategorie	Abtragen	Abgreifen	Einschlagen	Eindrücken	Einreißen	Demontieren	Sprengen	Sägen
Mörtel-Betonverbindung	Beton, Mauerwerk	Vorderseite			Mittel	Gut bis sehr gut	Stoffschlüssig	Typ 1 Typ 2 Typ 3	X	X	X	X	X	X	X	–
Legen/Zusammensetzen	Beton, Mauerwerk, Holz, Stahl	Vorderseite			Niedrig	Sehr gut	Schwerkraft Formschluss	Typ 1	X	X	X	X	X	X	X	–
Spannen/An-, Einpressen	Beton, Mauerwerk, Stahl, Holz	Vorderseite			Mittel	Gut	Kraftschluss	Typ 1 Typ 2	X	X	X	X	X	–	X	–
Kleben	Stahl, Beton, Holz, Leichtmetall	Vorderseite	durch Trocknung	Lösemittel- und Dispersionsklebstoffe, Polyvinylacetat. Äthylen, Nitritkautschuk, Polyurethankautschuk, Styrolbutadien	Mittel bis hoch	Schlecht bis mittel	Stoffschlüssig	Typ 3 Typ 4	X	X	X	X	X	–	X	–
Kleben	Stahl, Beton, Holz, Leichtmetall	Vorderseite	Chemische Reaktion	Reaktionsklebstoffe: Epoxid, Phenol, Polyester, Polyurethan, Cyanacrylsäureester	Mittel bis hoch	Schlecht bis mittel	Stoffschlüssig	Typ 3 Typ 4	X	X	X	X	X	–	X	–
Kleben	Stahl, Beton, Holz, Leichtmetall	Vorderseite	Polyaddition	Epoxid + Polyamin, Polyamid, Polyamonoamid, Polyurethan + Isocyanat	Mittel bis hoch	Schlecht bis mittel	Stoffschlüssig	Typ 3 Typ 4	–	X	X	–	X	–	X	–
Nagelverbindung	Holz	Innen			Mittel	Mittel	Formschluss	Typ 2 Typ 3 Typ 4	X	X	X	X	X	–	X	–
Stiftverbindung	(Dübel) Beton, Mauerwerk, Holz, Hohlwände, Naturstein	innen			Mittel	Schlecht bis mittel	Formschluss	Typ 2 Typ 3 Typ 4	X	X	X	X	X	–	X	–
Löten	Stahl	Vorderseite			Mittel	Schlecht	Adhäsion	Typ 3 Typ 4	X	X	X	X	X	–	X	Sägen
Schweißen	Stahl	Vorderseite			Mittel	Schlecht bis mittel	Formschluss	Typ 2 Typ 3 Typ 4	–	X	X	–	X	–	X	Sägen

5.6.5   Prozessstufen der Prozesskettenanalyse

Die Materialstromberechnung basiert auf der Zerlegung von Bauwerken oder Bauteilen in ihre Einzelelemente bis zur Materialschichtebene. Auf Grundlage des definierten Schichten-modells (siehe Abschn. 5.6.2) werden zunächst die *Materialströme*, die aus dem erforderli-chen Einsatz von Neumaterialien (*Neumaterial*) sowie den anfallenden Baurestmassen (*Bau-restmasse*) resultieren, ermittelt. Im Anschluss werden diesen Massenströmen entsprechende *Hauptprozesse* (Materialherstellung, Einbau, Rückbau, Entsorgung/Nachnutzung) mit ihren vor- bzw. nachgelagerten Prozessstufen (Energiebereitstellung, Ressourcenabbau, Transporte etc.) zugeordnet (vgl. Abb. 5-6).

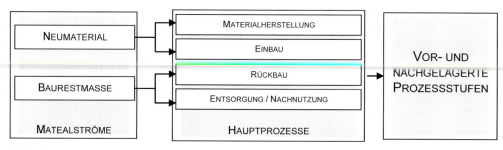

Abb. 5-6: „Materialströme" und „Hauptprozesse"

Eine Untergliederung in *Hauptprozesse, Upstream- und Downstream* Prozesse ist erforder-lich, um die Erfassung aller Input- und Output-Größen zu gewährleisten. Dabei werden unter den Upstream Prozessen die Stufen bis zu Erreichen des jeweiligen Produktes bzw. der Prozess-stufe (Material oder Bauprozess) verstanden. Es wird also das Durchlaufen energetischer und materieller Vorstufen vorausgesetzt. Downstream Prozesse erfassen die Entsorgung von Ab-fallstoffen und sind sowohl jeder einzelnen Stufe als auch den Lebensphasen nach Beendi-gung der Nutzung zuzuordnen.

Mit dieser Vorgehensweise können die folgenden physikalischen In- und Outputflüsse be-stimmt werden, die einer Analyse zu Grunde liegen:

Physikalische Stoffströme:
- Material (Baumaterial, Wasser)
- Energie für Materialherstellungs-, Bau- und Entsorgungsprozesse
- Abfall (Baureststoffe und Abfälle der Nutzung)
- Emissionen (Abfälle, die direkt in Luft, Boden und Wasser entlassen werden)

Kosten:
- Investitionskosten
- Instandsetzungskosten
- Betriebskosten (für den Fall, dass Verbrauchsdaten berücksichtigt werden)
- Abbruch- und Entsorgungskosten

Ein Überschreiten der Systemgrenzen (vgl. Abschn. 5.6.6) der Hauptprozesse wird über die automatische Erfassung aller Folge- bzw. Vorstufen mit Hilfe von Upstream- und Downstream-prozessen berücksichtigt. Unter Berücksichtigung der maßgeblichen Prozessstufen beinhaltet

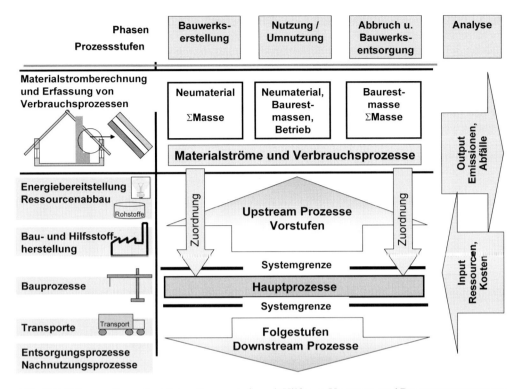

Abb. 5-7: Erfassen aller maßgeblichen Prozessstufen mit Hilfe von Upstream- und Downstreamprozessen

Tabelle 5-8: Berücksichtigung verschiedener Prozessstufen in einer Analyse

Prozesse, die berücksichtigt werden		Lebenszyklusphasen					
		Her-stellung	Erneue-rung (Baustoffe)	Erneue-rung (Elemente)	Betrieb	Umbau	Ent-sorgung
Baustoffherstellung		X	X	X	–	X	–
Transport	Baustoffe	X	X	X	–	X	–
	Abfälle	–	X	X	–	X	–
	Bauschutt	–	X	X	–	X	X
Bauprozess		X	X	X	–	X	–
Betriebsprozesse		–	–	–	X	–	–
Abbruchprozesse		–	X	X	–	X	X
Entsorgungs-prozess	Abfälle	X	X	X	–	X	–
	Bauschutt	–	X	X	–	X	X

das System somit alle erforderlichen Lebensphasen, inklusive der notwendigen Prozesse für die Bereitstellung von Materialien, Hilfsstoffen, Energie und Transportleistungen wie in Abbildung 5-7 dargestellt. Diese Abbildung beinhaltet nur die aus den physikalischen Materialströmen resultierenden Prozesse. Verbrauchsprozesse während des Betriebes (s. Abschn. 6.3) sind gesondert zu erfassen.

Tabelle 5-8 gibt abschließend einen Überblick über die zu berücksichtigenden Prozessstufen für den Lebenszyklus eines Bauwerks. Mit Hilfe der den berechneten Materialströmen und Verbrauchsprozessen zugeordneten Hauptprozesse wird eine Gegenüberstellung aller ein- und ausgebrachten Stoff- und Energiemengen in Form von Input- und Outputgrößen für jede Lebensphase ermöglicht. Auch die Inanspruchnahme von Naturpotentialen sowie monetären Größen können dadurch abgebildet werden.

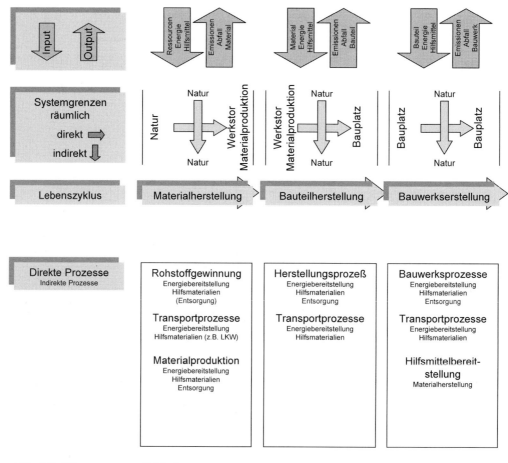

Abb. 5-8: Bilanzraum von Gebäuden

5.6.6   Systemgrenzen einzelner Prozessstufen

Zur Interpretation der Einzelergebnisse einer Analyse für unterschiedliche Lebensphasen muss das zu untersuchende System (Bauteil bzw. Gebäude) eindeutig definiert und durch zeitliche und räumliche Systemgrenzen bei einer Analyse abgegrenzt werden. Systemgrenzen in diesem Sinne legen diejenigen Stellen fest, an denen Stoff- und/oder Energieströme in das System eintreten bzw. es verlassen.

Zeitliche Systemgrenzen werden durch die Unterteilung in einzelne Lebensphasen bzw. Prozessstufen definiert. Räumliche Systemgrenzen werden über Elementstufen wie Umwelt, Bauwerk, Bauelemente, Bauteil und Einzelmaterial festgelegt. Mögliche Systemgrenzen einer Nachhaltigkeitsanalyse von Baukonstruktionen sind in der Bilanzraumdarstellung in Abbildung 5-8 dargestellt.

Besondere Beachtung hinsichtlich der Systemgrenzen verdient die Entsorgungsphase. Durch die Wiederverwendung von schon im Rohstoffkreislauf befindlichen Teilen bzw. durch das Recycling von Baurestmassen können Prozesse, die im Normalfall zur Neuproduktion von

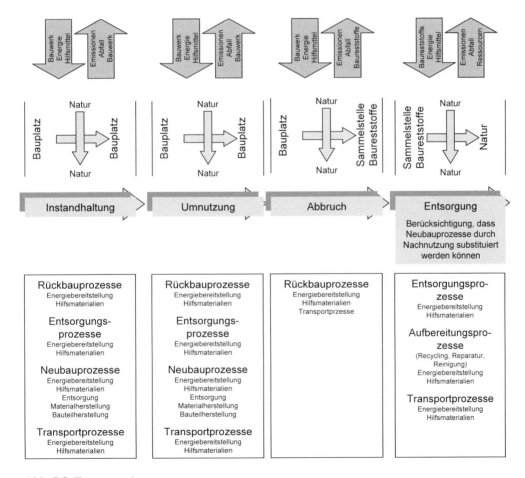

Abb. 5-8 (Fortsetzung)

Materialien oder Bauteilen erforderlich sind, substituiert werden. Die damit erzielte Ressourceneinsparung und die nicht anfallenden Emissionen für die Herstellung von neuen Baustoffen und Bauteilen können relativ exakt ermittelt werden. Neben der Bilanzierung der eingesparten Herstellungsprozesse müssen die Aufbereitungs- oder Reparaturprozesse bilanziert und gegengerechnet werden.

Allerdings wurde bereits festgestellt, dass in der Planungsphase eines Gebäudes die Bilanzierung der möglichen Verwertung am Ende der Lebensdauer nur schwer möglich ist. Der Versuch mögliche Entsorgungsprozesse in Form von Gutschriften oder einem Bonus im Voraus zu bilanzieren und direkt mit der Materialherstellung gegen zu rechnen führt zu inkonsistenten Modellen und wird nicht weiterverfolgt [86]. Aufgrund der schwierigen Bestimmung quantitativ exakter Messgrößen für die Analyse von Rückbau- und Entsorgungsprozessen ist es erforderlich, für die Erfassung von Herstellungs- und Entsorgungsprozessen unterschiedliche Verfahren anzuwenden. Aus diesem Grund können Einzelergebnisse der unterschiedlichen Lebensphasen nicht immer überlagert und aggregiert werden. Eine Berücksichtigung „eingesparter Prozesse" durch Wiederverwendung oder Verwertung muss daher innerhalb der Lebensphase „Entsorgung" erfolgen.

Die Tatsache, dass Belastungen aus der Primärherstellung eines Stoffes einem Sekundärstoff zugewiesen werden können und so ein Teil der primären Aufwendungen an einen weiteren Lebenszyklus weitergegeben werden kann, muss berücksichtigt werden. Für verschiedene End-of-Life-Cycle-Szenarien stellt sich somit die Frage nach der Verteilung auf unterschiedliche Lebenszyklen. Im Folgenden werden die für die Erfassung von Entsorgungsprozessen möglichen Systemgrenzen und Verteilungsmodelle für verschiedene Entsorgungswege beschrieben.

Wieder- und Weiterverwendung, Wieder- und Weiterverwertung

Durch eine Wiederverwendung bzw. eine Verwertung verlässt ein Produkt nach seiner Aufbereitung einen betrachteten Lebenszyklus und wird von einem anderen System aufgenommen. Die Aufbereitung wird dem primären System zugeordnet. Je nach Recyklatqualität wird ein bestimmter Anteil der Primärwerkstoff- oder Produktherstellung an den folgenden Lebenszyklus weitergegeben. Bei gleichbleibender Qualität des aufbereiteten Produktes teilen sich der 1. und 2. Lebenszyklus die Aufwendungen für das ursprünglich hergestellte Produkt zu gleichen Teilen (50 : 50). Bei niedriger Qualität des recyclierten Werkstoffen vermindert sich der Anteil der Primäraufwendungen, den der 2. Lebenszyklus zu tragen hat, entsprechend. Abbildung 5-9 zeigt zwei Lebenszyklen eines Materials bzw. Produktes, wobei zwischen der Baustoffherstellung bzw. Produktherstellung und den weiteren Lebenszyklen (Montage, Nutzung, Demontage, Aufbereitung) unterschieden wird. Die Baustoff- bzw. Produktherstellung sind auf die beiden Lebenszyklen zu verteilen. Das Recyklat bzw. das wiederverwendete Produkt, welches vom 1. zum 2. Lebenszyklus fließt, ersetzt in diesem Primärmaterial bzw. das Primärprodukt (gestrichelte Kästchen).

Die in der Entsorgungsphase entstehenden Auswirkungen werden in diesem Vorschlag komplett dem 1. Lebenszyklus zugeordnet (100 %).

Energetische Verwertung

Werden Abfälle energetisch verwertet, so wird keine Verteilung der Lasten aus der Primärmaterialherstellung vorgenommen, und die Aufbereitung wird dem betrachteten Lebenszyklus (1. LZ) zugeordnet. Die Systemgrenze wird in diesem Fall zwischen die Lebenszyklen nach einer Aufbereitung und dem Transport gelegt, d. h. der 1. Lebenszyklus erhält alle Belastungen der Verwertung und der 2. Lebenszyklus keine Belastungen (vgl. auch Abb. 5-10).

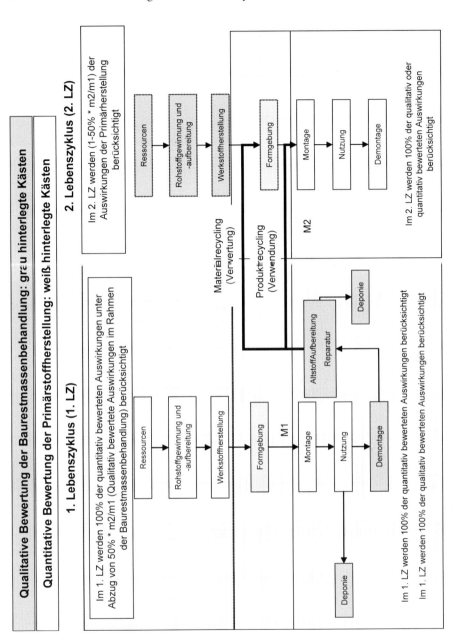

Abb. 5-9: Systemgrenzen für die Verwertung von Baurestmassen sowie der Wiederverwendung von Produkten

M1: Materialinput in den 1. Lebenszyklus
M2: Materialinput in den 2. Lebenszyklus

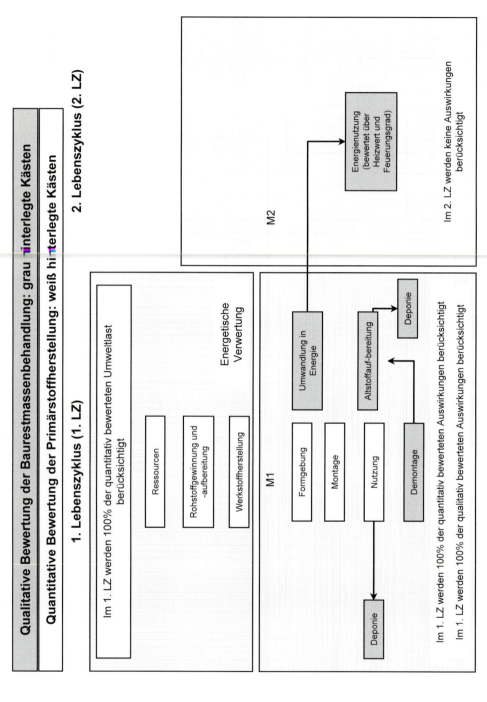

Abb. 5-10: Systemgrenzen für die energetische Verwertung von Abfällen

Aufbereitungsprozesse, die zur energetischen Verwertung anfallender Baurestmassen erforderlich sind, werden vollständig der Lebensphase „Entsorgung" zugeordnet. Eine quantitative Berücksichtigung substituierter Prozesse erfolgt nicht. Bei der thermischen bzw. energetischen Verwertung können an dieser Stelle als so genannte Gutschrift z. B. der Heizwert, der Feuerungswirkungsgrad sowie die Ablagerung anfallender Abfälle mit Hilfe einer qualitativen Einstufung bewertet werden.

Kompostierung, Thermische Beseitigung und Beseitigung von Abfällen (Deponierung)

Derartige Beseitigungsmaßnahmen werden in die Systemgrenzen des jeweils betrachteten Lebenszyklus (1. LZ) integriert. Alle Auswirkungen werden demnach dem Lebenszyklus zugeordnet, in welchem die Stoffe zur Beseitigung anfallen.

5.6.7   Systemgrenzen der Gesamtanalyse

Grundlage einer Analyse sind die einen kompletten Bilanzkreis verlassenden, erwünschten und unerwünschten In- und Outputs in Form der Haupt- und Nebenprodukte (z. B. Bauteil oder Bauwerk) sowie in Form von Ressourcen, Emissionen und Abfällen und natürlich auch Kosten, mit denen die in Abschnitt 5.5 beschriebenen Kriterien bewertet werden können. Die Forderung nach einer vollständigen Berücksichtigung aller In- und Outputgrößen, die in ein System eintreten oder es wieder verlassen, ist hypothetisch. Einerseits wird es mit einem vertretbaren zeitlichen und monetären Aufwand nicht möglich sein, alle Ströme zu erfassen. Andererseits ist dies z. T. auch nicht sinnvoll, wenn der Einfluss auf das Gesamtergebnis ab einer bestimmten Stufe vernachlässigbar ist. Aus diesem Grund werden für jede Analyse Grenzkriterien vereinbart, die es erlauben, die als nicht relevant eingestuften Ströme zu vernachlässigen.

Diese Vorgaben müssen dokumentiert werden, da durch willkürlich ausgewählte Ausscheidungskriterien ein Ergebnis stark manipuliert werden kann und eine Interpretation der Ergebnisse unmöglich ist [50]. Abschneidekriterien können z. B. sein:

- Ausschluss von Lebenszyklusphasen, die bei einem Vergleich mit anderen Produkten keine signifikanten Unterschiede erwarten lassen (z. B. Wasserverbrauch in der Nutzungsphase)
- Ausschluss von Phasen, zu denen keine Informationen bzw. Daten vorliegen oder nicht beschaffbar sind
- Ausschluss von Stoffströmen von nachrangiger Bedeutung, wie der Verbrauch von Hilfsstoffen (z. B. Schmiermittel) [149]

Neuheiten in der Tragsicherheitsbewertung

Klaus Steffens

Experimentelle Tragsicherheitsbewertung von Bauwerken

Grundlagen und Anwendungsbeispiele
2002. 252 Seiten,
368 Abbildungen, 4 Tabellen
Br., € 65,- */ sFr 113,-
ISBN 3-433-01748-4

Die experimentelle Tragsicherheitsbewertung von Bauwerken in situ ist in Methodik und Technik entwickelt, erprobt und eingeführt. Mit Belastungsversuchen an vorhandenen Bauteilen und Bauwerken lassen sich ergänzend zu analytischen Verfahren bedeutende Erfolge bei der Substanzerhaltung und Ressourcenschonung erzielen. Das Buch vermittelt durch die exemplarische Darstellung von 70 Anwendungsbeispielen aus allen Bereichen des Bauwesens einen Einblick in die enorme Anwendungsbreite des Verfahrens.

Dirk Werner

Fehler und ihre Vermeidung bei Tragkonstruktionen im Hochbau

2002. 412 Seiten
zahlreiche Abbildungen
Gb., € 85,-* / sFr 142,-
ISBN 3-433-02848-6

Um Fehler bei der Planung und Ausführung künftig vermeiden zu helfen, sind in diesem Buch Fallbeispiele analysiert. Es werden typische Fehler im Beton-, Stahlbeton- und Spannbetonbau sowie im Stahlbau, Stahlverbundbau, Mauerwerksbau und Holzbau zusammengetragen, standsicherheitsrelevante Punkte beleuchtet und Schlussfolgerungen für die Planung und Ausführung gezogen. Erweiterbare Checklisten für die Überwachung von Arbeiten an tragenden Konstruktionen ergänzen das Buch und sind als Hilfsmittel für die Bauüberwachung gedacht.

Ernst & Sohn
Verlag für Architektur und
technische Wissenschaften GmbH & Co. KG

Für Bestellungen und Kundenservice:
Verlag Wiley-VCH
Boschstraße 12
69469 Weinheim
Telefon: (06201) 606-152
Telefax: (06201) 606-184
Email: service@wiley-vch.de

A Wiley Company

www.ernst-und-sohn.de

* Der €-Preis gilt ausschließlich für Deutschland

Änderungen vorbehalten

01232056_my

6 Beurteilung der Nachhaltigkeit von Baukonstruktionen

6.1 Bewertungsmethoden für technische Systeme

6.1.1 Vorbemerkungen

Ziel einer ganzheitlichen Nachhaltigkeitsanalyse von Baukonstruktionen ist es, das Bauwerk als Ganzes und seine Bauteile hinsichtlich ihrer Wirkung auf die in Abschnitt 5.5 dargestellten Nachhaltigkeitsaspekte über den kompletten Lebenszyklus hinweg zu untersuchen und Optimierungspotentiale zu identifizieren. Welche Beurteilungsmethode für welches Kriterium bzw. welche Lebensphase zum Einsatz kommt, hängt davon ab, welche Informationen als Basis der Bewertung zur Verfügung stehen. Des Weiteren ist für die Wahl des Bewertungsverfahrens von Bedeutung, ob es im Interesse des Anwenders liegt ein weitgehend aggregiertes Ergebnis für eine Entscheidungsfindung zu erhalten oder ob detaillierte Analysen gewünscht sind, die auf mehreren Einzelergebnissen beruhen. Der angestrebte Bewertungsaufwand ergibt sich aus der Komplexität des zu bewertenden Systems und der der Entscheidung zu Grunde liegenden Problemstellung.

Dieses Kapitel gibt einen Überblick über verschiedene Methoden, die für die Bewertung eingesetzt werden können. Anschließend werden Verfahren beschrieben, die auf Grundlage der dargestellten Bewertungsmethoden entwickelt wurden und zur Beurteilung der Nachhaltigkeit von Baukonstruktionen dienen.

6.1.2 Allgemeines zu Bewertungsmethoden

Aufgabe einer Bewertung ist es, aus einer definierten Lösungsmenge diejenige Lösung auszuwählen, deren Weiterverfolgung dem optimalen Ziel eines Vorhabens am nächsten kommt. Bewertungsmethoden und auf dieser Grundlage entwickelte Verfahren haben demnach das Ziel die Entscheidungsfindung zu unterstützen und gleichzeitig ein systematisches und methodisches Vorgehen zu dokumentieren.

Ein Bewertungsvorgang beginnt in der Regel mit der Aufstellung und Festlegung von Kriterien. Die Bewertung dieser Kriterien erfolgt durch Zuordnung einer Maßzahl auf einer numerischen Werteskala. Die Werteskala wird vor der Bewertung festgelegt und zwar getrennt nach quantitativen (deterministischen oder probabilistischen) Werten und qualitativen (linguistischen) Aussagen [21].

Für die meisten Bewertungsaufgaben ist zu berücksichtigen, dass nicht alle in die Beurteilung eingehenden Kriterien die gleiche Wertigkeit besitzen. Deshalb muss jedem Einzelkriterium im Rahmen der so genannten Gewichtung das entsprechende Gewicht beigemessen werden. Das Produkt aus Gewichtung und Maßzahl ergibt zusammen die Wertungszahl einer jeden Konstruktionsvariante bzw. -alternative bezüglich jedes Bewertungskriteriums.

Ein Bewertungsvorgang lässt sich generell folgendermaßen gliedern:
- Aufstellen von Anforderungslisten
- Auflistung der für die Bewertung wichtigen, aus den Anforderungen hergeleiteten Kriterien oder Indikatoren

- Beschaffung aller erforderlichen Daten zur Bewertung
- Durchführen der Bewertung der Einzelkriterien
- Aggregation der Einzelbewertungen anhand von Gewichtungen

Da Bewertungen grundsätzlich subjektiven Einflüssen unterliegen, erfordern sie immer dann, wenn sie logisch begründbar und in ihren Zusammenhängen beweisbar sind, mathematische Unterstützung (nachvollziehbare, reproduzierbare quantitative Aussagen). Ausnahmen bilden Bewertungen, die aufgrund einer unzureichenden quantitativen Datengrundlage auf die Festlegung einer Rangfolge beschränkt sind (qualitative Aussagen). Bei der Gegenüberstellung verschiedener Parameter mit meist unterschiedlichen Wertdimensionen ist eine Vereinheitlichung der Bewertungskriterien durch die Vergabe von Punkten oder Punktintervallen sinnvoll.

Alle Bewertungskriterien lassen sich abhängig davon, ob wert- und dimensionsbehaftete oder rangmäßig verbal beurteilte Indikatoren betrachtet werden, in folgende drei Bereiche einteilen (Beispiele siehe Tabelle 6-1):

- quantitativ erfassbare, d. h. zähl-, mess-, wäg-, berechen- und schätzbare und damit als *deterministisch* zu bezeichnende Kriterien
- quantitativ berechen-, beobacht- und schätzbare *probabilistische* Kriterien sowie
- qualitativ erfassbare, d. h. mit Mustern vergleichbare und damit rangmäßig beurteilbare, als *linguistisch* zu bezeichnende Kriterien

Die Liste der in einem Bewertungsvorgang betrachteten Indikatoren soll möglichst quantitativ erfassbare Kriterien beinhalten, die jederzeit prüfbar und reproduzierbar bzw. nachweisbar sind. Derartige Kriterien sind in kardinale, dimensionsbehaftete (z. B. GWP = x CO_2-Äquivalente) oder durch Verhältnisbildung dimensionslos darstellbare Werte bzw. Wertbereiche einzuordnen. Daneben sind noch eine große Menge nur subjektiv erfassbarer Kriterien vorhanden. Diese nur qualitativ erfassbaren Kriterien, die sich nicht in quantitativ erfassbare Anforderungen umwandeln lassen, sollen rangmäßig beurteilbar sein (gut, ausreichend, ungenügend).

Tabelle 6-1: Beispiele zu den Wertekategorien der drei Anforderungsunterarten

Anforderungsunterart	Wertekatagorie	Beispiel
deterministisch	gezählt gemessen gewogen berechnet geschätzt	Schadstoffemission/Lärmpegel Gesamtgewicht Treibhauspotential (CO_2-Äquivalent) Instandhaltungskosten Erschütterungen
probabilistisch	berechnet beobachtet geschätzt	Wahrscheinlichkeitsverteilung Ausfallhäufigkeit Subjektive Wahrscheinlichkeit
linguistisch	verglichen beobachtet geschätzt	Komfort Emissionen

6.1.3 Methoden zur quantitativen und qualitativen Bewertung von Einzelkriterien

Die Kosten-Nutzen-Analyse

Die Kosten-Nutzen-Analyse (Cost-Benefit-Analysis) ist eine Methode, die insbesondere öffentliche Projekte nach ihrer *wirtschaftlichen Ergiebigkeit* bewertet. Kosten-Nutzen-Analysen finden vor allem bei Investitionen der öffentlichen Hand Anwendung. Ziel ist die *ökonomische* Bewertung von öffentlichen Vorhaben, vor allem von Infrastrukturvorhaben, als Vorbereitung der politischen Entscheidung. Es sollen diejenigen Projekte ausgewählt werden, die für die verfolgten Ziele am effektivsten sind.

Eine Kosten-Nutzen-Analyse beginnt mit der Konkretisierung eines Zielsystems, indem die Festlegung und Gewichtung der relevanten Entscheidungskriterien (Baukosten, Betriebskosten, Beschäftigungsnutzen, verkehrliche Nutzen …) und die anschließende Umsetzung in monetär messbare Indikatoren erfolgt. Im eigentlichen Bewertungsvorgang werden die Wirkungen der zu untersuchenden Alternativen bezüglich der vorab festgelegten Indikatoren beschrieben und in monetären Größen bewertet. Kosten sind hierbei negative und Nutzen positive Zielbeiträge. In einer abschließenden Betrachtung werden Nutzen und Kosten gegenübergestellt und das so genannte Nutzen-Kosten-Verhältnis gebildet. Kriterien bzw. Indikatoren, die nicht mit Hilfe monetärer Größen erfassbar sind, werden verbal beschrieben und gesondert dargestellt.

Zum Abschluss erfolgt eine Gesamtbeurteilung und eine Entscheidung für diejenige Alternative mit dem besten Nutzen-Kosten-Verhältnis unter Einbeziehung der verbal beschriebenen Wirkungen, welche jedoch meist nachrangig in die Bewertung eingehen.

Nicht monetär bewertbare Einflussgrößen werden als intangibel bezeichnet und haben somit eine schwächere Position gegenüber den „objektiv" errechneten direkten Wirkungen. Dies gilt unabhängig davon, ob die intangiblen Wirkungen im Einzelfall wichtig oder unwichtig sind. Dadurch wirkt die Kosten-Nutzen-Analyse selektiv, indem durch die Methode und nicht durch die Sache bestimmt wird, welche Kriterien in die Bewertung einbezogen werden. Im Wesentlichen wird die wirtschaftliche Effizienz im Hinblick auf monetäre Zielsetzungen bewertet.

Die Delphi-Methode

Die Delphi-Methode ist ein Instrument zur mehrstufigen Ermittlung von Gruppenmeinungen bei Anonymität der Teilnehmer, die zumeist als Experten im Befragungsbereich gelten. Durch kontrollierte Rückkoppelung der Ergebnisse mehrerer Befragungsrunden wird ein mehr oder weniger deutlicher Konsens erzeugt. Ursprünglich als Prognosemethode konzipiert, wird Delphi heute auch für andere Umfragen angewendet, mit denen Experten- oder intuitive Gruppenurteile in Unsicherheitsbereichen herbeigeführt werden sollen. Dabei werden die über Fragebögen mehrstufig ermittelten Meinungen von den Teilnehmern jeweils indirekt der Kritik anderer unterworfen, ohne dass eine meinungsbeeinflussende direkte (persönliche) Konfrontation stattfindet. Mit diesem Vorgehen sollen begründete Meinungsnivellierungen erreicht und Fehlurteile frühzeitig entdeckt bzw. eliminiert werden. Die sachliche Qualität der Argumente dominiert.

Zusammenfassend kann festgestellt werden, dass diese Methode relativ zeitaufwendig und in der Regel nicht reproduzierbar ist, sofern nicht immer dieselben Experten befragt werden. Des Weiteren leidet die Delphi-Methode unter Fragebogen-Problemen wie Suggestivfragen, Mehrdeutigkeit und begrenzten Antwortmöglichkeiten. Dadurch können wichtige Information unterdrückt oder das Ergebnis in eine bestimmte Richtung gelenkt werden.

Die Argumenten-Bilanz-Methode

Diese Methode verfolgt das Ziel ausschließlich durch Argumentation zu bewerten und nicht durch arithmetische oder logische Aggregation. Daher ist kein ausformuliertes Zielsystem erforderlich. Im Gegensatz zu den bisher beschriebenen Methoden, die in der Regel nach einer festen Definition ablaufen, wird eine große Bandbreite von Ansätzen, die nicht oder nur schwach formalisiert sind, als verbal-argumentative Bewertung bezeichnet. Die Argumenten-Bilanz-Methode gilt daher als eine nicht formalisierte Methode [83].

Eine verbal-argumentative Bewertung erlaubt eine einfache und schnelle Erfassung der auf die jeweiligen Rahmenbedingungen angepassten spezifischen Bedingungen und ist damit zeit- und kostengünstig. Die Ergebnisse sind meist allgemeinverständlich und werden weder kardinal (Punkte, Zielerreichungsgrade) oder ordinal (Noten, Wertstufen, Klassen) skaliert, sondern rein verbal dargestellt. Es folgt eine verbale Zusammenfassung der wesentlichen Auswirkungen, i. d. R. durch Auflistung der Vor- und Nachteile.

Da eine verbal-argumentative Bewertung praktisch keinerlei Vorgaben unterliegt, erfüllt sie keine der planungsmethodischen Anforderungen an eine Bewertung. Das bedeutet, dass Bewertungsgegenstände oft willkürlich und unvollständig festgelegt werden. Ein Informationsverlust durch Aggregation ist in der Regel nicht zu vermeiden. Wertmaßstäbe werden meist nicht explizit genannt, so dass Bewertungsschritte verschleiert werden können. Trotz ihrer Mängel gibt es für die verbal-argumentative Bewertung sinnvolle Anwendungsbereiche. Bei einfach gelagerten Fällen kann z. B. das Aufwand-Ertrag-Verhältnis den Einsatz komplizierter formalisierter Methoden verbieten. In diesem Fall ist eine kurze verbale Argumentation oft auch sachbezogen empfehlenswert und transparent, weil sie schnell die weniger relevanten Auswirkungen deutlich machen kann.

Nutzwertanalyse

Die Nutzwertanalyse ist eine Bewertungsmethode zur systematischen Entscheidungsfindung bei der Auswahl von Alternativen, die bezüglich eines mehrdimensionalen Zielsystems geordnet werden [163]. Im Rahmen der Analyse werden einzelne Kriterien nach ihrem Zielerfüllungsgrad bewertet. Die *Bewertungsziele* entsprechen den Bewertungskriterien [21], durch deren Definition eine komplexe Bewertungsproblematik in einfache Teilaspekte aufgelöst wird. Anschließend werden die Teilbewertungen zu einer umfassenden Bewertungsaussage, die als Nutzwert bezeichnet wird, zusammengefasst. Es werden Gewichtungsfaktoren als Maß für den Nutzen der zu erfüllenden Anforderungen in Bezug auf den Gebrauchswert (*Gesamtnutzwert*) festgelegt. Die Bewertung jedes Kriteriums erfolgt durch die Multiplikation der Zielerfüllungsgrade mit dem jeweiligen Gewicht des Kriteriums. Die abschließende Gesamtbewertung wird durch die Addition der Einzelwerte berechnet.

Grundsätzlich lässt sich feststellen, dass die Nutzwertanalyse für die Bewertung von Alternativen besonders dann geeignet ist, wenn die folgenden Voraussetzungen gegeben sind:

- es existieren mehrere Zielsetzungen (z. B. ökologische, ökonomische und gesellschaftliche Zielsetzungen)
- die Zielgrößen sind quantitativer und/oder qualitativer Art

Ähnlich wie bei der Kosten-Nutzen-Analyse liegt das Ziel der Nutzwertanalyse darin, die Größe des Nutzwerts einer bestimmten Maßnahme oder eines Projekts herauszufinden. Zu diesem Zwecke werden verschiedene Varianten miteinander verglichen. Der Nutzwert ist daher ein relativer Wert, welcher jedoch nicht monetarisiert wird.

Die Methode wurde aus den Ingenieurwissenschaften heraus entwickelt, um Probleme der Kosten-Nutzen-Analyse zu überwinden. Der wichtigste Schritt der Nutzwertanalyse ist die Konkretisierung des Zielsystems. Das Zielsystem muss soweit ausdifferenziert werden, dass es in messbaren oder abschätzbaren Indikatoren endet. Es muss streng hierarchisch gegliedert sein, da sonst nicht berechenbar ist, welchen Zielbeitrag die einzelnen Zielelemente zum Gesamtnutzen liefern. In einem weiteren Schritt erfolgt die Zielgewichtung. Nicht alle Ziele sind gleichwertig für den Gesamtnutzen. Welche Wertigkeit welches Teilziel besitzt, hängt von den Präferenzen der Entscheidungsträger ab. Die Summe aller gewichteten Einzelaspekte muss 100 (oder 1) ergeben, damit 100 % Gesamtnutzen vorhanden ist.

Die eigentliche Bewertung beginnt mit der Bestimmung der Zielerträge, indem die Auswirkungen des betrachteten Bewertungsgegenstandes auf verschiedenen Indikatoren bestimmt werden (z. B.: Welchen Schallpegel – in dB(A) – verursacht die neue Straße?). Anhand von Nutzenfunktionen, die in einer Nutzwertanalyse vorab festgelegt werden müssen (z. B. Vergabe von Punkten), erfolgt im Anschluss die Transformation der Zielerträge in Zielerreichungsgrade. Zum Abschluss einer Bewertung können die verschiedenen Zielerreichungsgrade zu einem Wert, der den Gesamtnutzen repräsentiert, aggregiert werden. Je größer der Gesamtnutzen, desto besser ist der Zielerreichungsgrad der Alternative, also ihre Effektivität. Vor einer endgültigen Entscheidung ist es sinnvoll, eine Sensitivitätsanalyse durchzuführen. Mit diesem Schritt ist herauszufinden, ob das Ergebnis robust gegenüber Veränderungen subjektiver Komponenten (z. B. Gewichte) oder von Annahmen ist, die sich im Verlauf der Projektrealisierung ändern können (z. B. Investitionskosten).

Die Nutzwertanalyse zeichnet sich durch einen hohen Formalierungsgrad und somit durch gute Nachvollziehbarkeit und Transparenz aus. Durch das Ausformulieren des Wertesystems können die Interpretationsspielräume eingeschränkt werden. Allerdings können durch die Quantifizierung von formal nicht quantifizierbaren Sachverhalten willkürliche Transformationen entstehen.

6.2 Ökobilanzierung von Prozessen

6.2.1 Grundlagen

Zur Erfassung und Beurteilung von Prozessen in ökologischer Hinsicht wird in den meisten Verfahren auf die Ökobilanz zurückgegriffen. Sie ist die zum heutigen Zeitpunkt anerkannteste Methode zur ökologischen Bewertung von Produkten, da alle maßgeblich an der Belastung der Umwelt beteiligten Lebensphasen (Herstellung, Nutzung, Entsorgung) berücksichtigt werden [133]. Die Ökobilanz erfasst alle mit einem Produktlebenszyklus verbundenen Einflüsse auf die Umwelt wie Emissionen, Abfälle, Rohstoffverbrauch und Naturinanspruchnahme, und fasst diese Einflüsse hinsichtlich ihrer möglichen Wirkung zusammen. Trotz Interpretationsschwierigkeiten der teilweise sehr komplexen Ergebnisse einer Ökobilanz hat sich gezeigt, dass diese Methode auch zur ökologischen Bewertung von Baumaterialien [132] am vielversprechensten ist. Produkt-Ökobilanzen eignen sich insbesondere als strategische Entscheidungsmittel bei der Auswahl alternativer Materialien sowie zur Schwachstellenanalyse und Optimierung von Produkten und Produktionsprozessen.

In der Bauindustrie werden Ökobilanzen bisher hauptsächlich zur Analyse und Optimierung des Herstellungsprozesses von Baumaterialien genutzt. Beispielhaft können hier Ökobilanzen zur Ytong-Produktanwendung [3] sowie Ökobilanzen für die Baustoffe Kalksandstein [80] und Ziegel [22] genannt werden. Voraussetzung für aussagekräftige Nachhaltigkeitsanalysen von Bauprodukten, die in der Regel aus mehreren Materialien zusammengesetzt sind, ist die Vergleichbarkeit von Ökobilanzergebnissen für die verschiedenen Herstellungsprozesse der Einzelmaterialien. Einheitliche Rahmenbedingungen, Bilanzierungsgrenzen, Umweltproblemfelder (Wirkungskategorien) sowie Annahmen über Transportvorgänge und Energienutzung müssen gewährleistet sein. Die Ausführlichkeit und der Untersuchungsrahmen einer Ökobilanz hängen stark vom Untersuchungsgegenstand und von der vorgesehenen Anwendung ab. So können die Tiefe und die Breite von Ökobilanzen beträchtlich schwanken. Die Genauigkeit kann durch beschränkte Zugänglichkeit oder Verfügbarkeit von relevanten Daten und durch die Datenqualität eingeschränkt sein. Diesbezüglich gibt es beispielsweise Datenlücken, veraltete Informationen oder nur standortspezifische Daten.

Wenn man beabsichtigt, Ergebnisse aus unterschiedlichen Ökobilanzen zu vergleichen, muss sichergestellt sein, dass sich die Annahmen und Zielrichtungen der Untersuchungen entsprechen. Daher ist es grundsätzlich erforderlich, dass Untersuchungsrahmen, grundlegende Annahmen, Darstellung der Datenqualität, Methodik und Ergebnisse der Ökobilanz transparent sind. Die Datenquellen sollten erörtert und dokumentiert werden.

Damit Daten und Ergebnisse aus verschiedenen Untersuchungen prinzipiell vergleichbar sind, werden in Normen die Prinzipien und allgemeinen Anforderungen an Ökobilanzen definiert. Am weitesten vorangeschritten ist die europäische Norm EN ISO 14 040 aus dem Jahre 1997, die eine klare begriffliche Abgrenzung der Ökobilanz zu unternehmens- bzw. produktionsstättenbezogenen Umweltmanagementmethoden (Umweltaudits und Beurteilung der Umweltleistung) sicherstellt.

Die meisten der bis zum jetzigen Zeitpunkt erstellten Ökobilanzen sind nicht auf einer einheitlichen Datenbasis erstellt und können somit für vergleichende Analysen nur bedingt herangezogen werden. In Zukunft wird es daher erforderlich sein, eine einheitliche Datenbasis zentral zur Verfügung zu stellen, in denen Baustoffprofile aller maßgeblichen Baumaterialien sowie die Profile von Bauprozessen und von Entsorgungsprozessen zusammengestellt sind.

Ökobilanzen zeigen Möglichkeiten zur Verbesserung der Umweltaspekte von Produkten in den verschiedenen Phasen ihres Lebensweges auf und beeinflussen somit die Entscheidungsfindung bei Produkt- oder Prozessentwicklungen. Üblicherweise werden ökonomische oder soziale Aspekte eines Produktes bei Ökobilanzen nicht berücksichtigt. Die Ökobilanz als alleinige Bewertungsmethode wird demnach zur Analyse der Nachhaltigkeit von Baukonstruktionen nicht ausreichen.

Es stehen verschiedene Software-Programme zur Verfügung, mit deren Hilfe Ökobilanzen von Baumaterialien aufgestellt werden können. Die im Rahmen dieser Arbeit für die Beispiele genutzten Ökobilanzen stammen zum Teil aus Literaturangaben bzw. wurden mit Hilfe der Software *Sima ProIV* [139] neu erstellt. Eine Beschreibung dieses Softwaretools sowie der berechneten Ökobilanzen kann Anhang 3 entnommen werden.

6.2.2   Vorgehensweise einer Ökobilanzierung

Aufgabe der Ökobilanz ist es, die mit einem Produkt, System oder Verfahren in Verbindung stehenden Stoff- und Energieströme und deren Wirkungen auf die Umwelt und die Menschen zu erfassen, transparent aufzubereiten und zu bewerten. Dabei ist der gesamte Lebenszyklus der Produkte, einschließlich der Prozesse der Rohstoff- und Energiebereitstellung sowie notwendiger Transporte zu berücksichtigen. Die Ökobilanz besteht aus mehreren Arbeitsschritten, die in Abbildung 6-1 dargestellt sind:

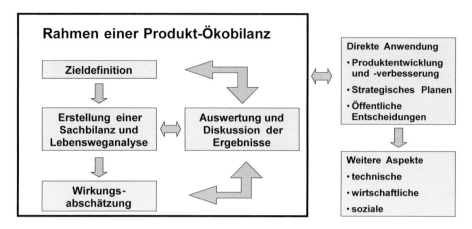

Abb. 6-1: Darstellung der verschiedenen Schritte einer Ökobilanz [56]

- Festlegung des Ziels und des Untersuchungsrahmens
- Zusammenstellung einer Sachbilanz von relevanten Input- und Outputflüssen eines Produktes
- Beurteilung der mit diesen In- und Outputs verbundenen potentiellen Umweltwirkungen (Wirkungsabschätzung)
- Auswertung der Ergebnisse der Sachbilanz und Wirkungsabschätzung hinsichtlich der Zielsetzung der Studie (Bilanzbewertung)
- Bericht und kritische Prüfung

Der erste Schritt einer Ökobilanz besteht aus der Zieldefinition und der Festlegung des Untersuchungsrahmens [118]. Der Zweck bzw. das Erkenntnisinteresse sowie die Gründe der Durchführung und die Zielgruppe der Studie werden definiert. Das Ziel einer Ökobilanz-Studie muss eindeutig die beabsichtigte Anwendung festlegen und die Gründe für die Durchführung der Studie sowie die angesprochenen Zielgruppen aufführen. Die Systemgrenzen müssen klar definiert sein und mit dem Ziel der Studie übereinstimmen. Das System sollte so modelliert werden, dass In- und Outputs an ihren Systemgrenzen Elementarflüsse sind. Als Elementarflüsse werden Stoffe oder Energien bezeichnet, die dem untersuchten System zugeführt werden oder dieses verlassen, ohne dass eine vorherige bzw. abschließende Behandlung durch den Menschen erforderlich ist. Bei Beton sind beispielsweise „Sand und Kies aus Gruben" derartige Elementarflüsse. Bei der Zementherstellung sind dies beispielsweise die Kohlendioxidemissionen aus dem Brennvorgang.

Unter einer *Sachbilanz* versteht man die Quantifizierung von Input- und Outputströmen eines Produkts im Hinblick auf die Belastung der Umwelt. Zu diesen Strömen zählen der Verbrauch an Ressourcen, die Nutzung von Naturraum, die Einbeziehung von Vorprodukten, die Verwendung von Hilfs- und Betriebsstoffen, der Verbrauch von Energieträgern und Strom, die Emissionen in Luft, Wasser und Boden sowie entstehende Abfälle und Nebenprodukte.

Sachbilanzen umfassen sowohl Datensammlungen als auch die Berechnungsverfahren zur Bestimmung der relevanten Input- und Outputströme eines Systems. Im Zuge der Datensammlung und der Systemanalyse können neue Datenanforderungen oder Einschränkungen entstehen. Es können also Sachverhalte erkannt werden, die eine Änderung des Ziels oder der

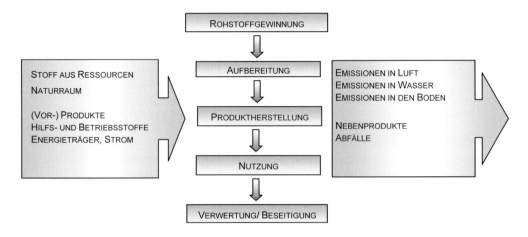

Abb. 6-2: Input- und Outputströme entlang eines Produktlebenszyklus

Systemgrenzen erfordern. Aus diesem Grund ist die Erstellung einer Sachbilanz ein iterativer Vorgang.

Um eine Aussage bezüglich der Umweltwirkung eines Baustoffs bzw. eines Bauteils treffen zu können, ist eine Analyse des gesamten Lebensweges notwendig. Beginnend bei der Rohstoffgewinnung und der Verarbeitung über die Nutzung und Instandhaltung bis hin zur Entsorgung in Form der Wiederverwertung oder Beseitigung (vgl. auch Abb. 6-2) einschließlich aller Transportvorgänge müssen innerhalb der Sachbilanz sämtliche Einwirkungen auf die Umwelt berücksichtigt werden. Die Sachbilanzdaten bilden somit die Grundlage zur Wirkungsabschätzung.

Im Rahmen der *Wirkungsabschätzung* erfolgt zunächst eine Klassifizierung, d. h. eine Zuordnung der Sachbilanzdaten zu bestimmten Umweltproblemfeldern, wie z. B. Klimarelevanz, Ökotoxizität oder Ressourcenbeanspruchung. Je nach angewandter Ökobilanz-Methode können unterschiedliche Umweltwirkungen betrachtet werden.

Im Allgemeinen geht man von den sechs in Tabelle 6-2 dargestellten *Wirkkategorien* bzw. Umweltwirkungen aus [118], die nachfolgend im Näheren beschrieben werden. Für jede dieser Wirkkategorien wird ein so genannter Referenzwert bzw. eine Leitgröße festgelegt, die als Maßstab zur Quantifizierung des Schädigungspotentials dient. Bei der Berechnung des Gesamtwirkungspotentials innerhalb jeder Wirkkategorie sind die unterschiedlichen Einzelwirkungspotentiale der verschiedenen Schadstoffkomponenten zu berücksichtigen.

- **Treibhauspotential/GWP (Greenhouse Warming Potential)**
  Mit dem Begriff Treibhauspotential bzw. Treibhauseffekt wird das Phänomen beschrieben, dass es durch Absorption der langwelligen Ausstrahlung der Erdoberfläche an so genannten Treibhausgasen (CO_2, CH_4 und FCKW) und Rückstrahlung der dabei entstehenden Wärmeenergie zu einer Erwärmung der bodennahen Luftschicht kommt [166]. Die genauen Hintergründe und Wirkungsweisen sind immer noch Gegenstand der Forschung. Wenn heutige Prognosen zutreffen, können die Folgen sehr weitreichend sein (Abschmelzen der Polkappen, Anstieg des Meeresspiegels etc.).

Tabelle 6-2: Wirkkategorien zur Abschätzung der Umwelteinwirkung

Wirkkategorie	Kurzbeschreibung	Beispiele
Treibhauspotential (GWP)	Emissionen in Luft, die den Wärmehaushalt der Atmosphäre beeinflussen	Kohlendioxid (CO_2), Methan (CH_4), Distickstoffoxid (N_2O)
Ozonabbaupotential (ODP)	Emissionen in Luft, die die stratosphärische Ozonschicht abbauen	FCKW, …
Versauerungspotential (AP)	Emissionen in Luft, die eine Regenwasserversäuerung verursachen	Stickstoffoxide (NO_x), Schwefeldioxid (SO_2), Chlorwasserstoff (HCL), Fluorwasserstoff (HF), …
Eutrophierungspotential (EP)	Überdüngung von Gewässern und Böden	P- und N-Verbindungen
Sommersmog	Emissionen in Luft in Verbindung mit Sonnenlicht	Stickstoffoxide (NO_x)
Naturrauminanspruchnahme bzw. Flächenbeanspruchung	Dauer und Art der Veränderung von Naturraum durch den Menschen	Abbauflächen, Werksflächen, …

Für die häufigsten treibhauswirksamen Substanzen ist ein Parameter in Form des Treibhauspotentials GWP (Global Warming Potential) definiert. Das Treibhauspotential beschreibt den Beitrag eines Spurengases zum Treibhauseffekt. Bezugsgröße ist hierbei das Treibhausgas CO_2, für das der **GWP-Wert** 1 festgelegt ist. Für jede treibhauswirksame Substanz wird eine Äquivalenzmenge Kohlendioxid in Kilogramm ausgerechnet, wodurch der direkte Einfluss auf den Treibhauseffekt zu einer einzigen Wirkungskennzahl zusammengefasst wird [106].

- **Ozonabbaupotential/ODP (Ozone Depletion Potential)**
Das in der Stratosphäre (15–30 km) vorhandene Ozon schützt Lebewesen auf der Erde vor der von der Sonne einfallenden UV-Strahlung. Die Ozonschicht befindet sich hoch über der Erdoberfläche. Sie hat die Eigenschaft, einen Teil der UV-Strahlung von der Sonne zu absorbieren. Die ungefilterte UV-Strahlung ist für Flora und Fauna sehr gefährlich und erzeugt beim Menschen Hautkrebs. Hauptursache für den stratosphärischen Ozonabbau sind die Fluorkohlenwasserstoffe (FCKW), deren Konzentration stetig zunimmt [166]. Diese Substanzen brauchen im Durchschnitt 25 Jahre, bis sie in die Höhe der Ozonschicht gelangen, haben also entsprechende Langzeitwirkung. Wie beim Treibhauseffekt wird für das Ozonabbaupotential ein Wert als Referenzgröße definiert (CFC-11).

- **Versauerungspotential/AP (Acidification Potential)**
Durch Schwefel, Ammoniak und Stickstoffoxide aus der Landwirtschaft kommt es zu einer Versauerung des Bodens. Viele Pflanzen, insbesondere Bäume auf sandigen Böden, leiden unter dieser Anreicherung, weil im sauren Milieu bestimmte giftige Substanzen in Lösung gehen und in die Pflanze eindringen. Die Korrosion an Gebäuden im Freien zählt ebenfalls zu den Folgen der Versauerung. Die versauernde Wirkung von Stoffen wird durch die Fähigkeit ausgedrückt, Hydronium-Ionen zu bilden.

Das Ausmaß einer Komponente, säurewirksam zu werden, ist das Säurebildungspotential (AP), Acidification Potential. Der **AP-Wert** von SO_2 wird dabei zu 1 gesetzt. Für jede säurewirksame Substanz wird eine Äquivalenzmenge Schwefeldioxid in Kilogramm umgerechnet.

- **Eutrophierungspotential/EP (Eutrophication Potential)**

Der zusätzliche Eintrag von Stoffen, die im Boden und in Gewässern als Nährstoff dienen, führt zur Eutrophierung. Phosphate und dieselben Substanzen, die zur Versauerung des Bodens tragen, können zu einer Überdüngung führen. Dadurch werden Monokulturen begünstigt, wodurch viele Pflanzenarten verschwinden. Im Wasser führt die Eutrophierung zu einem sehr raschen Algenwachstum. Als Referenzgröße für das Eutrophierungspotential wird PO_4 definiert.

Weitere nicht in jeder Ökobilanz erfasste Wirkkategorien sind:

- **Sommersmog (Summer Smog)**

Der so genannte Sommersmog wird durch die Anwesenheit von Stickstoffoxiden und Kohlenhydraten in der Luft in Verbindung mit Sonnenlicht verursacht. Diese Faktoren können zu einer erhöhten Konzentration von Ozon in Bodennähe führen. Ozon ist sowohl für den Menschen als auch für Fauna und Flora schädlich. Außerdem verursacht Sommersmog inzwischen ernst zu nehmende wirtschaftliche Schäden bei den Ernten.

Als Äquivalenzwert wird der POCP-*Wert (Photochemical Ozone Creation Potential)* zur Beurteilung angegeben.

- **Schwermetalle (Heavy Metals)**

Wenn man über längere Zeit geringen Mengen von Schwermetallen ausgesetzt ist, bringt das nachweislich Gesundheitsrisiken mit sich. Besonders das Nervensystem und die Leber nehmen Schaden. Schwermetalle können in der Luft oder im Wasser enthalten sein. Die WHO (World Health Organisation) hat maximal zulässige Konzentrationen in Wasser und Luft festgelegt. Diese werden mit einem Gewichtungsfaktor zu Blei in Bezug gesetzt.

- **Krebserregende Stoffe (Carcinogenic Substances)**

In den „Air Quality Guidelines" der WHO werden keine zulässigen Höchstwerte dieser Substanzen wie Benzol, Chrom oder Arsen angegeben. Dafür wird die Wahrscheinlichkeit genannt, mit der ein Mensch an Krebs erkrankt, wenn er einer Konzentration von 1 $\mu g/m^3$ der jeweiligen Substanz für längere Zeit ausgesetzt ist. Die Wahrscheinlichkeit von Erkrankung durch PAH's (Benzopyrene) wird als Referenzwert festgelegt, zu dem alle anderen durch Vielfache in Bezug gesetzt werden.

- **Winter-Smog**

Wintersmog tritt heutzutage nur noch in Ost- und Südeuropa auf. Er verursacht bei vielen Menschen schwere Atemprobleme. Ausgelöst wird dieses Problem von Staub (SPM, small particular matter) und Schwefeldioxid. Für beide Substanzen wird in den „Air Quality Guidelines" der WHO eine zulässige Konzentration von 50 $\mu g/m^3$ festgelegt.

- **Energiebedarf (Energy Supply)**

Die Vorkommen von fossilen Brennstoffen und Uran sind begrenzt. Die Verwendung von erneuerbaren Energiequellen wie Wind, Wasser und Sonnenenergie wird noch durch viele

Hindernisse eingeschränkt. Daher ist die Bereitstellung von Energie an sich schon eine Einwirkung auf die Umwelt und in vielen Ökobilanzen wird der Verbrauch von Energie (in MJ) aus nicht erneuerbaren Energiequellen während des Lebensweges eines Produktes aufsummiert.

Die Verwendung der beschriebenen Gewichtungsfaktoren innerhalb einer Wirkkategorie, um die unterschiedlich starken Einflüsse verschiedener Emissionen zu erfassen, nennt man *Charakterisierung*. Manche Stoffe sind mehreren Wirkungskategorien zugeordnet. Stickoxide NO_x sind beispielsweise mitverantwortlich für Versauerung, Smog und Eutrophierung.

In der ersten Auswertungsstufe werden die Ergebnisse der Wirkungsabschätzung auf das jeweilige Gesamtpotential der Kategorie (100 Prozent) skaliert. Die einzelnen Spalten zeigen, welche Folgen aus den verschiedenen Materialien und Prozessen resultieren (Wirkkategorien). Untersucht man z. B. einen Normalmörtel, Mörtelgruppe 1 (vgl. Abb. 6-3), kann man unter anderem erkennen, dass die vorangehende Herstellung des Bestandteils hydraulischer Kalk einen Großteil der für den Treibhauseffekt verantwortlichen Emissionen erzeugt. Die Sandgewinnung aus Gruben hingegen ist bei allen Umwelteinwirkungen nur ein kleiner Auslöser. Pestizide fallen während der Herstellung von Mörtel überhaupt nicht an. Bei einer derartigen Skalierung sämtlicher Auswirkungen ist es jedoch nicht ganz leicht festzustellen, welche Teile des Herstellungsprozesses die größten gesamten Umweltauswirkungen haben. Es kann sich dabei um 100 Prozent sehr umfangreicher Umweltauswirkungen oder ebenso um 100 Prozent einer sehr geringen Auswirkung handeln.

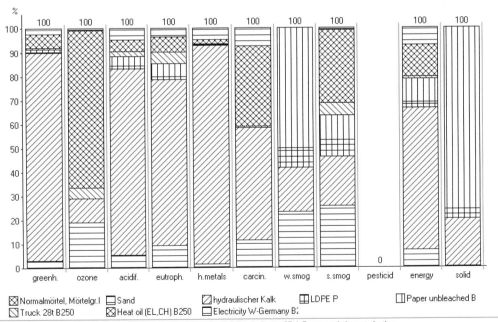

Analyse 1 kg material 'Normalmörtel, Mörtelgr.I'; Method: SimaPro 3.0 Eco-indicator 95 / Europe g / characterisation

Abb. 6-3: Charakterisierung Normalmörtel, Mörtelgruppe I (durchgeführt mit dem Programm SimaPro)

Um ein besseres Verständnis von der relativen Bedeutung einer Wirkung zu bekommen, ist eine anschließende *Normalisierung* der Daten nötig. Hier können die Auswirkungen des Prozesses mit „normalen" Auswirkungen verglichen werden. Diese „normalen" Auswirkungen können z. B. die auf einen durchschnittlichen europäischen Einwohner wirkenden Umweltbelastungen während eines Jahres sein. Anhand eines derartigen Vergleichs ist es möglich, den relativen Beitrag der Produktion eines Materials zu bestehenden Umwelteinwirkungen darzustellen. Eine Normalisierung wird nicht in jeder Ökobilanz durchgeführt.

Für das Beispiel Normalmörtel, Mörtelgruppe 1, sind in diesem Fall niedrige Wert zu erkennen, die darauf schließen lassen, dass die Herstellung von Mörtel nicht sehr umweltbelastend ist. Den größten Eintrag gibt es beim Treibhauseffekt, was auf die Emissionen beim Brennen des Kalks zurückzuführen ist (vgl. Abb. 6-4).

Die Normalisierung zeigt jedoch nur, welche Auswirkungen relativ erheblich und welche relativ gering sind. Sie sagt nichts darüber aus, wie wichtig oder folgenschwer die jeweiligen Auswirkungen sind. Zu diesem Zweck müssen die Ergebnisse der Wirkungsabschätzung abschließend bewertet werden.

In der Bilanzbewertung werden die aggregierten Ergebnisse der Wirkungsbilanz und zusätzliche, nicht quantifizierbare Daten nach bestimmten, meist individuellen, gesellschaftlichen Werten und Prioritäten bewertet und miteinander verglichen. Die Auswertung der Sachbilanz und die Wirkungsabschätzung erfolgt dabei entsprechend dem festgelegten Untersuchungsrahmen. Ziel der Auswertung ist es, Schlussfolgerungen und Empfehlungen zu geben. Einige Bewertungsmethoden werden in Abschnitt 6.2.3 beschrieben.

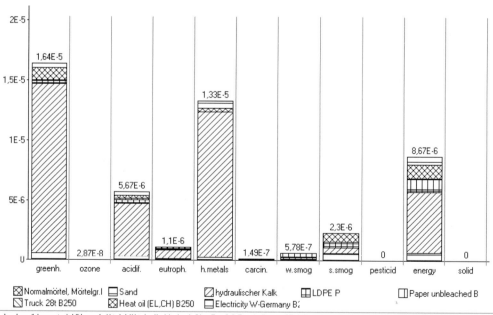

Abb. 6-4: Normalisierung Normalmörtel, Mörtelgruppe I
(durchgeführt mit dem Programm SimaPro)

Die Ergebnisse der Bilanzierung müssen korrekt und vollständig mitgeteilt werden. Dies erfordert, dass die Ergebnisse, Daten, Methoden, Annahmen und Einschränkungen mit ausreichender Genauigkeit dargelegt werden. Der Ergebnisbericht einer Ökobilanzstudie soll dem Leser ermöglichen, die Komplexität und Wechselwirkungen der Bilanz zu verstehen.

Die Anwendung von Ergebnissen einer Ökobilanz für vergleichende Aussagen wirft besondere Fragen auf. Um das Auftreten von Missverständnissen oder negativen Wirkungen auf außenstehende interessierte Kreise zu verhindern, müssen bei Ökobilanzen, deren Ergebnisse zur Begründung vergleichender Aussagen herangezogen werden, kritische Prüfungen vorgenommen werden. Es gibt die Möglichkeit zur internen oder externen kritischen Prüfung durch einen Sachverständigen und die Möglichkeit der kritischen Prüfung durch interessierte Kreise.

6.2.3 Methoden zur Auswertung der Wirkungsabschätzung bzw. der Sachbilanzdaten

Um die Ergebnisse der Wirkungsabschätzung zusammenfassend bewerten zu können, müssen die einzelnen Wirkkategorien aggregiert werden. Für diesen Aggregationsschritt stehen verschiedene Methoden zur Verfügung, von denen einige im Folgenden kurz beschrieben werden. In der Bewertung werden die normalisierten Wirkungsgrößen der einzelnen Kategorien üblicherweise noch mit Gewichtungsfaktoren multipliziert, welche die relative Wichtigkeit der einzelnen Umweltauswirkungen gegeneinander repräsentieren. Diese Gewichtung wird in Indikator-Punkten gemessen und aus der Beurteilung des eingetretenen Schadens an den Ökosystemen und an der menschlichen Gesundheit abgeleitet. Aufgrund unterschiedlicher Bewertungsmethodiken können bereits die Schritte der Wirkungsabschätzung unterschiedlich aussehen.

Die Eco-Indikator-Methode

Die Eco-Indicator-95-Methode verwendet das „distance-to-target"-Prinzip als Grundlage der Bewertung. Die entscheidende Annahme ist, dass man die Gewichtung einer Auswirkung anhand der Differenz zwischen dem gegenwärtigen Stand und einer wünschenswerten Zielebene beurteilen kann. Die Zielwerte für diese Richtschnur sind [123] entnommen. Sie sind aufgrund folgender Zielstellungen zusammengestellt worden:

- die Umwelteinwirkung darf höchstens 1 Todesfall im Jahr pro Mio. Einwohner nach sich ziehen
- die Umwelteinwirkung darf höchstens 5 % der Ökosysteme in Europa negativ beeinflussen
- das Auftreten von Smogperioden soll extrem unwahrscheinlich sein

Um diese Ziele zu erreichen, ist das Reduzieren der jeweiligen Umwelteinwirkung nötig. Daher legt man anhand von Modellrechnungen und Schätzungen Reduktionsfaktoren fest, die verdeutlichen, um welchen Faktor die zukünftige Einwirkung kleiner sein muss als die jetzige. Es ist z. B. bekannt, dass es bis zu Konzentrationen von 0,15 mg/l Phosphat und 2,2 mg/l Nitrat im Wasser keine Probleme mit Eutrophierung gibt. In großen europäischen Flüssen werden diese Werte um circa das Fünffache überstiegen. Daraus folgert man, dass eine Reduzierung um den Faktor 5 erforderlich ist.

Die Tabelle 6-5 fasst die Reduktionsfaktoren und die entsprechenden Zielstellungen zusammen. Die Wahl der Ziele ist ein sehr einflussreicher Vorgang, da es eine direkte Beziehung zu den Reduktionsfaktoren gibt. Wenn eine 5%-ige Schädigung des Ökosystems mit zehn anstatt mit einem Todesfall pro Jahr gleichgestellt wird, verkleinern sich alle Reduktionsfaktoren, die auf dem Kriterium Anzahl der Todesfälle basieren, auf ein Zehntel.

Tabelle 6-3: Reduktionsfaktoren der einzelnen Umweltauswirkungen

Umwelteinwirkung	Reduktionsfaktor	Kriterium
Treibhauseffekt	2,5	0,1° Erwärmung pro Jahrzehnt
Ozonschichtabbau	100	Wahrscheinlichkeit für 1 Todesfall im Jahr pro Mio. Einwohner
Eutrophierung	5	Grenzwerte: 0,15 mg/l Phosphate, 2,2 mg/l Nitrate
Versauerung	10	Schaden unter 5 % halten
Sommersmog	2,5	Vermeiden von Sommersmogperioden
Wintersmog	5	Vermeiden von Wintersmogperioden
Pestizide	25	Schaden unter 5 % halten
Schwermetalleintrag	5	Schätzung
Krebserregende Substanzen	10	Wahrscheinlichkeit für 1 Todesfall im Jahr pro Mio. Einwohner

Für das Kriterium „Energie" wird kein Reduktionsfaktor angegeben und es kann daher keine Bewertung mit Punkten erfolgen. Grund ist, dass niemand direkt an der Erschöpfung von Rohstoffreserven stirbt und auch keine Ökosysteme direkt geschädigt werden. Hauptsächlich entstehen ökonomische und soziale Probleme, die im Rahmen der ECO-Indikator-Methode nicht bewertet werden.

Anhand des Beispiels Normalmörtel, Mörtelgruppe 1, kann man feststellen, dass die Versauerung im Zuge der Bewertung stark an Bedeutung gewonnen hat. Lag sie bei der Normalisierung noch hinter dem Treibhauseffekt, so hat sie jetzt einen größeren Eintrag aufgrund des hohen Reduktionsfaktors von 10 (vgl. Abb. 6-5).

Die Eco-Indicator-Methode wird kontinuierlich weiterentwickelt. Trotzdem ist immer noch fraglich, ob es möglich ist, realistische Gewichtungsfaktoren für diesen Schritt der Bewertung zu finden. Allerdings ist das Prinzip anerkannt und wird im SETAC, Code of Practice, als realistisch eingeschätzt.

Das Ecopoint-System

Entwickelt wurde dieses System vom schweizerischen „Bundesamt für Umwelt, Wald und Landschaft" (BUWAL). Es ist eins der ersten Systeme zur Wirkungsabschätzung mit nur einem Ergebniswert und basiert wie der Eco-Indikator auf der distance-to-target-Methode. Zum vorher beschriebenen Eco-Indikator bestehen allerdings drei wesentliche Unterschiede.

Zum einen gibt es hier keine Klassifizierung, d. h. für jede Substanz werden individuelle Wirkungen abgeschätzt. Man teilt also nicht in Wirkungskategorien wie Treibhauseffekt oder Überdüngung ein. Vielmehr werden alle Auswirkungen einer Substanz oder eines Prozesses durch einem Wert zusammengefasst und abgedeckt. Des Weiteren wird ein anderes Prinzip zur Normalisierung verwendet. Das Ecopoint-System basiert auf politisch durchsetzbaren Zielgrößen, anstatt auf solchen, die für die Umwelt wünschenswert oder auch erforderlich

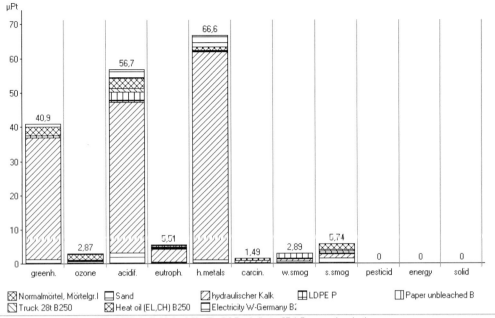

Abb. 6-5: Bewertung Normalmörtel, Mörtelgruppe I
(durchgeführt mit dem Programm SimaPro)

wären. Die Zielwerte für die Emissionen werden von politischen Gremien als politische Maßgaben festgesetzt und sind gewöhnlich ein Kompromiss zwischen politischem Denken und Abwägung der Umweltwirkungen.

Die Gewichtungsfaktoren (ecofactors) der einzelnen Substanzen werden nach folgender Formel berechnet:

$$f = \frac{1}{F_k} \cdot \frac{F}{F_k} = \frac{F}{F_k^2} \qquad (6\text{-}1)$$

wobei die Variablen nachstehende Bedeutung haben:

f ecofactor pro Gramm
F totale aktuelle Belastung [t/a]
F_k Zielwert für totale Belastung [t/a]

Dieser *ecofactor* wird dann mit der Masse (in Gramm) der anfallenden Emission multipliziert und ergibt die Anzahl der Ecopoints. Eine hohe Punktzahl steht also für eine hohe Umweltbelastung. Man braucht für die Beurteilung eines Produktes drei wesentliche Informationen:

- Daten über Art und Größe der Emissionen
- totale aktuelle Belastung einer bestimmten Region mit der jeweiligen Emission
- noch akzeptierbare, maximale (politisch festgelegte) Belastung dieser Region mit der jeweiligen Emission

Die EPS-Methode

Eine vollkommen andere Methode zur Wirkungsabschätzung wurde in Schweden entwickelt. Diese Methode nennt sich Environmental Priority System (EPS) und wird z. B. von der Firma Volvo zur Produktoptimierung eingesetzt. Die Einschätzung einer Umwelteinwirkung gliedert sich hier in drei Schritte.

Zunächst erfolgt die Zuteilung zu Wirkungskategorien (Treibhauseffekt, Smog etc.), was dem Schritt der Klassifizierung bei den anderen Methoden entspricht. Im Anschluss folgt die Berechnung des Schadens, den diese Effekte auf fünf so genannte *safeguard subjects* oder auch *things we care about* haben. Hier handelt es sich um die fünf Aspekte:

- Verlust von Ressourcen (Rohmaterialien)
- Gesundheit des Menschen
- Produktionsausfälle (insbesondere in der Landwirtschaft)
- Vielfältigkeit an Lebensformen (biodiversity)
- Ästhetik, Schönheit der Natur

Der letzte Schritt ist die Berechnung des Wertes, den man diesen *safeguard subjects* beimisst. Hier wird als Grundlage die „Bereitschaft zu zahlen" (*willingness to pay*) verwendet. Diese basiert auf Untersuchungen bezüglich der Geldbeträge, die eine Gesellschaft im Normalfall für die Vermeidung von Schädigungen oder Instandhaltung ihrer *safeguard subjects* aufwendet. Beispielsweise kann die Bereitschaft für die Gesundheit zu zahlen aus Statistiken zur Gesundheitsvorsorge ermittelt werden.

Diese Methode ist theoretisch sehr elegant, allerdings steht ihre Anwendbarkeit stark in der Diskussion, weil es sehr schwierig ist, verlässliche Gewichtungsfaktoren festzulegen.

6.2.4   Zusammenfassung

Durch Normungsarbeiten, die letztendlich in die Normenreihe ISO 14 040 ff. [38] mündeten, steht mit der Ökobilanz eine international anerkannte Methode zur Verfügung, deren Anwendung zur Versachlichung der oftmals emotional geführten Diskussionen über Nachhaltigkeit beitragen kann. Bei der Interpretation von Ökobilanzergebnissen bzw. bei der Anwendung von Ökobilanzen ist neben hinreichenden methodischen Kenntnissen auch die Kenntnis über die Grenzen der Anwendung erforderlich. Diese ergeben sich insbesondere, wenn zusätzlich zu den ökologischen Aspekten technische, soziale und ökonomische Aspekte berücksichtigt werden sollen.

Die Methode der Ökobilanzierung wurde hauptsächlich für relativ kurzlebige industrielle Einzelprodukte entwickelt. Aufgrund der gegenüber anderen industriellen Produkten sehr langen Lebensdauer von Bauwerken sowie der großen Anzahl an zu verbauenden Materialien, ist es erforderlich, die Ökobilanz an die Besonderheiten des Bauwesens anzupassen. Dennoch bietet die Ökobilanz nach einer weiteren Vereinheitlichung und Vervollständigung der Datenbasis zur Produktion von Baumaterialien und Bauprozessen [110], weiterhin die beste Grundlage für die Abdeckung der Dimension „Ökologie" bei einer ganzheitlichen Nachhaltigkeitsanalyse von Bauwerken.

6.3 Energiebedarf in der Nutzungsphase

6.3.1 Grundlagen

Der während der Nutzungsphase eines Gebäudes für dessen ordnungsgemäßen Betrieb erforderliche Energieverbrauch übersteigt derzeit die für Herstellung und Entsorgung der Baukonstruktionen notwendige Energie um ein Vielfaches. In Zukunft wird durch den Einsatz energieoptimierter Gebäudekonstruktionen in der Folge gesetzlich vorgeschriebener Energieeinsparungsmaßnahmen der relative Anteil der Nutzungsphase am Gesamtenergieverbrauch (vgl. auch Abb. 3-5) deutlich zurückgehen. Dennoch kommt der Beurteilung des Energiebedarfs im Rahmen einer Nachhaltigkeitsanalyse sowohl in ökologischer als auch in ökonomischer Hinsicht entscheidende Bedeutung zu. Hinsichtlich der verwendeten Begrifflichkeiten ist zu beachten, dass der Begriff „Verbrauch" die in realen Gebäuden erfasste Energiemenge beschreibt, während mit „Bedarf" rechnerisch ermittelte Größen für Energiemengen bezeichnet werden.

Auf der Basis des jeweiligen Energiebedarfs ist es möglich die entstehenden Umweltwirkungen multikriteriell zu beurteilen, indem man die erforderliche Energiemenge mit der zu dem jeweiligen Energieträger gehörenden Umweltbelastung (siehe Tabelle 6-4) vervielfacht. Auf die aus dem Energieverbrauch entstehenden Lebenszykluskosten, die sich ebenfalls direkt aus einer vom Energieträger abhängigen normierten Energiemenge ableiten lassen, wird an dieser Stelle nicht eingegangen, da sich Abschnitt 6.6 dieser Problematik widmet.

Grundsätzlich sind in der Nutzungsphase folgende energieverbrauchenden Prozesse zu unterscheiden:

- Erzeugung von Raumwärme
- Kühlung von Gebäuden
- mechanische Lüftung
- Herstellung von Warmwasser
- Beleuchtung
- Betrieb elektrischer Geräte

Abbildung 6-6 zeigt die Anteile der einzelnen Verbrauchsprozesse am Endenergieverbrauch im Bereich privater Haushalte. Man erkennt, dass mehr als 85 % der erforderlichen Energie für Raumwärme und Warmwasserbereitung benötigt werden. Nachfolgend wird die Ermittlung der Energiemengen für die jeweiligen Verbrauchsprozesse im Detail beschrieben, da deren Ermittlung Grundlage für die Nachhaltigkeitsbewertung ist.

Tabelle 6-4: Schadstoffemissionen verschiedener Energieträger zur Wärmeerzeugung

[g/kWh]	CO_2-Äqu.	SO_2	NO_x	Staub	CO
Heizöl	356	0,47	0,30	0,02	0,25
Erdgas	280	0,02	0,22	0,01	0,23
Fernwärme Kohle	175	0,14	0,01	0,01	0,04
Strom-Mix	938	0,66	0,55	0,04	0,25
Strom-Max	1041	0,71	0,59	0,04	0,26

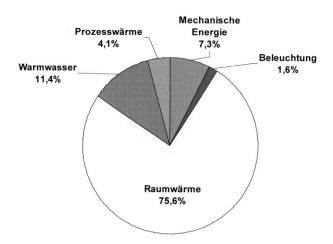

Abb. 6-6: Anteile einzelner Verbrauchsprozesse am Endenergiebedarf
in Haushalten im Jahr 2000 [71]

6.3.2   Berechnung des Jahres-Heizenergiebedarfs

Eine zuverlässige Abschätzung des erforderlichen Heizenergiebedarfs von Gebäuden mit normaler Wohnnutzung ist mit Hilfe des in DIN EN 832 bzw. in DIN V 4108-6 beschriebenen
Verfahrens möglich. Das Verfahren, welches auch im Rahmen der Energieeinsparverordnung
[46] (siehe Abschn. 2.3.3) zur Anwendung kommt, ist grundsätzlich anwendbar bei Gebäuden, die auf eine bestimmte Innenraumtemperatur beheizt werden müssen [159]. Die Berechnung beruht auf einer Energiebilanz unter Berücksichtigung interner und solarer Wärmegewinne. Folgende Einflussgrößen sind dabei von besonderer Bedeutung:

• Transmissions- und Lüftungswärmeverluste
• interne und solare Wärmegewinne
• Wärmegewinne aus Be- und Entlüftungsanlagen
• technische Verluste des Heizsystems

Der Heizwärmebedarf beschreibt definitionsgemäß den rechnerisch ermittelten Wärmeein-
trag über das Heizungssystem, welcher zur Aufrechterhaltung einer bestimmten Innenraumtemperatur benötigt wird. Der Heizenergiebedarf ist diejenige Energiemenge, die benötigt
wird um den Heizwärmebedarf abzudecken, d. h. die Energieverluste aus der Anlagentechnik
sind zum tatsächlichen Heizwärmebedarf zu addieren. Nach DIN EN 832 beinhaltet der Heizenergiebedarf auch die für die Warmwasserbereitung (siehe Abschn. 6.3.4) erforderliche
Energiemenge.

Für die Bilanzierung sind zunächst die Systemgrenzen sowie der Bilanzierungszeitraum zu
definieren. DIN EN 832 sieht zum einen eine Ermittlung des Heizwärmebedarfs in Monats-
schritten und anschließende Addition vor. Es können aber auch andere Zeiträume für eine
bestimmte Heizperiode zugrunde gelegt werden. Die Systemgrenze ist so zu wählen, dass
stets das gesamte Gebäude abgebildet wird.

Der Heizwärmebedarf $Q_{h,t}$ innerhalb des gewählten Bilanzierungszeitraums t (Heizperioden-
verfahren bzw. Monatsbilanzverfahren) berechnet sich nach folgender Beziehung:

$$Q_{h,t} = H_{T,t} + H_{V,t} - \eta_t \cdot (Q_{S,t} + Q_{i,t}) \tag{6-2}$$

mit:

H_T Transmissionswärmeverluste
H_V Lüftungswärmeverluste
Q_S Solare Wärmegewinne
Q_i Interne Wärmegewinne
η_t Ausnutzungsgrad für Wärmegewinne

Für die einzelnen Komponenten in Gl. 6-2 sind in DIN EN 832 umfangreiche, z. T. sehr ins Detail gehende Beziehungen angegeben. Die Transmissionswärmeverluste entstehen infolge des Wärmedurchgangs durch die Gebäudehülle, während die Lüftungswärmeverluste von der Luftdichtigkeit des Gebäudes und dem Nutzerverhalten (Fensteröffnungsverhalten) abhängen. Die solaren Gewinne werden durch Fenstergröße und -ausrichtung sowie die Strahlungsintensität im Bilanzierungszeitraum und den wirksamen Energiedurchlassgrad beeinflusst. Die internen Wärmegewinne hängen von der Nutzungsart (Wohnnutzung/Büronutzung) ab. Die Auswirkungen der wesentlichen Einflussparameter können bereits erkannt werden, wenn man die vereinfachenden Ansätze des Heizperiodenverfahrens nach DIN V 4108-6 verwendet. Damit ergibt sich:

$$Q_{h,t} = 0{,}024 \cdot G_t \cdot \left[\sum (F_{xi} \cdot U_i + \Delta U_{WB}) \cdot A_i + 0{,}34 \cdot n \cdot V \right]$$
$$- \eta_T \cdot \left[0{,}57 \cdot \sum (I_{Si,t} \cdot A_{Fi} \cdot g_i) + 0{,}024 \cdot A_N \cdot q_i \cdot t \right] \tag{6-3}$$

mit:

G_t Heizgradtagzahl (2900 nach DIN V 4108-6)
F_{xi} Reduktionsfaktor für nicht an die Außenluft angrenzende Bauteile
U_i Wärmedurchgangskoeffizient in (W/m^{2}K)
ΔU_{WB} Wärmebrückenzuschlag in (W/m^{2}K)
A_i Einzelbauteilfläche in m^2
n Luftwechselrate in Abhängigkeit Luftdichtigkeit in (1/h)
V beheiztes Luftvolumen in m^3
$I_{Si,t}$ Strahlungsangebot nach Fensterrichtung und Bilanzzeitraum in kWh/m^2
A_{Fi} Fensterfläche in Richtung i in m^2
g_i wirksamer Gesamtenergiedurchlass der Fenster in Richtung i
A_N Nutzfläche in m^2
q_i interne flächenbezogene Wärmegewinne in W/m^2
t betrachteter Zeitraum in Tagen

Für Gebäude mit normaler Wohnnutzung ohne mechanische Lüftung kann eine Luftwechselrate von $n = 0{,}7$ und ein Verhältnis Luftvolumen/Gebäudevolumen $V/V_E = 0{,}8$ angesetzt werden. Der von der Bauart (Leichtbauweise oder massive Bauweise) abhängige Ausnutzungsgrad darf vereinfachend zu 0,95 angenommen werden. Für die Nutzfläche gilt $A_N = 0{,}32 \cdot V_E$ und die internen Wärmegewinne ergeben sich zu durchschnittlich $q_i = 5$ W/m^2. Die anzusetzende Heizperiode im vereinfachten Verfahren beträgt 185 Tage. Setzt man gleichzeitig $\Delta U_{WB} = 0{,}05$, so kann Gl. 6-3 für den jährlichen Heizwärmebedarf weiter vereinfacht werden zu:

$$Q_h = 66 \cdot \left[\sum (F_{xi} \cdot U_i + 0{,}05) \cdot A_i \right] + 6{,}1 \cdot V_e - \left[0{,}536 \cdot \sum (I_{Si,t} \cdot A_{Fi} \cdot g_i) \right] \tag{6-4}$$

Man erkennt, dass neben dem Wärmedurchlasskoeffizient U der Außenbauteile im Wesentlichen das Gebäudevolumen V_E, die Gebäudehüllfläche A sowie die Fensterflächen A_F und die Fensterrichtung den jährlichen Heizwärmebedarf bestimmen. Die Baukonstruktion hat also maßgeblichen Einfluss auf den erforderlichen Heizenergiebedarf.

Für eine endgültige Nachhaltigkeitsbeurteilung eines Gebäudes ist jedoch nicht der Heizwärmebedarf, sondern der Primärenergiebedarf zu Grunde zu legen. Dieser ergibt sich aus dem jährlichen Heizwärmebedarf multipliziert mit der Gesamtanlagen-Aufwandszahl e_p, welche sowohl die anlagenspezifischen Verluste als auch die Energieverluste aus vorgelagerten Prozessketten erfasst. Darüber hinaus müssen bei der Berechnung der erforderlichen Primärenergie zur Erzeugung der Raumwärme gegebenenfalls auch die elektrische Hilfsenergie Q_{HE} für Pumpen etc. berücksichtigt werden.

$$Q_p = Q_h \cdot e_p + Q_{HE} \qquad (6\text{-}5)$$

Die Aufwandszahl e_p hängt vom Heizungssystem, dem erforderlichen Heizwärmebedarf, der Nutzfläche sowie dem für die Erzeugung der Heizenergie verwendeten Energieträger ab und kann nach verschiedenen Verfahren (DIN 4701-10) ermittelt werden. Die Gesamtanlagen-Aufwandszahl bei modernen Brennwertkesseln beträgt 1,25 bis 1,6.

In Tabelle 6-5 sind die Primärenergie-Umwandlungszahlen für die verschiedenen Energieträger dargestellt. Daraus wird deutlich, dass der Einsatz von Strom zur Gebäudeerwärmung in energetischer Hinsicht ungünstig ist, während regenerative Energien und Kraft-Wärme-Kopplung (KWK) in die Bilanzierung positiv eingehen ($f_p < 1$).

Tabelle 6-5: Primärenergie-Umwandlungszahlen nach DIN V 4701-10

Energieträger		Primärenergie-Umwandlungszahl
Brennstoffe	Heizöl	1,1
	Erdgas	1,1
	Flüssiggas	1,1
	Steinkohle	1,1
	Braunkohle	1,2
Fernwärme aus KWK	fossiler Brennstoff	0,7
	erneuerbarer Brennstoff	0,0
Fernwärme aus Heizwerk	fossiler Brennstoff	1,3
	erneuerbarer Brennstoff	0,1
Strom	Strom-Mix	3,0
	Speicherheizsysteme	2,0

6.3.3   Energiebedarf für Lüftung und Kühlung

Im Bereich des Wohnungsbaus ist davon auszugehen, dass eine Kühlung der Gebäude-
innentemperatur nicht erforderlich ist, da die gesetzlichen Vorschriften zum sommerlichen
Wärmeschutz nach der Energieeinsparungsverordnung (siehe Abschn. 2.3.3) eine übermäßi-
ge Aufheizung verhindern sollen. Eine mechanische Be- und Entlüftung kann bei Niedrig-
Energiehäusern (siehe Abschn. 3.3) erforderlich sein, wobei der zugehörige Energiebedarf im
Rahmen der Berechnung des jährlichen Heizwärmebedarfs (siehe Abschn. 6.3.2) erfasst wird.
Bei Gebäuden mit Büronutzung oder gewerblicher Nutzung ist oftmals eine Kühlung der
Innenluft in Verbindung mit einer mechanischen Be- und Entlüftung notwendig. Die erforderliche Kühlleistung hängt dabei von der über die Fassade eingestrahlten Solarenergie, der
Gebäudenutzung (interne Wärmestrahlung) sowie dem gewünschten Komfort (Innenraumtemperatur) ab. Mit Hilfe computergestützter Simulationsmodelle ist eine Ermittlung des erforderlichen Energieaufwandes möglich, sodass sich hieraus analog zu Abschnitt 6.3.2 der
zugehörige Primärenergiebedarf bestimmen lässt und einer Nachhaltigkeitsbewertung zugeführt werden kann.

6.3.4   Energiebedarf für Warmwasserbereitung

Der für die Warmwasserbereitung erforderliche Energiebedarf ist naturgemäß stark nutzerab-
hängig. Der durchschnittliche Warmwasserbedarf im Haushalt beträgt 30 Liter pro Person
und Tag (45 °C) bzw. 20 Liter pro Person und Tag (60 °C). Dies entspricht einer spezifischen
Nutzwärme von 400 kWh pro Person und Jahr. Nach DIN EN 832 und der Energieeinsparverordnung [46] ist der Heizwärmebedarf zur Erzeugung von Warmwasser bei der Ermittlung
des Heizenergiebedarfs zu erfassen. Dabei kann vereinfachend für den Bezugszeitraum von
einem Jahr von 12,5 kWh je m^2 Nutzfläche ausgegangen werden.

6.3.5   Elektrischer Energiebedarf

Während in der Vergangenheit die für die Beleuchtung erforderliche Elektrizität dominierend
war, haben sich durch den verstärkten Einsatz von Computern, Druckern etc. insbesondere im
Bereich bürogenutzter Gebäude erhebliche Verschiebungen in den Verbrauchsanteilen ergeben. In Abbildung 6-7 ist die Aufteilung des Stromverbrauchs in deutschen Haushalten im

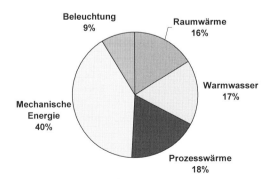

Abb. 6-7: Anteile des Stromverbrauchs in Haushalten im Jahr 2000 [71]

Jahr 2000 dargestellt. Wie bereits dargestellt, ist der für die Erzeugung von Raumwärme und Warmwasserbereitung erforderliche Energiebedarf im Zuge der Ermittlung des Heizenergiebedarfs zu berücksichtigen. Der für das Betreiben von Geräten notwendige Strombedarf sowie die Prozesswärme ist von der Baukonstruktion im Wesentlichen unabhängig und kann daher bei der Nachhaltigkeitsanalyse außer Betrachtung bleiben. Somit ist an dieser Stelle nur der für die Beleuchtung erforderliche Energiebedarf zu bestimmen.

Der Strombedarf für Beleuchtung hängt von der erforderlichen Beleuchtungsstärke ab und kann mit einem im Leitfaden „Elektrische Energie im Hochbau" [78] beschriebenen Verfahren ermittelt werden. Die Berechnungsmethode basiert auf flächenspezifischen Werten für den Strombedarf, welche über die installierte Lampenleistung und die Volllaststunden berechnet werden können. Vereinfachend ist für standardisierte Randbedingungen eine Berechnung des notwendigen Energiebedarfs mit Hilfe von Tabelle 6-6 möglich.

Tabelle 6-6: Ziel- und Grenzwerte des flächenspezifischen Strombedarfs der Beleuchtung entsprechend [78]

Nutzungsart	Nutzungszeit [h/a]	Nennbeleuchtungsstärke [Lux]	Tageslichtnutzung[1]	Nutzungsfrequenz	Grenzwert g_B [kWh/m²a]	Zielwert z_B [kWh/m²a]
Büro		300	überwiegend		10	3,5
		500	zum Teil		22	12
	2750	500	ohne	dauernd	40	25
Großraumbüro		750	ohne		55	35

[1] Überwiegend mit Tageslicht: Raumtiefe < 5 m und Verhältnis Fenster- zu Bodenfläche > 30 %
   Zum Teil mit Tageslicht: Raumtiefe > 5 m und Verhältnis Fenster- zu Bodenfläche < 30 %

6.4   Bewertung von Rückbauprozessen

6.4.1   Zielsystem der Bewertung

Um Optimierungspotentiale nachhaltig entworfener Baukonstruktionen über den Lebenszyklus untersuchen zu können, müssen auch die maßgeblichen Rückbau- und Entsorgungsprozesse abgebildet werden. Die Betrachtung von Rückbau- und Entsorgungsprozessen beschränkt sich nicht auf das Lebensende eines Gebäudes, sondern bezieht alle durch Instandsetzungsmaßnahmen erforderlichen, gleichartigen Prozesse in der Gebrauchsphase eines Gebäudes mit ein. Hierzu zählen unter anderem Reparaturmaßnahmen, Ergänzungsmaßnahmen sowie Ersatzmaßnahmen.

Eine Erfassung dieser Prozesse mit Hilfe der Ökobilanzierung ist derzeit nicht möglich, da entsprechende Datengrundlagen in ausreichendem Umfang fehlen und eine Erfassung aller erforderlichen Eingangsgrößen extrem aufwendig ist. Aus diesem Grund wurden zur Modellierung der Lebensphasen „Rückbau" und „Entsorgung" ergänzende Bewertungsverfahren entwickelt [76], die im Rahmen einer Nachhaltigkeitsanalyse zum Einsatz kommen können. Ziel der Verfahren ist die Einordnung nicht quantitativ exakt zu ermittelnder Daten und Tendenzen mit Hilfe einer nachvollziehbaren und reproduzierbaren Methode. Somit ist es möglich, die Instandhaltung, die Erneuerung sowie den eventuellen Umbau nicht nur subjektiv mit verbalen Aussagen zu Reparaturfreundlichkeit, Instandhaltungsfreundlichkeit oder Flexibilität zu beschreiben, sondern nachvollziehbar und vergleichbar für komplette Gebäude zu erfassen.

Mit Hilfe der in den folgenden Abschnitten beschriebenen Methodik können die Prozessstufen *Rückbau* und *Entsorgung* mit ihren gegenseitigen Abhängigkeiten unter Berücksichtigung der Verbindungen zwischen Materialschichten und Bauteilen (siehe Abschn. 5.6.4) betrachtet werden. Grundsätzlich wird davon ausgegangen, dass beim Einsatz lösbarer Verbindungen Bauteilschichten bzw. Einzelbauteile mit möglichst hoher Demontagetiefe ausgebaut werden. Unlösbare Verbindungen zwischen unterschiedlichen Materialschichten werden im Rückbauvorgang nicht getrennt. Sind einzelne Bauteile „unlösbar" miteinander verbunden (z. B. Ortbetondecke und Ortbetonwand) wird davon ausgegangen, dass ein konventioneller Abbruch der Tragstruktur durchgeführt wird und ein eventueller Trennprozess im Rahmen der Entsorgung stattfindet.

Wie bereits erwähnt, ist eine detaillierte und auf quantitativen Daten abgesicherte Analyse verschiedener Rückbauverfahren sowie der resultierenden Umweltbelastungen und Kosten derzeit nicht möglich (fehlende Datengrundlage). Daher wird ein Bewertungsverfahren für die in der Lebensphase „Rückbau" auftretenden Prozesse vorgeschlagen, welches auf der in Abschnitt 6.1.3 beschriebenen Nutzwertanalyse aufbaut. Ausgangspunkt ist ein Zielsystem für einen „optimalen" Abbruchvorgang, aus dem sich alle maßgebliche Kriterien der Analyse ergeben (vgl. Tabelle 6-7).

Das entwickelte Bewertungsverfahren berücksichtigt neben der ökologischen Dimension der Nachhaltigkeit auch Aspekte der Wirtschaftlichkeit der verschiedenen Rückbauverfahren und erfasst lokale Randbedingungen. Die Qualität der anfallenden Baurestmasse wird im Rahmen der Entsorgungsprozessbewertung (siehe Abschn. 6.5) betrachtet und taucht aus diesem Grund bei der Beschreibung des Zielsystems für einen „optimalen Rückbauvorgang" nicht auf.

Daten, mit deren Hilfe die einzelner Kriterien bewertet werden, können verschiedenen Untersuchungen entnommen werden [z. B. 121, 138]. Ihre Aussagekraft ist immer vor dem Hintergrund der Qualität der entsprechenden Datengrundlage einzuordnen. Zur detaillierten Erfassung der Rückbauphase sind Annahmen gegebenenfalls zu verifizieren bzw. zusätzliche Untersuchungen in weiterführenden Arbeiten erforderlich.

Einzelheiten des Bewertungsverfahrens können Anhang 4 entnommen werden. Schwerpunkt der Betrachtung an dieser Stelle ist die Diskussion der Methodik und der maßgeblichen Kriterien für eine Erfassung der Rückbau- bzw. Abbruchphase.

6.4.2 Methodik der Bewertung

Die Nutzenschätzung im Bewertungsverfahren erfolgt mit Hilfe von Kardinal-[10] bzw. Ordinalskalen[11] mit dem Zweck der (relativen) Reihung von Alternativen. Für Bereiche, in

---

[10] Kardinalskala: Skala mit verschiedenen Wertebereichen, die im gleichen Abstand voneinander liegen.
[11] Ordinalskala: Auf einer Ordinalskala kann die Reihenfolge verschiedener Projektalternativen abgebildet werden. Die Abstände zwischen den einzelnen Bewertungsmesspunkten (z. B. 1, 2 bis 5) sind in diesem Fall nicht zwangsweise gleich.

Tabelle 6-7: Zielsystem der Bewertung von Rückbauprozessen

Oberziel	1. Zielebene	2. Zielebene	3. Zielebene	Bewertungs-art
Förderung eines optimalen Rückbau-prozesses (Instand-haltung und Rück-bau am Ende der Lebens-zeit)	Anstreben ökologisch verträg-licher Prozesse	Minimierung von Emissionen (Wirkkategorien der Ökobilanzie-rung)	Minimale Emission von gesundheitsgefährdenden Stoffen	Ordinal
			Minimale CFC-(Äquivalenten)-Emission (Ozonschichtabbau)	Kardinal
			Minimale SO$_x$-(Äquivalenten)-Emission (Versauerung)	Kardinal
			Minimale CO$_2$-(Äquivalenten)-Emission (Treibhauseffekt)	Kardinal
		Minimale Lärmemission		Ordinal
		Minimale Staubemission		Ordinal
		Minimale Belästigung durch Erschütterungen		Ordinal
		Minimaler Energieeinsatz		Kardinal
		minimale Kontamination von Oberflächen		Ordinal
	Anstreben wirtschaft-lich um-setzbarer Prozesse	Minimierung von Kosten für Rück-bauprozesse wäh-rend der Instand-haltung und am Ende der Lebens-dauer eines Gebäudes	Minimierung des erforderlichen Energieeinsatzes	Kardinal
			Minimierung von Planungskosten	Kardinal
			Minimierung des Einsatzes schwerer Baumaschinen	Kardinal
			Minimierung des erforderlichen Arbeitskräfteeinsatzes	Kardinal
			Minimierung des erforderlichen Zeitrahmens	Kardinal
	Realisier-barkeit des Rückbau-verfahrens	Ist das betrachtete Rückbauverfahren möglichst unab-hängig von äuße-ren Randbedin-gungen	Betrachtung lokaler Aspekte (Platzverhältnisse am Abbruch-ort)	Ordinal

denen quantitativ Größenordnungen einer Bewertung festgelegt werden können, wird eine kardinale Nutzenschätzung durchgeführt. Die Aggregation verschiedener Bewertungsergebnisse im Vergleich kann dann mit den üblichen Rechenoperationen durchgeführt werden (Addition, Multiplikation etc.). Liegen keine quantitativ erfassbaren Daten für eine Bewertung vor, wird eine ordinale Skala zu Grunde gelegt (Klassifizierung). Eine ordinale Schätzung ist meist sachgerechter, weil die genaue Distanz zwischen zwei Werten, die die Kardinalskala verlangt, nicht immer angegeben werden kann. Die Aggregation der Teilnutzen kann in diesem Fall jedoch nur noch durch logische Verknüpfung geleistet werden.

Die in Tabelle 6-7 grau hinterlegten Einzelkriterien werden im Zuge des Bewertungsvorgangs erfasst. Dabei kommt grundsätzlich eine 5-stufige Bewertungsskala zur Anwendung. Die Bewertung basiert auf Standardbeschreibungen sowie der Vergabe von Punktzahlen von „0" bis „5". Die Punktzahl „1" beschreibt hierbei ein optimales Bewertungsergebnis und die Punktzahl „5" die „schlechteste" Bewertung. Die Punktzahl „0" wird zusätzlich vergeben, wenn die betrachteten Auswirkungen sicher **nicht** auftreten.

Die Bewertungsklassen werden zunächst verbal beschrieben (z. B. „Sehr gering", „Gering", „Mittel", „Groß" und „Sehr groß"). Erfolgt eine kardinale Einstufung, d. h. die unterschiedlichen Skalenbereiche werden mit gleichen Abständen eingestuft, kann die Einordnung flächen- oder volumenbezogen erfolgen (z. B. für „1 m^2 Teppichboden" oder für „1 m^3 Stahlbeton"). Die Vergabe von Punktzahlen anhand einer Kardinalskala erfolgt pro Einheit eines betrachteten Prozesses (z. B. Punktzahl 3 für den Rückbau von 1 m^3 Stahlbetonfertigteilträger). Der Vorgehensweise liegt die Annahme zu Grunde, dass für diese Kriterien Prozessauswirkungen in einem linearen Zusammenhang zur Menge an Einheiten der rückzubauenden Baurestmasse stehen. So steigen z. B. die CO_2-Emissionen oder der Energieverbrauch, die durch den Rückbau von 1 m^3 Stahlbeton entstehen auf das Doppelte, wenn das zweifache Volumen rückgebaut wird. Die auftretende Schadstoffemission je Einheit lässt sich z. B. mit Hilfe der Ökobilanzierung aus dem für den jeweiligen Rückbauprozess erforderlichen Energieverbrauch (Strom, Diesel etc.) abschätzen. Damit ist mit Hilfe der in Tabelle 6-8 dargestellten Bewertungsskala für das Kriterium Versauerung-SO_x-Emission eine quantitative Einordnung (Punktvergabe/je Einheit) möglich.

Kriterien, die nicht quantitativ beschrieben werden können, werden ordinal eingeordnet. Eine einfache Zusammenfassung mehrerer Rückbauprozesse durch Addition ist in diesem Fall nicht

Tabelle 6-8: Bewertungsskala „SO_x-(Äquivalenten)-Emission (Versauerung)"

Verbale Beschreibung: (SO_x-Äqu.-Emission)	Bewertungsskala/ Volumeneinheit	Punktzahl je m^3 Volumen	Bewertungsskala/ Flächeneinheit	Punktzahl je m^2 Fläche
keine	0 kg/m^3	0	0 kg/m^3	0
minimale/keine	$0 < x \leq 0,5$ kg/m^3	1	0 bis 0,0083 kg/m^3	1/30
geringe	$0,5 < x \leq 1,0$ kg/m^3	2	0,0083 bis 0,017 kg/m^3	2/30
mittlere	$1,0 < x \leq 1,5$ kg/m^3	3	0,017 bis 0,025 kg/m^3	3/30
große	$1,5 < x \leq 2,0$ kg/m^3	4	0,025 bis 0,033 kg/m^3	4/30
sehr große	$> 2,00$ kg/m^3	5	0,033–0,1 kg/m^3	5/30

Tabelle 6-9: Bewertungsskala „Lärmemission"

Verbale Beschreibung	Bewertungsskala	Punktzahl
minimale/keine Lärmemissionen	bis 40 dB(A)	1
geringe Lärmemissionen	bis 60 dB(A)	2
gemäßigte Lärmemissionen	bis 85 dB(A)	3
große Lärmemissionen	bis 100 dB(A)	4
sehr große Lärmemissionen	größer als 100 dB(A)	5

möglich, da die Abstände zwischen den einzelnen Bewertungsklassen nicht eindeutig festgelegt sind. Für diese Kriterien stehen Maximalbelastungen fest (z. B. Lärmbelästigung, Staub, Erschütterungen). Die Vergabe von Punktzahlen anhand einer Ordinalskala erfolgt unabhängig von einer Flächen- oder Volumenangabe. Eine als erheblich eingestufte „Lärmbelästigung" durch den Rückbau von 1 m^3 Beton wird z. B. durch das 10-fach rückzubauende Volumen nicht verzehnfacht werden. Es wird vielmehr bewertet, dass der Ausbau einer beliebigen Menge Teppichboden keine Lärmbelästigung hervorruft oder der Abriss einer Stahlbetonkonstruktion eine erhebliche Staubentwicklung zur Folge hat. Tabelle 6-9 zeigt beispielsweise die gewählte ordinale Bewertungsskala für Staubemissionen. Weitere kardinale und ordinale Bewertungsskalen für die übrigen Bewertungskriterien können Anhang 4 entnommen werden.

6.4.3 Bewertungsvorgang

Ausgangspunkt der Bewertung von Rückbau- und Abbruchprozessen ist die Materialstromberechnung (Fläche oder Volumen) der anfallenden Baurestmassen (sortenrein oder Verbundmaterial) unter Berücksichtigung der zu lösenden Einzel- oder Flächenverbindungen. Dabei ist es sinnvoll die verschiedenen Rückbauprozesse schichtweise auszuwerten und anschließend zu aggregieren. Das Trennen von Verbundmaterialen (unlösbare Verbindungen) wird dem Entsorgungsprozess zugeordnet und dort nach Nachhaltigkeitsgesichtspunkten beurteilt (siehe Abschn. 6.5).

Für die eigentliche Beurteilung sind die in Abbildung 6-8 dargestellten Bewertungsschritte erforderlich. Vor der konkreten Bewertung müssen jedoch für jeden Rückbauprozess die den einzelnen Kriterien nach Tabelle 6-7 zugehörigen Bewertungspotentiale festgelegt werden.

1. Bewertungsschritt

Kennt man die zu einem Rückbauprozess gehörenden Emissionen, so können mit den einzelnen Bewertungsmaßstäben die entsprechenden Punkte je Kriterium vergeben werden. Beispiele für eine derartige Einstufung von Rückbauprozessen enthält Anhang 5. In Tabelle 6-10 ist die Auswertung für verschiedene Rückbauprozesse beispielhaft zusammengefasst.

Die weiteren Schritte der Bewertung unterscheiden sich dahingehend, ob die Einstufung anhand von Kardinalskalen oder Ordinalskalen erfolgen muss:

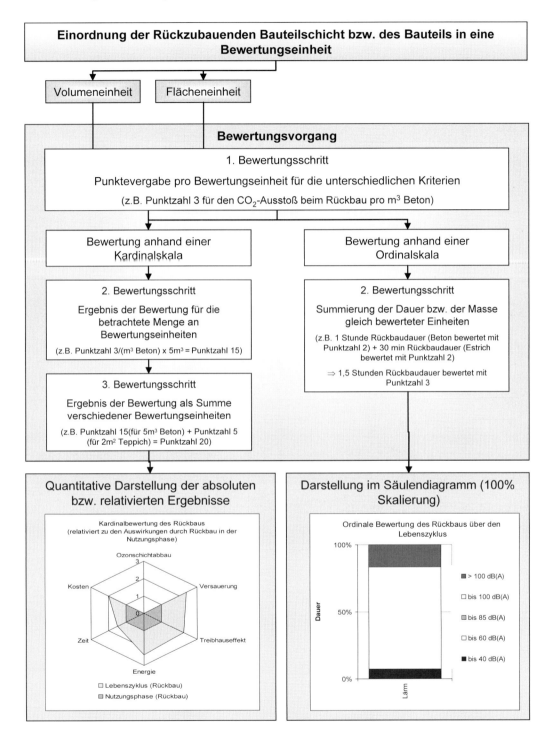

Abb. 6-8: Einzelschritte des Bewertungsverfahrens für den Rückbau

Tabelle 6-10: Bewertung verschiedener Rückbauprozesse

Rückbau Nr. (S): Selektiv (K): Konventionelle	Bewertungseinheit	Referenzszenario	Kriterien der Bewertung							
			Emission gesundh. gef. Stoffe	CFC-Äquivalente	SO$_x$-Äquivalente	CO$_2$-Äquivalente	Lärm	Staub	Erschütterungen	Energie
1(S)*	m^2	Abziehen von nicht verklebtem Teppich	1		0	0	1	1	1	0
2(S)*	m^2	Abziehen von verklebtem Teppich	2	–	0	0	2	1	1	0
3(S)*	m^2	Ausbau von Fliesen	1	–	1/30	1/30	2	1	1	1/30
3a(S)*	m^2	Ausbau Parkettboden	1	–	0	0	2	1	1	0
4(S)*	m^2	Abstemmen eines Estrichbelags	2	–	1/30	1/30	2	1	1	1/30
4a(S)	m^2	Ausbau Wärme-dämmschüttung	1	–	0	0	1	1	1	0
5(S)*	m^2	Lösen von punkt. Verbind. Dämmschicht	1	–	3/30	3/30	3	2	2	3/30
6(S)*	m^2	Abziehen einer Dämmschicht (vertikal)	2	–	5/30	5/30	3	2	2	5/30
7(S)*	m^2	Abnehmen von Dachziegeln	1	–	2/30	1/30	2	2	2	1/30
8(S)*	m^2	Abnehmen von Dachziegeln, teilweise Zerstörung	1	–	0	0	3	2	2	0
9(S)	m^3	Demontage von Betonfertigteilen	1	–	1	1	4	2	2	1
10(S)	m^3	Demontage von Betonfertigteilen (Schweißverbindungen)	1	–	1	1	4	2	2	1
11(S)	m^3	Therm. oder hydraul. Trennverfahren, Abtragen	2	–	3	2	5	4	4	3

Tabelle 6-10: (Fortsetzung)

Rückbau Nr. (S): Selektiv (K): Konventionelle	Bewertungseinheit	Referenzszenario	Kriterien der Bewertung							
			Emission gesundh. gef. Stoffe	CFC-Äquivalente	SO_x-Äquivalente	CO_2-Äquivalente	Lärm	Staub	Erschütterungen	Energie
12(S)	m³	Demontage von Holzbauteilen (Schraubverbindung)	1	–	1	1	4	2	2	1
13(S)	m³	Demontage von Holzbauteilen (Lösen von Vernagelungen)	1	–	1	1	4	2	2	1
14(S)	m³	Sägen, Abtragen	2	–	1	1	4	3	3	1
15(S)	m³	Demontage von Stahlbauteilen	1	–	3	3	4	1	2	3
16(S)	m³	Demontage von Stahlbauteilen (Schweißverbindungen)	1	–	4	4	4	1	2	4
17(S)	m³	Thermische Trennverf., Abtragen	2	–	4	4	5	3	4	5
1/2(K)*	m³	als Verbundmaterial vgl. 9/10/11(K)	2	–	4	4	5	4	4	4
3/4(K)*	m³	als Verbundmaterial vgl. 9/10/11(K)	2	–	4	4	5	4	4	4
5/6(K)*	m³	als Verbundmaterial vgl. 9/10/11(K)	2	–	4	4	5	4	4	4
7/8(K)*	m³	als Verbundmaterial vgl. 9/10/11(K)	2	–	4	4	5	4	4	4
9/10/11(K)*	m³	Abbruch bewehrter Beton	2	–	3	2	5	4	4	3
12/13/14(K)	m³	Eindrücken Holztagwerk	2	–	1	1	4	3	3	1
15/16/17(K)	m³	Abgreifen/Einschlagen Stahltragwerk	2	–	4	4	5	3	4	5

Bewertung anhand einer Kardinalskala

2. Bewertungsschritt

Für jedes Kriterium ergibt sich die Bewertung eines Rückbauprozesses als Produkt aus der Menge an Bewertungseinheiten (z. B. 5 m³ Stahlbetonfertigteilträger) mit der spezifischen Punktzahl (z. B. Punktzahl 3) nach der folgenden Gleichung:

$$B_{ni} = P_i \cdot E_n \tag{6-6}$$

mit:

B_{ni} Bewertung des Rückbauprozesses der Schicht n für das Kriterium i
P_i Punktzahl für Kriterium i
G_n Menge an Bewertungseinheiten der Schicht n

3. Bewertungsschritt

In einem weiteren Bewertungsschritt kann das Bewertungsergebnis für verschiedene Rückbau prozesse hinsichtlich des Kriteriums i aggregiert werden, indem die unter dem 2. Bewertungs- schritt ermittelten Produkte zu einer Gesamtbewertung der verschiedenen Bewertungseinheiten summiert werden. Das Ergebnis einer derartigen Bewertung lässt sich mit Hilfe einer Kenn- zahl darstellen (z. B. Punktzahl 20 für den Rückbau von 5 m³ Beton und 2 m² Teppichbelag).

$$B_i = \sum_{n=1}^{k} B_{ni} \tag{6-7}$$

mit:

k Anzahl der verschiedenen Rückbauprozesse

Das Ergebnis des 3. Bewertungsschrittes erlaubt den Vergleich verschiedener aggregierter Rückbauprozesse, d. h. es kann z. B. das Gesamtpotential eines demontagegerechten Kon- struktionsaufbaus gegenüber einer konventionellen Lösung aufgezeigt werden. Die Einzel- kennwerte für unterschiedliche Kriterien lassen sich entweder als Absolutwert oder bezogen auf eine bestimmte Lebenszyklusphase grafisch darstellen.

Bewertung anhand einer Ordinalskala

2. Bewertungsschritt

Für Kriterien, die anhand einer Ordinalskala bewertet wurden, kann eine Aggregation ver- schiedener Rückbauprozesse nur auf andere Weise als bei kardinal bewerteten Kriterien erfol- gen. Für jedes ordinal bewertete Kriterium werden so genannte Bezugsgrößen definiert, wel- che im Rahmen einer Aggregation summiert werden können (vgl. Tabelle 6-11). Die zu den jeweiligen Bezugsgrößen gehörenden Materialströme bzw. Dauern der einzelnen Rückbau- prozesse müssen für die Darstellung der ordinal bewerteten Kriterien zusätzlich berechnet werden.

3. Bewertungsschritt

Nach der Festlegung der Bezugsgrößen werden im 3. Bewertungsschritt die Materialströme bzw. die Dauer aller Einzelrückbauprozesse, die „identisch" (Vergabe der gleichen Punktzahl) bewertet wurden, addiert.

Tabelle 6-11: Bezugsgrößen ordinal bewerteter Kriterien

Kriterium	Bezugsgröße
Emission gesundheitsgefährdender Stoffe	Rückzubauende Baurestmasse
Lärm	Dauer
Staub	Dauer
Erschütterungen	Dauer
Dekontamination	Fläche, die dekontaminiert werden muss
Planungskosten	Rückzubauende Baurestmasse
Betrachtung lokaler Aspekte	Rückzubauende Baurestmasse

$$G_{i,j} = \sum_{n=1}^{k} G_{n,i,j} \tag{6-8}$$

mit:

$G_{i,j}$ Menge an Bezugsgrößen mit Punktzahl j für das Kriterium i
$G_{n,i,j}$ Menge an Bezugsgrößen des Rückbauprozesses n mit Punktzahl j für Kriterium i
k Anzahl von Rückbauprozessen

Das Ergebnis einer derartigen Aggregation von Bezugsgrößen für ein ordinal bewertetes Kriterium gibt letztendlich Auskunft darüber, mit welchen Materialien an *„sehr großer"*, *„großer"*, *„mittlerer"* oder *„kleiner"* Belastung während des gesamten Rückbauvorgangs aus allen Rückbauprozessen zu rechnen ist. Es stellt somit keine Kennzahl dar, sondern zeigt – z. B. bezogen auf die Gesamtmenge aller Belastungen eines Kriteriums – in Form eines Säulendiagramms die Anteile der verschiedenen Bewertungsklassen in Bezug auf ihre jeweilige Menge (siehe Abbildung 6-8).

6.4.4 Anwendung des Verfahrens zur Bewertung von Rückbauprozessen

Im Folgenden wird der Fußbodenaufbau eines Wohngebäudes, der gegen einen unbeheizten Kellerraum grenzt, in Bezug auf seine Rückbaumöglichkeiten untersucht. Bei dem Deckensystem handelt es sich um eine Stahlbetondecke (18 cm) mit einem schwimmenden Zementestrich und mit aufgeklebtem PVC-Fußbodenbelag. Die Dämmung erfolgt mit Hilfe von unter dem Estrich verlegten PUR-Hartschaumdämmplatten, die auf einer Steinwolle-Trittschalldämmplatte aufliegen. Der Aufbau ist in Abbildung 6-9 dargestellt. Es wird zum einen ein Selektiver Rückbau und zum anderen ein konventioneller Abbruch untersucht und die Ergebnisse werden anschließend miteinander verglichen.

Im Rahmen der Bewertung des dargestellten Deckensystems wird untersucht, wie sich die einzelnen verwendeten Baustoffe bei einem Rückbau voneinander trennen lassen.

Die Bewertung für den Rückbau des betrachteten Bauteils erfolgt entsprechend dem oben beschriebenen Verfahren. Die Bewertungszahlen für die verschiedenen Materialschichten werden für jedes betrachtete Kriterium addiert und als aggregiertes Ergebnis dargestellt. Betrachtet wird 1 m^2 des vorliegenden Deckensystems.

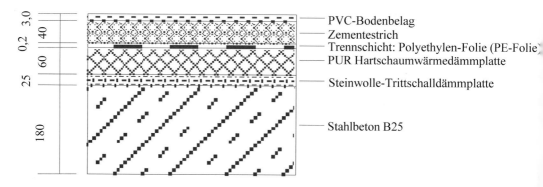

Abb. 6-9: Schichtaufbau der Stahlbetondecke mit PVC-Bodenbelag

Selektiver Rückbau

Beim Selektiven Rückbau des Deckensystems werden folgende Einzelprozesse durchgeführt:

- PVC-Bodenbelag (1 m^2)
  Der PVC-Bodenbelag wird aufgrund seiner vollflächigen Verklebung beim Ausbau von der tragenden Schicht zunächst leicht gelockert und kann dann abgezogen werden. Er fällt nicht sortenrein an, sondern ist mit anhaftendem Kleber (Kunststoff) und eventuell anhaftenden Estrichresten verschmutzt. Dieser Rückbauvorgang wird analog dem Prozess 2(S) (Ausbau von verklebtem Teppichboden, vgl. auch Tabelle 6-10) bewertet.

- Zementestrich (1 m^2)
  Der Zementestrich muss aufgestemmt, zerkleinert und abtransportiert werden. Der Zerkleinerungsvorgang wird durch seine leicht lösbare Verbindung zur darunter liegenden PE-Folie erleichtert. Durch die vollflächige Verklebung mit dem PVC-Bodenbelag wird der Estrich mit Kleberresten verschmutzt sein. Zudem werden, je nachdem wie stark der Verbund ist und wie sorgfältig der Ausbau des Estrichs erfolgt, mehr oder weniger Anteile der PE-Folie an dem Estrich anhaften. Diese kann zum größten Teil bereits auf der Baustelle beim Ausbau vom Estrich abgetrennt und gesondert entsorgt werden. Der Rückbauvorgang wird analog dem Prozess 4(S) (Abstemmen Estrichbelag) bewertet.

- Polyethylenfolie (1 m^2)
  Reste der PE-Folie, die nicht durch den Ausbau des Estrichs zerstört wurden, können leicht von der darunterliegenden Dämmschicht abgezogen werden. Die Bewertung erfolgt analog zum Prozess 1(S) (Ausbau von Teppichfliesen).

- Polyurethan (PUR) (1 m^2)
  Die PUR-Dämmplatten können bei einem sorgsamen Ausbau des Estrichs aufgrund der nur lose aufgelegten PE-Folie sortenrein gewonnen werden. Die Platten müssen nur abgenommen werden. Für horizontale Tragglieder kann auf Maschineneinsatz beim Ausbau verzichtet werden. Die Bewertung erfolgt daher analog zum Prozess 1(S) (Ausbau von Teppichfliesen).

- Steinwolle (1 m^2)
  Die Steinwolle kann sortenrein ausgebaut werden, da sie weder mit dem Beton noch mit den PUR-Dämmplatten in irgendeiner Weise verbunden ist, sondern nur lose aufliegt. Die Bewertung erfolgt daher analog zum Prozess 1(S) (Ausbau von Teppichfliesen).

- Normalbeton (0,18 m^3)
  Die Deckentragkonstruktion besteht aus einer Ortbetondecke. Da ein Selektiver Rückbau durchgeführt wird, wird der Prozess 11(S) zur Bewertung herangezogen.

Konventioneller Abbruch

Beim konventionellen Abbruch des Deckensystems werden folgende Einzelprozesse durchgeführt:

- PVC-Bodenbelag (1 m^2)
  Der PVC-Bodenbelag wird analog zur Beschreibung des Selektiven Rückbaus ausgebaut (Prozess 2(S) (Ausbau von verklebtem Teppichboden)).

- Abbruch der restlichen Schichten (0,3052 m^3)
  Die Deckentragkonstruktion besteht aus einer Ortbetondecke. Der konventionelle Abbruch wird mit Prozess 9/10/11 bewertet.

Tabelle 6-12 gibt einen Überblick über das gewählte Bewertungsszenario für den Rückbau der einzelnen Materialschichten. Die Angaben in den letzten beiden Tabellenspalten beziehen sich auf die Prozessbezeichnung in Tabelle 6-10.

Für die Kriterien „Versauerung, Treibhaus, Energieeinsatz und Dauer" wird der Basiswert jeder Materialschicht (in der Regel 1 m^2 Fläche) gemäß Gl. (6-6) mit der jeweiligen Bewertungszahl (vgl. Punktzahlen für die verschiedenen Kriterien und das entsprechende Bewertungs-

Tabelle 6-12: Bewertungsszenario des Rückbaus der einzelnen Materialschichten

Schicht Nr.	Name	Dicke [m]	Fläche [m^2]	Dichte [kg/m^3]	Masse	Bemerkung	Bewertung für Selektiven Rückbau (vgl. Tabelle 6-10)	Bewertung für konventionellen Abbruch (vgl. Tabelle 6-10)
1	PVC-Bodenbelag	0,003	1	1500	4,5	verklebt	2 (S)	2 (S)
2	Zementestrich	0,04	1	2200	88	schwimmend verlegt	4 (S)	9/19/11(K)
3	PE-Folie	0,0002	1	1000	0,2	lose auf Dämmung aufgelegt	1 (S)	9/19/11(K)
4	PUR-Hartschaumplatte	0,06	1	32	1,92		1 (S)	9/19/11(K)
5	Steinwolle-Trittschalldämmung	0,025	1	80	2,0		1 (S)	9/19/11(K)
6	Beton B25	0,18	1	2400	432		11 (S)	9/19/11(K)

szenario gemäß Tabelle 6-10) multipliziert und dann gemäß Gl. 6-7 aggregiert (vgl. Summe in der letzten Tabellenzeile). Des Weiteren wird den Kriterien „Lärm, Staub und Erschütterungen" ihre jeweilige Bewertungszahl zugeordnet.

Die Ergebnisse der Bewertung für den Selektiven Rückbau sowie den konventionellen Abbruch sind in den Tabellen 6-13 und 6-14 dargestellt.

Tabelle 6-13: Bewertung der Stahlbetondecke für einen Selektiven Rückbau

Selektiver Rückbau			Bewertungszahl × Basiswert				Bewertungszahl		
Name	Basis-wert	Ein-heit	Versauerung [SO$_x$-Äqu.]	Treibhaus-effekt [CO$_2$-Äqu.]	Energie	Dauer [h]	Lärm	Staub	Ersch.
PVC-Bodenbelag	1	m^2	0,00	0,00	0,00	0,02	2	1	1
Zementestrich	1	m^2	0,03	0,03	0,03	0,13	2	1	1
PE-Folie	1	m^2	0,00	0,00	0,00	0,05	1	1	1
PUR-Hart-schaumplatte	1	m^2	0,00	0,00	0,00	0,05	1	1	1
Steinwolle-Trittschall-dämmung	1	m^2	0,00	0,00	0,00	0,05	1	1	1
Beton B25	0,18	m^3	0,54	0,36	0,54	0,18	5	4	4
Summe			0,57	0,39	0,57	0,48			

Tabelle 6-14: Bewertung der Stahlbetondecke für einen Konventionellen Abbruch

Konventioneller Abbruch			Bewertungszahl × Basiswert				Bewertungszahl		
Name	Basis-wert	Ein-heit	Versauerung [SO$_x$-Äqu.]	Treibhaus-effekt [CO$_2$-Äqu.]	Energie	Dauer [h]	Lärm	Staub	Ersch.
PVC-Bodenbelag	1	m^2	0,00	0,00	0,00	0,02	2	1	1
Zementestrich	1	m^2	0,12	0,08	0,12	0,04	5	4	4
PE-Folie	1	m^2	0,00	0,00	0,00	0,00	5	4	4
PUR-Hart-schaumplatte	1	m^2	0,18	0,12	0,18	0,06	5	4	4
Steinwolle-Trittschall-dämmung	1	m^2	0,08	0,05	0,08	0,03	5	4	4
Beton B25	0,18	m^3	0,54	0,36	0,54	0,18	5	4	4
Summe			0,92	0,61	0,92	0,33			

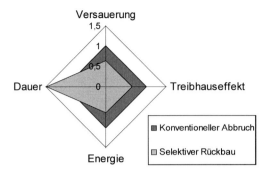

Abb. 6-10: Vergleich Selektiver Rückbau und Konventioneller Abbruch
einer Stahlbetondecke mit PVC-Bodenbelag

Die Darstellung der Ergebnisse erfolgt zunächst für die Absolutwerte der quantitativ ein-
geordneten Kriterien. Die Ergebnisse werden relativ zu den Ergebnissen für den konventionellen Abbruch dargestellt (vgl. Abb. 6-10). Es wird deutlich, dass der Selektive Rückbau
Vorteile im Hinblick auf Umweltauswirkungen wie „Versauerung, Treibhauseffekt und Energieeinsatz" hat, während die Dauer der Rückbaumaßnahme ca. doppelt so lang ist im Vergleich
zum Konventionellen Abbruch.

Die in Abbildung 6-11 dargestellten Ergebnisse erlauben eine Analyse der Belästigungen durch
Lärm, Staub und Erschütterungen bezogen auf 100 % der Dauer der Rückbaumaßnahme.
Abbildung 6-11 zeigt die Ergebnisse für den Selektiven Rückbau sowie den Konventionellen
Abbruch.

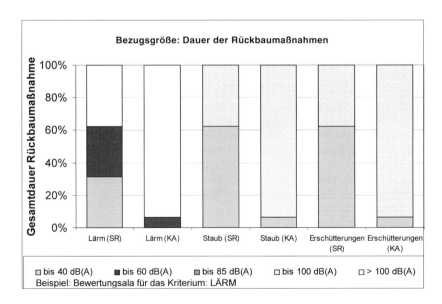

Abb. 6-11: Darstellung der Kriterien „Lärm, Staub und Erschütterungen"
für den Selektiven Rückbau (SR) und Konventionellen Abbruch (KA)

Für eine Interpretation der Ergebnisse müssen die Bewertungsskalen, wie sie in Anhang 4 für die verschiedenen Kriterien erläutert sind, herangezogen werden. Die Abbildung 6-11 kann in Bezug auf das Kriterium „Lärm" z. B. folgendermaßen interpretiert werden: Beim „Selektiven Rückbau" wird in einem Drittel der Rückbaudauer eine Lärmbelästigung bis zu 40 dB(A) (Punktzahl 1), in einem weiteren Drittel eine Belastung bis 60 dB(A) (Punktzahl 2) und im letzten Drittel über 100 dB(A) (Punktzahl 5) erreicht. Beim konventionellen Abbruch dagegen wird in ca. 95 % der gesamten Rückbaudauer eine Belastung über 100 dB(A) erreicht. In Bezug auf das Kriterium „Lärmbelästigung" schneidet der Selektive Rückbau erwartungsgemäß besser ab als der konventionelle Abbruch.

6.5   Bewertung von Entsorgungsprozessen

6.5.1   Grundsätzliches zum Bewertungsverfahren

Die unterschiedlichen Möglichkeiten der Entsorgung von Baurestmassen beeinflussen die Nachhaltigkeit von Baukonstruktionen signifikant. Positive Aspekte der Kreislaufführung von Baurestmassen sind Deponieraumeinsparung, Ressourcenschonung und Energieeinsparung durch Substitution von Prozessen zur Materialneuherstellung. Demgegenüber stehen Aufwendungen für Sortieren, Aufbereitung, Aufarbeitung und Lagerung der durch Recycling oder Wiederverwendung gewonnenen Sekundärstoffe oder Produkte. Für eine Bewertung der Baurestmassenbehandlung ergibt sich demnach das ökonomische und auch ökologische Gesamtergebnis aus den Einsparpotentialen durch Ersatz von „Neuprodukten" mit Sekundärprodukten abzüglich der notwendigen Aufwendungen für Rückbau und Aufbereitung. Diese Prozesse müssen bei einer Bewertung erfasst und eingeordnet werden.

Baurestmassen können in der Regel eine völlig unterschiedliche Recyclingeignung aufweisen, was zum großen Teil auf die heterogene Zusammensetzung von Bauschutt und Abbruchmaterial sowie auf Unklarheiten bezüglich der Schadstoffbelastung zurückzuführen ist [121]. Ein Verfahren zur Bewertung von Entsorgungsprozessen muss diese vielfältigen Einflüsse berücksichtigen und deren Auswirkungen auf verschiedene ökologische und ökonomische Kriterien abbilden [144].

Politische, gesellschaftliche, technische und wirtschaftliche Rahmenbedingungen, die für die Entscheidung über die auszuwählenden Recyclingprozesse und Nachnutzungsmöglichkeiten relevant sind, sind aufgrund der langen Zeitspanne zwischen Erstellung und Recycling oft nicht exakt bestimmbar. Im Rahmen einer Bewertung, die zum Zeitpunkt der Planung eines Bauwerkes durchgeführt wird, kann die Analyse der Baurestmassenbehandlung (Rückbau- und Entsorgungsprozesse), welche in einer 50 bis 80 Jahre entfernten Zukunft liegt, nur auf der Grundlage hypothetischer Annahmen erfolgen. Diese Annahmen können nur den heutigen Stand der Technik abbilden und haben daher nicht die gleiche Aussagekraft wie eine Bewertung von Prozessen zur Bauwerksherstellung.

Für die Erfassung der Auswirkungen von Entsorgungsprozessen auf unsere Umwelt sowie auf einige Aspekte der Wirtschaftlichkeit wurde als Einzelbaustein einer Nachhaltigkeitsanalyse von Baukonstruktionen ein neuartiges Bewertungsverfahren entwickelt [76]. Dieses berücksichtigt die dargestellten Gesichtspunkte, indem keine exakte Bewertung anhand quantitativer Daten erforderlich ist und auch qualitativ beschreibbare Aspekte in die Bewertung einbezogen werden. Hier kommt eine ordinale Einordnung, wie sie bereits in Abschnitt 6.4.2 beschrieben wurde, zur Anwendung. Wenn möglich erfolgt die Kriterienbewertung jedoch auf einer kardinalen Bewertungsskala. Dabei werden nicht exakt ermittelbare quantitative Angaben, die sozusagen eine Bandbreite an Messgrößen darstellen, auf Bereichsskalen eingeordnet und einem Bewertungsintervall zugewiesen.

Für die Beurteilung der Entsorgungs- bzw. Nachnutzungsphase von Baurestmassen in ökologischer und ökonomischer Hinsicht sind folgende Merkmale von entscheidender Bedeutung:

- Materialart des Hauptstoffs (Stoff mit der anteilig größten Masse bzw. dem größten Volumen) der betrachteten Baurestmasse (z. B. Stahlbeton, Stahl, PVC etc.)
- Verunreinigung des Hauptstoffs mit Nebenstoffen infolge schlecht lösbarer oder unlösbarer Verbindungen verschiedener Materialschichten (sortenreine Baurestmasse oder Verbundmaterial)
- mögliche Entsorgungs- und Nachnutzungswege der untersuchten Baurestmasse

Die Materialart des Hauptstoffes bestimmt, auf welche Art und Weise eine sortenreine Baurestmasse oder ein Verbundmaterial entsorgt werden kann. Für die Definition einer möglichen Entsorgung werden daher die so genannten Hauptmaterialgruppen eingeführt (siehe Tabelle 6-15). Maßgebliches Kennzeichen dieser Gruppen ist, dass alle einer Hauptmaterialgruppe zugeordneten Baurestmassen in einem ähnlichen Entsorgungsprozess verwertet werden. Durch die Zuordnung eines Hauptstoffes zu einer Hauptmaterialgruppe (z. B. Stahlbeton zur Gruppe „Mineralische Baustoffe" oder Fensterglas zu „Glas") ist demnach der zu bewertende Aufbereitungsprozess grob festgelegt. Der Aufbereitungsprozess mineralischer Baurestmassen in einer Bauschuttaufbereitungsanlage unterscheidet sich z. B. signifikant von der Stahlaufbereitung zur Wiederverwertung oder von der Deponierung von Kunststoffen. Für jede Hauptmaterialgruppe wurde wiederum ein so genannter Referenzprozess definiert. Dieser wird der Bewertung mit dem im Folgenden beschriebenen Verfahren zugeführt. Der zugeordnete Referenzprozess wurde dahingehend gewählt, dass eine ausreichende Datengrundlage für eine Bewertung vorliegt. Eine Anpassung ist jederzeit möglich.

Tabelle 6-15: Zusammenfassende Darstellung der Hauptmaterialgruppen

Maßstab	Hauptmaterialgruppe	Referenzprozess
t	Mineralische Baurestmassen	Fertigteil, Bauschuttaufbereitung
t	Gips	Gipsbaustoffe verschmutzt mit mineralischen Baurestmassen
t	Holz	Unbehandeltes Holz
t	Stahl	Stahlträger
t	NE-Metall	Sortenreines Aluminium
t	Glas	Sortenreines Glas
t	Mineralwolle/PUR Dämmplatte	Sortenreine Steinwolle, WDVS
t	Gipskarton	Sortenreiner Gipskarton
t	Kunststoffbodenbelag	Verschmutztes PVC
t	Dichtungsbahn/Folie	PE-Sekundärmaterial
t	Tapete	Altpapierrecycling
t	Bitumen	Bitumen (keine Daten)

Die bei Verbundmaterialien auftretenden Verunreinigungen des Hauptstoffes werden durch die Einführung so genannter Nebenkategorien beschrieben. Diese Nebenkategorien klassifizieren die im Verbund mit dem Hauptstoff auftretenden Nebenstoffe und fassen sie hinsichtlich der möglichen Auswirkungen auf die Entsorgung des Hauptstoffes zielgerichtet zusammen. Die Kombination aus Hauptstoff und gleichzeitig auftretenden Nebenkategorien erlaubt die Festlegung entsprechender Verbundkategorien für jeden Hauptstoff, welche letztendlich die Grundlage für die eigentliche Bewertung der Baurestmassenentsorgung darstellen.

Hinsichtlich des eigentlichen Entsorgungsprozesses von Baurestmassen sind verschiedene Entsorgungswege zu betrachten, welche die in der Praxis übliche Verwertung weitestgehend abbilden. Die prozentuale Verteilung der anfallenden Baurestmassen auf die im Folgenden aufgezählten acht Entsorgungswege wird als Entsorgungsmix bezeichnet und bestimmt im Zusammenspiel mit der festgelegten Verbundkategorie das Gesamtergebnis einer Bewertung:

- Wiederverwendung
- Weiterverwendung
- Wiederverwertung
- Weiterverwertung
- thermische Verwertung
- Kompostierung
- thermische Beseitigung
- Deponierung

Die Beurteilung von Entsorgungsprozessen sollte grundsätzlich vollkommen unabhängig von einer quantitativen Bewertung (Ökobilanzierung) der Lebensphase „Bauwerkserstellung" erfolgen. Eine direkte Berücksichtigung eingesparter Umweltbelastungen durch die Nachnutzung von Baurestmassen bereits im Zuge der Bewertung der Erstellungsphase ist nicht zielführend. Daher müssen die durch erneute Produktverwendung und Materialverwertung substituierten Prozesse im Rahmen der Bewertung der Entsorgungsphase erfasst werden. Dabei sind die in Abschnitt 5.6.6 beschriebenen Systemgrenzen zu berücksichtigen.

Für eine zielgerichtete Beurteilung aller möglichen Prozesse in der letzten Lebensphase eines Bauwerks ist eine wesentlich größere Anzahl von Bewertungskriterien erforderlich als für die Beurteilung der vorangegangenen Lebensphasen. Das zugehörige Zielsystem und die sich daraus ergebenden Bewertungskriterien sind in Abschnitt 6.5.2 dargestellt.

Die nachfolgenden Ausführungen beinhalten die wesentlichen Grundlagen des entwickelten Bewertungsverfahrens zur Beurteilung von Entsorgungsprozessen. Sie werden ergänzt durch die in Anhang 6 bis Anhang 10 zusammengestellten Bewertungskriterien, Bewertungsskalen, Möglichkeiten zur Entsorgung und beispielhaften Auswertungen der Referenzprozesse. Weitere vertiefende Ausführungen zum Bewertungsverfahren können [76] entnommen werden.

6.5.2 Zielsystem und Bewertungskriterien

Für die Bewertung von Entsorgungsprozessen sind neben ökologischen Aspekten die wirtschaftliche Umsetzbarkeit von Recyclingverfahren, die technische Realisierbarkeit sowie gesetzliche Rahmenbedingungen von maßgeblicher Bedeutung. Die in Anhang 6 detailliert beschriebenen Einzelkriterien erlauben eine Erfassung der Auswirkungen in diesen Bereichen.

Das Zielsystem, welches im Rahmen der hier beschriebenen Methode der Bewertung von Entsorgungsprozessen zu Grunde liegt ist in Tabelle 6-16 dargestellt. Die grau hinterlegten Einzelziele der 3. und 4. Zielebenen werden als Kriterien erfasst. Die Bewertung der Einzel-

Tabelle 6-16: Zielsystem der Bewertung von Entsorgungsprozessen

Oberziel	1. Zielebene	2. Zielebene	3. Zielebene	4. Zielebene
Förderung der Kreislaufwirtschaft zur Schonung natürlicher Ressourcen und zur Förderung nachhaltigen Bauens	Anstreben ökologisch verträglicher Prozesse	Umweltverträgliche Behandlung von Baurestmassen	Minimierung von Transportprozessen	
			Minimierung von Emissionen (Wirkungskategorien der Ökobilanzierung	Minimale Emission von gesundheitsgefährdenden Stoffen
				Minimale CFC-(Äquivalenten)-Emission (Ozonschichtabbau)
				Minimale SO_2-(Äquivalenten)-Emission (Versauerung)
				Minimale CO_2-(Äquivalenten)-Emission (Treibhauseffekt)
			Minimale Lärmemission	
			Minimale Staubemission	
			Minimaler Ressourcenverbrauch	Minimaler Flächenverbrauch
				Minimaler Einsatz von Neumaterial
			Minimaler Eingriff in die Natur	Minimale Versiegelung natürlichen Bodens
			Minimaler Energieeinsatz	
			Minimale Belastung durch Abfallentsorgung nach Baurestmassenbehandlung	Sichere Erkennung und Trennung schadstoffbelasteter Chargen
				Minimales Verhältnis anfallende Abfallmengen/Behandelte Baurestmasse
				Sichere Entsorgung der anfallenden Abfallmengen
		Substitution von umweltbelastenden Prozessen durch Verzicht auf Neuproduktion	Substitution von Belastung durch Transporte	
			Substitution von Belastungen durch Emissionen	Emission von gesundheitsgefährdenden Stoffen
				CFC-(Äquivalenten)-Emission (Ozonschichtabbau)
				SO_2-(Äquivalenten)-Emission (Versauerung)
				CO_2-(Äquivalenten)-Emission (Treibhauseffekt)
			Substitution des maximalen Ressourcenverbrauchs	Flächenverbrauch
				Verbrauch regenerierbarer Ressourcen
				Verbrauch nicht regenerierbarer Ressourcen
			Substitution des Eingriffs in die Natur	Änderung des Fließverhaltens
				Versiegelung natürlichen Bodens
			Substitution des Energieverbrauchs	
			Substitution der Belastung durch anfallende Abfälle	Anteil von Abfallstoffen/Neuprodukt
				Umweltbelastung durch Entsorgung der Abfallstoffe
	Anstreben wirtschaftlich umsetzbarer Prozesse	Sicherung von Marktchancen für die behandelte Baurestmasse	Einhaltung umweltrechtlicher Standards und Vorschriften	
			Maximale Akzeptanz für den Einsatz der aufbereiteten Baurestmasse	
			Ausreichende Produktion (Vorhandensein der Baurestmasse) des Recyclingproduktes	
			Minimale Kosten im Vergleich zur Neuproduktion	
	Hochwertigkeit	Erhaltung des Stoffpotentials	Qualitative Hochwertigkeit von Baurestmassen	
			Technische Realisierbarkeit hochwertiger Verwertungsmaßnahmen	

kriterien erfolgt analog zur Bewertung von Rückbauprozessen und basiert auf Standardbeschreibungen, die eine Bewertungsskala in Form einer Ordinal- bzw. Kardinalskala über einen 5-stufigen Bewertungsbereich abbilden.

6.5.3   Methodik der Bewertung

Ausgangspunkt der Bewertung ist die Wahl bzw. Festlegung von ordinalen und kardinalen Bewertungsskalen für die einzelnen Bewertungskriterien. Die Beurteilung der Entsorgungsprozesse für anfallende Baurestmassen erfolgt wiederum mit Hilfe der Vergabe von Punktzahlen von „1" bis „5". Eine niedrige Punktzahl beschreibt in der Regel einen „guten", eine hohe Punktzahl einen „schlechten" Zielerfüllungsgrad (Ausnahme hierbei sind die substituierten Prozesse). Kriterien, deren Bewertungsabstufung nicht auf der Grundlage quantitativer Angaben erfolgen kann, werden auf einer *Ordinalskala* bewertet. Für alle übrigen Kriterien werden *Kardinalskalen* festgelegt.

Im Gegensatz zur Beurteilung von Rückbauprozessen sind bei den Prozessen der Entsorgungsphase die Bewertungsstufen der kardinalen Bewertungsskalen nicht immer gleich groß (unterschiedliche Abstände zwischen den einzelnen Skalenbereichen). Dies erfordert die Einführung zusätzlicher Multiplikationsfaktoren. Die zu vergebende Punktzahl setzt sich also bei einer kardinalen Bewertung aus der Grundbewertungszahl (GZ) und dem Multiplikationsfaktor (MF) zusammen. Tabelle 6-17 zeigt beispielsweise die gewählte Bewertungsskala für das Kriterium Versauerung (SO_x-Emission) für die Hauptmaterialgruppe „Mineralische Baurestmassen".

Die Prozesse zur Bauschuttaufbereitung wurden im Rahmen des Forschungsvorhabens „Ganzheitliche Bilanzierung von Baustoffen und Gebäuden" [119] detailliert untersucht. Die Ergebnisse stellen somit für die Bewertung von Entsorgungsprozessen hinsichtlich mineralischer Baustoffe eine ausreichende Datengrundlage dar. Anhang 6 beinhaltet die hieraus entwickelten Bewertungsskalen für die einzelnen in Tabelle 6-16 zusammengestellten Bewertungskriterien. Pro Kriterium werden die Bewertungsskalen, die entsprechende Standardbeschreibungen, die Grundbewertungszahlen und der Multiplikationsfaktor zur Erfassung unterschiedlicher Skalenabstufungen aufgeführt. Des Weiteren wird auch die endgültig zur jeweiligen Bewertungsstufe gehörende Punktzahl P_N als Produkt aus Grundbewertungszahl und Multiplikationsfaktor angegeben (vgl. auch Tabelle 6-17).

Tabelle 6-17: Bewertungsmaßstab „SO_x-(Äquivalenten)-Emission (Versauerung)" für die Hauptmaterialgruppe „Mineralische Baurestmassen"

Bewertungsskala „Mineralische Baurestmassen" (SO_x-Äqu./Bewertungseinheit)	Standardbeschreibung (SO_x-Äqu./Bewertungseinheit)	GZ (P_0)	MF	Punktzahl P_N
0 bis 8,0 E-03 kg	minimale/keine	1	1	1
8,0 E-03 bis 2,0 E-02 kg	geringe	2	1,25	2,5
2,0 E-02 bis 4,0 E-02 kg	mittlere	3	1,67	5
4,0 E-2 bis 6,0 E-2 kg	große	4	1,88	7,5
> 6,0 E-02 kg	sehr große	5	2	10

Tabelle 6-18: Bewertungsskala und Punktevergabe für das Kriterium „SO_x-(Versauerung)" für verschiedene Hauptmaterialgruppen

Hauptmaterialgruppe	Mineralische Baurestmassen		Stahl		Kunststoff-bodenbelag	
Standardbeschreibung	Skala	Punkte P_N	Skala	Punkte P_N	Skala	Punkte P_N
Minimierung von SO_x-Emissionen						
minimale Emissionen	8,00 E-03	1,000	2,40 E-02	3,000	3,20 E+00	400,000
geringe Emissionen	2,00 E-02	2,500	1,20 E+00	150,000	6,40 E+00	800,000
gemäßigte Emissionen	4,00 E-02	5,000	2,40 E+00	300,000	9,60 E+00	1200,000
große Emissionen	6,00 E-02	7,500	3,60 E+00	450,000	1,28 E+01	1600,000
sehr große Emissionen	8,00 E-02	10,000	4,80 E+00	600,000	1,60 E+01	2000,000

Für andere Hauptmaterialgruppen (z. B. Stahl, Glas etc.) können entsprechende Bewertungsskalen entwickelt werden, die jeweils über einen Skalierungsfaktor SF auf die Bewertungsstufen der Hauptmaterialgruppe „mineralische Baurestmassen" bezogen sind. Da dieser Skalierungsfaktor jedoch von Materialgruppe zu Materialgruppe variiert und gleichzeitig von den betrachteten Kriterien abhängt, ist eine direkte Darstellung der für die einzelnen Kriterien gültigen Bewertungsskalen und den zugehörigen Punktzahlen zielführender. Tabelle 6-18 zeigt eine entsprechende Zusammenstellung für das Kriterium Versauerung und die Hauptmaterialgruppen „Mineralische Baurestmassen", „Stahl" und „Kunststoffbelag". Der Skalierungsfaktor zur Umrechnung der Punktzahlen „1" bis „5" in ein normiertes Ergebnis ergibt sich zu P_N/P_0 und kann jederzeit bestimmt werden. P_N ist hierbei die normierte Punktzahl, während P_0 die noch nicht normierte Punktzahl von „1" bis „5" der jeweilige Bewertungsstufe der einzelnen Hauptmaterialgruppen beschreibt. Alle weiteren für die Einstufung von Entsorgungsprozessen notwendigen Bewertungsskalen enthält Anhang 7.

Die beschriebene Vorgehensweise zur Entwicklung von Bewertungsskalen für verschiedene Hauptmaterialgruppen ist nur bei kardinaler Einstufung erforderlich. Im Falle einer ordinalen Bewertung können einheitlich die in Anhang 6 angegebenen Bewertungsskalen mit der jeweiligen Standardbeschreibung verwendet werden.

6.5.4   Charakterisierung von Verbundkategorien

Nach einem konventionellen Abbruch aber auch beim Selektiven Rückbau anfallende Baurestmassen können in einer Vielzahl von Kombination aus verschiedenen Materialien und Massenanteilen vorliegen. Für die Bewertung der Entsorgungs- bzw. Nachnutzungsprozesse von Baurestmassen können jedoch gewisse Kombinationen vereinheitlicht und zusammengefasst werden. So werden z. B. die gleichen Entsorgungsprozesse mit gleichen Auswirkungen auf ökologische, ökonomische und technische Aspekte ausgewertet, wenn ein Normalbeton im Verbund mit einer Estrichschicht (Massenverhältnis 95 : 5) oder Normalbeton mit einem Mineralputz vorliegt. Es ist nicht erforderlich und auch nicht zielführend, jede mögliche Kombination zu untersuchen und gesondert zu bewerten. Aus diesem Grund wird die Anzahl unterschiedlicher Entsorgungsbewertungen mit Hilfe der Einführung von Verbundkategorien für

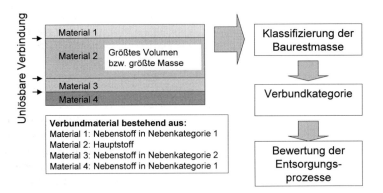

Abb. 6-12: Vorgehen zur Klassifizierung von Baurestmassen

Baurestmassen auf ein überschaubares Maß reduziert. Das Vorgehen wird in Abbildung 6-12 veranschaulicht.

Die im Rahmen der hier beschriebenen Methode zur Bewertung von Entsorgungsprozessen angewandte Klassifizierung geht von der Annahme aus, dass die Entsorgung maßgeblich durch die folgenden Eigenschaften der anfallenden Baurestmasse beeinflusst werden:

- Welcher „Hauptstoff" wird entsorgt?
- In welche „Nebenkategorie" werden die unlösbar im Verbund mit dem „Hauptstoff" liegenden „Nebenstoffe" (Baumaterialien) eingeordnet?
- Welche „Verbundkategorie" ergibt sich aus dem Hauptstoff in Kombination mit den vorhandenen „Nebenkategorien"?

Die Begriffe „Hauptstoff", „Nebenstoff", „Nebenkategorie" und „Verbundkategorie" haben in diesem Zusammenhang die folgende Bedeutung:

Hauptstoff: Größter Anteil an der Gesamtmasse bzw. am Gesamtvolumen der anfallenden Baurestmasse.

Nebenstoff: Alle weiteren im Verbund mit dem „Hauptstoff" anfallenden Baurestmassen.

Nebenkategorie: Die Baurestmassenbehandlung hängt in entscheidendem Maße davon ab, mit welchen „Nebenstoffen" ein „Hauptstoff" unlösbar als Verbundmaterial vorliegt. So erfordert z. B. ein Normalbeton, der zusammen mit Bitumen anfällt, einen anderen Aufbereitungsvorgang als ein Normalbeton, der mit Estrich im Verbund liegt. Da wiederum nicht jeder Nebenstoff eine unterschiedliche Baurestmassenbehandlung erforderlich macht, werden Nebenstoffe in Kategorien eingeteilt, die Baumaterialien mit ähnlichen Eigenschaften im Hinblick auf einen Entsorgungsprozess charakterisieren. Mit Hilfe der Einordnung in „Nebenkategorien" werden die gemeinsam mit dem „Hauptstoff" anfallenden „Nebenstoffe" klassifiziert und das Zusammenwirken von Haupt- und Nebenkategorien erlaubt ein Einordnen der anfallenden Baurestmasse in eine bestimmte „Verbundkategorie".

Verbundkategorie: Die „Verbundkategorie" charakterisiert das anfallende Verbundmaterial in Abhängigkeit des „Hauptstoffes" sowie der „Nebenkategorien" der „Nebenstoffe". Die Einordnung in „Verbundkategorien" ist die Grundlage für die Zuordnung von Entsorgungsprozessen. Es werden maximal sechs unterschiedliche „Verbundkategorien" für einen „Hauptstoff" erfasst (V0 bis V5). Die Verbundkategorie V0 beschreibt sortenreines Material. Mit zunehmender Ziffer steigt der Verunreinigungsgrad. Beispiele für „Verbundkategorien" sind:

- Normalbeton mit Bitumen (Hauptstoff „Stahlbeton" mit Nebenstoff „Fahrbahn" in der Nebenkategorie Bitumen)
- Normalbeton mit einem maßgeblichen Gipsanteil (Hauptstoff „Stahlbeton" mit Nebenstoff „Gipsputz" in der Nebenkategorie Gips)
- Dämmschicht mit Gipsanteil (Hauptstoff „Dämmmaterial" mit Nebenstoff „Gipsputz" in der Nebenkategorie Gips)

Anhand der folgenden beispielhaften Darstellung für den Hauptstoff „Stahlbeton" soll das prinzipielle Vorgehen zur Festlegung von Verbundkategorien erläutert werden. Zunächst müssen Hauptstoff und Nebenstoffe festgelegt werden. Ein Hauptstoff muss eine der beiden Voraussetzungen erfüllen:

- Er besitzt den größten Massenanteil am Verbundmaterial und sein Volumen beträgt mindestens 70 % des maximalen Volumens der anderen einzelnen Bauteilschichten.
- Wenn nach der ersten Bedingung kein Hauptstoff bestimmbar ist, wird die Bauteilschicht als Hauptstoff definiert, die das maximale Volumen aufweist.

Sind Hauptstoff und Nebenstoffe mit ihren entsprechenden Nebenkategorien festgelegt, kann mit Hilfe der Angaben in Tabelle 6-19 die entsprechende Verbundkategorie zugewiesen wer-

Tabelle 6-19: Verbundkategorien für den Hauptstoff „Stahlbeton"

Hauptstoff	Verbundkategorie	Nebenkategorie der Nebenstoffe																		
		Mineralischer Baustoff	Stahl	NE-Metalle	Mauermörtel mit Kunststoffzusatz, Kunstharzputz	Gipsputz	Anhydritestrich	Holz	Glas	Dämmmaterial	PUR/EPS	Gipskartonplatten	Tapete	Mineralfarbe	Kunstfarbe	Lösungsmittelklebstoff	Kunststoff	Bodenbelag (Teppich)	Bitumen	toxisches Material/Sondermüll
Stahlbeton, Leichtbeton	V0	Sortenreines Material																		
	V1	x	x					x												
	V2	x	x			x	x	x		x										
	V3	x	x	x	x	x	x	x	x	x	x	x	x	x	x		x	x		
	V4	x	x	x	x	x	x	x	x	x	x	x	x	x	x	x	x	x	x	
	V5	x	x	x	x	x	x	x	x	x	x	x	x	x	x	x	x	x	x	x

den. Zu diesem Zweck wird in der Reihenfolge von V0 bis V5 die erste Zeile gesucht, in der alle Nebenkategorien enthalten sind. Diese Zeile definiert die Verbundkategorie. Liegt z. B. der Stahlbeton im Verbund mit Gipsputz und Stahl vor, so wird das Verbundmaterial in die Kategorie V2 eingeordnet. Liegt ein Verbund mit Stahl und Bitumen vor, so ergibt sich die Verbundkategorie V4.

Die zur Einstufung in die jeweiligen Verbundkategorien erforderlichen Angaben sind in Anhang 8 tabellarisch zusammengestellt. Weitere Tabellen in den Anhängen 8 und 9 geben einen Überblick über verschiedene Baurestmassen und deren Einordnung in Hauptstoffe und Nebenkategorien bzw. die möglichen Entsorgungswege der unterschiedlichen Verbundkategorien.

6.5.5   Definition von Referenzprozessen der Entsorgung

Mit Hilfe der in Abschnitt 6.5.4 beschriebenen Verbundkategorien ist es möglich, die sehr komplexe Bewertung der Vielzahl an möglichen Entsorgungsprozessen auf den verschiedenen Entsorgungswegen weiter zu strukturieren und zu vereinfachen. Hierzu werden für die wichtigsten Hauptstoffe zunächst die möglichen Entsorgungswege in Abhängigkeit der Verbundkategorie zusammengestellt. Jedem Hauptstoff können in einem nächsten Schritt in Abhängigkeit der verschiedenen Verbundkategorien sogenannte Hauptmaterialgruppen zugeordnet werden. Für jede Hauptmaterialgruppe erfolgt die Bewertung der Entsorgung anhand eines definierten Referenzprozesses, für den hinreichend Datengrundlagen vorliegen. Die Referenzprozesse (Hauptmaterialgruppen) beschreiben also im wesentlichen hinsichtlich der ökologischen und ökonomischen Auswirkungen ähnliche Entsorgungsvorgänge, obwohl die zu entsorgenden Baurestmassen unterschiedlicher Art sein können. Im Zuge der Referenzierung der Hauptbaustoffe zu den Hauptmaterialgruppen werden jedoch nur die *möglichen* Entsorgungswege betrachtet. Die prozentuale Aufteilung der Hauptstoffe auf die einzelnen Entsorgungswege erfolgt mit der Definition eines Entsorgungsmix (s. Abschn. 6.5.6). Die Bewertung erfolgt hinsichtlich der zu betrachtenden Kriterien mit Hilfe des in Abschnitt 6.5.3 beschriebenen Punktesystems. Die Ergebnisse sind im Anhang 10 zusammengestellt.

In Tabelle 6-20 sind beispielhaft die möglichen Entsorgungswege und die zugeordneten Referenzprozesse für verschiedene Boden- und Wandbeläge dargestellt. Eine entsprechende Zuordnung aller wesentlichen Hauptstoffe enthält Anhang 9.

6.5.6   Entsorgungsmix

Die prozentuale Aufteilung einer Baurestmasse auf die verschiedenen Entsorgungswege (siehe Abschn. 6.5.1) ist grundsätzlich beliebig. Das vorgeschlagene Bewertungsverfahren gestattet daher eine sehr individuelle Beurteilung. In der Realität sind jedoch für bestimmte Baurestmassen gewisse Entsorgungswege ökonomisch unsinnig oder unmöglich (z. B. thermische Verwertung von mineralischem Bauschutt). Zur Strukturierung und Vereinfachung des Bewertungsvorgangs ist es daher hilfreich einen so genannten Entsorgungsmix zu definieren, welcher die prozentuale Aufteilung der jeweiligen Baurestmassen auf die einzelnen Entsorgungswege vorab festlegt. In Tabelle 6-21 ist ein entsprechender Vorschlag für die bereits bekannten Hauptmaterialgruppen bzw. die in Abschnitt 6.5.5 beschriebenen Referenzprozesse dargestellt. Dabei handelt es sich um einen Entsorgungsmix für im Wesentlichen sortenreine Baurestmassen (Verbundkategorie V0). Bei mit Nebenstoffen belasteten Hauptstoffen der Verbundkategorien V1–V5 kann der Entsorgungsmix abweichend festgelegt werden.

Tabelle 6-20: Entsorgungswege und Referenzprozesse der Entsorgung für Boden- und Wandbeläge

Haupt-stoff	Ent-sorgungs-kategorie	Verbundstoffe (exemplarisch)	Entsorgungsweg			
			Wieder-verwendung	Weiter-verwendung	Wieder-verwertung	Weiter-verwertung
Parkett/ Dielen	V0 V1	sortenrein oder nach Entfernung von Nägeln	Wieder-verwendung denkbar			Verwertung in Holz-aufbereitungsanlage zu Papier, Spanplatten etc.
	V2	Kleber				Verwertung in Holz-aufbereitungsanlage
	V3	Kleber, Estrich, Papier				
	V4	jegliche Verbundkategorie				
	V5	toxische Stoffe				
Teppich	V0	sortenrein	Wieder-verwendung denkbar			Isolationsmaterial, Einsatz in der Kunststoff- und Chemieindustrie
	V1	Estrich, Spachtelreste, Kunststoff, Kleber				Isolationsmaterial, Einsatz in der Kunststoff- und Chemieindustrie
	V2	jegliche Verbundkategorie				
	V3	toxische Stoffe				

Haupt-stoff	Ent-sorgungs-kategorie	Verbundstoffe (exemplarisch)	Entsorgungsweg				Haupt-material-gruppe
			Energetische Verwertung	Kompo-stierung	Thermische Beseitigung	Depo-nierung	
PVC-Boden-beläge	V0	sortenrein	Energetische Verwertung (18 bis 25 MJ/kg)		Thermische Beseitigung	Klasse II	Kunststoffbelag
	V1	Estrich, Spachtel-reste, Kunststoff, Kleber	Energetische Verwertung		Thermische Beseitigung	Klasse II	Kunststoffbelag
	V2	jegliche Verbundkategorie	Energetische Verwertung		Thermische Beseitigung	Klasse II	Kunststoffbelag
	V3	toxische Stoffe				Sonder-abfall-deponie	Sonderabfall
Fliesen + Natur-steinbelag	V0	sortenrein				Klasse I	Mineralische Baustoffe
	V1	Estrich, Spachtel-reste, Kunststoff, Kleber				Klasse I	Mineralische Baustoffe
	V2	jegliche Verbundkategorie				Klasse I	Mineralische Baustoffe
	V3	toxische Stoffe				Sonder-abfall-deponie	Sonderabfall

Tabelle 6-21: Vorschlag zur Festlegung eines Entsorgungsmix für die prozentuale Aufteilung von Baurestmassen auf die einzelnen Entsorgungswege bei sortenreinem Material

Hauptmaterialgruppe	Entsorgungswege							
	Wiederverwendung	Weiterverwendung	Wiederverwertung	Weiterverwertung	Thermische Verwertung	Kompostierung	Thermische Beseitigung	Deponierung
Mineralische Baustoffe	5	–	40	30	–	–	–	25
Gips	–	–	–	20	–	–	–	80
Holz	5	–	–	40	35	–	10	10
Stahl	5	–	93	–	–	–	–	2
NE-Metalle	–	–	98	–	–	–	–	2
Glas	5	–	–	60	–	–	–	35
Mineralwolle	10	–	40	20		–	5	25
Gipskarton	5	–	–	40	–	–	–	55
Kunststoffbelag	–	–	–	40	35	–	–	25
Dichtungsbahn/Folie	–	–	–	40	35	–	–	25
Tapete	–	–	–	70	–	–	20	10
Sonderabfall	–	–	–	–	–	–	–	100
Baustellenabfälle	–	–	–	30	–	–	–	70
WDVS/PUR Dämmplatten	10	–	40	20	20	–	5	5

6.5.7　Bewertung substituierter Prozesse bei der Nachnutzung von Baurestmassen

Die durch die Nachnutzung von Baurestmassen substituierten Prozesse sollten grundsätzlich unabhängig von der eigentlichen Entsorgungsbewertung erfasst werden. Die Bewertung der substituierten Prozesse erfolgt anhand ähnlicher Kriterien wie die Baurestmassenbehandlung unter Sicherstellen der Maßstabsgerechtheit. Das bedeutet, dass die Bewertungsskalen zur Bewertung der belastenden Aufbereitungsprozesse und die zur Bewertung der entlastenden substituierten Prozesse für ein betrachtetes Kriterium entweder identisch sind oder die zu vergebenden Punktzahlen mit Hilfe von Skalierungsfaktoren normiert werden. Ergebnisse für kardinal bewertete Kriterien können somit theoretisch aggregiert werden. Im Fall der Bewertung von substituierten Prozessen bedeutet die Vergabe einer hohen Punktzahl für ein Kriterium ein „gutes" Ergebnis (maximale Auswirkungen werden „substituiert") und die einer niedrigen Punktzahl ein „schlechtes" Ergebnis.

Die Punktzahlen für substituierte Prozesse werden zunächst für den kompletten Herstellungsvorgang vergeben, der eingespart werden kann. Kann z. B. durch die Wiederverwendung eines Betonbauteils auf die Neuherstellung verzichtet werden, wird der komplette Herstellungsprozess von der Rohstoffgewinnung bis zur Bauteilherstellung als „substituierter Prozess" bewertet.

Wie bereits in Abschnitt 5.6.7 beschrieben, entsprechen die tatsächlichen Einsparungen häufig jedoch nicht dem kompletten Herstellungsprozess, sondern müssen über entsprechende Modelle auf die verschiedenen Lebenszyklen verteilt werden. Im Bewertungsmodell erfolgt dies über den Verteilungsfaktor Z.

Zur Bestimmung dieses Faktors werden zunächst drei *Einzelfaktoren W, X und Y* definiert, die ein Zusammenführen der Einzelfaktoren zum *Gesamtfaktor Z* durch einfache Multiplikation erlauben.

Faktor W

Im Fall der Verwertung bzw. Wiederverwendung von Produkten wird davon ausgegangen, dass Auswirkungen, die durch Materialherstellung im 1. Nutzungszyklus entstehen, zu jeweils 50 % auf den 1. und den 2. Lebenszyklus verteilt werden. Damit ergibt sich bei diesen Entsorgungswegen ein Faktor von $W = 0,5$.

Faktor X

Mit einem zusätzlichen Faktor wird die Qualität des Sekundärstoffes erfasst. Faktor X berücksichtigt, wie viel des eigentlichen Rohstoffes oder Baumaterials für eine Neumaterialherstellung durch das Sekundärprodukt ersetzt werden kann. Für den Faktor X gilt demnach:

$$X = \frac{\text{Sekundärstoff}}{\text{Sekundärstoff} + \text{Neumaterial}}$$

Faktor Y

Des Weiteren muss berücksichtigt werden, dass aus einem Verwertungsvorgang selten 100 % einer Baurestmasse wirklich als Sekundärstoff hervorgehen. Der Faktor Y erfasst somit das Verhältnis von Sekundärstoff zur aufbereiteten Baurestmasse:

$$Y = \frac{\text{Anteil Sekundärstoff}}{\text{aufbereitete Baurestmasse}}$$

Faktor Z

Für die anhand von Kardinalskalen bewerteten Kriterien sind die zugeteilten Punktzahlen für substituierte Herstellungsprozesse mit dem Faktor $Z = W \cdot X \cdot Y$ zu vervielfältigen. Für die anhand von Ordinalskalen bewerteten Kriterien müssen die entsprechenden Bezugsgrößen (Definition vgl. Abschn. 6.5.8) mit dem Faktor Z multipliziert werden.

Bewertungsskalen zur Einstufung substituierter Prozesse für die einzelnen Bewertungskriterien in Abhängigkeit der Hauptmaterialgruppen sowie die Einzelfaktoren, W, X, Y und Z sind in Anhang 7 tabellarisch zusammengestellt.

6.5.8   Bewertungsvorgang

Der sehr komplexe Vorgang der Bewertung der letzten Lebensphase eines Bauwerks wird nachfolgend im Überblick dargestellt. Hinsichtlich der zu bewertenden Kriterien ist zu unterscheiden, ob eine kardinale oder nur eine ordinale Einstufung möglich ist. Der Bewertungsvorgang umfasst mehrere Schritte. Bewertungseinheit ist in der Regel eine bestimmte Masse, in Ausnahmefällen auch eine Fläche oder das Volumen einer „anfallenden Baurestmasse", also eines sortenrein vorliegenden Materials oder eines Verbundmaterials.

Das Material bzw. Verbundmaterial wird zunächst einer Verbundkategorie und anschließend einer Hauptmaterialgruppe bzw. einer Referenzprozessbewertung zugeordnet (vgl. auch Abb. 6-13). Innerhalb der einzelnen Hauptmaterialgruppen werden die gleichen Bewertungsskalen für die Bewertung angewendet, die über Skalierungsfaktoren auf den Referenzprozess „Aufbereitung mineralischer Baurestmassen" normiert sind.

Die prinzipielle Vorgehensweise zur Bewertung von Entsorgungsprozessen ist in Abbildung 6-14 dargestellt. Es werden grundsätzlich acht verschiedene Entsorgungswege betrachtet. Vor einer Bewertung wird ein Entsorgungsmix definiert, welcher über Gewichtungsfaktoren festlegt, wie viel Prozent der betrachteten Bewertungseinheit den einzelnen Entsorgungswegen zugeführt wird, d. h. also verwendet, verwertet oder entsorgt wird (siehe z. B. Tabelle 6-21). Eine Aufteilung auf die verschiedenen Entsorgungswege hängt entscheidend von den technische Anforderungen an ein Sekundärprodukt ab. So müssen z. B. Bauteile statische Anforderungen bzw. Anforderungen an Wärme-, Schall-, und Feuerschutz erfüllen. Für Stahlbauteile, die nach einem Rückbau anfallen, kann z. B. eine 95%-ige Wiederverwertung und eine 5%-ige Wiederverwendung angenommen werden.

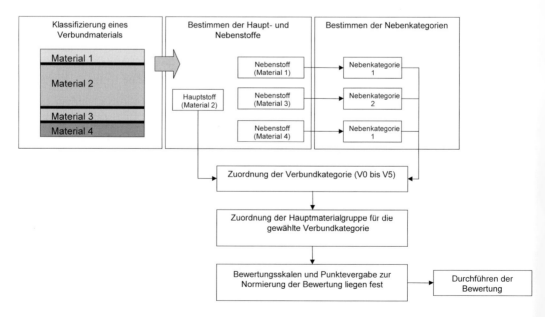

Abb. 6-13: Klassifizierung von Verbundmaterialien

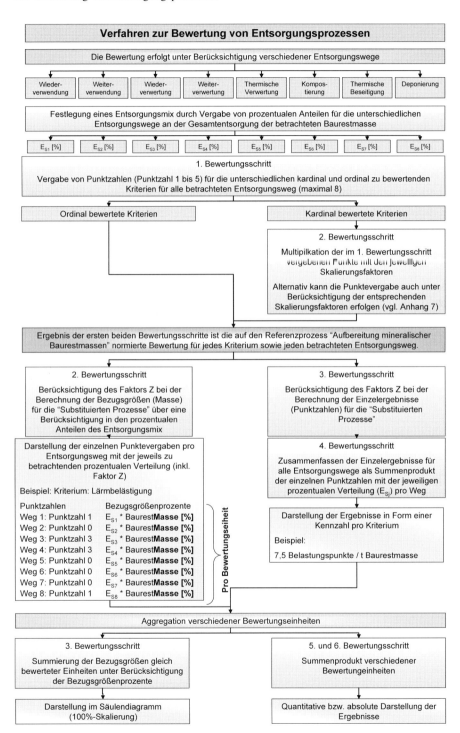

Abb. 6-14: Vorgehensweise zur Bewertung von Entsorgungsprozessen

1. Bewertungsschritt

Für die Bewertung hat man nach Festlegung der Hauptmaterialgruppe bzw. der Referenzprozess-bewertung die Möglichkeit, eine Beurteilung entweder anhand von Standardbeschreibungen und der Zuordnung entsprechender Punktzahlen oder anhand quantitativer Einordnungen auf Grundlage der vorgegebenen Skalenabstufungen vorzunehmen (Anhang 6 und Anhang 7).

Für den Entsorgungsprozess einer bestimmten Bewertungseinheit (z. B. 1 t Stahlbetonfertigteil-träger, sortenrein) wird dabei jedem Kriterium (z. B. Versauerung) auf allen betrachteten Entsorgungswegen (maximal 8 Wege) eine jeweils spezifische Punktzahl zugeordnet.

Analog dem Vorgehen bei der Rückbaubewertung erfolgt die Vergabe von Punktzahlen auf einer Kardinalskala pro Einheit des betrachteten Prozesses. Für ordinal bewertete Kriterien werden Punktzahlen unabhängig von einer Massen-, Flächen- oder Volumenangabe vergeben.

Im Falle der Beseitigung von Baurestmassen (Thermische Beseitigung, Deponierung) wird nur die Entsorgung betrachtet. Bei allen übrigen Entsorgungswegen werden die Prozessstufen Entsorgung und Nachnutzung getrennt erfasst.

Auch für die Beurteilung der Entsorgungsphase ist nun zu unterscheiden, inwieweit das jeweilige Kriterium kardinal (quantitativ) oder ordinal (qualitativ) bewertet wurde.

Bewertung anhand einer Kardinalskala

2. Bewertungsschritt

Falls die Vergabe von Punkten im vorangegangenen Bewertungsschritt nicht unter Berück-sichtigung von Skalierungsfaktoren erfolgt ist, müssen diese zunächst mit den vergebenen Punktzahlen (1, 2, 3, 4 oder 5) multipliziert werden. Alternativ kann die Punktevergabe auch gleich unter Berücksichtigung der in Anhang 7 aufgeführten normierten Werte erfolgen. Nach diesem Bewertungsschritt liegen alle Ergebnisse normiert auf den Referenzprozess „Auf-bereitung mineralischer Baurestmassen" vor.

3. Bewertungsschritt

Zur Berücksichtigung der verschiedenen Verteilungsmodelle der Lebensphase „Entsorgung" müssen die normierten Werte aus dem 2. Bewertungsschritt für die Bewertungskriterien der „Substituierten Prozesse" mit dem Faktor Z (vgl. Abschn. 6.5.7) multipliziert werden.

$$K_{SVn} = K_{Sn} \cdot Z \tag{6-9}$$

n Laufvariable aller bewerteten Kriterien für „substituierte Prozesse"
Index S   Substituierte Prozesse
Index V   Verteilungsmodelle berücksichtigt

4. Bewertungsschritt

Im 4. Bewertungsschritt erfolgt die Aggregation der Ergebnisse für verschiedene Entsorgungs-wege gemäß dem festgelegten Entsorgungsmix. Das Ergebnis der Aggregation aller Entsor-gungswege pro Kriterium wird als Punktzahl dargestellt und wie folgt berechnet:

$$K_i = \sum_{j=1}^{m} K_{ij} \cdot E_j \tag{6-10}$$

Kriterien (Punktzahlen): $K_{i=1} \dots K_n$ (*n*: Anzahl aller bewerteten Kriterien)

Einzelbewertung: K_{ij} Punktezahl für Kriterium *i* auf Entsorgungsweg *j*

Gewichtungsfaktoren (E_j)
im Entsorgungsmix: $E_{j=1} \dots E_m$ (*m*: Anzahl aller bewerteten Entsorgungswege)

Ergebnis des Bewertungsschrittes ist eine Kennzahl für jedes Kriterium, das zunächst noch auf eine Bewertungseinheit bezogen ist (Punkte/Einheit).

5. Bewertungsschritt

Für jedes einzelne Kriterium ergibt sich die Bewertung der Entsorgung als Produkt aus der Anzahl an Bewertungseinheiten (z. B. 5 t Stahlbetonfertigteilträger) mit der spezifischen Punktzahl.

$$B_{ki} = K_i \cdot G_k \qquad (6\text{-}11)$$

B_{ki} Gesamturteil für Kriterium *i* bezüglich des betrachteten Bewertungsgegenstandes *k*
K_i Punktzahl für Kriterium *i*
G_k Menge an Bewertungseinheiten als Masse [t], Fläche [m^2] oder Volumen [m^3]

6. Bewertungsschritt

In einem weiteren Schritt können jetzt verschiedene Bewertungsgegenstände (Baurestmassen) durch Summation der im 5. Bewertungsschritt ermittelten Produkte aggregiert werden. Das Ergebnis einer derartigen Bewertung lässt sich in einer Kennzahl je Kriterium darstellen.

$$B_i = \sum_{n=1}^{k} B_{ki} \qquad (6\text{-}12)$$

B_i Gesamturteil für Kriterium *i* über alle betrachteten Bewertungsgegenstände *k*

Bewertung anhand einer Ordinalskala

2. Bewertungsschritt

Abweichend von der Bewertung von Rückbauprozessen kann für die Entsorgungsbewertung einheitlich die „Baurest**Masse** (*M*)" für jedes Kriterium als Bezugsgröße angenommen werden. Es wird z. B. bewertet, dass ein bestimmter, prozentualer Anteil einer Baurestmasse wiederverwendet wird und keine Lärmbelästigung hervorruft, während der Rest der Baurestmasse in einer Bauschuttaufbereitungsanlage verwertet wird und der Aufbereitungsprozess eine erhebliche Lärmbelästigung zur Folge hat.

Für ordinal bewertete Kriterien der „substituierten Prozesse" erfolgt eine Korrektur der anzusetzenden Baurest**Masse** mit dem Faktor *Z*, indem die im Entsorgungsmix festgelegten prozentualen Verteilungen mit dem jeweiligen Faktor für die verschiedenen Entsorgungswege multipliziert wird.

$$E_{SVjn} = E_{Sjn} \cdot Z \qquad (6\text{-}13)$$

Das Ergebnis des 2. Bewertungsschrittes ist die Darstellung der einzelnen Entsorgungswege mit ihren jeweiligen prozentualen Anteilen und Punktzahlen. Der Faktor Z ist nach dem 2. Bewertungsschritt bereits in der prozentualen Verteilung auf die verschiedenen Entsorgungswege beinhaltet und ist demnach im 3. Bewertungsschritt, in dem die Aggregation der Bezugsgröße erfolgt, generell enthalten.

3. Bewertungsschritt

Für eine Aggregation „gleich" bewerteter Bewertungseinheiten bzw. Entsorgungswege müssen zunächst die einzelnen Bezugsgrößen (M_j) mit den im 2. Bewertungsschritt berechneten Prozenten E_{SVjn} multipliziert werden.

$$M_{j(neu)} = M_j \cdot E_{SVjn} \tag{6-14}$$

„Gleich" bewertete $M_{j(neu)}$ können dann addiert und das Ergebnis als Säulendiagramm mit Darstellung der Anteile der verschiedenen Bewertungsklassen ($\sum M_{j(neu)}$) an der Summe aller Bezugsgrößen dargestellt werden. Eine Darstellung in Form einer Kennzahl ist nicht möglich.

6.5.9   Vorgabe von Bewertungskennzahlen zur Vereinfachung der Analyse

Das vorgestellte Verfahren wurde vor dem Hintergrund entwickelt, dass exakte Daten zur Erfassung von Entsorgungsprozessen für komplette Bauwerke zum jetzigen Zeitpunkt nicht vorhanden sind und mit großer Wahrscheinlich auch in Zukunft nicht zur Verfügung stehen werden. Zur Anwendung des Verfahrens ist es daher zulässig, nur die Größenordnung verschiedener Entsorgungsprozesse ausreichend zu beschreiben. Dennoch wird an dieser Stelle darauf hingewiesen, dass neue Erkenntnisse und fundierte Daten jederzeit in das entwickelte Verfahren eingearbeitet werden können.

Die Vergabe von Punktzahlen mit Hilfe der in den Anhängen 5 und 6 aufgeführten Bewertungsmaßstäbe muss stets anhand von Informationen aus der Fachliteratur und aus Datenbanken, ergänzt und überprüft durch Experteninterviews, erfolgen. Oft ist die eindeutige Festlegung einer Punktzahl für ein untersuchtes Kriterium nicht möglich, so dass die Einordnung anhand von Schätzungen notwendig wird. Wie auch bei einer Bewertung von Rückbauprozessen darf die Aussagekraft der Bewertung der Baurestmassenentsorgung nicht überbewertet werden. Zur detaillierten Erfassung der Entsorgungsphase sind die Ergebnisse in der Regel zu verifizieren bzw. es sind zusätzliche Untersuchungen in weiterführenden Arbeiten erforderlich.

Eine wesentliche Vereinfachung des Bewertungsvorgangs lässt sich erreichen, wenn anstelle individueller Punktevergaben für die einzelnen Baurestmassen bzw. Entsorgungswege vereinheitlichte Bewertungskennzahlen zur Anwendung kommen. Die als Grundlage für die Ermittlung dieser Kennzahlen anzunehmenden Belastungspunkte ergeben sich z. B. als Ergebnis einer Ökobilanz zur Erfassung von Umweltauswirkungen durch Aufbereitungs-, Aufarbeitungs- und Entsorgungsanlagen. Sind derartige Belastungspunkte in Abhängigkeit der Baurestmasse, des Bewertungskriteriums und des Entsorgungsweges ermittelt und setzt man die in Abschnitt 6.5.6 aufgeführten Vorschläge für einen Entsorgungsmix als zutreffend voraus, so können Tabellen mit Bewertungskennzahlen erarbeitet werden, an denen sich das Gesamtergebnis für eine Bewertungseinheit je Bewertungskriterium direkt ablesen lässt. Eine vollständige Aufstellung der gewählten Eingangsgrößen für die Berechnung derartiger Bewertungstabellen enthält [76]. In Tabelle 6-22 ist beispielhaft eine derartige Bewertungstabelle für die Entsorgung von mineralischem Bauschutt dargestellt.

Tabelle 6-22: Bewertungstabelle für die Entsorgung von 1 t mineralischem Bauschutt

Referenzprozess Bauschuttaufbereitung, Fertigteil / Kriterium	Wiederverwendung	Weiterverwendung	Wiederverwertung	Weiterverwertung	Thermische Verwertung	Kompostierung	Thermische Beseitigung	Deponierung	Gesamtergebnis
Entsorgungsmix: Prozentuale Verteilung	0,05	0	0,4	0,3	0	0	0	0,25	1
A1: Transporte	1	0	2	2	0	0	0	1	1,7
A2: Emission gesundheitsgef. Stoffe	1	0	1	1	0	0	0	1	10110001
A3: CFC-Emissionen	1	0	10	10	0	0	0	100	32,05
A4: SO_x-Emissionen	1	0	7,5	7,5	0	0	0	1	5,55
A5: CO_2-Emissionen	2,5	0	10	10	0	0	0	1	7,375
A6: Lärmbelästigungen	1	0	3	3	0	0	0	1	10330001
A7: Staubbelästigung	1	0	3	3	0	0	0	1	10330001
A8: Flächenverbrauch	1	0	250	250	0	0	0	1000	425,05
A9: Versiegelung	1	0	250	250	0	0	0	1000	425,05
A10: Energieverbrauch	2,5	0	10	10	0	0	0	1	7,375
A11: Schadstoffbelastete Chargen	1	0	2	2	0	0	0	2	10220002
A12: Anfallende Abfallmengen	0		0,06	0,06				1	0,292
A13: Entsorgung der Abfallmengen	3	0	3	3	0	0	0	3	30330003
B1: Transporte	0,5	0	0,188	0,47					0,24
B2: Emission gesundheitsgef. Stoffe	1	0	1	1					10110000
B3: CFC-Emissionen	0,25	0	0,0188	0,047					0,0341
B4: SO_x-Emissionen	75	0	01,88	4,7					5,912
B5: CO_2-Emissionen	200	0	3,76	9,4					14,32
B6: Energieverbrauch	150	0	1,88	9,4					11,82
B7: Anfallende Abfallmengen	0,0107		1,2 E-6	1,2 E-6					0,000536
B8: Entsorgung der Abfallmengen	3	0	3	3					30330000
B9: Heizwert					0				00000000
C1: Hochwertigkeit	1	0	2	2	0	0	0	5	10220005
C2: Technische Realisierbarkeit	2	0	1	1	0	0	0	1	20110001
D1: Vorschriften	1	0	1	1	0	0	0	3	10110003
D2: Akzeptanz	4	0	1	1	0	0	0	2	40110002
D3: Kosten	1	0	3	3	0	0	0	4	10330004
D4: Kapazitäten	3	0	2	2	0	0	0	2	30220002

Kriterien mit der Kennzahl A charakterisieren die Auswirkungen von Entsorgungsprozessen in ökologischer Hinsicht. Mit der Kennzahl C und D werden Kriterien charakterisiert, die weitere Nachhaltigkeitsaspekte erfassen. Die mit Kennzahl B bezeichneten Kriterien beschreiben eingesparte Prozesse im Zuge der Nachnutzung von Baurestmassen unter Berücksichtigung des in Abschnitt 6.5.7 beschriebenen Nachnutzungsfaktor Z. Dieser wurde für die einzelnen Entsorgungswege entsprechend der in Anhang 10 tabellarisch zusammengestellten Werte für die unterschiedlichen Baurestmassen angesetzt.

Man erkennt, dass sich für die kardinal bewerteten Kriterien die Umweltauswirkungen von 1 t Baurestmasse direkt bestimmen lassen (z. B. Punktzahl 5,55/t für das Kriterium A4 SO_x-Emission). Bei den ordinal bewerteten Kriterien (z. B. A6 – Lärmbelästigung) wird als „Gesamtergebnis" eines Kriteriums die Ziffernfolge der vergebenen Einzelpunkte je Entsorgungsweg und Bezugseinheit angegeben. Unter Berücksichtigung der prozentualen Aufteilung der Baurestmassen auf die einzelnen Entsorgungswege sowie der angegebenen Nachnutzungsfaktoren Z lässt sich auch hier eine Aggregation der Einzelergebnisse durchführen (siehe auch das Beispiel in Abschn. 6.5.10). Weitere Bewertungstabellen für alle wesentlichen Baurestmassen bzw. die Referenzprozesse für Verbundmaterialien sind in Anhang 10 zusammengestellt.

6.5.10 Beispielhafte Anwendung des Bewertungsverfahrens

Die Bewertung mit Hilfe der beschriebenen Methode wurde für alle Hauptmaterialgruppen bzw. deren Referenzprozesse durchgeführt (vgl. [76]). Im Folgenden soll die Bewertung der Entsorgungsprozesse für die Baurestmasse „Mineralische Baurestmassen" beispielhaft für einige Kriterien durchgeführt werden. Die Bewertungseinheit ist „1 Tonne anfallende mineralische Baurestmassen".

Der Entsorgungsmix wird wie folgt festgelegt: 5 % Wiederverwendung, 40 % Wiederverwertung, 30 % Weiterverwertung und 25 % Beseitigung (Deponie). Die Vergabe der Punktzahlen im 1. Bewertungsschritt erfolgt unter Berücksichtigung der in Anhang 7 zusammengestellten Multiplikationsfaktoren und wird beispielhaft für einige Kriterien in Tabelle 6-23 für den Entsorgungsweg „Wiederverwertung mineralischer Baurestmassen" dargestellt. Die mit „A" nummerierten Kriterien beschreiben die Prozessstufe „Entsorgung". Die mit „B" beschriebenen Kriterien die Prozessstufe „Nachnutzung". Die Kriterien der Kategorie C und D erfassen weitere Nachhaltigkeitsaspekte. Für den Nachnutzungsfaktor Z werden die folgenden Vorwerte angesetzt:

Wiederverwendung: Faktor $Z = 0,500$
Wiederverwertung: Faktor $Z = 0,188$
Weiterverwertung: Faktor $Z = 0,470$

Im 3. Bewertungsschritt werden alle Punktzahlen für die Kriterien der Prozessstufe „Nachnutzung", also die „substituierten Prozesse" mit den entsprechenden Faktoren Z multipliziert. So wird z. B. die Punktzahl für das Kriterium „SO_x-Emissionen" für den Weg „Wiederverwertung" auf $10 \cdot 0,188 = 1,88$ reduziert.

Tabelle 6-24 zeigt beispielhaft Auszüge aus der vollständigen Bewertung für alle Entsorgungswege und einige Kriterien. Die letzte Spalte „Gesamtergebnis" stellt das Ergebnis des 4. Bewertungsschrittes, die Zusammenfassung aller bewerteten Entsorgungswege, dar. Das Gesamtergebnis für das Kriterium der substituierten Prozesse „SO_x-Emissionen (B4)" ergibt sich somit zu: $5 \% \cdot 75 + 40 \% \cdot 1,88 + 30 \% \cdot 4,7 = 5,912$.

Bei den ordinal bewerteten Kriterien ist eine Gesamtbewertung durch Summation der Einzelkriterien nicht möglich, daher werden die Ergebnisse für die einzelnen Entsorgungswege als Zahlenfolge dargestellt.

Tabelle 6-23: Bewertung des Entsorgungspfades „Wiederverwertung mineralischer Baurestmassen"

Kriterium	Quantitative Bewertung	Standardbeschreibung	Punktzahl
A3: CFC-Emissionen	1,2 E-04	geringe Emissionen	10
A4: SO_x-Emissionen	5,34 E-02	große Emissionen	7,5
A5: CO_2-Emissionen	5,53 E+00	sehr große Emissionen	10
A6: Lärmbelästigungen	Ordinal	mittlere Lärmbelästigung	3
A7: Staubbelästigung	Ordinal	mittlere Staubbelästigung	3
A10: Energieverbrauch	7,96 E+01	hoher Energieverbrauch	10
B3: CFC-Emissionen	5,9 E-06	minimale Emissionen	0,1
B4: SO_x-Emissionen	4,97 E-02	minimale Emissionen	10
B5: CO_2-Emissionen	9,74 E+00	minimale Emissionen	20
B6: Energieverbrauch	1,45 E+02	niedriger Energieverbrauch	20
C1: Hochwertigkeit	Ordinal	hochwertig	2
D2: Akzeptanz	Ordinal	groß	1

Tabelle 6-24: Bewertung der Entsorgungsphase von mineralischen Baustoffen

Hauptmaterialgruppe: Mineralische Baustoffe / Kriterium	Wiederverwendung	Weiterverwendung	Wiederverwertung	Weiterverwertung	Thermische Verwertung	Kompostierung	Thermische Beseitigung	Deponierung	Gesamtergebnis
gewählte Prozentuale Verteilung	0,05	0	0,4	0,3	0	0	0	0,25	1
A3: CFC-Emissionen	1	0	10	10	0	0	0	100	32,05
A4: SO_x-Emissionen	1	0	7,5	7,5	0	0	0	1	5,55
A5: CO_2-Emissionen	2,5	0	10	10	0	0	0	1	7,375
A6: Lärmbelästigungen	1	0	3	3	0	0	0	1	10330001
A7: Staubbelästigung	1	0	3	3	0	0	0	1	10330001
A10: Energieverbrauch	2,5	0	10	10	0	0	0	1	7,375
B3: CFC-Emissionen	0,25	0	0,0188	0,047					0,0341
B4: SO_x-Emissionen	75	0	1,88	4,7					5,912
B5: CO_2-Emissionen	200	0	3,76	9,4					14,32
B6: Energieverbrauch	150	0	1,88	9,4					11,072
C1: Hochwertigkeit	1	0	2	2	0	0	0	5	10220005
D2: Akzeptanz	4	0	1	1	0	0	0	2	40110002

Durch Multiplikation der Ergebnisse in der Spalte „Gesamtbewertung" mit einer bestimmten Menge an Bewertungseinheiten lässt sich das Endergebnis für z. B. die Entsorgung von 5 t „Mineralischer Baurestmasse" für das kardinal bewertete Kriterium „SO_x-Emissionen" als *5 t · 5,912 Punkte/t zu ca. 29,5 Belastungspunkten* berechnen. Damit können im Anschluss mehrere Bewertungsgegenstände einer Konstruktion addiert und entweder als Absolutwert oder bezogen auf eine bestimmte Lebensphase mit anderen Konstruktionen verglichen werden.

Für das ordinal bewertete Kriterium Lärmbelästigung durch Aufbereitung (A6) ergibt sich folgendes Ergebnis:

Punktzahl 1: 0,05 + 0,25 = 30 % der Bezugsgröße
Punktzahl 3: 0,40 + 0,30 = 70 % der Bezugsgröße

Ein identisches Gesamtergebnis wird erhalten, wenn man Tabelle A56 aus Anhang 10 zur Bewertung heranzieht.

6.6   Lebenszykluskosten

6.6.1   Lebenszykluskosten von Gebäuden

Alle Produkte – ob Güter oder Dienstleistungen – stehen im wirtschaftlichen Wettbewerb und haben einen Lebenszyklus mit Vorgeschichte, Gegenwart und Zukunft. Die während des gesamten Lebenszyklus eines Produkts entstehenden Kosten die so genannten Lebenszykluskosten werden mit Hilfe einer Lebenszykluskostenanalyse (Life-Cycle-Costing LCC) ermittelt. LCC wird heute auch als Instrument zur Kostenkontrolle besonders in denjenigen Bereichen der Wirtschaft genutzt, in denen eine Vielzahl gleicher Produkte hergestellt oder eingesetzt wird (z. B. Automobilindustrie). Ziel ist es, die Kosten eines Produkts über den Lebenszyklus zu optimieren, um so ein konkurrenz- und absatzfähiges Fabrikat auf dem Markt zu etablieren.

In der Bauwirtschaft ist die Ermittlung der Lebenszykluskosten auf Basis einer Analyse des Produktlebenszyklus bzw. statistischer Erhebungen nur ansatzweise möglich, denn im Unterschied zu anderen Industriezweigen wird im Regelfall ein Unikat mit einzigartigem Standort hergestellt. Durch den fehlenden Wiederholungseffekt bei der Planung und Arbeitsvorbereitung von Bauvorhaben wird die Lebenszykluskostenanalyse über die einzelnen Lebensphasen eines Gebäudes erschwert. Jedes Bauvorhaben ist von individuellen Lösungsansätzen, Nutzeranforderungen sowie Umgebungsbedingungen geprägt, die sich auf die Kosten niederschlagen. Hinzu kommt die Komplexität des Betrachtungsgegenstandes und dessen hohe Lebensdauer. Die daraus resultierenden Unsicherheitsfaktoren bei der Lebenszykluskostenanalyse von Gebäuden sind vielfältig. In die Betrachtung einbezogen werden müssen Fragen der tatsächlichen technischen und wirtschaftlichen Lebensdauer der Gesamtkonstruktion sowie der technischen Anlagen. Der anzusetzende Kalkulationszinssatz und die zukünftigen Preisentwicklungen im Bereich der Betriebskosten (z. B. Prognose der Energiepreise) ist ebenso von Bedeutung, wie die Auswirkungen zukünftiger legislativer Entscheidungen. Es muss Ziel der Nachhaltigkeitsbetrachtung sein, die Lebenszykluskosten in den einzelnen Lebensphasen ganzheitlich zu erfassen, um das Produkt „Gebäude" optimieren zu können.

Die Lebenszykluskosten von Gebäuden lassen sich im Allgemeinen wie folgt definieren:

> *Die Lebenszykluskosten sind die Summe aller Kosten, die ein Gebäude im Laufe eines Lebenszyklus von der Planung über die Herstellung und die Nutzung bis hin zu seiner Beseitigung verursacht.*

Darunter fallen die:

a) Planungs- und Herstellkosten

Hierunter versteht man nach **DIN 276** die Gesamtkosten für alle Maßnahmen zur Herstellung des Bauwerks einschließlich der Planungs- und Finanzierungskosten (Grundstück, Erschließung, Baukonstruktion, Technische Anlagen, Außenanlagen, Ausstattung, Baunebenkosten).

b) Nutzungskosten

Dies sind nach **DIN 18 960-1** „regelmäßig oder unregelmäßig wiederkehrende Kosten" während der Nutzungsphase (Kapitalkosten, Abschreibung, Verwaltungskosten, Steuern, Betriebskosten, Bauunterhaltungskosten) sowie Kosten für Umbaumaßnahmen und zur Modernisierung.

c) Abbruchkosten

Diese Kosten beinhalten alle Maßnahmen für die Beseitigung der baulichen Anlagen, und die Entsorgung der anfallender Baurestmassen, inklusive einfließender Erträge durch die Wieder- bzw. Weiterverwendung von Bauteilen.

Damit ergibt sich aus ökonomischer Sicht folgende Definition der Lebenszykluskosten von Gebäuden:

$$LCC = H + N + A \quad [\text{€}] \tag{6-15}$$

wobei:

H Kosten der Planungs- und Herstellungsphase
N Kosten der Nutzungsphase
A Kosten des Abbruchs

Die über den Lebenszyklus eines Gebäudes anfallenden Kosten können also auf die Lebensphasen „Planung und Herstellung", „Nutzung" und „Abbruch" aufgeteilt werden, weisen allerdings starke Abhängigkeiten zwischen den einzelnen Lebensabschnitten auf. So wird bereits mit der Planungsphase determiniert, welche Folgekosten sich in der Nutzungs- und Abbruchphase ergeben. Mit der Wahl der Baukonstruktion und der zu verarbeitenden Materialien sowie der technischen Gebäudeausrüstung werden einerseits die technische Lebensdauer der Gesamtkonstruktion, andererseits die Bauunterhaltungs- und Instandsetzungszyklen einzelner Teile festgelegt. Die daraus resultierenden Baunutzungskosten für die technischen Anlagen und die Konstruktion ergeben sich infolge des natürlichen Alterungsprozesse des Gebäudes und werden von den in den vorangegangenen Lebensphasen getroffenen Entscheidungen dominiert. Auch eventuelle Umnutzungen, Revitalisierungen oder Modernisierungen infolge nutzerspezifischer und legislativer Einflüsse während der Nutzungsphase weisen Abhängigkeiten zu vorangegangenen Entscheidungen auf. Je nach Flexibilität der Gebäudestruktur werden höhere oder niedrigere Unterhaltungs- und Modernisierungskosten verursacht. Die Art der Herstellung entscheidet über den Grad der Demontierbarkeit der Konstruktion am Lebensende und beeinflusst die Wahl des Rückbauverfahrens.

Die Möglichkeiten der Beeinflussung der Gesamtwirtschaftlichkeit des Bauvorhabens fallen somit von Beginn der Planungsphase bis zum Ende der Herstellungsphase stark ab und werden in der Nutzungs- und Abbruchphase minimal (siehe Abbildung 6-15).

Untersuchungen auf dem Sektor der Immobilienwirtschaft haben ergeben, dass die technische Lebensdauer der Tragstruktur eines Gebäudes i. d. R. mit mehr als 100 Jahren angesetzt werden kann. Andererseits beschränkt sich die wirtschaftliche Lebensdauer von Büro- und Verwaltungsgebäuden in vielen Fällen aufgrund veränderter Randbedingungen auf 15–20 Jahre.

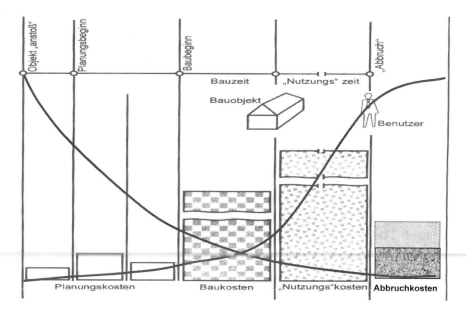

Abb. 6-15: Kosten über den gesamten Lebenszyklus und deren Beeinflussbarkeit

Um nun abschätzen zu können, ob es sich unter Nachhaltigkeitsgesichtspunkten lohnt, die wirtschaftliche Lebensdauer des Gebäudes durch Investitionen zu erhöhen und gegebenenfalls die technische Lebensdauer zu erreichen, muss man zum jeweiligen Betrachtungszeitpunkt den Restwert des Gebäudes kennen. Deshalb sollte die Definition der Lebenszykluskosten von Gebäuden um den Restwert S erweitert werden:

$$LCC = H + N + A - S \quad [€]$$
(6-16)

Die Nachhaltigkeitsanalyse von Gebäuden basiert auf dem Vergleich unterschiedlicher Alternativen gleicher funktioneller Einheiten (siehe Abschn. 5.2). Damit ist es nicht erforderlich, alle entstehenden Kosten über den Lebenszyklus zu ermitteln, sondern ausschließlich solche Kostenparameter in die Analyse einzubeziehen, in denen sich die betrachteten Varianten unterscheiden. Außerdem muss berücksichtigt werden, dass die Kosten zu unterschiedlichen Zeitpunkten anfallen. Um sie vergleichbar zu machen, werden üblicherweise dynamische Modelle der Investitionskostenrechnung verwendet.

6.6.2 Methodik der Berechnung (Investitionskostenrechnung)

Bei der Berechnung der Lebenszykluskosten von Gebäuden bedient man sich der Methoden der Investitionskostenrechnung. Diese werden hinsichtlich der Berücksichtigung des Zeitfaktors grundsätzlich in die statische und die dynamische Berechnungsmethode unterschieden. Bei der dynamischen Investitionskostenrechnung fließt das zeitliche Auftreten von Zahlungen oder Forderungen in die Berechnungen mit ein. Grundlage der Investitionskostenrechnung ist die Zinseszinsrechnung.

Investitionsrechnungen nach der statischen Methode werden grundsätzlich nur für einen bestimmten Zeitabschnitt, üblicherweise für den Zeitraum eines Jahres erstellt. Bei dieser Berechnungsmethode werden somit jährliche Durchschnittswerte angesetzt. Es werden dementsprechend nur solche Kosten und Leistungen miteinander verglichen, die zur gleichen Zeit bzw. im selben Zeitabschnitt anfallen. Dies ist allerdings im Bauwesen häufig nicht der Fall. So lassen sich z. B. die Herstellkosten eines Bauwerks und die künftigen Nutzungskosten nur auf einen gemeinsamen Nenner bringen, wenn man sie mit Hilfe eines Zeitfaktors gewichtet. Daraus wird deutlich, dass nur die dynamischen Berechnungsmethoden für eine Lebenszykluskostenanalyse die notwendige Genauigkeit liefern können. Auf die statischen Methoden wird daher im Folgenden nicht näher eingegangen.

Bei der dynamischen Berechnungsmethode wird stets davon ausgegangen, dass freigewordenes Kapital sofort wieder verzinslich am Kapitalmarkt angelegt wird. Die Wahl des richtigen Kalkulationszinssatzes hängt hierbei vor allem davon ab, ob eine Inflationsrate berücksichtigt werden soll. Bei längerfristigen Betrachtungen, wie dies bei der Lebenszyklusanalyse von Gebäuden üblicherweise der Fall ist, muss mit Preissteigerungen gerechnet werden. Für die Berechnung stehen Gleichungen zur Verfügung, die z. B. [125] zu entnehmen sind. Man kann aber auch – bei näherungsweise gleichen Ergebnissen – die Preissteigerungen bei der Festlegung des Kalkulationszinssatzes berücksichtigen. Der Kalkulationszinssatz ergibt sich aus dem Kapitalmarktzins für längerfristige, gesicherte Anlagen, die dem Investor zur Verfügung stehen, abzüglich der Inflationsrate [90].

Gegen die Investitionsrechnung im Baubereich wird häufig eingewandt, dass sich die künftigen Kostenentwicklungen, Mieteinnahmen und natürlich die Zinssätze gar nicht voraussagen ließen und daher die Aussagen über Lebenszykluskosten immer mit einem erheblichen Fehler belastet seien. Dieser Einwand geht allerdings an der Zielrichtung der Investitionsrechnung vorbei, da mit dieser Methode keine Zahlungsprognosen aufgestellt werden sollen, sondern lediglich eine Hilfestellung für eine zu treffende Planungsentscheidung gegeben werden soll. Bei der notwendigen Entscheidung zwischen mehreren Alternativen im Planungsprozess, ist nur der relative Abstand entscheidend. Dieser ist jedoch meistens auch bei verschiedenen Annahmen über zukünftige Kosten und deren Zeitpunkt gleichgerichtet. Das bedeutet, dass die Reihenfolge der Wirtschaftlichkeit der verschiedenen Planungsalternativen in der Regel gegen verschiedene Annahmen der Investitionsrechnung invariant ist [90].

Im Folgenden werden die üblichen Berechnungsmethoden der dynamischen Investitionsrechnung – die man prinzipiell in zwei Gruppen aufteilen kann – kurz erläutert. Bei den Modellen der ersten Gruppe liegt ein einheitlicher Kalkulationszinssatz, mit dem Zahlungen auf- oder abgezinst werden können, vor. Bei den Methoden der zweiten Gruppe wird hingegen realistischer unterstellt, dass für die Anlage und die Aufnahme von Kapital verschiedene Zinssätze existieren. Die Abbildung 6-16 zeigt einen Überblick über verschiedene Methoden der beiden Gruppen.

Bei einer Lebenszykluskostenanalyse werden zunächst nur die Kosten des Gebäudes über den gesamten Lebenszyklus betrachtet. Prinzipiell ist aber die Investitionsrechnung auch in der Lage die zugehörigen Erträge zu berücksichtigen.

Die häufigsten Berechnungsmethoden der Lebenszykluskostenbestimmung sind die Kapitalwertmethode und die Annuitätenmethode, deren wichtigste Berechnungsgleichungen nachstehend kurz beschrieben sind.

Wenn bei der Kapitalwertmethode nur die entstehenden Kosten betrachtet werden sollen, dann ist die Planungsalternative mit dem geringsten Barwert die wirtschaftlichste. Die Gleichung für den Barwert B lautet [90]:

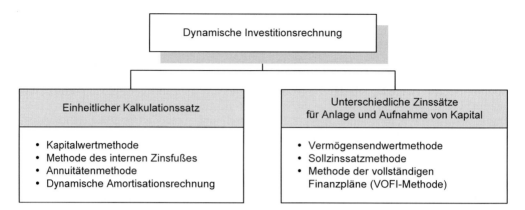

Abb. 6-16: Dynamische Verfahren der Investitionsrechnung [64]

$$B = \frac{K_1}{(1+i)^1} + \frac{K_2}{(1+i)^2} + \dots + \frac{K_n}{(1+i)^n} = [\text{€}] \qquad (6\text{-}17)$$

wobei:

K_i Kosten im Jahre i
i Kalkulationszinssatz
n Anzahl der betrachteten Jahre

Die Annuitätenmethode ist insbesondere für Lebenszykluskostenanalysen, bei denen die Nutzungskosten eine große Rolle spielen, geeignet. Die Annuität RE der einzelnen Investitionsalternativen ergibt sich als jährliches Äquivalent wie folgt:

$$RE = K_0 \cdot \frac{(1+i)^n \cdot i}{(1+i)^n - 1} = [\text{€/Jahr}] \qquad (6\text{-}18)$$

wobei:

K_0 Investitionskosten
i Kalkulationszinssatz
n Anzahl der betrachteten Jahre

Mit der Annuitätenmethode verteilt man also die Investitionskosten mit Hilfe der Zinseszinsrechnung über die Nutzungsdauer zeitdynamisch und praxisgerecht. Um die jährlichen Gesamtkosten zu erhalten, müssen noch die jährlichen Nutzungskosten addiert werden.

Wichtig ist die Feststellung, dass in die Berechnung bei beiden Methoden neben den Kosten der Kalkulationszinssatz eingeht. Dies bedeutet, dass eine Planungsalternative meistens nur in einem gewissen Wertebereich des Zinsfaktors die beste Lösung darstellt, wogegen bei einem anderen Zinssatz eine andere Variante die wirtschaftlichste sein kann.

6.6.3 Kosten der Bauwerkserstellung

Die Planungs- und Herstellungskosten von Gebäuden fallen in den Anwendungsbereich der DIN 276. Dementsprechend beinhalten Kosten im Hochbau „Aufwendungen für Güter, Leistungen und Abgaben, die für die Planung und Ausführung von Baumaßnahmen erforderlich sind". Es handelt sich folglich um Ausgaben und Preise und nicht um Kosten im betriebswirtschaftlichen Sinne.

Die Nachhaltigkeitsanalyse von Gebäuden stützt sich auf den Vergleich unterschiedlicher Alternativen gleicher funktioneller Einheit. In diesem Zusammenhang ist zunächst festzustellen, welche Kostengruppen bei der Bauwerkserstellung in die Analyse einfließen. Die Kosten für die Einzelmaßnahmen der Herstellung gliedern sich nach DIN 276 entsprechend Abbildung 6-17.

DIN 276: Juni 1993 „Kosten im Hochbau"	
100	**Grundstück**
200	**Herrichten und Erschließen**
300	**Bauwerk – Baukonstruktion**
	310 Baugrube
	320 Gründung
	330 Außenwände
	340 Innenwände
	350 Decken
	360 Dächer
	370 Baukonstruktive Einbauten
	390 Sonstige Maßnahmen für Baukonstruktionen
400	**Bauwerk – Technische Anlagen**
	410 Abwasser-, Wasser-, Gasanlagen
	420 Wärmeversorgungsanlagen
	430 Lufttechnische Anlagen
	440 Starkstromanlagen
	450 Fernmelde- und informationstechnische Anlagen
	460 Förderanlagen
	470 Nutzerspezifische Anlagen
	480 Gebäudeautomation
	490 Sonstige Maßnahmen für Technische Anlagen
500	**Außenanlagen**
600	**Ausstattung und Kunstwerke**
700	**Baunebenkosten**
	710 Bauherrenaufgaben
	720 Vorbereitung der Objektplanung
	730 Architekten- und Ingenieurleistungen
	740 Gutachten und Beratung
	750 Kunst
	760 Finanzierung
	770 Allgemeine Baunebenkosten
	790 Sonstige Baunebenkosten

Abb. 6-17: Aufteilung der Herstellkosten nach DIN 276

Bei Betrachtung annähernd identischer funktioneller Einheiten sind die Kosten der Kostengruppen 100 (Grundstück), 200 (Erschließung), 500 (Außenanlagen), 600 (Ausstattung) sowie Teile der Kostengruppe 700 (Baunebenkosten) für den Nachhaltigkeitsvergleich ohne Bedeutung. Eine Bewertung dieser Kostengruppen kann daher im Allgemeinen entfallen. Die in den Kostengruppen 300 und 400 enthaltenen Kosten haben demgegenüber einen entscheidenden Einfluss auf die Ergebnisse einer Nachhaltigkeitsuntersuchung und müssen daher detailliert erfasst werden. Weiterhin sollten die Planungskosten (KG 730) berücksichtigt werden, da sie bei unterschiedlichen Gebäudeversionen variieren können.

Bei der konventionellen Bauausführung erfolgt die Preisbildung projektbezogen auf Grundlage einer Ausschreibung Die Kosten bei der Herstellung von Gebäuden werden durch eine Vielzahl von Parametern beeinflusst. Grund sind konjunkturelle, saisonale und regionale Schwankungen, sowie individuelle Lösungsansätze und spezielle Nutzeranforderungen. Hinzu kommen auch lokale Umgebungsbedingungen, die Einfluss auf die Wahl des Baumaterials und des Bauverfahrens nehmen. Auftretende Unwägbarkeiten während der Ausführung können zudem die anzusetzenden Aufwandswerte beeinflussen.

Um die in der Kostengruppe 300 entstehenden Aufwendungen zu erfassen, kann man sich unterschiedlicher Ansätze bedienen. Verwendet man die Methode der Kosten- und Leistungsrechnung werden zunächst die Einzelkosten der Teilleistungen ermittelt, bevor sich die Netto-Angebotsumme durch Addition der Gemeinkosten der Baustelle, der allgemeinen Geschäftskosten, der Bauzinsen, sowie des Zuschlags für Wagnis und Gewinn ergibt. Die baubetriebliche Kosten-Leistungs-Rechnung hat den Vorteil, dass durch die Art des Vorgehens die Kosten der einzelnen Elemente schichtweise erfasst und entsprechend dem bereits beschriebenen Schichtenmodell (siehe Abschn. 5.6.2) ausgewertet werden können.

Bei der Nachhaltigkeitsanalyse und dem Nachhaltigkeitsvergleich gleicher funktionaler Einheiten sind ausschließlich die Einzelkosten der Teilleistungen von Interesse. Diese werden nach Gewerken erfasst und gliedern sich in die folgenden Kostenarten:

- Lohn- und Gehaltskosten
- Kosten der Baustoffe
- Kosten des Rüst-, Schal- und Verbrauchsmaterials einschließlich Hilfsstoffen
- Kosten der Geräte einschließlich der Betriebsstoffe
- Kosten der Geschäfts-, Betriebs- und Baustellenausstattung
- allgemeine Kosten
- Fremdarbeiterkosten
- Kosten der Nachunternehmerleistungen

Bei einer vergleichenden Nachhaltigkeitsanalyse kann man sich im Regelfall auf die Betrachtung der Lohnkosten, der Kosten für die Baustoffe, der Kosten für Rüst-, Schal- und Verbrauchsmaterial sowie der Kosten für Geräte und Betriebsstoffe beschränken.

- **Lohnkosten**
  In Abhängigkeit des gewählten Bauverfahrens sind flächen- oder volumenbezogene Aufwandswerte zur Erstellung der betrachteten Bauteilschicht vorgegeben, die multipliziert mit dem Mittellohn die endgültigen Lohnkosten je Einheit (Fläche oder Volumen) ergeben. Diese einheitsbezogenen Lohnkosten werden mit dem sich aus der Materialstromberechnung ergebenden Mengen jeder Materialschicht verknüpft, um die endgültigen Aufwendungen zu erhalten. Der Aufwandswert für die auszuführende Tätigkeit kann variieren und setzt sich aus einem Grundwert – abhängig von der Menge, der Art und der Wiederholungszahl – und aus den Zulagen, die u. a. von der körperlichen Verfassung, der Motivation und den

individuellen Baustellenbedingungen abhängen, zusammen. Verschiedenen Arbeitszeit-richtwerte lassen sich dem „Handbuch für Arbeitsorganisation Bau" entnehmen und entsprechend der vorliegenden Randbedingungen anpassen.

- **Kosten für Baustoffe**
  Baumaterialpreise können aufgrund eines örtlichen Vorkommens oder Mangels natürlicher Ressourcen starken regionalen Schwankungen unterworfen sein. In Abhängigkeit des Gebäudestandorts gilt es, den Einheitspreis für die Baustoffe zu ermitteln und durch Multiplikation mit der erforderlichen Menge je Materialschicht die zugehörigen Kosten zu bestimmen. Anzusetzen sind dabei auch zusätzlich anfallende Transportkosten, die vom Produktionsstandort des Materials bis zur Baustelle anfallen.

- **Kosten für Rüst-, Schal- und Verbrauchsmaterial**
  Kosten für Rüst-, Schal- und Verbrauchsmaterialien entstehen hauptsächlich bei den Ausführungsarbeiten des Rohbaus. Um die Erfassung der Lebenszykluskosten zu vereinfachen, können sie prozentual auf die Kosten der Baustoffe aufgeschlagen oder in den Einheitspreis des Materials integriert werden.

- **Kosten für Geräte und Betriebsstoffe**
  Die für Geräte und Betriebshilfsstoffe anfallenden Kosten sollten bei der Lebenszykluskostenermittlung zumindest näherungsweise erfasst werden. Dies kann im direkten Zusammenhang mit der Herstellung der jeweiligen Schicht bzw. des jeweiligen Bauteils geschehen. Allerdings ist es nicht Ziel beim Vergleich gleicher funktioneller Einheiten zusätzlich die Gerätekosten zu erfassen, die z. B. durch die Stillstandszeit von Baugeräten anfallen.

Eine weitere Möglichkeiten der Bestimmung der Kosten der Bauwerkserstellung besteht in der Verwendung von bauteilbezogenen Kostenkennwerten, die aus abgerechneten Bauvorhaben bekannt sind. Derartige Kennwerte werden z. B. vom Baukosteninformationszentrum Deutscher Architektenkammern (BKI) ermittelt und dem Planer zur Verfügung gestellt. Die Kennwerte dienen als Orientierungshilfe in der Planungsphase. Sie spiegeln das durchschnittliche Baukostenniveau in Deutschland wider. Es werden Kostenwerte, die abhängig von der Gebäudeart oder von der Ausführungsart ermittelt wurden, angegeben. Diesbezüglich liegt eine Bandbreite von Kostenkennwerten („von-bis-Werte"), die je nach Umgebungsbedingungen auf das zu betrachtende Projekt angepasst werden müssen, vor. Allerdings ist bei dieser Art des Vorgehens der Detaillierungsgrad sehr grob, denn die Abhängigkeiten einzelner Schichten werden nicht näher betrachtet.

6.6.4 Kosten in der Nutzungsphase von Gebäuden

6.6.4.1 Überblick

Bei der Berechnung der Nutzungskosten von Immobilien ist die Abgrenzung der Kosten von entscheidender Bedeutung. Bei den regelmäßig oder unregelmäßig wiederkehrenden Baunutzungskosten kann man zwischen den Nutzungskosten entsprechend DIN 18 960-1 [34] und den Kosten, die nicht dem Kerngeschäft einer Unternehmung zuzurechnen sind und daher durch Facility Management Gesellschaften übernommen werden, differenzieren.

Gebäudemanagement ist in [35] definiert als die

„Gesamtheit aller Leistungen zum Betreiben und Bewirtschaften von Gebäuden einschließlich der baulichen und technischen Anlagen auf der Grundlage ganzheitlicher Strategien. Dazu gehören auch die infrastrukturellen und kaufmännischen Leistungen".

Demgegenüber definiert [34] die Kosten in der Nutzungsphase wie folgt:

„Baunutzungskosten sind alle bei Gebäuden, den dazugehörenden baulichen Anlagen und deren Grundstücken unmittelbar entstehenden, regelmäßig oder unregelmäßig wiederkehrenden Kosten vom Beginn der Nutzbarkeit des Gebäudes bis zum Zeitpunkt seiner Beseitigung."

Demzufolge beinhaltet DIN 18 960-1 einen deutlich engeren Kostenbegriff, als er in der DIN 32 736 „Gebäudemanagement" gewählt wird. Zu beachten ist, dass die Kosten für notwendige Umnutzungs-, Modernisierungs- oder Revitalisierungsmaßnahmen infolge nutzerspezifischer oder legislativer Einflüsse formal nicht zu den Nutzungskosten nach DIN 18 960-1 gehören, sondern entsprechend DIN 276 den Herstellkosten zuzuordnen sind, da sie keine Bauunterhaltungs- bzw. Instandsetzungsmaßnahmen darstellen. Eine gute Beschreibung der Überschneidungen der verschiedenen normativen Regelungen (DIN 276, DIN 32 736, DIN 18 960) wird in Beiblatt 1 zur DIN 32 736 gegeben.

Bei der Nachhaltigkeitsanalyse der Nutzungsphase von Konstruktionsalternativen mit annähernd identischer funktioneller Einheit können die rein nutzerabhängigen Kosten als neutral hinsichtlich des Bewertungsergebnisses aufgefasst werden. Daher ist eine Begrenzung der zu betrachtenden Nutzungskosten auf den in DIN 18 960-1 definierten Umfang sinnvoll. Die Gliederung der Nutzungskosten entsprechend dieser Norm ist in Abbildung 6-18 dargestellt.

DIN 18 960-1: 1976-04 „Baunutzungskosten von Hochbauten"

1 **Kapitalkosten**
    1.1   Fremdmittel
    1.2   Eigenleistungen

2 **Abschreibung**
3 **Verwaltungskosten**
4 **Steuern**

5 **Betriebskosten**
    5.1   Gebäudereinigung
    5.2   Abwasser und Wasser
    5.3   Wärme und Kälte
    5.4   Strom
    5.5   Bedienung
    5.6   Wartung und Inspektion
    5.7   Verkehrs- und Grünflächen
    5.8   Sonstiges

6 **Bauunterhaltungskosten**

Abb. 6-18: Kostengliederung DIN 18 960-1

Die nachfolgenden Ausführungen beschränken sich auf die Erläuterung der von der Baukonstruktion abhängigen Kosten von Gebäuden. Hierbei handelt es sich um die Kostengruppen 5 und 6 (Betriebskosten sowie Bauunterhaltungskosten). Die Kostengruppen 1 (Kapitalkosten) und 2 (Abschreibung) werden im Zuge der Ausführungen über die Berechnungsmethodik berücksichtigt (vgl. Abschn. 6.6.2). Die im Zusammenhang mit der Erstellung und dem Betrieb von Gebäuden anfallenden Steuern können auf die Rangfolge von Investitionsalternativen einen entscheidenden Einfluss haben. Die Berücksichtigung von Steuern bei Wirtschaftlichkeitsanalysen ist jedoch aus verschiedenen Gründen schwierig. So ist z. B. für die Ermittlung der Steuerlast eine Gesamtbetrachtung des Einkommens und des Vermögens notwendig, zu dem die betrachtete Immobilie meist nur einen gewissen Teil beiträgt. Die steuerlichen Regelungen über die verschiedenen Kostengruppen sind darüber hinaus kompliziert und durch eine gewisse Unvorhersehbarkeit durch Änderungen im Rahmen der Steuergesetzgebung und Rechtsprechung geprägt. Da im Rahmen der ökonomischen Nachhaltigkeitsbeurteilung im Regelfall nur ein Vergleich verschiedener Ausführungsvarianten durchgeführt werden kann, gehen Steuern ebenso wie die Verwaltungskosten als neutrale Kosten nicht in die Analyse ein. Die Kostengruppen 3 und 4 werden also im Regelfall nicht erfasst.

6.6.4.2 Betriebskosten

Zur Ermittlung der Betriebskosten gibt es grundsätzlich zwei Möglichkeiten. Einerseits können Kennwerte aus Felduntersuchungen durch Analyse von Datenerhebungen ermittelt werden (Benchmarking). Eine derartige Ermittlung der Betriebskosten stellt einen langwierigen Prozess dar, da vergleichbare Objekte zur Verfügung stehen müssen. Wenn die Ergebnisse von Benchmarkprozessen zur Ermittlung der Betriebskosten von anderen Objekten herangezogen werden, dienen sie im Allgemeinen nur einem schnellen Überblick. Andererseits können analytische Berechnungsmethoden zur Betriebskostenbestimmung verwendet werden, mit denen eine höhere Genauigkeit erreichbar ist. Da die Berechnungen zum Zeitpunkt des Entwurfes des Gebäudes durchgeführt werden sollen, bleiben jedoch gewisse Unschärfen bestehen.

Für eine Nachhaltigkeitsanalyse von Bedeutung sind die Kostengruppen *Gebäudereinigung*, *Wärme und Kälte* sowie *Strom*. Die Kostengruppen *Wasser/Abwasser*, *Verkehrs-/Grünflächen* sowie *Sonstiges* werden nicht näher behandelt, da sie durch die Baukonstruktion nur geringfügig beeinflusst werden können oder nur einen geringen prozentualen Anteil an den Betriebskosten aufweisen (vgl. Abb. 6-19). Die Kostengruppen 5.5 *Bedienung* sowie 5.6 *Wartung/Inspektion* werden in der DIN 18 960-1 getrennt behandelt. Der Anteil dieser Kostengruppen an den Betriebskosten ist vergleichsweise gering – ihr Anteil liegt je nach Randbedingungen bei ca. 5 % (vgl. Abb. 6-19) – so dass sie meistens nur als Prozentwert der Investitionskosten berücksichtigt werden.

Gebäudereinigung

Zur Kostengruppe Gebäudereinigung gehören alle Kosten für die Innen-, Fenster- und Fassadenreinigung. Hierbei umfasst die Innenreinigung die Reinigung der Fußböden, Decken und Wände, aber auch die Reinigung der Inneneinrichtungen und der Sanitärobjekte. Bei der Fensterreinigung handelt es sich nicht nur um die reine Glasreinigung, sondern auch um die Reinigung der Fensterrahmen und Sonnenschutzeinrichtungen. Die Fassadenreinigung schließlich beinhaltet die Reinigung der äußeren Gebäudehülle ohne die Arbeiten der Fensterreinigung. Entsprechend der Abbildung 6-19 hat diese Kostengruppe bei Verwaltungsgebäuden mit ca. 32 % Kostenanteil den größten Einfluss auf die entstehenden Betriebskosten. Nicht eingeschlossen sind die Kosten des Stromverbrauchs sowie für das Wasser bzw. Abwasser, die in

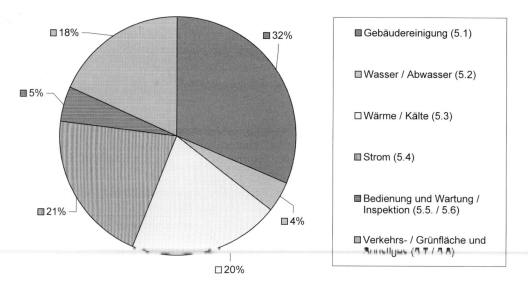

Abb. 6-19: Betriebskosten von Verwaltungsgebäuden [164]

den entsprechenden eigenständigen Kostengruppen enthalten sind. Ebenso fällt die Reinigung der Außenanlagen in die Kostengruppe Verkehrs- und Grünflächen.

Die Gebäudereinigungskosten (*RK*) nach [41] setzen sich bei der Berechnung aus den Innen- (RK_I) und den Fensterreinigungskosten (RK_F) zusammen. Dyllick-Brenzinger setzt die Fassadenreinigung wegen ihres (damaligen) geringen Anteils nicht an.

$$RK = RK_I + RK_F = [€/a] \qquad (6\text{-}19)$$

Der erforderliche Aufwand für die Innenreinigung ist signifikant von der Reinigungshäufigkeit und somit von den Sauberkeitsanforderungen (Service Level Agreement) der Nutzer abhängig. Aufgrund der starken Nutzerabhängigkeit und des bedingten Einflusses der Konstruktion können die Innenreinigungskosten bei einer Nachhaltigkeitsanalyse zumeist außer Betracht bleiben. Demgegenüber kann bei modernen Verwaltungsgebäuden mit Doppelglasfassaden die Fassadenreinigung (inkl. der Glasflächen) ein wesentliches Kostenelement sein und sollte daher in der Berechnung erfasst werden.

Bei der Berechnung der Fensterreinigungskosten werden die entstehenden Kosten aufgeschlüsselt, um unterschiedliche Reinigungshäufigkeiten und Reinigungpreise berücksichtigen zu können. So setzen sich die Fensterreinigungskosten (RK_F) aus den Reinigungskosten für die Fensteraußenfläche (*FA*), die Fensterinnenfläche (*FI*), den Rahmen (*FR*) und die Sonnenschutzeinrichtungen/Jalousien (*FJ*) zusammen.

$$RK_F = RK_{FA} + RK_{FI} + RK_{FR} + RK_{FJ} = [€/a] \qquad (6\text{-}20)$$

Die jeweiligen Einzelkosten können durch Multiplikation der geometrischen Abmessungen mit den jeweils anzusetzenden Einheitspreisen in €/m² unter Berücksichtigung der angenommenen Reinigungshäufigkeit ermittelt werden

Wärme und Kälte

Entsprechend der DIN 18 960-1 fallen unter die Kostengruppe Wärme und Kälte alle Energie-kosten, die zur Gewährleistung der thermischen Behaglichkeit eines Gebäudes notwendig sind. Die Herstellung eines solchen Raumklimas obliegt einer Heizungsanlage, einer Kälteanlage und/oder einer raumlufttechnischen Anlage (RLT). Die zugehörigen Betriebskosten können im Rahmen der Nachhaltigkeitsanalyse aus dem entsprechenden Energiebedarf in kWh/(m^{2}a) und den zugehörigen Energiepreisen bestimmt werden. Verschiedene Verfahren zur Bestimmung des erforderlichen Energiebedarfs von Gebäuden wurden bereits in Abschnitt 6.3 vorgestellt, wobei das in DIN EN 832 beschriebene Verfahren zur Ermittlung des Heizenergiebedarfs grundsätzlich für wirtschaftliche Vergleichsrechnungen geeignet ist, wenn gebäudespezifische Daten zugrunde gelegt werden und eine dynamische Wirtschaftlichkeitsrechnung zur Anwendung kommt. Bei der Lebenszykluskostenanalyse ist zu beachten, dass sich die jährlichen Steigerungsraten für Energiepreise von der allgemeinen Inflationsrate sowie der Steigerungsrate für Baukosten deutlich unterscheiden. Die Auswirkungen auf die ökonomische Rentabilität von energieeinsparenden Maßnahmen können jedoch im Rahmen der Investitionskostenrechnung berücksichtigt werden.

Strom

Die innerhalb der Kostengruppe Strom anfallenden Betriebskosten können ebenfalls direkt aus dem zugehörigen Energieverbrauch (siehe Abschn. 6.3) bestimmt werden. Zu beachten ist hierbei, dass der Stromverbrauch für Wärme und Kälte nicht zur Kostengruppe Strom, sondern bei der Kostengruppe „Wärme und Kälte" zu erfassen ist. Den wesentlichsten, durch die Baukonstruktion bzw. die Wahl des Fensteranteils beeinflussbaren Kostenanteil, stellen die Beleuchtungskosten dar. Zu den sonstigen Stromverbrauchern zählen vor allem Aufzüge, Computer, elektrische Geräte und Schwachstromanlagen.

Im Rahmen einer vergleichenden Nachhaltigkeitsanalyse von Gebäuden genügt im Regelfall die Betrachtung der Kosten für die Raumbeleuchtung, da der sonstige Stromverbrauch in einem Gebäude einerseits weitestgehend konstruktionsunabhängig und andererseits stark nutzer- bzw. komfortabhängig ist.

6.6.4.3 Kosten für Bauunterhaltung und Instandsetzung

Der Begriff der Bauunterhaltungskosten nach DIN 18 960-1 Fassung 1974 wird in der neueren Ausgabe der DIN 18 960 durch den Begriff der Instandsetzungskosten ersetzt. Beide Begriffe sind gleichwertig und drücken denselben Prozess aus, der nach DIN 31 051 wie folgt definiert ist: Instandsetzungen sind *„Maßnahmen zur Erstellung der geforderten Abnutzungsvorräte einer Betrachtungseinheit ohne technische Verbesserungen"*.

Diese Definition besagt, dass eine Instandsetzung bestenfalls einen Werterhalt ermöglicht, d. h. eine Maßnahme zur Bewahrung und Wiederherstellung des ursprünglichen Sollzustandes darstellt. Weiterführende Maßnahmen, wie z. B. eine Modernisierung, gehören daher nicht mehr in den Bereich der Instandsetzung, sondern müssen ökonomisch wie bei einer Neuerstellung betrachtet werden.

Die Bauunterhaltungskosten hängen von einer Vielzahl von Einflussparametern ab, die im Rahmen einer Nachhaltigkeitsuntersuchung in unterschiedlichem Detaillierungsgrad abgebildet werden sollten. Die Langlebigkeit, die Robustheit sowie die Wartungs- und Instandsetzungshäufigkeit eines Materials, Geräts oder Bauelements beeinflusst die erforderlichen Instandsetzungszyklen und dementsprechend die Kosten für die Wiederherstellung des ursprünglichen Sollzustandes. Die Komplexität der Bauunterhaltungsmaßnahme beeinflusst die Dauer der Instandsetzung und den Umfang der notwendigen begleitenden Arbeiten. Ein weiteres Kriterium ist die Zugänglichkeit des Instandsetzungsobjektes. Gerade bei Bauwerken können durch eine Instandsetzungsmaßnahme weitere Objekte (z. B. darüber liegende Materialschichten) betroffen sein. Deren Ausbau und Wiederherstellung ist der eigentlichen Instandsetzung hinzuzurechnen.

Die Verwendung des bereits beschriebenen Schichtenmodells (siehe Abschn. 5.6.2) ermöglicht die Berücksichtigung unterschiedlicher Instandsetzungsszenarien und kann gleichzeitig die Abhängigkeit einzelner Bauteilschichten untereinander erfassen. Mit Hilfe der gewählten Verbindungstechnik zwischen Materialschichten und Bauteilen können die im Zuge von Instandsetzungsarbeiten auftretenden Materialströme quantifiziert und mit entsprechenden Lohn- und Materialkosten (siehe Abschn. 6.6.3) belegt werden. Damit lassen sich die ökonomischen Auswirkungen der erforderlichen Instandsetzungsmaßnahmen in der Nutzungsphase relativ genau erfassen, wenn die notwendigen Instandsetzungszyklen bekannt sind oder vorgegeben werden.

6.6.5 Kosten für den Rückbau von Gebäuden und die Entsorgung von Baurestmassen

Zu den Abbruchkosten gehören nach DIN 276 Kostengruppe 394 die Kosten für die „Abbruch- und Montagearbeiten einschließlich Zwischenlagern wiederverwendbarer Teile sowie Abfuhr des Abbruchmaterials". Die wesentlichen Kostenbestandteile von Rückbau- und Entsorgungsleistungen sind die Personal- und Gerätekosten sowie die Entsorgungskosten für Baurestmassen.

Die Art des möglichen Rückbauverfahrens hängt von der vorhandenen Demontierbarkeit der Baukonstruktion (Schichtenabhängigkeiten, Verbindungstechnik) ab, wie sie zum Zeitpunkt der Erstellung festgelegt wurde. Hinsichtlich des Kreislaufgedankens gilt es umweltgerechte und wirtschaftlich geeignete Verfahren zur Durchführung von Abbruchaufgaben auszuwählen, welche die Schadstoffentfrachtung und die Separierung der anfallenden Baurestmassen berücksichtigen. Grundsätzlich gibt es keine rechtlichen Einschränkungen hinsichtlich der Wahl des zu verwendenden Rückbauverfahrens. Sie ist dem ausführenden Unternehmen freigestellt. Seit dem Inkrafttreten des Kreislaufwirtschaft- und Abfallgesetztes im Oktober 1996 wird der konventionelle Abbruch jedoch vermehrt durch den Selektiven Abbruch, Rückbau und die Demontage ersetzt.

Als Grundlage für die Wahl des Abbruchverfahrens dienen die „Technischen Vorschriften für Abbrucharbeiten" des Deutschen Abbruchverbandes und des Entwurfs der DIN 18 007 „Abbrucharbeiten". Bei der Entscheidung für ein bestimmtes Abbruchverfahren müssen eine Reihe von Kriterien und Randbedingungen beachtet werden, die sich auch auf die Abbruchkosten auswirken. Im einzelnen handelt es sich um:

- Lage des Objekts (Bauart und Bauzustand des Gebäudes, Nachbarschaft, eventuell besonders emissionsempfindlich gegenüber Erschütterung, Lärm, Staub, Abstände zur Nachbarbebauung)
- Auflagen von Behörden (Denkmalschutz, Naturschutz, Arbeitsschutz)
- Schadstoffbelastung des Abbruchmaterials (aus Produktion oder Lagerung von Gefahrenstoffen bzw. der für die Bauwerkserstellung verwendeten Baustoffe)
- Entfernung zur Entsorgungsanlage

In Anlehnung an die Ermittlung der Herstellkosten werden für die Bestimmung der Abbruchkosten unter Verwendung der Kosten-Leistungs-Rechnung im Rahmen einer Nachhaltigkeitsanalyse nur die Lohn- und Gehaltkosten sowie die Kosten für Geräte einschließlich der
Betriebsstoffe berücksichtigt. Mit Hilfe des Schichtenmodells können die zugehörigen Materialströme und deren Verschmutzungsgrad gezielt ermittelt und entsprechend mit ökonomischen
Kennwerten belegt werden. Allerdings liegen derzeit keine wissenschaftlich unterlegten
Arbeitszeit-Richtwerte für Rückbaumaßnahmen an und in Gebäuden vor [138].

Neben den eigentlichen Abrisstätigkeiten sind je nach Verfahren anschließende Sortierarbeiten
in Abhängigkeit der gewünschten Sortenreinheit der Baurestmassen notwendig. Hier werden
zusätzliche Kosten, die Berücksichtigung finden müssen, verursacht. Weitere Kosten entstehen für das Verladen und den Transport der Baurestmassen zur Entsorgungsstelle. Zusätzliche
Kosten können auftreten, wenn besondere Behälter (Mulden, Container etc.) zum Sammeln
vorgehalten werden müssen.

Für die Bestimmung der Kosten für Rückbau und Entsorgung kommen folgende Methoden
zur Anwendung [143]:

A) Pauschale Ermittlung über einen Preis pro Kubikmeter Bruttorauminhalt (€/m^3 BRI)

B) Differenzierte Ermittlung durch Splitten nach:

Abrisskosten:	Preis/Kubikmeter BRI volles Gebäudevolumen inkl. Sortier- und Verladekosten.
Entsorgungskosten:	Ermittlung des Schüttvolumens oder des Gewichtes für das Abriss-material über einen Faktor für den BRI und Ansatz eines Preises pro Kubikmeter (€/m^3) oder pro Tonne (€/t).

C) Detaillierte Ermittlung durch Differenzierung nach:

Abrisskosten:	Überschlägige Ermittlung der Wand-, Grund- und Dachflächen und differenzierter Ansatz der Abrisskosten pro Quadratmeter (€/m^2). Gleichzeitig kann das Schüttvolumen der einzelnen Baurestmassen detaillierter ermittelt werden.
Sortierkosten:	Kosten je m^3 Schüttvolumen (€/m^3)
Ladekosten:	Kosten je m^3 Schüttvolumen (€/m^3)
Transportkosten:	Kosten je m^3 Schüttvolumen (€/m^3)
Entsorgungskosten:	Kosten je m^3 Schüttvolumen (€/m^3)

Die in die Berechnung eingehenden Entsorgungskosten hängen von dem erforderlichen bzw.
dem gewählten Entsorgungsweg (siehe Abschn. 2.4.4 und 6.5) und den zu entsorgenden Baurestmassen ab. Eine entsprechende Klassifizierung der Baurestmassen erfolgte bereits in Abschnitt 6.5.4. Zu beachten ist, dass die Entsorgungsgebühren häufig politisch gewollten Einflüssen unterliegen und daher lokal stark differieren können.

7   *bauloop* – ein Softwaretool zur Nachhaltigkeitsanalyse

7.1   Untersuchungsmethodik und Zielsetzung des Analysemodells

Die derzeitige Praxis von Nachhaltigkeitsanalysen geht davon aus, dass ausschließlich wissenschaftlich exakt fundierte Daten für eine Beurteilung genutzt werden können. Ergebnis dieser Vorgehensweise ist, dass ausschließlich diejenigen Indikatoren, deren Wirkungen quantifizierbar sind, in der Bewertung eine Rolle spielen. Diesbezüglich sind lokale, regionale oder globale Umweltwirkungen (Treibhauseffekt, Versauerung), Energie oder anfallende Abfallmengen zu nennen. Kriterien, wie Landschaftsverbrauch oder Gesundheitsbeeinträchtigung und aufgrund fehlender Daten nichtberechenbare Auswirkungen beim Abbruch von Gebäuden (Staub, Lärm, Erschütterungen) sowie die Entsorgung von Baurestmassen bleiben bisher meist unberücksichtigt, da sie nur qualitativ bewertet werden können.

Eine ganzheitliche Analyse von Baukonstruktionen über den kompletten Lebenszyklus ist bei dieser Vorgehensweise nicht möglich, da auch quantitativ nicht erfassbare Gesichtspunkte von großer Bedeutung für die Nachhaltigkeit sein können. Eine Beurteilung, die sich nur auf Teilaspekte beschränkt, liefert mit hoher Wahrscheinlichkeit ein falsches Bild. Aus diesem Grund werden im Rahmen des entwickelten Softwaretools *bauloop* neben dem Einsatz der Ökobilanz zur Erfassung quantitativer Auswirkungen zusätzliche Bewertungsverfahren eingesetzt, welche die Einordnung und Berücksichtigung qualitativ beschreibbarer Kriterien erlauben. Die Verwendung verfeinerter Methoden, welche ausführlich in Kapitel 6 beschrieben sind, erlaubt die Einordnung der Lebensphasen Rückbau und Entsorgung. Verschiedene qualitativ bewertbare Aspekte können aufgrund einer systematischen, standardisierten und nachvollziehbaren Methodik eingeordnet werden.

Eine weitere Besonderheit der Analyse mit *bauloop* liegt in dem entwickelten Schichtenmodell (vgl. auch Abschn. 5.6.2). Dieses Modell erlaubt die Berücksichtigung verschiedener Verbindungstechniken zwischen den einzelnen Materialschichten sowie die detaillierte Bewertung der Umweltbelastung durch die Baurestmassenentsorgung.

Abbildung 7-1 gibt einen Überblick über die in *bauloop* verwendeten Methoden sowie deren Berücksichtigung bei der Beurteilung der verschiedenen Nachhaltigkeitskriterien in den einzelnen Lebensphasen. Für die quantitativ bewertbaren Kriterien der Herstellungs- und Nutzungsphase kommt zur Bewertung umweltlicher Auswirkungen das Verfahren der Ökobilanzierung zum Einsatz. Die Rückbau und Entsorgungsprozesse, die nur qualitativ/quantitativ beurteilt werden können, werden dagegen mit der in Abschnitt 6.1.3 beschriebenen Nutzwertanalyse beurteilt.

Anhand der dargestellten Untersuchungsmethoden in Abbildung 7-1 wird deutlich, dass mit der aktuellen Version von *bauloop* im Wesentlichen ökologische Aspekte betrachtet werden können. Eine Auswertung von Lebenszykluskosten ist derzeit noch nicht möglich, wird jedoch in Kürze unter Verwendung der in Abschnitt 6.6 vorgestellten Grundlagen und Verfahren zur Verfügung stehen. Hierzu ist die Integration entsprechender Basisdaten für Herstellungs-, Nutzungs- und Entsorgungskosten sowie eine Verknüpfung mit den bereits für die ökologische Beurteilung berechneten Materialströmen erforderlich. Damit können auch die ökonomischen Aspekte in die Nachhaltigkeitsanalyse einbezogen werden (Abb. 7-2).

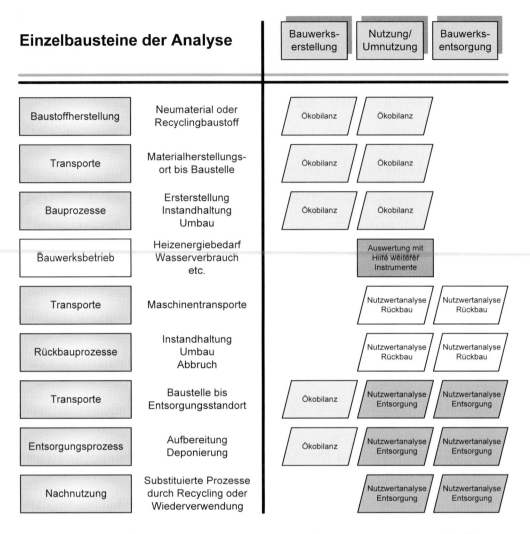

Abb. 7-1: Angewandte Methoden des Verfahrens „*bauloop*" für die Auswertung unterschiedlicher Lebensphasen in ökologischer Hinsicht

Der Vollständigkeit halber wird darauf hingewiesen, dass die aus der Gebäudenutzung entstehenden Verbrauchsprozesse (Heizung, Lüftung, Beleuchtung etc.) und die zugehörigen Umweltbelastungen von dem Analysetool zur Zeit noch nicht automatisch erfasst werden. Für eine vergleichende Analyse ohne den Einsatz zusätzlicher Instrumente ist es daher erforderlich, die technischen Kriterien im Pflichtenheft derart zu definieren, dass beim Vergleich von zwei Konstruktionsvarianten der gleiche Wärmedurchgangswert zu Grunde gelegt wird. Für den Fall, dass im Bezug auf den Betrieb eines Bauwerks unterschiedliche Konstruktionen miteinander verglichen werden sollen, kann mit Hilfe am Markt vorhandener Auswertungsinstrumente der Energiebedarf gesondert berechnet und einer ganzheitlichen Analyse zuge-

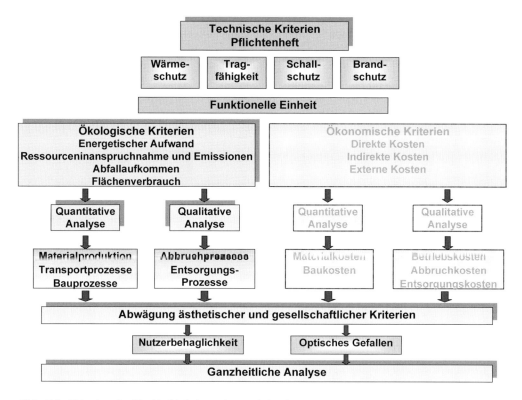

Abb. 7-2: Kriterien der Nachhaltigkeitsanalyse mit *bauloop*

führt werden. Eine entsprechende Erweiterung des Softwaretools *bauloop* ist in naher Zukunft vorgesehen.

Das Programm *bauloop* wurde mit dem Ziel entwickelt, einen Überblick über die Auswirkungen durch Bauwerkserstellung, Bauwerksnutzung und Bauwerksabbruch sowie Baurestmassenentsorgung auf verschiedene Kriterien innerhalb der einzelnen Lebenszyklusphasen zu ermöglichen (vgl. Abb. 7-3). Einzelergebnisse werden für die unterschiedlichen Lebensphasen übersichtlich präsentiert, so dass eine vergleichende Schwachstellenanalyse verschiedener Alternativkonstruktionen möglich ist. Vor- und Nachteile verschiedener Planungsvarianten können identifiziert und Konstruktionen optimiert werden. *bauloop* stellt keine zusammenfassende Bewertung in Form einer „Nachhaltigkeitskennzahl" zur Verfügung, sondern Informationen, die eine endgültige Bewertung durch den Anwender selbst erlauben. Mit dem entwickelten Verfahren können Einzelbauteile, Bauteile, zusammengesetzt aus mehreren Schichten (Schichtbauteile), sowie komplette Gebäude (zusammengesetzt aus Einzel- und Schichtbauteilen) mit ihren gegenseitigen Abhängigkeiten durch die Verbindungswahl analysiert werden.

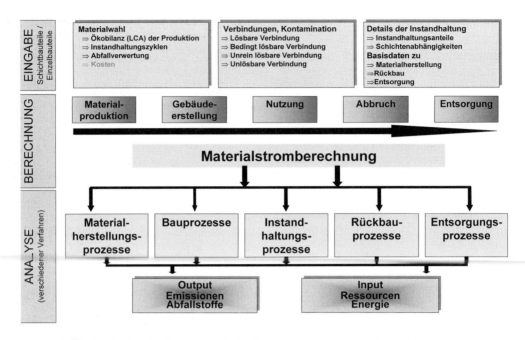

Abb. 7-3: Überblick über das Softwaretool „*bauloop*" (Analyse ökologischer Kriterien)

7.2 Programmstruktur und Datenbanken

In Abbildung 7-3 sind die wesentlichen Abläufe sowie die Programmstrukturen des Software-tools *bauloop* dargestellt. Da das in Abschnitt 5.6.2 beschriebene Schichtenmodell Grundlage des Verfahrens ist, orientiert sich die Programmstruktur an der Zusammensetzung von Bau-teilen aus verschiedenen Materialschichten.

Innerhalb des Bewertungsinstruments *bauloop* werden drei Hauptkomponenten unterschie-den. Das Modul „Eingabe" ermöglicht die Festlegung der maßgebenden Parameter von Materialschicht- und Einzelbauteilen. Es werden verschiedene Datenbanken zur Verfügung gestellt, auf die bei der Eingabe zurückgegriffen werden kann. Des Weiteren können im Ein-gabemodul verschiedene Umbauszenarien in der Nutzungsphase festgelegt werden, die im Rahmen der Analyse untersucht werden sollen.

Die Komponente „Berechnung" erlaubt die Bestimmung der auftretenden Materialströme für Erstellung, zyklische Instandsetzungen, Abbruch sowie Umbauszenarien. Die Abhängigkei-ten aneinander grenzender Materialschichten sowie die Verbindungstechnik zwischen einzel-nen Bauteilen werden bei der Berechnung berücksichtigt. Den ermittelten Materialströmen werden in den einzelnen Prozessstufen Materialherstellung, Bauteil- bzw. Bauwerkserstellung, Instandhaltung, Rückbau sowie Entsorgung und Nachnutzung die entsprechenden Input- und Outputgrößen der jeweiligen Umweltwirkungen zugewiesen.

Im Programmbaustein „Analyse" werden diese Input- und Outputgrößen schließlich mit Hilfe der in Kapitel 6 beschriebenen Bewertungsmethoden analysiert. Ziel der Analyse ist es, ver-schiedene Baukonstruktionen in allen Lebensphasen im Vergleich zu untersuchen und die jeweiligen Vor- und Nachteile herauszuarbeiten. Das Analysemodul gestattet diesbezüglich

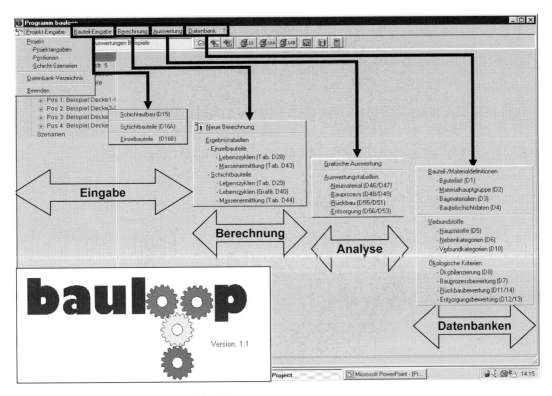

Abb. 7-4: Menü des Softwaretools *bauloop*

die grafische Darstellung der Ergebnisse verschiedener Einzelanalysen sowie eine Ausgabe in tabellarischer Form.

Die einzelnen Komponenten des Softwaretools „*bauloop*" sind entsprechend der beschriebenen Struktur untergliedert (vgl. Abb. 7-4). Eine ausführliche Beschreibung der einzelnen Programmeinheiten erfolgt in den Abschnitten 7.3 bis 7.5.

Die in *bauloop* realisierte Datenbankenstruktur mit ihren Verknüpfungen ist in Abbildung 7-5 dargestellt. Die einzelnen Datenbanken enthalten alle erforderlichen Informationen, die für die Materialstromberechnung und zur Auswertung der durch Bau, Rückbau und Entsorgung ausgelösten Prozesse benötigt werden. Die einzelnen Datenbanken werden unterteilt in:

- Datenbanken zur Beschreibung von Materialschichten und Bauteilen
- Datenbanken zur Zwischenauswertung sowie
- Datenbanken zur Auswertung

Grundlage der Modellierung ist die *Baumaterialdatenbank*, in der alle materialspezifischen Kenngrößen festgelegt sind (vgl. Abb. 7-6). Dies beinhaltet insbesondere:

- relevante Materialkenndaten (Zusammensetzung, Dichte, Wärmeleitfähigkeit)
- Zuordnung zu einer Materialhauptgruppe
- Festlegung von Hauptstoff und Nebenkategorie (siehe Abschn. 6.5.4)
- Zuordnung zu einer bereits durchgeführten Ökobilanzierung für das betreffende Schichtmaterial

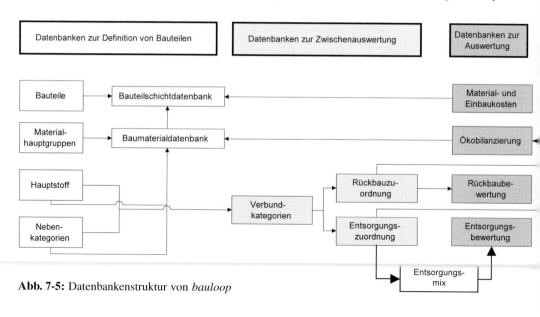

Abb. 7-5: Datenbankenstruktur von *bauloop*

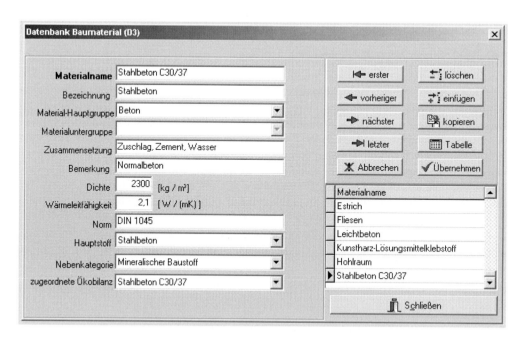

Abb. 7-6: Datensatz der Datenbank Baumaterialien

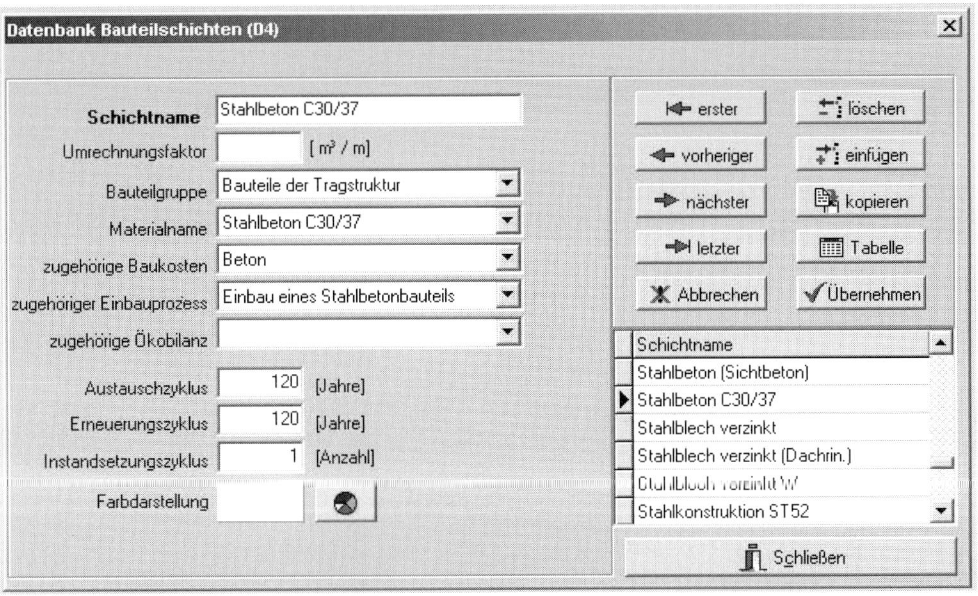

Abb. 7-7: Datensatz der Schichtdatenbank

Insbesondere bei der Bewertung von Austausch-, Erneuerungs- und Instandsetzungszyklen ist das Material an sich nicht mehr maßgebend, sondern vielmehr der Schädigungsgrad des Bauteils, in dem das jeweilige Material vorkommt. Aus diesem Grund werden in der *Bauteilschichtdatenbank* (vgl. Abb. 7-7) die folgenden Spezifikationen definiert:

- Bauteilzuordnung (in welchem Bauteil wird welches Material eingebaut)
- Zuordnung des Baumaterials (Verknüpfung zur Baumaterialdatenbank)
- technischer Austauschzyklus (Bauteilschicht wird komplett aus- und wieder neu eingebaut)
- Erneuerungszyklus (ein gewisser Teil einer Schicht wird neu aufgebracht ohne ausgebaut zu werden, z. B. neuer Farbanstrich auf der Tapete)
- Instandsetzungszyklus als ein Vielfaches des Schichterneuerungszyklus (ein Teil der Bauteilschicht wird aus- und wieder neu eingebaut)

Zur Analyse der Stoffströme in ökologischer Hinsicht stellt die Datenbank „*Ökobilanzierung*" (vgl. Abb. 7-8) die notwendigen Umweltdaten zur Verfügung. Eine entsprechende Datenbank „Baukosten" wird zukünftig auch eine ökonomische Bewertung des Herstellungsprozesses gestatten.

Die Datenbank „*Verbundkategorien*" enthält die in Abschnitt 6.5.4 zusammengestellten Angaben zur Eingruppierung des Hauptstoffes und der im Verbund liegenden Nebenstoffe in die entsprechenden Verbundkategorien. Diese Kategorien werden in der Datenbank zur *Rückbauzuordnung* mit unterschiedlichen Verbindungstypen verknüpft und einer ökologischen Bewertung des Rückbauprozesses zugeordnet. Die Bewertung der Rückbauprozesse wird mit dem in Abschnitt 6.4 vorgestellten Verfahren durchgeführt. Durch die Verknüpfung der drei Datenbanken (vgl. Abb. 7-9) ist jeder Baurestmasse bzw. dem zugeordneten Rückbauprozess eindeutig ein Bewertungsdatensatz zugeordnet.

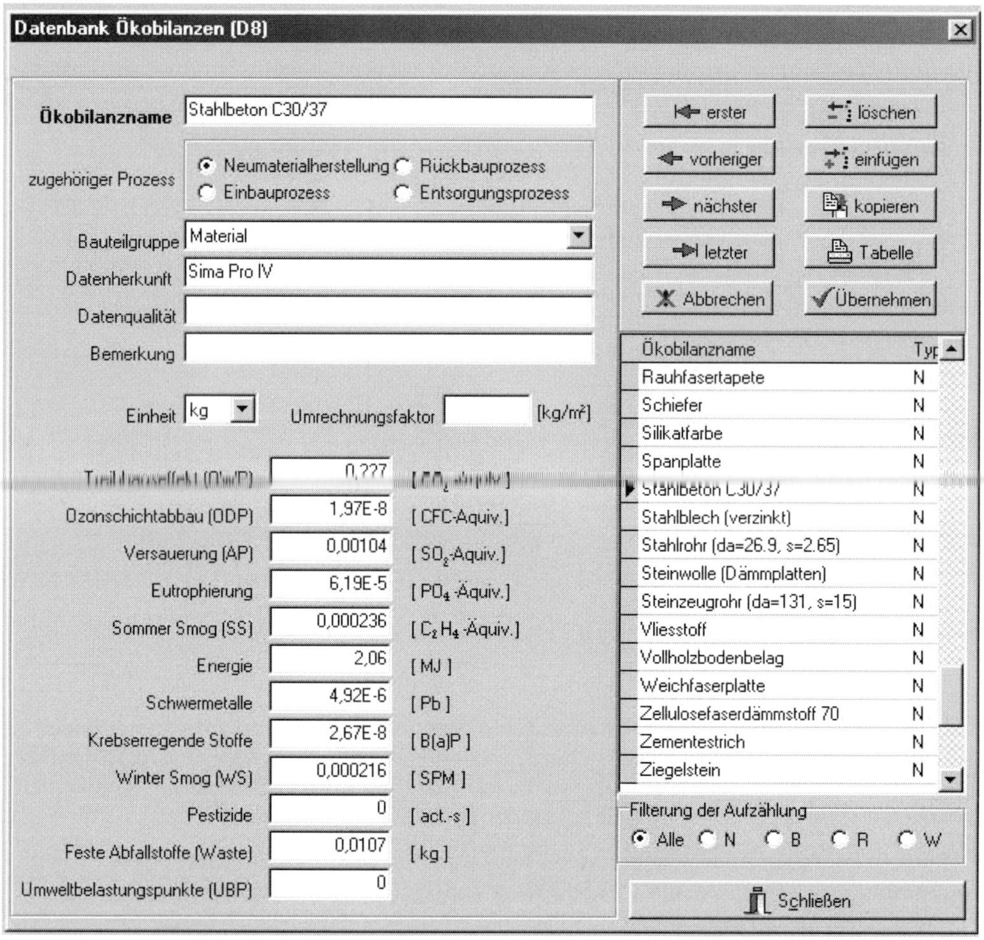

Datenbank Ökobilanzen (D8)   ×

Ökobilanzname | Stahlbeton C30/37 |

zugehöriger Prozess
- (•) Neumaterialherstellung ( ) Rückbauprozess
- ( ) Einbauprozess ( ) Entsorgungsprozess

Bauteilgruppe | Material |

Datenherkunft | Sima Pro IV |

Datenqualität |

Bemerkung |

Einheit | kg | Umrechnungsfaktor | [kg/m²]

Treibhauseffekt (D'wP)	0,????	[CO₂-äquiv.]
Ozonschichtabbau (ODP)	1,97E-8	[CFC-Aquiv.]
Versauerung (AP)	0,00104	[SO₂-Aquiv.]
Eutrophierung	6,19E-5	[PO₄-Äquiv.]
Sommer Smog (SS)	0,000236	[C₂H₄-Äquiv.]
Energie	2,06	[MJ]
Schwermetalle	4,92E-6	[Pb]
Krebserregende Stoffe	2,67E-8	[B(a)P]
Winter Smog (WS)	0,000216	[SPM]
Pestizide	0	[act.-s]
Feste Abfallstoffe (Waste)	0,0107	[kg]
Umweltbelastungspunkte (UBP)	0	

Buttons: ⏮ erster | ➕ löschen | ← vorheriger | ➕ einfügen | → nächster | kopieren | ⏭ letzter | Tabelle | ✗ Abbrechen | ✓ Übernehmen

Ökobilanzname	Typ
Rauhfasertapete	N
Schiefer	N
Silikatfarbe	N
Spanplatte	N
▶ Stahlbeton C30/37	N
Stahlblech (verzinkt)	N
Stahlrohr (da=26.9, s=2.65)	N
Steinwolle (Dämmplatten)	N
Steinzeugrohr (da=131, s=15)	N
Vliesstoff	N
Vollholzbodenbelag	N
Weichfaserplatte	N
Zellulosefaserdämmstoff 70	N
Zementestrich	N
Ziegelstein	N

Filterung der Aufzählung
(•) Alle ( ) N ( ) B ( ) R ( ) W

Schließen

Abb. 7-8: Datenbank zur Ökobilanzierung

Für die ökologische Bewertung der Baurestmassen wird zunächst im Rahmen einer *Entsorgungszuordnung* der Entsorgungsmix der unterschiedlichen Entsorgungswege definiert (vgl. Abschn. 6.5.5). Es besteht die Möglichkeit einen unterschiedlichen Entsorgungsmix für die Nutzungsphase und für die Entsorgung nach dem Komplettabbruch eines Bauwerks zu wählen.

Jeder der acht möglichen Entsorgungswege ist mit einer entsprechenden Bewertung verknüpft. Die übergeordnete Datenbank „Bewertung des Entsorgungsprozesses" beinhaltet alle in Abschnitt 6.5.2 dargestellten Kriterien und die Bewertungen für alle acht Entsorgungswege. Für die Einzelbewertung der im Entsorgungsmix definierten Entsorgungswege dient die Datenbank „Bewertung der Entsorgungswege". Wie bereits beschrieben können kardinal bewertete Kriterien als Kennzahl dargestellt werden, während für ordinal bewertete Kriterien jeder einzelne Entsorgungsweg mit seiner spezifischen Punktzahl erfasst wird (vgl. Abb. 7-10).

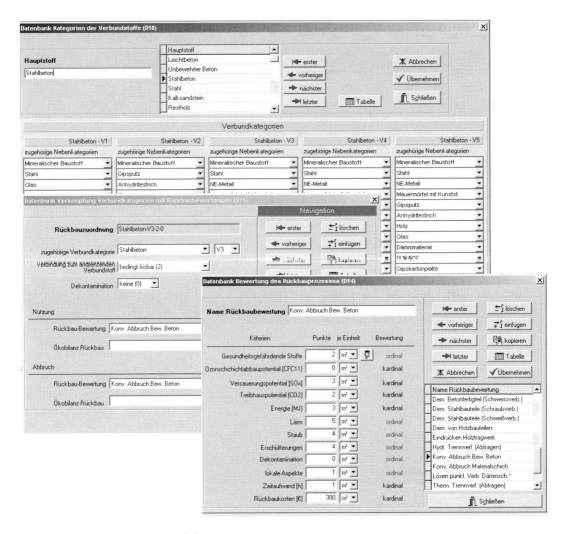

Abb. 7-9: Rückbauzuordnung und -bewertung

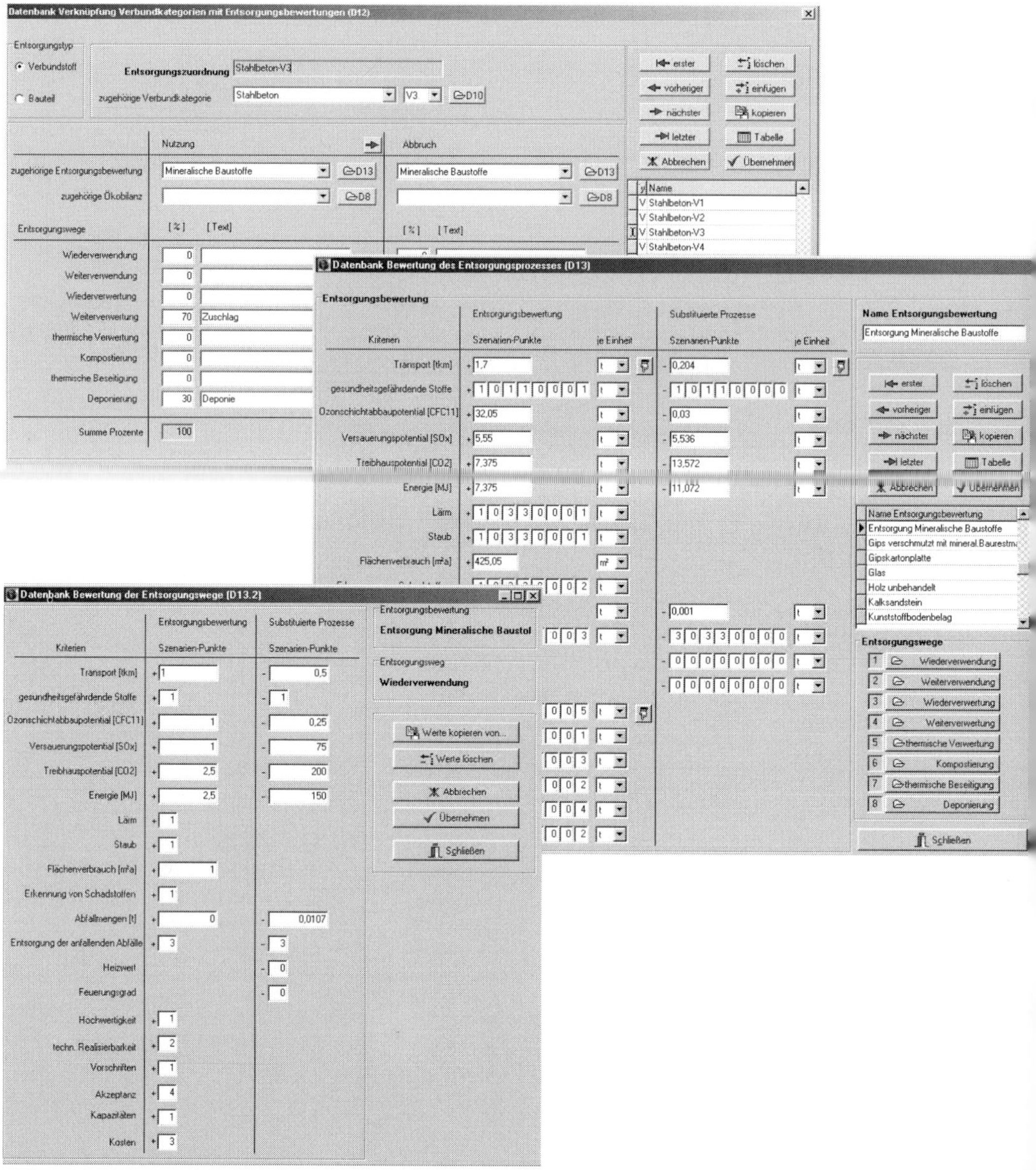

Abb. 7-10: Zuordnung der Entsorgungswege und Bewertung

7.3   Dateneingabe

Das Eingabemodul wird anhand der beispielhaften Eingabe einer Deckenkonstruktion, bestehend aus mehreren Bauteilschichten (vgl. Tabelle 7-1), erläutert. Es handelt sich um einen
konventionellen Deckenaufbau, bestehend aus einer tragenden Stahlbetonschicht mit integrierten Heizleitungen, einer Dämmschicht und einer ausgleichenden Estrichschicht. Für den
Fußbodenbelag wurden Keramikfliesen gewählt. Die entsprechenden Austausch- und Instandsetzungszyklen sind angegeben.

Die Eingabe umfasst in der Regel drei Einzelschritte. Im ersten Eingabeschritt wird der Schichtaufbau des zu analysierenden Bauteils mit maximal 10 Hauptschichten und 10 integrierten
Schichten (z. B. Heizleitungen in einer Betondecke) definiert. Abbildung 7-11 zeigt die erforderlichen Eingaben für die in Tabelle 7-1 dargestellte Deckenkonstruktion.

Tabelle 7-1: Erforderliche Angaben zur Eingabe einer Baukonstruktion in *bauloop*

Schicht Nr.	Name	Dicke [m]	Fläche/Länge [m² oder m]	Dichte [kg/m3]	Anteil der von der Schicht eingenommenen Fläche [%]	Masse [kg]	Austauschzyklus [a]	Anteil der auszutauschenden Schicht [%]	Instandsetzungszyklus [a]	Anteil der instand- zusetzenden Schicht [%]	Verbindung zur nächsten Schicht (P_o/P_u)	Verbindung zur integrierten Schicht	Bemerkungen
1	Teppich	0,005	1	300	100	1,5	10	100	25	20	3u (10 %)		
2	Estrich	0,05	1	1900	100	95	40	100	–	–	3u (5 %)		
3	PE-Membran	0,00025	1	820	100	0,21	100	100	–	–	1		
4	Dämmung	0,06	1	300	100	18	40	80	–	–	3u (10 %)		
5	Innenputz	0,025	1	2000	100	50	80	80	–	–	3u (5 %)		
6	Beton C30/37	0,2	1	2300	100	460	100	100	–	–	3o (5 %)	4	
7	Rohrleitung	–	1	7900	1,5	,988	60	100	–	–			Rohrleitung D = 28 mm; d = 1,5 mm
8	Kalkputz	0,025	1	2000	100	50	100	100	80	100			Schicht- erneuerung nach 80 Jahren

Zur späteren Analyse von Stoffströmen und deren Auswirkung auf die Nachhaltigkeit einer Konstruktion werden die einzelnen Bauteilschichten einer der drei Bauwerksebenen „Rohbau", „Ausbau" und „Gebäudeausrüstung" zugeordnet. Des Weiteren werden in diesem Eingabeschritt die Verbindungen zwischen angrenzenden Bauteilschichten festgelegt. Hierbei sind folgende Möglichkeiten vorgesehen:

- Lösbar (1)

- Bedingt lösbar (2)

- Verschmutzt u (3u): unterer Rand der betrachteten Schicht ist beim Ausbau verschmutzt mit der angrenzenden Schicht, Prozentangabe P_u der nächsten Schicht erforderlich

- Verschmutzt o (3o): oberer Rand der betrachteten Schicht verschmutzt beim Ausbau die angrenzende Schicht, Prozentangabe P_o der betrachteten Schicht erforderlich

- Verschmutzt o/u (3o/u): unterer Rand der betrachteten Schicht wird beim Ausbau abgetrennt und ist verschmutzt mit einem Teil der angrenzenden Schicht, Prozentangabe P_o der betrachteten Schicht, Prozentangabe P_u der nächsten Schicht

- Unlösbar (4)

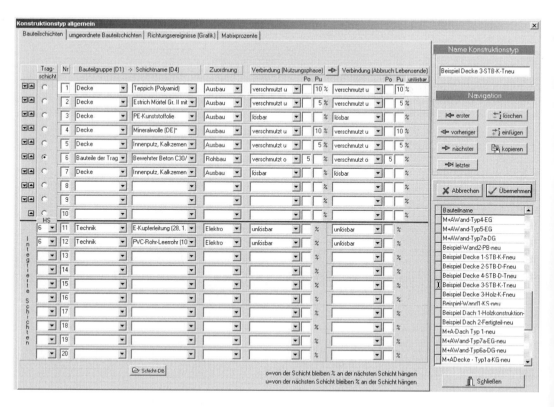

Abb. 7-11: Festlegung der Bauteilschichten

Bei der Verbindungswahl ist eine Unterscheidung zwischen der Nutzungsphase (hauptsächlich Instandsetzungsarbeiten) und dem Rückbau am Ende der Lebensdauer möglich. Mit Hilfe von so genannten „Schichtanteilen" kann flexibel bestimmt werden, welcher Anteil einer Bauteilschicht bei einem Austausch-, Erneuerungs- oder Instandsetzungsszenario rückzubauen ist und als Baurestmasse anfällt bzw. als Neumaterial eingebaut werden muss. Dieser Sachverhalt kann das Ergebnis einer Materialstromberechnung erheblich beeinflussen.

In weiteren Eingabeschritten werden die bauteilspezifischen Daten erfasst. Zunächst werden die geometrischen Abmessungen der einzelnen Bauteilschichten festgelegt (vgl. Abb. 7-12). Die Massenermittlung für die Materialstromberechnung erfolgt automatisiert, indem auf die materialspezifischen Daten, welche in den Bauteilschichtdatensätzen bzw. der Baumaterialdatenbank (siehe Abschn. 7.2) abgelegt sind, zurückgegriffen wird.

Alternativ zur Auswertung von Materialströmen mit Hilfe einer automatischen Verknüpfung zu den Datensätzen der einzelnen Materialschichten, können auch bauteilspezifische Daten direkt eingegeben werden. An dieser Stelle ist z. B. die Eingabe kompletter Bauteilpreise im Gegensatz zur Aufsummierung einzelner Baumaterialschichtkosten möglich.

Neben Schichtbauteilen können auch Einzelbauteile projektspezifisch definiert werden. Einzelbauteile werden als „Komplettbauteil" ausgewertet. Für eine Auswertung ist die Eingabe von Austauschzyklen sowie die Angabe von Bewertungsdatensätzen für die Bauwerkserstellung, den Rückbau und die Entsorgung erforderlich (siehe z. B. Abb. 7-9 und 7-10).

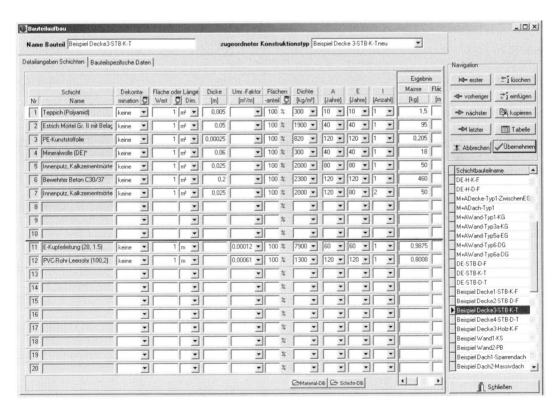

Abb. 7-12: Festlegung der Schichtparameter

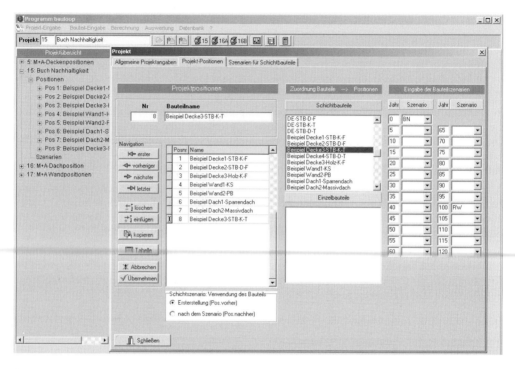

Abb. 7-13: Projektangaben (Positionen und Bauteilszenarien)

Abschließend erfolgen projektspezifische Eingaben wie z. B. die Gesamtlebensdauer (maximal 120 Jahre) und die Zusammenstellung der verschiedenen Bauteilpositionen in einem Projekt. Die beschriebene Deckenkonstruktion wird als Position 1 dem betrachteten Projekt zugeordnet (vgl. Abb. 7-13). In der gleichen Eingabemaske können benutzerspezifische Umbauszenarien über den Lebenszyklus eines Gebäudes festgelegt werden. Diese Szenarien werden in Ergänzung zu den zyklischen Instandsetzungen und Erneuerungen ausgewertet. Derartige Bauteilszenarien sind für komplette Bauteile und einzelne Bauteilschichten möglich. Dabei gelten folgende Definitionen:

N   Herstellung von **N**eumaterial (100 %)
B   Ein**B**au bzw. WiederEin**B**au eines Bauteils bzw. einer Bauteilschicht
R   **R**ückbau Bauteil bzw. Bauteilschicht
W   Baurestmassenentsorgung (**W**aste)

Für jedes dem Projekt zugeordnete Bauteil wird zum Zeitpunkt der Bauwerksfertigstellung ($t = 0$) die **N**eumaterialherstellung und der Ein**B**au sowie zum „Ende der Gesamtlebensdauer" (z. B. $t = 100$ Jahre) der **R**ückbau und die Baurestmassenentsorgung (**W**) automatisch festgelegt. Weitere Umbauszenarien, wie z. B. der Aus- und Wiedereinbau von Bauteilschichten im Laufe des Lebenszyklus, können vom Anwender über ein so genanntes „Umbauszenario" definiert werden. Mit der Berücksichtigung dieser Szenarien wird auch eine Bewertung von Ertüchtigungs- und Sanierungsmaßnahmen im Altbaubereich ermöglicht.

7.4 Materialstromberechnung

Im Programmbaustein „Berechnung" werden die Materialströme über den Lebenszyklus eines Bauteils bzw. eines Gebäudes bestehend aus mehreren Bauteilen ermittelt. Materialströme werden durch die Bauwerkserstellung, den Austausch, die Erneuerung und die Instandsetzung von Bauteilen während der Nutzung, durch Umbauten sowie durch den Abbruch am Ende der Lebensdauer verursacht.

Die Materialstromberechnung umfasst mehrere Einzelschritte, die wie folgt unterteilt sind und im Folgenden kurz beschrieben werden:

- Bestimmung aller Hauptereignisse über den Lebenszyklus für alle Bauteile und Bauteilschichten
- Ermittlung der Austauschereignisse für Schichtbauteile
- Berechnung der Materialströme in Herstellungs-, Einbau-, Rückbau- und Entsorgungsprozessen

Bestimmung der Hauptereignisse im Lebenszyklus von Bauteilen und Bauteilschichten

Als Hauptereignis wird der zum Zeitpunkt des Austausches, der Erneuerung, der Instandsetzung, des Rückbaus und der Entsorgung auftretende Prozess bezeichnet. Der Lebenszyklus des Bauteils wird in Intervallen von 2,5 Jahren modelliert. Die maximale Lebensdauer wird bei der Projekteingabe (siehe Abb. 7-13) festgelegt. Für jedes Bauteil werden alle Hauptereignisse, die sich auf die Materialstromberechnung der betroffenen Bauteilschicht oder des betroffenen Einzelbauteils auswirken, mit bestimmten Kurzbezeichnungen belegt:

B, N, R, W vgl. Szenarienbeschreibung in Abschnitt 7.3
A   Austausch (B, N, R, W mit entsprechender Prozentangabe der zu ersetzenden Materialanteile je Schicht)
I   Instandsetzung (B, N, R, W mit entsprechender Prozentangabe)
E   Erneuerung (B, N, R, W mit entsprechender Prozentangabe)
S   Schichtszenario einer Umbaumaßnahme

Die Begriffe Austausch, Instandsetzung und Erneuerung wurden bereits in Abschnitt 7.2 definiert.

Ermittlung der Austauschereignisse aneinander grenzender Materialschichten

Nach der Definition der Hauptereignisse müssen für die endgültige Berechnung der Materialströme noch die so genannten „Austauschereignisse" festgelegt werden. Ein Austauschereignis beschreibt, wie ein Hauptereignis in einer Schicht (Austausch, Instandsetzung oder Erneuerung) die Materialströme in den übrigen Schichten des Bauteils beeinflusst. In diesem Schritt werden in der Berechnung mit *bauloop* die aus Konstruktionsaufbau und Verbindung der Materialschichten entstehenden Abhängigkeiten erfasst.

Bei der Bestimmung der Austauschereignisse werden auch die Ursachen eines Materialaustausches differenziert erfasst:

- **Erreichen eines Hauptereignisses**
  der Austausch, Instandsetzungs- oder Erneuerungszyklus einer Materialschicht ist erreicht und die betroffene Materialschicht wird ausgetauscht bzw. erneuert
- **Eintritt eines Richtungsereignisses**
  für den Austausch einer Hauptschicht liegt die betrachtete Schicht „im Weg" und muss daher ebenfalls ausgetauscht werden

- **Eintritt eines Verbundereignisses**

  die betrachtete Schicht ist mit einer aufgrund eines Haupt- oder Richtungsereignisses betroffenen Schicht unlösbar verbunden und muss daher mit ausgetauscht werden

- **Eintritt eines integrierten Ereignisses**

  die betrachtete Schicht ist in eine von einem anderen Ereignis betroffenen Schicht integriert und muss aus diesem Grund ausgetauscht werden

- **Auftreten von Bauteilereignissen**

  die betroffene Materialschicht muss aufgrund einer Umbaumaßnahme ausgetauscht werden

Die Bestimmung der auftretenden Ereignisse innerhalb des Lebenszyklus erfolgt entweder für einen Austausch von „oben" oder einen Austausch von „unten". Die jeweilige Austauschrichtung wird von dem Programm automatisch so gewählt, dass die im statischen Sinn tragende Bauteilschicht (z. B. Stahlbetondecke) nicht betroffen ist. Für das Beispiel der betrachteten Deckenkonstruktion werden so z. B. die Keramikfliesen von oben ausgetauscht, während der Kalkzementmörtel (Schicht 7) von unten instand gesetzt wird.

Fallen mehrere Austauschereignisse einer Bauteilschicht zu einem bestimmten Zeitpunkt des Lebenszyklus zusammen (z. B. Hauptereignis und Richtungsereignis für die angrenzende Schicht), werden im Rahmen der Berechnung alle Materialströme mit ihrer Ursache bestimmt. Im Rahmen der Auswertung werden die für diesen Zeitpunkt maximal berechneten Materialströme weiterverarbeitet.

Berechnung der Materialströme

Bei der Berechnung der Materialströme und der Bestimmung der daraus resultierenden Umweltwirkungen werden die Prozessstufen „Materialherstellung" und „Baurestmassenentsorgung" sowie „Einbau" und „Rückbau" getrennt ausgewiesen. Bei der Auswertung von Schichtbauteilen (d. h. Bauteile bestehend aus mehreren Materialschichten) wird davon ausgegangen, dass unter Berücksichtigung der unterschiedlichen Verbindungstypen der Rückbau und gegebenenfalls der Wiedereinbau schichtenweise erfolgt. Die reine Erneuerung von Materialschichten berücksichtigt für die betroffene Schicht nur den Einbau und das eingesetzte Neumaterial. Zum Zeitpunkt der Erneuerung fallen keine Baurestmassen an und ein Rückbau ist nicht erforderlich. Die zusätzlich eingebauten Massen werden beim nächsten Austauschereignis (sofern es nicht wieder eine Erneuerung ist) berücksichtigt.

Bezüglich der Ergebnisse der Materialstromberechnung werden die folgenden Informationen abgespeichert:

- Ursache (Erfolgt ein Austausch, eine Instandsetzung, eine Erneuerung oder ein Umbauszenario?)

- Hauptereignis (Welche Bauteilschicht induziert den Materialstrom?)

- Grund (Ist der Materialaustausch auf das Erreichen eines technischen Lebenszyklus zurückzuführen oder handelt es sich um ein Richtungs-, ein Verbund- oder ein integriertes Ereignis?)

- Betroffener Anteil (Welcher prozentuale Anteil der betrachteten Bauteilschicht ist von dem jeweiligen Ereignis betroffen?)

7.5 Analyse der Umweltwirkungen

In der Analyseeinheit werden die berechneten Materialströme aufbereitet und mit den Datenbanken zur Auswertung verknüpft. Die Analyse der Prozessstufen „Neumaterialherstellung" und „Einbau" erfordert keine Datenaufbereitung. Die ermittelten Materialströme werden mit den entsprechenden Größen für die Erstellung (Masse in kg, Fläche in m^2 bzw. Länge in m oder Volumen in m^3) multipliziert und können direkt mit Ökobilanzdaten verknüpft werden.

Die weitergehende Analyse des Rückbaus und der Baurestmassenentsorgung erfordert dagegen bei der Auswertung von Schichtbauteilen eine zusätzliche Datenaufbereitung. Als Ergebnis der Berechnung stehen alle anfallenden Baurestmassen zunächst schichtbezogen unter Berücksichtigung der Verbindungstypen zur Verfügung. Mit Hilfe dieser Angaben sind alle unlösbar miteinander verbundenen Bauteilschichten als Verbundmaterial definiert. Bauteilschichten, die mit allen angrenzenden Schichten lösbar oder bedingt lösbar verbunden sind, werden als sortenreines Material ausgewertet.

Die Verbundmaterialien werden in Abhängigkeit der Haupt- und Nebenstoffe mit Hilfe der in der Datenbankstruktur festgelegten Nebenkategorien in eine Verbundkategorie eingeordnet. Für die Analyse des Rückbaus müssen zusätzlich die zu lösenden Verbindungen sowie eine eventuelle Dekontamination der Oberfläche beachtet werden.

Im betrachteten Beispiel besteht das als „5. Verbundstoff" (vgl. Abb. 7-14) bezeichnete Material aus „Bewehrtem Beton" als Hauptstoff und dem Nebenstoff „Kupferleitung". Mit diesen Ausgangsstoffen (vgl. auch Abb. 7-10) wird Schicht 5 in die Verbundkategorie „Stahlbeton-V3" eingeordnet. Für die Rückbaubewertung in der Nutzungsphase wird zusätzlich noch die Verbindung des Materials zur angrenzenden Materialschicht sowie eine eventuelle Dekontamination berücksichtigt und auf die unter „Konventioneller Abbruch bewehrter Beton" abgespeicherte Rückbaubewertung zurückgegriffen, während sich die Entsorgungsbewertung auf die unter „Verschmutzte mineralische Baurestmassen" abgelegten Bewertungsergebnisse bezieht.

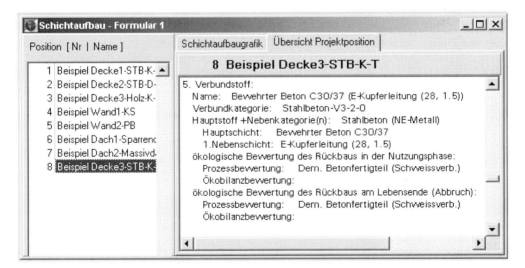

Abb. 7-14: Auswertung des Verbundstoffs Stahlbeton C 30/37 (E-Kupferleitung)

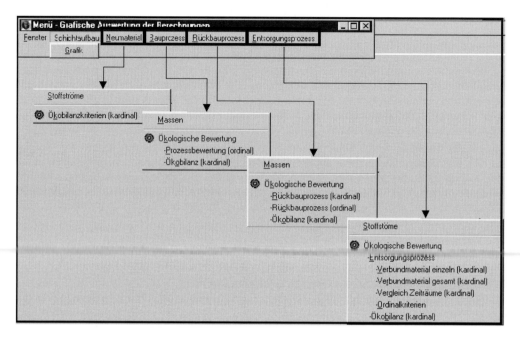

Abb. 7-15: Möglichkeiten der Analyse mit *bauloop*

Die Softwarekomponente „Analyse" umfasst eine grafische sowie eine tabellarische Darstellung der Ergebnisse. Im Allgemeinen erfolgt die Auswertung der Materialströme über den Lebenszyklus zunächst grafisch. Werden bei dieser Analyse bestimmte Materialien oder auch Zyklenzeitpunkte identifiziert, die ein Ergebnis besonders stark beeinflussen, so kann zur detaillierten Analyse auf weitere Grafiken sowie in Tabellenform bereitgestellte Ergebnisse zurückgegriffen werden.

Um eine Optimierung des Konstruktionsaufbaus zu ermöglichen, muss über die Ergebnisdarstellung die Ursache eines im Sinne der Nachhaltigkeit kritischen Materialstromes feststellbar sein (vgl. Abb. 7-15). Folgende Analysen sind möglich:

- verursachende Lebenszyklusphase (Erstellung, Nutzung, Abbruch)
- Ursache (Austausch, Erneuerung oder Instandsetzung bzw. Richtungsereignis, Verbundereignis oder integriertes Ereignis)
- Identifikation der Schicht, welche den Stoffstrom veranlasst (handelt es sich um ein Hauptereignis, so wird die zugehörige Schicht angegeben)
- Identifikation von Ebenen eines Bauwerks, die das Ergebnis maßgeblich beeinflussen (Rohbau, Ausbau oder Gebäudeausrüstung)

Auswertung der Materialströme (Neumaterial, anfallende Baurestmassen)

Eine Analyse beginnt in der Regel mit einer Betrachtung der absoluten Materialströme über den Lebenszyklus. Materialströme können getrennt für einzubauendes Neumaterial (vgl. Abb. 7-16) sowie auch für die anfallenden Baurestmassen dokumentiert werden.

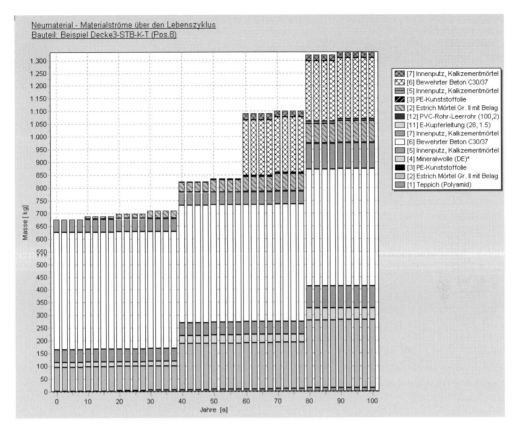

Abb. 7-16: Materialströme über den Lebenszyklus

Die aus technischen Gründen hervorgerufenen Materialströme sind als volle Balken (unterer Teil der Grafik), die im Zuge von Austauschprozessen durch unlösbare Verbindungen bzw. durch nicht zerstörungsfreien Ausbau hervorgerufenen Massenströme sind schraffiert (oberer Teil der Balken) dargestellt.

Ökobilanzierung von Materialherstellungsprozessen

Die Neumaterialherstellung wird mit Hilfe der in Kapitel 6 beschriebenen Ökobilanzergebnisse ausgewertet. Folgende Wirkungskategorien werden berücksichtigt:

- Treibhauseffekt (GWP)
- Ozonschichtabbau (ODP)
- Versauerung (AP)
- Eutrophierung (Eutroph.)
- Sommersmog (SS)
- Energie (Energie)
- Schwermetalle
- krebserregende Stoffe

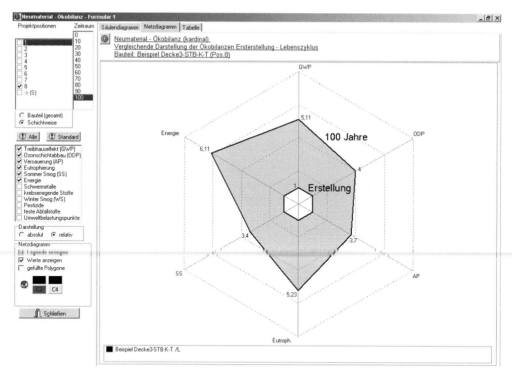

Abb. 7-17: Ökobilanzierung von Materialherstellungsprozessen – Netzdiagramm

- Wintersmog
- Pestizide
- feste Abfallstoffe

Das Ergebnis wird in einem auf den Erstellungsprozess normierten Netzdiagramm dargestellt, um den Vergleich zwischen Auswirkungen durch Herstellung und Instandsetzungsarbeiten bzw. Umbauarbeiten während der Nutzungsphase zu erleichtern (vgl. Abb. 7-17).

Des Weiteren kann der Anteil der einzelnen Materialien am Gesamtergebnis pro Kriterium in einem Säulendiagramm dargestellt werden (vgl. Abb. 7-18). Damit wird eine rasche Identifizierung derjenigen Materialien ermöglicht, welche die Umweltwirkung im jeweiligen Kriterium dominieren.

Bewertung von Rückbauprozessen

Bei der Bewertung von Rückbauprozessen werden die Ergebnisse für Kriterien, die auf einer Kardinalskala oder einer Ordinalskala bewertet werden, in unterschiedlichen Diagrammen zusammengefasst. Die Ergebnisdarstellung kann einerseits absolut, d. h. über tatsächlich berechnete Belastungspunkte, andererseits auch als relativer Anteil der einzelnen Baurestmassen am Gesamtergebnis erfolgen (vgl. Abb. 7-19). Für einen Gesamtüberblick werden die Auswirkungen des Rückbaus summiert in einem Spinnennetzdiagramm ähnlich dem für die Neumaterialherstellung dokumentiert. Für die Rückbaubewertung werden folgende quantitativ erfassbaren Kriterien berücksichtigt:

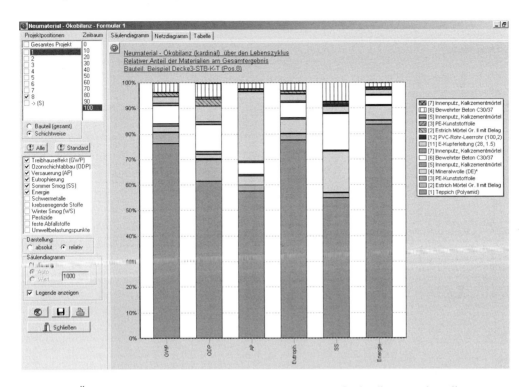

Abb. 7-18: Ökobilanzierung von Materialherstellungsprozessen – Säulendiagrammdarstellung

- Ozonschichtabbau (OVP)
- Versauerung (AT)
- Treibhauseffekt (GWP)
- Energie (E)
- Zeitaufwand
- Kosten

Die Auswertung der ordinal bewerteten Kriterien erfolgt für die folgenden Aspekte:

- Emission gesundheitsgefährdender Stoffe (GGS)
- Lärm (Lärm)
- Staub (Staub)
- Erschütterungen (Ersch.)
- Dekontamination (Dekont.)
- Abhängigkeit der Rückbaumaßnahme von lokalen Aspekten (LA)

Bewertung von Entsorgungsprozessen

In Abbildung 7-20 ist eine Auswertung der quantitativ bewerteten Kriterien in der Entsorgungsphase dargestellt. Vorteile des Einsatzes von Recyclingbaustoffen in ökologischer Hinsicht liegen hauptsächlich im Einsparen von Umweltbelastungen, da die durch das Recycling ausgelösten Prozessauswirkungen oft geringere Belastungen hervorrufen als die Summe der zum Abbau, zur Gewinnung, zur Aufbereitung und zum Transport von Primärrohstoffen benötigte Energie [96].

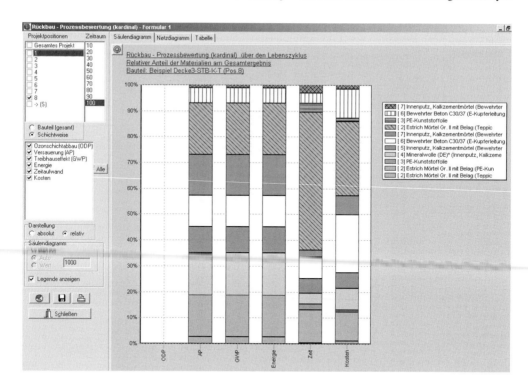

Abb. 7-19: Bewertung der Rückbauprozesse – Quantitative Bewertung

Im Beispiel werden folgende Kriterien betrachtet:

- Transport der Baurestmassen vom Ort des Anfalls bis zum Entsorgungsort (T)
- Ozonschichtabbau (ODP)
- Versauerung (AP)
- Treibhauseffekt (GWP)
- erforderlicher Energieeinsatz (E)
- anfallende Abfallstoffe (A)

Die in Abbildung 7-20 dargestellten Ergebnisse erlauben einen direkten Vergleich der einzelnen Baurestmassen je Kriterium über den gesamten Lebenszyklus. Für eine Optimierung einzelner Bauteilschichten können die Ergebnisse auch auf die Gesamtumweltwirkungen je Kriterium bezogen werden (vgl. Abb. 7-21). Dies gestattet die rasche Identifikation, welche Schicht die größte Umweltwirkung hat.

In Ergänzung zu den quantitativ beschriebenen Kriterien werden weitere Aspekte qualitativ eingeordnet. Die Vorgehensweise bzw. das Verfahren zur Einordnung auf einer Ordinalskala wurden bereits ausführlich in Abschnitt 6.5 beschrieben. Es werden folgende Kriterien (siehe Abb. 7-22) berücksichtigt:

- Emission gesundheitsgefährdender Stoffe (GGS)
- Lärm (Lärm)
- Staub (Staub)

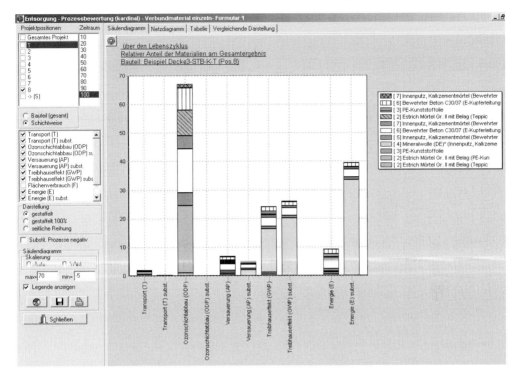

Abb. 7-20: Bewertung der Entsorgung – absolute Ergebnisdarstellung in Belastungspunkten

- sichere Erkennung schadstoffbelasteter Chargen (SEsC)
- Entsorgung der anfallenden Abfälle (EdA)
- Heizwert (HW) – Substituierter Prozess
- Feuerungsgrad (FG) – Substituierter Prozess
- Hochwertigkeit der behandelten Baurestmasse (Hwert)
- technische Realisierbarkeit der Baurestmassenbehandlungsmaßnahme (TR)
- Einhalten von Vorschriften – Verschärfte Vorschriften zu erwarten (VS)
- Akzeptanz der behandelten Baurestmasse (Akz)
- Kosten der Baurestmassenbehandlung (Kosten)
- vorhandene Kapazitäten zur Baurestmassenbehandlung (Kapaz.)

Die anfallenden Baurestmassen werden entsprechend der fünf festgelegten Bewertungsklassen eingeordnet und über die Masse einer Baukonstruktion dargestellt. Im vorliegenden Beispiel werden z. B. ca. 46 % der anfallenden Baurestmasse der Decke unter minimaler Lärm-belästigung (bis 40 dB), 4 % unter geringer Lärmbelastung und 50 % unter mäßiger Lärm-belästigung (bis 85 dB) entsorgt.

Die verschiedenen grafischen und tabellarischen Auswertungsmöglichkeiten des Softwaretools *bauloop* erlauben den schnellen Vergleich verschiedener Baukonstruktionen bzw. verschiede-ner Bauwerke. Strategien zur Verbesserung der Nachhaltigkeit im Bauwesen können somit leicht überprüft und Optimierungspotentiale identifiziert werden.

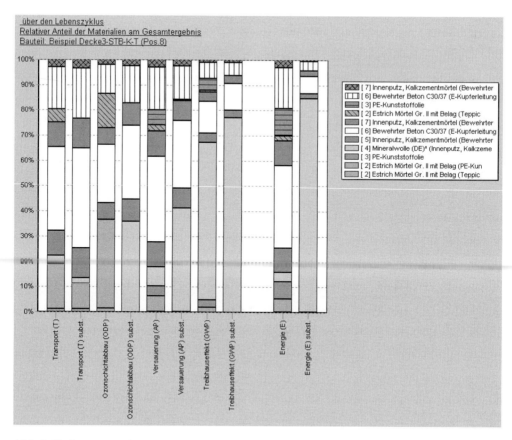

Abb. 7-21: Bewertung der Entsorgung – bezogene Ergebnisdarstellung je Kriterium

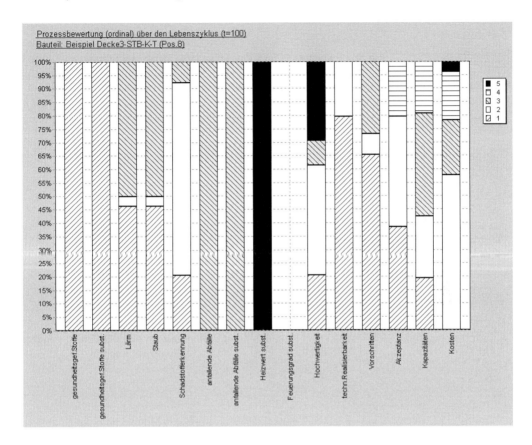

Abb. 7-22: Bewertung von Entsorgungsprozessen – Ordinale (Qualitative) Bewertung

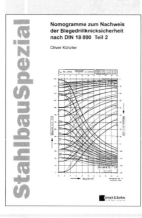

8   Beurteilung der Nachhaltigkeit verschiedener Baukonstruktionen[1]

8.1   Vorbemerkungen

Für einen nachhaltigen Entwurf können verschiedene Strategien verfolgt werden, deren unterschiedliche Auswirkungen in der Regel erst durch die Analyse des kompletten Lebenszyklus einer Baukonstruktion deutlich werden. Im Rahmen der Analyse müssen Instrumente bzw. Verfahren eingesetzt werden, die eine Bewertung umweltlicher, wirtschaftlicher und gesellschaftlicher Aspekte der durch ein Bauwerk ausgelösten Prozesse auf der Basis einer hinreichend genauen Datengrundlage über den Lebenszyklus erlauben.

Die vergleichende Analyse unterschiedlicher Baukonstruktionen oder Bauwerke kann mit einem der in Kapitel 4 beschriebenen Instrumente erfolgen. Hierbei ist zu beachten, dass es bis zum jetzigen Zeitpunkt nicht möglich ist, eine ganzheitliche, alle Nachhaltigkeitskriterien erfassende, Lebenszyklusbetrachtung von Bauwerken mit einem einzigen Instrument bzw. einer Methode oder einem Verfahren durchzuführen.

In diesem Kapitel werden beispielhaft einige Nachhaltigkeitsanalysen vorgestellt, um die Identifikation von Optimierungspotentialen unterschiedlicher Baukonstruktionen in einer vergleichenden Untersuchung zu demonstrieren. Für die Analysen wird das in Kapitel 7 beschriebene Softwaretool *bauloop* eingesetzt. Dieses Softwaretool ermöglicht die detaillierte Berücksichtigung verschiedener Verbindungstechniken und kann deren Auswirkungen auf die Rückbau- und Entsorgungsphase erfassen. Grundsätzlich ist festzustellen, dass die Auswahl eines bestimmten Tools zur Auswertung der Nachhaltigkeit von Baukonstruktionen vom Erkenntnisinteresse des Anwenders abhängt.

Zur Veranschaulichung der Vorgehensweise einer Nachhaltigkeitsanalyse werden zunächst verschiedene Bauteilkonstruktionen (Decke (vgl. Abschn. 8.2), Wand (vgl. Abschn. 8.3), Dach (vgl. Abschn. 8.4)) untersucht und die wichtigsten Ergebnisse beschrieben.

Des Weiteren wird ein komplettes Gebäude im Hinblick auf die auftretenden Umweltbelastungen während der Erstellung, der Nutzung und dem Lebensende untersucht (vgl. Abschn. 8.5 bzw. Anhang 11). Die Analyse erfolgt in der Regel für die auftretenden „Materialströme" über den Lebenszyklus sowie für die drei Prozessstufen „Neumaterialherstellung", „Rückbau" und „Entsorgung".

Die verschiedenen Baukonstruktionen werden hauptsächlich im Hinblick auf umweltliche Aspekte analysiert. Eine Betrachtung von Lebenszykluskosten ist nicht Teil der hier dargestellten Ergebnisse. Eine detaillierte Beschreibung der untersuchten Konstruktionen sowie die grafische Darstellung von Einzelergebnissen für die verschiedenen Lebensphasen sind in Anhang 11 zusammengestellt.

---

[1] Dieses Kapitel befindet sich mit farbigen Abbildungen zusätzlich auf der beiliegenden CD-ROM.

8.2   Deckenkonstruktionen

8.2.1   Vergleich von zwei Stahlbetondecken mit Fliesenbelag

In einer ersten Analyse werden zwei Stahlbetondecken D1 (STB-K-F) und D2 (STB-D-F) verglichen. Bei Deckenkonstruktion D1 handelt es sich um einen konventionellen Aufbau, bestehend aus einer tragenden Stahlbetonschicht mit integrierten Heizleitungen, verschiedenen Zwischenschichten und einer Nutzschicht aus Fliesenbelag. Beim Entwurf des Fußboden-aufbaus D2 wurde ein demontagegerechter Entwurf umgesetzt, indem die Heizleitungen frei zugänglich in einem Fußbodenkanal vorgesehen werden. Im Rahmen der Analyse werden die in Anhang 11 zusammengestellten Verbindungstypen, Austauschzyklen und Materialkennwerte zu Grunde gelegt. Ziel des Einsatzes demontierbarer Verbindungen zwischen Bauteilen mit unterschiedlicher Lebensdauer (Rohbau und Gebäudetechnische Ausrüstung) ist in diesem Fall die „Reduktion von Materialströmen durch zerstörungsfreie Austauschbarkeit bei Instandsetzungsmaßnahmen". Diese Zielsetzung soll mit den im Folgenden beschriebenen Analysen überprüft werden.

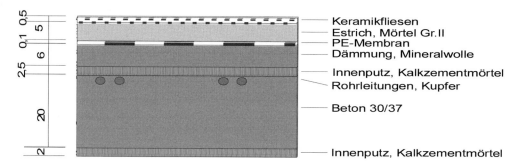

Abb. 8-1: Deckenkonstruktion 1: Stahlbetondecke mit Fliesenbelag (STB-K-F)

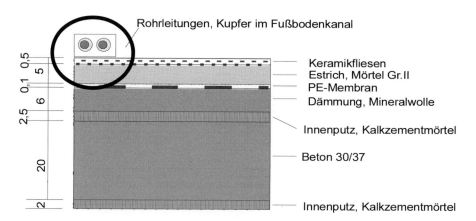

Abb. 8-2: Deckenkonstruktion 2: Stahlbetondecke mit Fliesenbelag und frei zugänglichen Heizleitungen (STB-D-F)

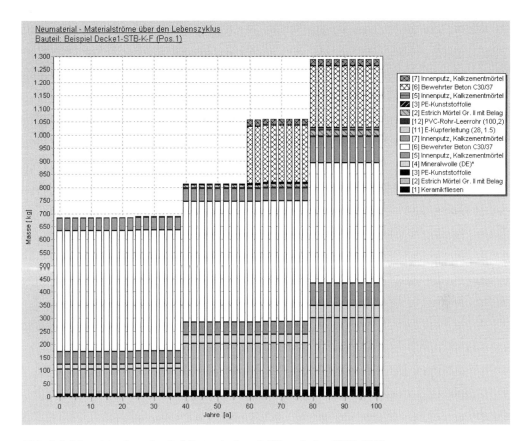

Abb. 8-3: Materialströme der Stahlbetondecke mit Fliesenbelag (STB-K-F)

Materialströme über den Lebenszyklus

Ein Vergleich der durch Erstellung und Instandsetzung hervorgerufenen Materialströme zeigt, dass sich die Anordnung der Heizleitungen in einem frei zugänglichen Fußbodenkanal positiv auf die Minimierung von Materialströmen auswirkt (vgl. Abb. 8-3 und 8-4). Während zur Erstellung der beiden Deckenkonstruktionen ca. 700kg/m^2 Material erforderlich sind, so steigen die Materialströme für Decke D1 (konventionell) über den Lebenszyklus summiert auf ca. 1250 kg/m^2 an. Durch ein zerstörungsfreies Austauschen der Heizleitungen für Decke D2 (Fußbodenkanal) können die Materialströme auf ca. 1000 kg/m^2 reduziert werden.

Neumaterialherstellung

Aus Abbildung 8-5 wird deutlich, dass die Auswirkungen auf die verschiedenen Wirkungskategorien einer Ökobilanzierung durch Erstellung der Decken D1 und D2 vergleichbar sind. Betrachtet man die summierten Auswirkungen über den Lebenszyklus, kann eine Reduktion der Auswirkungen für Decke D2 für alle Wirkungskategorien erkannt werden. Auswirkungen in der Nutzungsphase können durch den demontagegerechten Entwurf teilweise um ca. 25 % gesenkt werden.

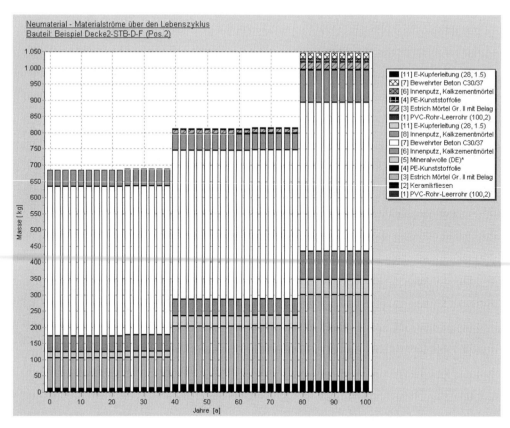

Abb. 8-4: Materialströme der Stahlbetondecke mit Fliesenbelag und frei zugänglichen Heizleitungen (STB-D-F)

Neumaterial - Ökobilanz (kardinal)
Vergleichende Darstellung der Ökobilanzen Ersterstellung - Lebenszyklus
Summe der ausgewählten Schichtbauteile

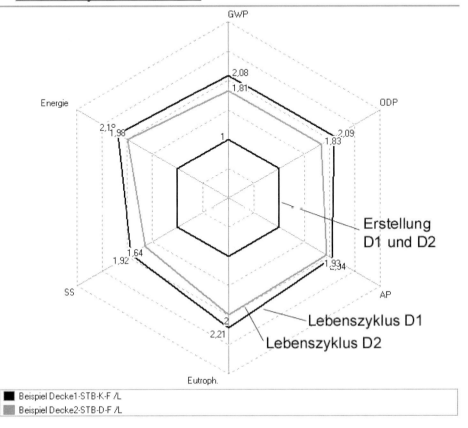

Abb. 8-5: Vergleichende Analyse der zwei Deckensysteme D1 und D2 mit Hilfe der Ökobilanzierung

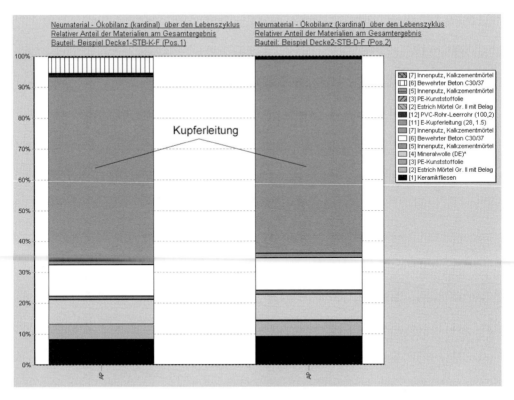

Abb. 8-6: Vergleich der Deckenkonstruktionen D1 und D2 – Prozentualer Anteil der Einzelmaterialien an der Wirkungskategorie „Versauerung" (Summe über den Lebenszyklus)

Es fällt auf, dass sich Auswirkungen auf den Versauerungseffekt (AP) im Vergleich zu den
anderen Wirkungskategorien nicht maßgeblich reduzieren lassen. In Abbildung 8-6 ist der
prozentuale Anteil der einzelnen Materialien der beiden Deckenkonstruktionen am Gesamtergebnis des Indikators „Versauerung" dargestellt. Es wird deutlich, dass die Elektroleitung aus
Kupfer maßgeblich am Ergebnis für diese Wirkungskategorie beteiligt ist. Die Heizleitungen
werden in beiden Fällen aus technischen Gründen ausgewechselt (Austauschzyklus 60 Jahre).
Da die Ursache nicht in der zerstörenden Auswechslung einer anderen Materialschicht liegt,
hat der demontagegerechte Entwurf keine Auswirkungen auf diesen Vorgang.

Tabelle 8-1: Referenzprozesse der Rückbaubewertung für die Deckenkonstruktionen D1, D2 und D3

Verbundmaterial	Verbundkategorie	Referenzprozess der Rückbaubewertung (Nutzungsphase)	Referenzprozess der Rückbaubewertung (Lebensende)
Fliesen/Estrichreste	Keramik-V1-2	Ausbau von Fliesen	Konv. Abbruch
Estrich/PE-Folie	Estrich-V2-2	Abstemmen Estrichbelag	Konv. Abbruch
PE-Folie	PE-Folie-V0-1	Abziehen nicht verkl. Teppich	Konv. Abbruch
Dämmung/Putzreste	Mineralwolle-V1-2	Abziehen verkl. Teppich	Konv. Abbruch
Dämmung	Mineralwolle-V0-2	Abziehen verkl. Teppich	Konv. Abbruch
Beton/Elektro-leitung/Kunststoff	Stahlbeton-V3-2	Demontage Betonfertigteil (Schweißverbindungen)	Konv. Abbruch
Beton	Stahlbeton-V0-2	Demontage Betonfertigteil (Schraubverbindungen)	Konv. Abbruch
Holztrag-konstruktion	Altholz-V0-2	Dem. von Holzbauteilen	Konv. Abbruch Holzbauteile
Holztragkonstruk-tion/Schutzanstrich	Altholz-V2-2	Dem. von Holzbauteilen	Konv. Abbruch Holzbauteile
Kunststoffleitung	Kunststoff-V0-1	Ausbau Leitungen manuell	Konv. Abbruch
Elektroleitung	NE-Metall-V0-1	Ausbau Leitungen manuell	Konv. Abbruch
Kalkputz/Beton	Mineralputz-V1-1	Abstemmen Estrichbelag	Konv. Abbruch

Rückbau

Der Bewertung der Rückbauprozesse für die zwei untersuchten Deckenkonstruktionen werden die in Tabelle 8-1 zusammengestellten Referenzprozesse zugrunde gelegt.

Dabei wirkt sich der geringere Maschineneinsatz für Instandsetzungsmaßnahmen und eine generelle Reduktion der Materialströme für D2 positiv auf die Auswertung der ökologischen Kriterien (AP, GWP, E) aus (Abb. 8-7).

Die Auswechslung der Heizleitungen im Fußbodenkanal erfolgt manuell und verursacht keine maßgebliche Beeinträchtigung der Umwelt. Diese Beobachtung bestätigt sich, wenn man in Abb. 8-8 und 8-9 den Beitrag der Rückbauprozesse für die einzelnen Baurestmassen vergleicht. Während der Austausch der Heizleitungen in der Decke D1 einen Teilabbruch der Betonschicht erfordert (obere schraffierte Säulenbereiche), der ca. 40 % der Gesamtbelastung in der Nutzungsphase verursacht, ist dieser Rückbauprozess für D2 nicht notwendig. Belastungen durch den Rückbau dieser Baurestmasse tauchen daher im Ergebnis für die Nutzungsphase nicht auf.

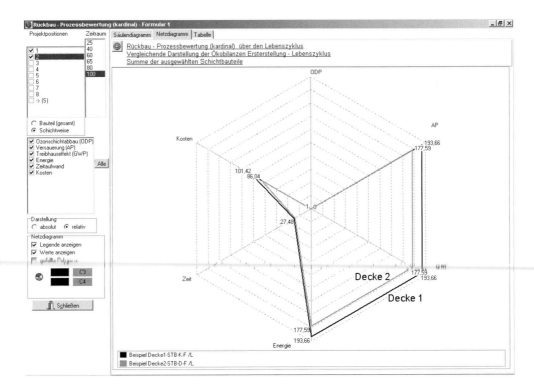

Abb. 8-7: Vergleich der Rückbaubewertung der Deckenkonstruktionen D1 und D2 (summiertes Ergebnis über den Lebenszyklus)

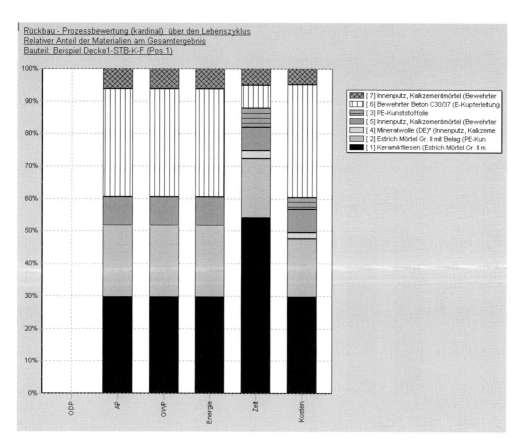

Abb. 8-8: Prozentualer Anteil der einzelnen Rückbauprozesse in der Nutzungsphase (Stahlbetondecke D1)

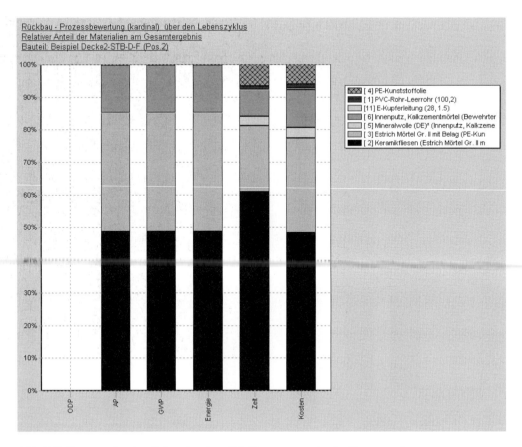

Abb. 8-9: Prozentualer Anteil der einzelnen Rückbauprozesse in der Nutzungsphase (Stahlbetondecke D2)

Für die Kriterien „Zeit" (Zeitaufwand für die Rückbaumaßnahmen) und „Kosten", schneidet die demontierbare Decke D2, über den kompletten Lebenszyklus betrachtet ähnlich ab wie Deckenkonstruktion D1. Die Reduktion der erforderlichen Rückbauprozesse in der Nutzungsphase (aufgrund der zerstörungsfreien Austauschbarkeit der Heizleitungen werden Prozesse eingespart) für D2 kann den erhöhten Zeitaufwand bzw. die höheren Kosten eines Selektiven Rückbaus von Materialschichten ausgleichen.

Entsorgung

Einer Auswertung der Entsorgungsprozesse werden die in Tabelle 8-2 aufgeführten Vorschläge für einen Entsorgungsmix sowie die entsprechenden Referenzprozesse der Hauptmaterialgruppen zur Entsorgungsbewertung zu Grunde gelegt. Für die untersuchten Deckenkonstruktionen D1 und D2 wird demnach eine durchschnittliche Verwertungsquote von ca. 70 % angenommen.

Tabelle 8-2: Entsorgungsmix und Hauptmaterialgruppe der Entsorgungsbewertung für die Deckenkonstruktionen D1, D2 und D3

Verbundmaterial	Verbundkategorie	Haupt-material-gruppe der Entsorgungs-bewertung	Wiederverwendung	Weiterverwendung	Wiederverwertung	Weiterverwertung	Energetische Verwertung	Kompostierung	Verbrennung/Deponierung	Behandlung/Deponierung
Fliesen/Estrichreste	Keramik-V1	Naturstein	0 %	0 %	0 %	70 %	0 %	0 %	0 %	30 %
Estrich/PE-Folie	Estrich-V2	Baustellen-abfälle	0 %	0 %	0 %	10 %	0 %	0 %	0 %	90 %
PE-Folie	PE-Folie-V0	Dichtungs-bahnfolie	0 %	0 %	0 %	40 %	35 %	0 %	0 %	25 %
Dämmung/Putzreste	Mineralwolle-V1	WDVS	0 %	0 %	30 %	40 %	0 %	0 %	5 %	25 %
Dämmung	Mineralwolle-V0	WDVS	10 %	0 %	40 %	20 %	0 %	0 %	5 %	25 %
Beton/Elektroleitung/Kunststoff	Stahlbeton-V3	Mineralische Baustoffe	0 %	0 %	0 %	70 %	0 %	0 %	0 %	30 %
Beton	Stahlbeton-V0	Mineralische Baustoffe	5 %	0 %	40 %	30 %	0 %	0 %	0 %	25 %
Holztragkonstruktion	Altholz-V0	Holz	5 %	0 %	0 %	40 %	35 %	0 %	10 %	10 %
Holztragkonstruktion/Schutzanstrich	Altholz-V2	Holz	0 %	0 %	0 %	10 %	30 %	0 %	30 %	30 %
Kunststoffleitung	Kunststoff-V0	Kunststoff-bodenbelag	0 %	0 %	0 %	40 %	35 %	0 %	0 %	25 %
Elektroleitung	NE-Metall-V0	NE-Metall	0 %	0 %	98 %	0 %	0 %	0 %	0 %	2 %
Kalkputz/Beton	Mineralputz-V1	Mineralische Baustoffe	0 %	0 %	0 %	70 %	0 %	0 %	0 %	30 %

Das Ergebnis für die Auswertung der Entsorgungsprozesse sowie der durch Wiederverwendung bzw. Verwertung substituierten Prozesse ist in den Abbildungen 8-10 (D1) und 8-11 (D2) dargestellt. Auf der y-Achse werden entsprechend dem in Abschnitt 6.5 beschriebenen Verfahren Belastungspunkte angegeben. Eine Umrechnung in tatsächliche Schädigungspotentiale (z. B. CO_2-Äquivalente oder SO_x-Äquivalente) könnte anhand der für die verschiedenen Kriterien zu Grunde gelegten Bewertungsskalen erfolgen. Da im Folgenden nur vergleichende Analysen durchgeführt werden, kann auf eine Darstellung der absoluten Schädigungspotentiale allerdings verzichtet werden.

Die Ergebnisse zeigen, dass die Auswirkungen der Materialaufbereitung für die Kriterien „Treibhauseffekt" und „Energie" für beide Deckenkonstruktionen kleiner sind als die durch Substitution von Prozessen zur Materialneuherstellung eingesparten Umweltwirkungen. Das bedeutet, dass die Verwertung der relativ sortenrein gewonnenen Baurestmassen positiv bewertet wird. Aufgrund des optimistisch angesetzten Entsorgungsmix (Verwertungsquote von ca. 70 %) trägt das Material „Mineralwolle" zu der positiven Bewertung der „eingesparten" Prozesse maßgeblich bei.

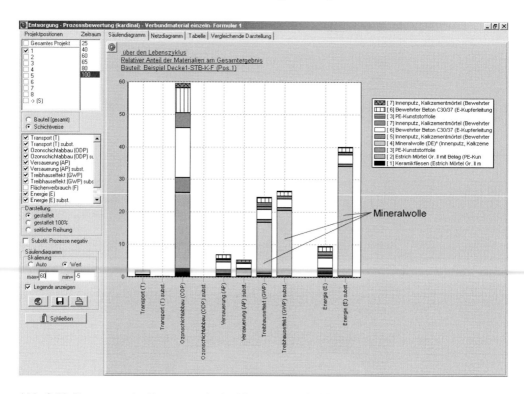

Abb. 8-10: Bewertung der Entsorgung in der Nutzungs- und Abbruchphase (Stahlbetondecke D1)

Die Belastungen durch Aufbereitung der Baurestmassen der demontierbaren Deckenkonstruktion D2 sind in der Regel kleiner als die der Deckenkonstruktion D1. Das Optimierungspotential liegt in einem Bereich zwischen 5 % und 15 %. Betrachtet man den Versauerungseffekt (AP), so zeigt sich, dass durch Wiederverwertung der Baurestmassen von Deckenkonstruktion D2 die Belastungen deutlich reduziert werden können. Dieses Ergebnis ist auf die sortenreine Gewinnung der Elektroleitung zurückzuführen, die wieder eingeschmolzen wird und zu einem qualitativ hochwertigen Recyclingprodukt verarbeitet werden kann (vgl. auch Abb. 8-11, Versauerungseffekt).

8.2.2 Vergleich von Deckenkonstruktionen mit unterschiedlicher Tragschicht

In einer weiteren Analyse wird die Decke D1 (Stahlbeton mit Fliesenbelag) einer vergleichbaren Holzdecke (D3, vgl. Abb. 8-12) gegenübergestellt. Die Variation der Tragkonstruktion soll zeigen, ob das Ergebnis einer Nachhaltigkeitsanalyse hierdurch maßgeblich beeinflusst wird. Bei der tragenden Materialschicht der Holzdecke handelt es sich um Kastenelemente. Die weiteren Materialschichten werden entsprechend dem Schichtaufbau der Stahlbetondecke gewählt. Es werden ebenfalls Heizrohre vorgesehen, die bei der Holzdecke allerdings nicht in der tragenden Materialschicht angeordnet sind, sondern in der Dämmschicht liegen.

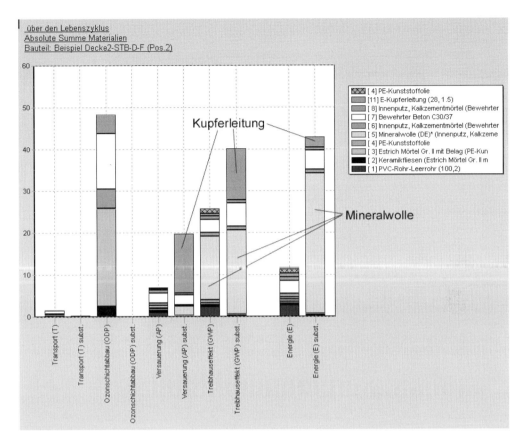

Abb. 8-11: Bewertung der Entsorgung in der Nutzungs- und Abbruchphase (Stahlbetondecke D2)

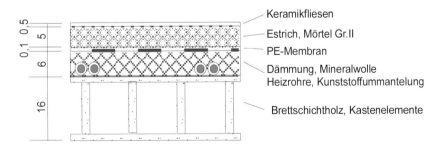

Abb. 8-12: Deckenkonstruktion 3: Holzdecke mit Fliesenbelag (Holz-K-F)

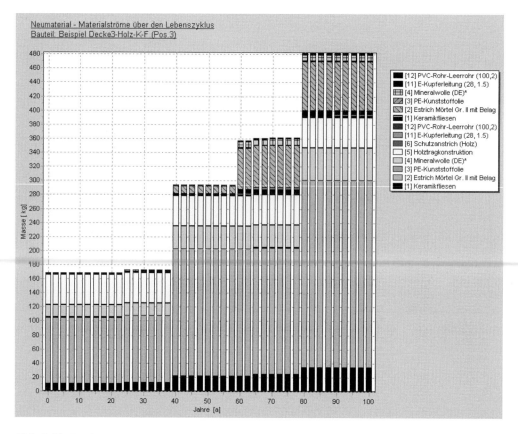

Abb. 8-13: Deckenkonstruktion D3:
Holzdecke mit Fliesenbelag (Materialströme über den Lebenszyklus)

Materialströme über den Lebenszyklus

Wie bereits erwartet liegen die durch die Holzkonstruktion hervorgerufenen Materialströme über den Lebenszyklus mit ca. 480 kg/m^2 deutlich unter denen der Massivdecke mit ca. 1250 kg/m^2 (vgl. Abb. 8-3 und 8-13). Es wird außerdem deutlich, dass für die Holzdecke die über den Lebenszyklus summierten Materialströme ca. 3,0 mal so hoch sind wie bei der Erstellung. Bei der Massivdecke beträgt dieser Faktor nur ca. 2,0. Dies ist darauf zurückzuführen, dass bei Deckenkonstruktion D3 hauptsächlich Materialien mit einer im Vergleich zur tragenden Holzkonstruktion hohen Dichte über den Lebenszyklus ausgetauscht werden.

Es stellt sich die Frage, ob die absolute Reduktion der Materialströme für Decke D3 sich auch in gleichem Maße auf die durch Neumaterialherstellung ausgelösten Umweltbelastungen auswirkt. Zu diesem Zweck werden im Folgenden die Neumaterialherstellungsprozesse mit Hilfe der Ökobilanzierung ausgewertet.

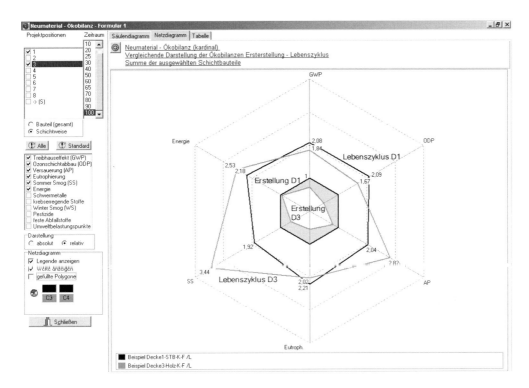

Abb. 8-14: Vergleichende Analyse einer Holzdecke und einer Stahlbetondecke (Neumaterialeinsatz)

Neumaterialherstellung

Bei der Betrachtung der Neumaterialherstellung in Abbildung 8-14 fällt auf, dass die Belastungen zum Zeitpunkt der Erstellung für die Holzdecke deutlich unter denen der Stahlbetondecke liegen. Betrachtet man allerdings die summierten Belastungen über den Lebenszyklus nähern sich die Ergebnisse für beide Deckenkonstruktionen an. Für die Wirkungskategorien „Sommersmog" (SS) und „Versauerung" (AP) werden sogar höhere Belastungen durch die Instandhaltung der Holzdecke hervorgerufen.

Eine detaillierte Analyse des prozentualen Anteils der einzelnen Materialien in Abbildung 8-15 zeigt, dass für die Wirkungskategorie „Sommersmog" der Schutzanstrich der Holzkonstruktion, der alle 10 Jahre erneuert wird, maßgeblich zum Ergebnis beiträgt, während bei der Kategorie „Versauerung" die Kupferleitung dominiert. Mit dem Ziel einer Optimierung könnte entweder ein weniger belastender Schutzanstrich angesetzt werden oder ein Schutzanstrich gewählt werden, der eine längere Lebensdauer hat.

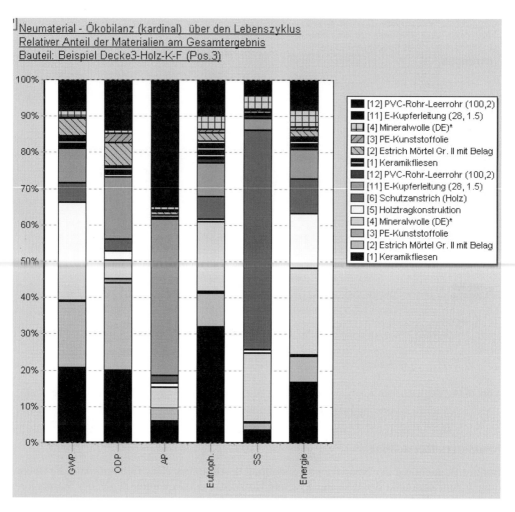

Abb. 8-15: Prozentualer Anteil der einzelnen Materialien der Holzdecke
(Neumaterialeinsatz, summiert über den Lebenszyklus)

Entsorgung

Einer Auswertung der Entsorgungsprozesse für die Holzdecke D3 sind ebenfalls die in Tabelle 8-1 zusammengestellten Referenzprozesse der Hauptmaterialgruppen bzw. der entsprechende Entsorgungsmix zu Grunde gelegt.

Ein Vergleich der Entsorgungsprozesse für Deckenkonstruktion D1 (Abb. 8-16) und Decke D3 (Abb. 8-17) verdeutlicht, dass bezüglich der Umweltwirkungen keine eindeutige Aussage möglich ist. Während die Belastungen durch Aufbereitungsprozesse der Stahlbetondecke für das Kriterium „Ozonschichtabbau" deutlich höher liegen als die für die Holzdecke (60 Belastungspunkte gegenüber 25 Belastungspunkten), schneidet Decke D1 beim Kriterium „Versauerung" besser ab (7 Belastungspunkte gegenüber 15 Belastungspunkten).

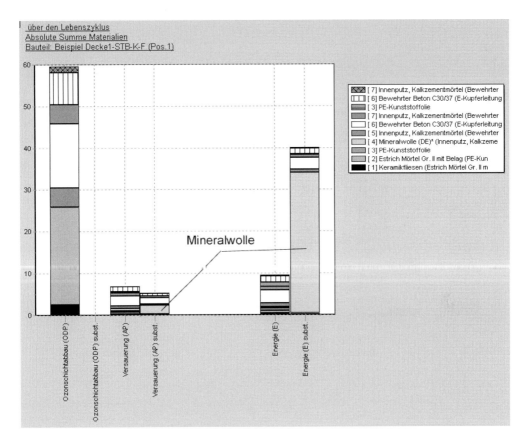

Abb. 8-16: Bewertung der Entsorgung in der Nutzungs- und Abbruchphase (Stahlbetondecke D1)

Betrachtet man den prozentualen Anteil der einzelnen Materialien am Ergebnis, wird deutlich, dass die Aufbereitung der mineralischen Baustoffe maßgebliche Auswirkungen auf das Gesamtergebnis für das Kriterium „Ozonschichtabbau" (ODP) für die Stahlbetondecke hat. Des Weiteren wird ersichtlich, dass die sortenreine Gewinnung der Heizleitung bei Decke D3 (die Heizleitungen liegen lösbar in der Dämmschicht) einen positiven Einfluss auf die Bewertung der substituierten Prozesse für das Kriterium „Versauerung" aufweist. Die Wiederverwendung bzw. Verwertung der Dämmschicht trägt bei beiden Deckenkonstruktionen maßgeblich zum Ergebnis für das Kriterium „Energie" bei.

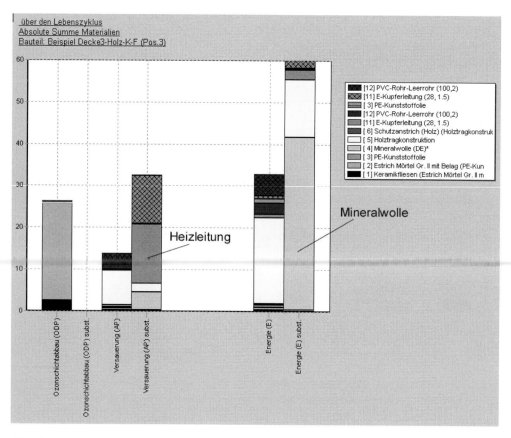

Abb. 8-17: Bewertung der Entsorgung in der Nutzungs- und Abbruchphase (Holzdecke D3)

8.2.3   Ergebnis der Analyse verschiedener Deckenkonstruktionen

Die Analyse der unterschiedlichen Deckenkonstruktionen verdeutlicht, dass sich durch einen demontagegerechten Entwurf von Baukonstruktionen Materialströme reduzieren lassen. Des Weiteren wurde festgestellt, dass sich diese Reduktion unterschiedlich auf das Optimierungspotential im Hinblick auf verschiedene Indikatoren der Nachhaltigkeit auswirkt.

Weitere Untersuchungen in [76] haben gezeigt, dass das Optimierungspotential eines demontagegerechten Entwurfs nicht nur durch das Vorsehen lösbarer Verbindungen beeinflusst wird. Ein Vergleich von Baukonstruktionen mit unterschiedlichen Nutzschichten hat ergeben, dass sich der *„Einsatz von Produkten mit einer langen Lebensdauer"* erwartungsgemäß positiv auf die Nachhaltigkeit von Konstruktionen auswirkt.

8.3 Wandkonstruktionen

8.3.1 Vergleich zweier Wandkonstruktionen mit unterschiedlicher Tragschicht

Eine beispielhafte Analyse von Wandkonstruktionen erfolgt anhand des Vergleiches einer Kalksandsteinwand mit einer Porenbetonwand (vgl. Abb. 8-18 und 8-19). Ziel des Vergleiches ist es, zu untersuchen, ob der Einsatz eines bestimmten Materials für die Tragschicht einer Außenwand deutliche Vorteile bringt. Eine detaillierte Beschreibung der einzelnen Materialschichten, der vorgesehenen Verbindungen sowie der angesetzten Lebensdauern erfolgt in Anhang 11 (siehe auch CD-ROM).

Da eine vergleichende Analyse ohne Betrachtung des erforderlichen Heizenergiebedarfs durchgeführt wird, muss der Wärmedurchgangswert für beide Konstruktionen gleich sein. Aus diesem Grund wird eine 6 cm starke Dämmung auf die 24er Kalksandstein Planelemente aufgebracht. Die Porenbetonwand mit einer Stärke von 24 cm erfüllt auch ohne zusätzliche Dämmschicht die gleichen Voraussetzungen in Bezug auf den Wärmedurchgangswert.

In beiden Wänden sind Elektroleitungen unter Putz verlegt, für die ein Austauschzyklus von 40 Jahren festgelegt wird.

Wand W1: KS-Wand verputzt (Leitungen unter Putz verlegt)
Wand W2: Porenbetonwand verputzt (Leitungen unter Putz verlegt)

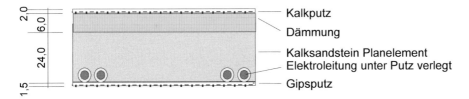

Abb. 8-18: Wand W1: KS Wand, Leitungen unter Putz verlegt (KS)

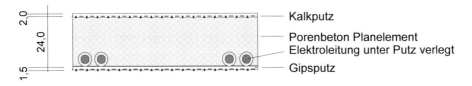

Abb. 8-19: Wand W2: Porenbeton Wand, Leitungen unter Putz verlegt (PB)

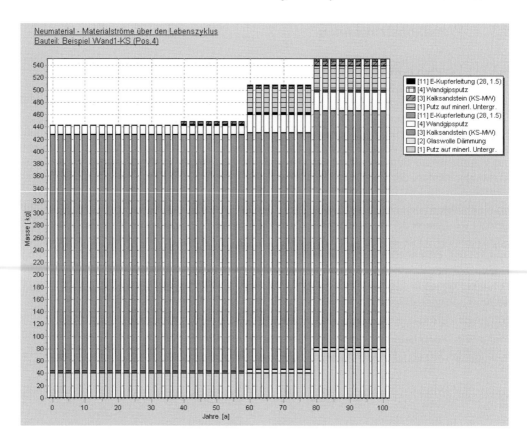

Abb. 8-20: Materialströme der Kalksandsteinwand, Wand 1

Materialströme über den Lebenszyklus

Die Materialstromberechnung verdeutlicht die „leichte Bauweise" der Porenbetonwand. Die Massen bei der Ersterstellung betragen ca. 450 kg/m^2 für die Kalksandsteinwand (vgl. Abb. 8-20), während die Porenbetonwand mit einem Gewicht von ca. 190 kg/m^2 erstellt werden kann (vgl. Abb. 8-21). Für Instandsetzungsarbeiten werden bei der Kalksandsteinwand ca. 100 kg/m^2 (ca. 25 % der Erstellungsmassen) über einen Zeitraum von 100 Jahren benötigt, während die Porenbetonwand mit einem zusätzlichen Materialstrom von ca. 60 kg/m^2 (ca. 30 % der Erstellungsmassen) instand gesetzt werden kann. Es fällt auf, dass der Materialstrom in der Nutzungsphase maßgeblich geringer ausfällt als bei den zuvor betrachteten Deckenkonstruktionen. Grund hierfür ist die relativ geringe Anzahl unterschiedlicher Materialschichten im Vergleich zu den relativ komplexen Deckenaufbauten. Die Abhängigkeiten der verschiedenen Materialschichten in den betrachteten Wandkonstruktionen sind deutlich geringer als bei den Deckenkonstruktionen. Diese Tatsache wirkt sich positiv auf die in der Nutzungsphase erforderlichen Instandsetzungsmaßnahmen aus.

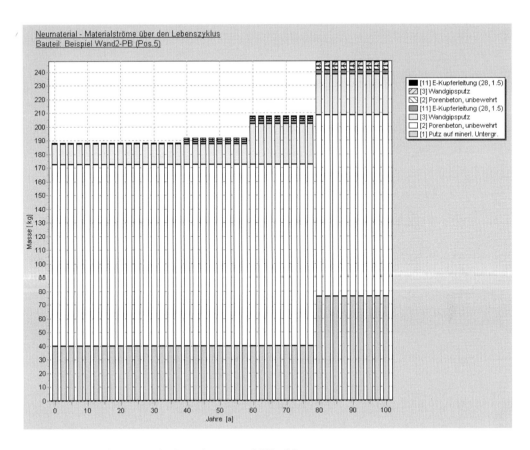

Abb. 8-21: Materialströme der Porenbetonwand, Wand 2

Neumaterialherstellung

Die Bewertung der Neumaterialherstellung wird wie auch für die Deckenkonstruktionen mit Hilfe der Ökobilanz durchgeführt. Abbildung 8-22 zeigt die zwei Wandkonstruktionen im Vergleich.

Vergleicht man die Ergebnisse mit denen der Deckenkonstruktionen, so wird deutlich, dass die Belastungen durch Instandsetzungsmaßnahmen während der Nutzung in einer ähnlichen Größenordnung wie bei der Ersterstellung liegen (Faktor 2 summiert über den Lebenszyklus). Des Weiteren wird ersichtlich, dass die Umweltwirkungen für die Kalksandsteinwand und die Porenbetonwand in etwa gleich sind. Lediglich für die Wirkungskategorien „Sommersmog" und „Eutrophierung" fallen die Umweltwirkungen durch die Porenbetonwand geringfügig höher aus.

Abbildung 8-23 zeigt, dass trotz ihrer geringen Masse die Elektroleitung ähnliche Auswirkungen hat wie die Tragstruktur aus Porenbeton. Eine eindeutige Identifikation des „umweltverträglicheren" Materials für die Wandkonstruktion ist nicht möglich. Erst eine Gewichtung der verschiedenen Wirkkategorien würde es ermöglichen, die optimale Wandkonstruktion im Hinblick auf „Neumaterialherstellungsprozesse" zu identifizieren.

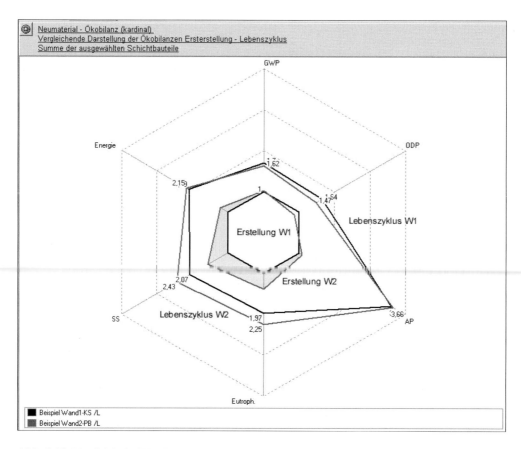

Abb. 8-22: Vergleich der Wandkonstruktionen W1 und W2 im Hinblick auf den Neumaterialeinsatz

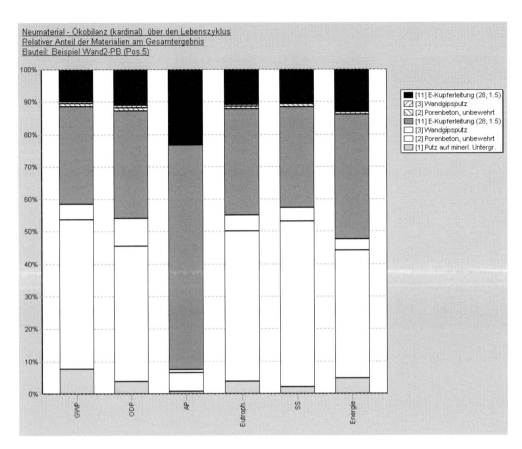

Abb. 8-23: Prozentualer Anteil der Materialien am Ergebnis der Ökobilanzierung für Neumaterialherstellungsprozesse für die Porenbetonwand (summiert über den Lebenszyklus)

Tabelle 8-3: Referenzprozesse der Rückbaubewertung für die Wandkonstruktionen W1 und W2

Verbundmaterial	Verbundkategorie	Referenzprozess der Rückbaubewertung (Nutzungsphase)	Referenzprozess der Rückbaubewertung (Lebensende)
Kalksandstein	Kalksandstein-V0-2	Abnehmen Dachziegel	Konv. Abbruch
Kalksandstein/Putz/ Kupferleitung	Kalksandstein-V3-1	Abnehmen Dachziegel	Konv. Abbruch
Porenbeton/Putz	Leichtbeton-V1	Demontage Betonfertigteil (Schraubverb.)	Konv. Abbruch
Porenbeton/Putz/ Kupferleitung	Leichtbeton-V3	Konv. Abbruch	Konv. Abbruch
Mineralputz	Mineralputz-V0-2	Abstemmen Estrichbelag	Konv. Abbruch
Gipsputz/Porenbeton/ Kupferleitung	Gipsputz-V2	Abstemmen Estrichbelag	Konv. Abbruch
Dämmung/Putzreste	Glaswolle-V1-2	Abziehen Dämmschicht	Abziehen Dämmschicht

Rückbau

Für die Bewertung der Rückbauprozesse der zwei betrachteten Wandkonstruktionen werden die in Tabelle 8-3 zusammengestellten Referenzprozesse verwendet.

Die Auswertung der Kalksandsteinwand zeigt, dass die Belastungen durch Rückbau während der Nutzungsphase im Vergleich zu denen am Lebensende kleiner sind (vgl. Abb. 8-24). Rückbauprozesse für Instandsetzungsmaßnahmen haben einen geringeren Anteil am Gesamtergebnis über den kompletten Lebenszyklus und sollten daher mit einer niedrigeren Priorität als der Rückbau am Lebensende optimiert werden.

Ein Vergleich der Auswirkungen durch Rückbauprozesse zwischen der Kalksandsteinwand und der Porenbetonwand belegt, dass die Belastungen, die durch die Porenbetonwand hervorgerufen werden, für alle Kriterien geringer ausfallen (vgl. Abb. 8-25). Grund hierfür ist die Tatsache, dass für die Porenbetonwand in der Nutzungsphase nur Rückbauprozesse zum Austausch der Heizleitungen anfallen, während bei der Kalksandsteinwand zusätzlich die Dämmschicht nach 60 Jahren erneuert wird.

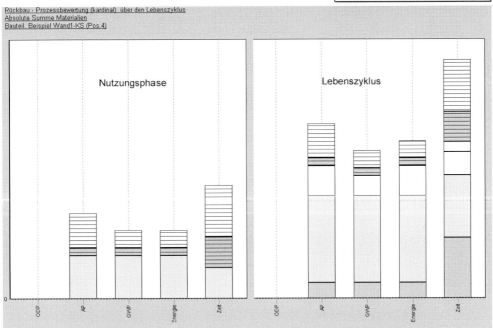

Abb. 8-24: Vergleich der Rückbauprozesse während der Nutzungsphase und am Lebensende (Kalksandstein, Wand 1)

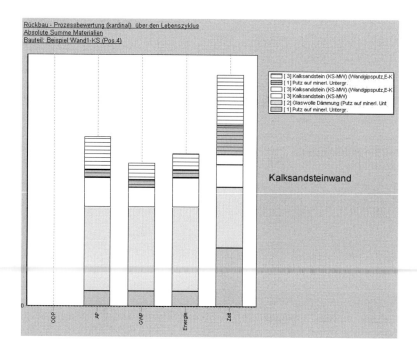

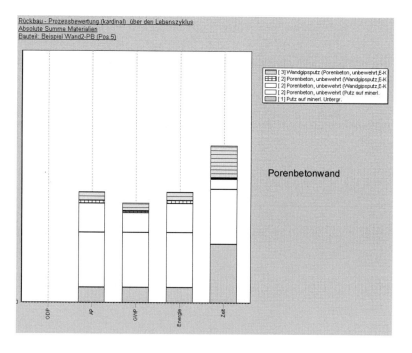

Abb. 8-25: Vergleich der Rückbauprozesse für die Kalksandsteinwand bzw. die Porenbetonwand (summiert über den Lebenszyklus)

Tabelle 8-4: Entsorgungsmix und Referenzprozess der Entsorgungsbewertung für die Wandkonstruktionen W1 und W2

Verbundmaterial	Verbundkategorie	Hauptmaterial-gruppe der Entsorgungs-bewertung	Wiederverwendung	Weiterverwendung	Wiederverwertung	Weiterverwertung	Energetische Verwertung	Kompostierung	Verbrennung/Deponierung	Behandlung/Deponierung
Kalksandstein	Kalksandstein-V0	Kalksandstein	5 %	0 %	10 %	60 %	0 %	0 %	0 %	25 %
Kalksandstein/Putz/ Kupferleitung	Kalksandstein-V3	Baustellen-abfälle	0 %	0 %	0 %	70 %	0 %	0 %	0 %	30 %
Porenbeton/Putz	Leichtbeton-V1	Mineralische Baustoffe	0 %	0 %	0 %	50 %	0 %	0 %	0 %	50 %
Porenbeton/Putz/ Kupferleitung	Leichtbeton-V3	Mineralische Baustoffe	0 %	0 %	0 %	50 %	0 %	0 %	0 %	50 %
Mineralputz	Mineralputz-V0	Mineralische Baustoffe	0 %	0 %	0 %	70 %	0 %	0 %	0 %	30 %
Gipsputz/Porenbeton/ Kupferleitung	Gipsputz-V2	Baustellen-abfälle	0 %	0 %	0 %	10 %	0 %	0 %	0 %	90 %
Dämmung/Putzreste	Glaswolle-V1	WDVS	0 %	0 %	30 %	40 %	0 %	0 %	5 %	25 %

Entsorgung

Für eine Entsorgungsbewertung der Kalksandsteinwand im Vergleich zur Porenbetonwand werden die in Tabelle 8-4 zusammengestellten Hauptmaterialgruppen mit ihren jeweiligen Referenzprozessen und ihrem jeweiligen Entsorgungsmix zu Grunde gelegt.

Das Ergebnis der Bewertung von Aufbereitungsprozessen sowie substituierter Prozesse durch Wiederverwendung und Verwertung ist in den Abbildungen 8-26 und 8-27 dargestellt. Es wird deutlich, dass die Belastungen durch Aufbereitungsprozesse für die Baurestmassen der Porenbetonwand in der Regel geringer ausfallen als die der Kalksandsteinwand. Demgegenüber werden bei der Entsorgung der Kalksandsteinwand bei Betrachtung der Kriterien „Treibhauseffekt" und „Energie" höhere Belastungen eingespart als im Aufbereitungsprozess ausgelöst werden.

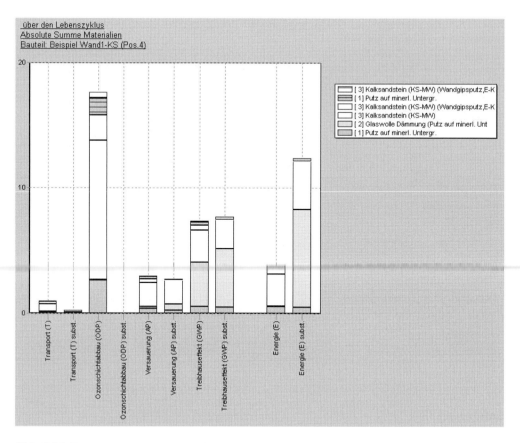

Abb. 8-26: Bewertung der Entsorgung in der Nutzungs- und Abbruchphase (Wandkonstruktion W1, Kalksandsteinwand)

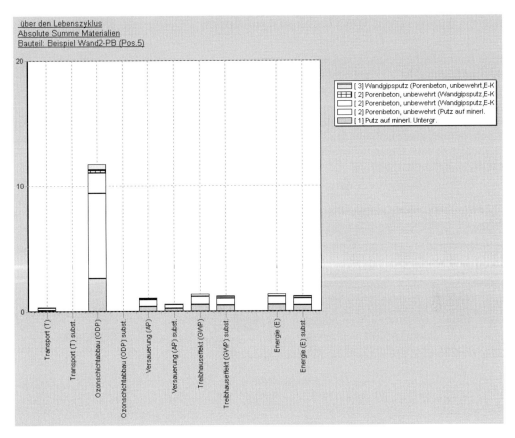

Abb. 8-27: Bewertung der Entsorgung in der Nutzungs- und Abbruchphase (Wandkonstruktion W2, Porenbetonwand)

8.3.2   Ergebnis der Analyse verschiedener Wandkonstruktionen

Die Analyse der betrachteten Wandkonstruktionen hat gezeigt, dass eine eindeutige Aussage über einen optimalen Materialeinsatz vielfach nicht möglich ist.

Da es sich bei den untersuchten Wänden um relativ einfache Aufbauten handelt, kann im Gegensatz zu den untersuchten Decken eine Reduktion der Materialströme über den Lebenszyklus erreicht werden. Diese Reduktion an einzubauenden bzw. auszutauschenden Neumaterialien schlägt sich allerdings nicht unbedingt auf die ausgelösten Umweltwirkungen nieder.

Die Reduktion der stofflichen Vielfalt für einen Schichtenaufbau ist sinnvoll, wenn unlösbare Verbindungen vorliegen, die eine Verwertung der Baurestmassen auf qualitativ hohem Niveau nicht erlauben. Können die einzelnen Materialschichten einer Konstruktion sortenrein voneinander getrennt werden, so sind die Optimierungspotentiale auf die unterschiedlichen eingesetzten Materialien zurückzuführen.

8.4   Auswertung von Dachkonstruktionen

Eine beispielhafte Analyse von Dachkonstruktionen erfolgt anhand des Vergleiches eines Sparrendaches (Dach 1) mit einem Massivdach (Dach 2) (siehe auch Abb. 8-28 und 8-29):

Der Bauteilaufbau sowie die gewählten Verbindungen und die Austauschzyklen der einzelnen Materialschichten sind in Anhang 11 aufgeführt. Beide Dachkonstruktionen schließen mit einer Materialschicht aus Tondachziegeln ab. Der Sparrendachaufbau besteht aus Lattung und Konterlattung, einer isolierenden Dämmschicht sowie der Tragkonstruktion aus Holzsparren. Beim Massivdach dagegen besteht die tragende Materialschicht aus einem Fertigteil-Gitterträger.

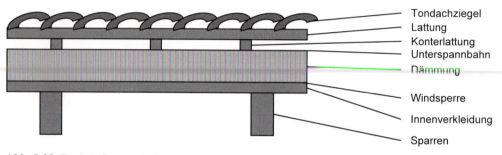

Abb. 8-28: Dach 1: Sparrendach mit Aufsparrendämmung

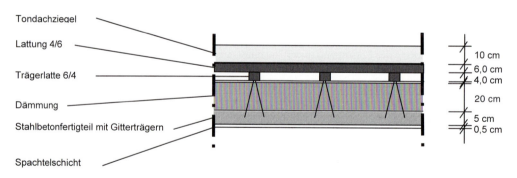

Abb. 8-29: Dach 2: Massivdach

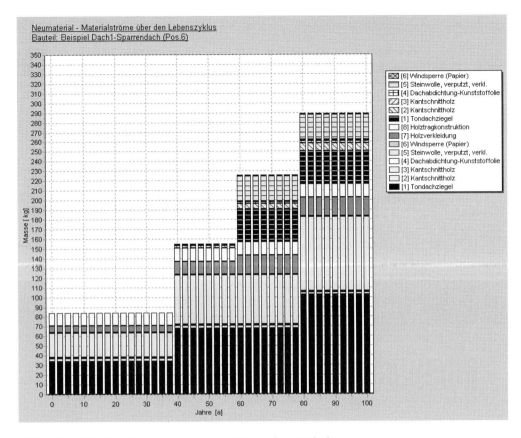

Abb. 8-30: Materialströme der Dachkonstruktion 1: Sparrendach

Materialströme über den Lebenszyklus

Wie die Abbildungen 8-30 und 8-31 verdeutlichen, werden Materialströme durch die Instandsetzung der Tondachziegel (alle 40 Jahre) sowie der Wärmedämmung (alle 40 Jahre) hervorgerufen. Die restlichen Materialströme sind im Vergleich vernachlässigbar. Da hauptsächlich demontierbare Verbindungen zwischen den einzelnen Materialschichten für beide Dachkonstruktionen vorgesehen werden, sind die durch Verbindungswahl ausgelösten Materialströme sehr gering (schraffierte Bereiche der Säulendarstellung sind sehr klein).

Neumaterialherstellung

Ein Vergleich der durch die Dachkonstruktionen hervorgerufenen Umweltwirkungen mit Hilfe der Ökobilanzierung zeigt, dass das Massivdach in der Erstellungsphase geringfügig höhere Umweltwirkungen hat. Betrachtet man dagegen die summierten Wirkungen über den Lebenszyklus, zeigt sich, dass das Massivdach ähnliche Umweltbelastungen hervorruft wie das Sparrendach. Weitere Ergebnisse der Analyse sind im Anhang 11 zusammengestellt.

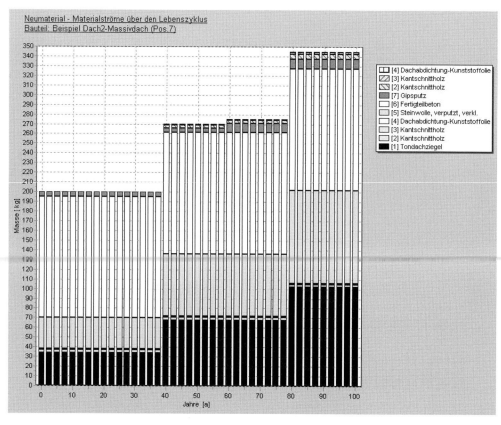

Abb. 8-31: Materialströme der Dachkonstruktion 2: Massivdach

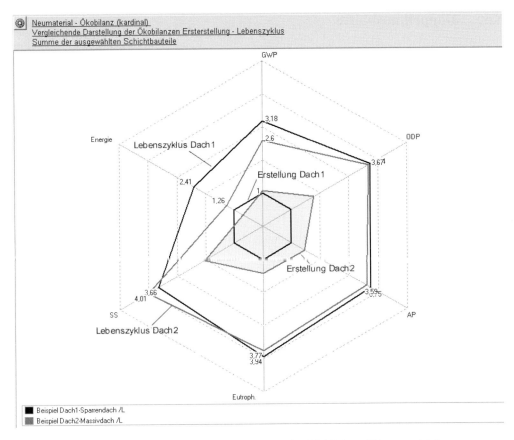

Abb. 8-32: Vergleich verschiedener Dachkonstruktionen im Hinblick auf Neumaterialeinsatz

8.5   Doppelhaushälfte

Die Untersuchung eines kompletten Bauwerks mit *bauloop* erfolgt durch die Aggregation der Einzelergebnisse verschiedener Bauteile. Das im Folgenden untersuchte Bauwerk wurde als Realobjekt im Verbundprojekt „Dienstleistungssystem Qualitäts-Montagehausbau" [105] errichtet und besteht in der Überzahl aus Fertigteilen (vgl. Abb. 8-33).

Die tragende Materialschicht der Decken besteht in der Regel aus Gitterträgern mit einer integrierten Dämmschicht. Für die Nutzschicht werden entweder Teppichbelag oder Keramikfliesen in der Analyse berücksichtigt. Die Wände werden aus Leichtbetonfertigteilen hergestellt. Die tragende Materialschicht der Dachkonstruktion besteht ebenfalls aus einem Fertigteil-Gitterträger. Anhang 11 enthält eine Darstellung der jeweiligen Bauteilaufbauten sowie eine Zusammenstellung der Positionen des Bauwerks. Die komplette Analyse der Doppelhaushälfte kann dem Forschungsbericht zum Verbundprojekt „Dienstleistungssystem Qualitätsmontagehausbau" entnommen werden [113]. Ein Auszug dieser Analyse in Form einiger Einzelergebnisse für die verschiedenen Lebensphasen ist in Anhang 11 dargestellt.

Abb. 8-33: Realobjekt „Doppelhaushälfte"

8.6   Zusammenfassung der Ergebnisse

Ausgehend von einer zunehmenden Beschäftigung mit der Thematik der Nachhaltigkeit im Bauwesen besteht ein Bedarf an der Entwicklung und Umsetzung von Strategien zur Lebenszyklusoptimierung von Gebäuden. Verschiedene Konzepte zur Reduktion der Betriebsenergie oder zum in Hinsicht auf den Primärenergieeinsatz optimierten Baustoffeinsatz haben sich in den letzten Jahren bereits etabliert. Die Lebensphasen „Erstellung" und „Betrieb" können mit Hilfe dieser Konzepte optimiert werden. Tatsächlich aber umfasst eine Lebenszyklusbetrachtung darüber hinaus alle erforderlichen Prozesse für die Instandhaltung, den Rückbau von Bauwerken sowie für die Entsorgung anfallender Baurestmassen.

Ausgangspunkt der mit *bauloop* durchgeführten Analysen ist die Bestimmung der maßgeblichen Materialströme unter Berücksichtigung der durch den Einsatz verschiedener Verbindungstechniken entstehenden Abhängigkeiten zwischen Bauteilschichten und Bauteilen. Aufbauend auf der Berechnung der Materialströme wird der für die Erstellung und Instandsetzung erforderliche Neumaterialeinsatz mit Hilfe der bestehenden Methodik der Ökobilanzierung bewertet. Zur Erfassung von Rückbau- und Entsorgungsprozessen wurden ergänzende Bewertungsmethoden eingesetzt, die anhand einer Nutzwertanalyse die Berücksichtigung von nicht exakt quantitativ bestimmbaren Prozessen für diese Lebensphasen erlauben. Mit Hilfe des Verfahrens konnten unter Berücksichtigung objektorientierter Randbedingungen Optimierungspotentiale identifiziert und die Stärken und Schwächen verschiedener Baukonstruktionen über den kompletten Lebenszyklus dargestellt werden.

Aus den hier dargestellten Analyseergebnissen sowie weiteren Untersuchungen in [76] lassen sich folgende Erkenntnisse ableiten:

- Demontagegerechte Entwurfskonzepte weisen für komplexe Bauteilschichtaufbauten deutliche Vorteile auf. Um diese Potentiale identifizieren zu können, bedarf es einer Betrachtung des kompletten Lebenszyklus. Die zerstörungsfreie Austauschbarkeit der Bauteilschichten mit geringer Lebensdauer (z. B. Heizleitungen) ermöglicht eine Reduktion von Stoffströmen, was sich wiederum positiv bei einer Bewertung der Auswirkungen durch andere Prozesse (Neumaterialeinbau, Rückbau, Entsorgung) auswirkt.

- Eine Reduktion von Materialströmen wirkt sich **nicht** automatisch auf die Nachhaltigkeit einer Konstruktion aus. Das Gesamtergebnis einer ökologischen Nachhaltigkeitsbetrachtung reagiert sehr sensibel auf die eingesetzten Materialien. Die Vorteile einer leichten Trennbarkeit können durch die Verwendung anderer Baumaterialien sogar in einen Nachteil umschlagen. Die Reduktion von Materialströmen ist demnach nicht alleine ausschlaggebend für eine Optimierung von Baukonstruktionen.

- Für einfache Bauteilaufbauten fallen Optimierungspotentiale durch den Einsatz lösbarer Verbindungen deutlich niedriger aus bzw. sind gar nicht vorhanden. Eine maßgebliche Reduktion an Materialströmen ist nicht zu verzeichnen. Ein demontagegerechter Entwurf besitzt also bei einfachen Bauteilaufbauten mit wenig verschiedenen Materialschichten und annähernd gleicher Lebensdauer der einzelnen Schichten keine nennenswerten Vorteile.

- Die Größenordnung des Optimierungspotentials hängt entscheidend von dem technischen Lebenszyklus der einzelnen Materialschichten und deren gegenseitigen Abhängigkeiten ab.

- Materialien des Ausbaus können einen maßgeblichen Anteil an den Auswirkungen auf die Nachhaltigkeit eines Bauwerks haben. Die so genannten „Nutzschichten" sind massenmäßig zwar oft vernachlässigbar, dürfen aber wegen ihrer hohen ökologischen Auswirkungen in einer ganzheitlichen Betrachtung der Nachhaltigkeit nicht unberücksichtigt bleiben. Der Beitrag dieser Materialschichten zum Gesamtbewertungsergebnis für die Neumaterialherstellung sowie der Rückbau- und Entsorgungsprozesse in der Nutzungsphase ist von signifikanter Bedeutung.

Es hat sich gezeigt, dass die Nachhaltigkeitsanalyse von Bauwerken bereits zum Zeitpunkt der Planung eine gezielte Optimierung im Hinblick auf spätere Instandsetzungsmaßnahmen, Rückbauprozesse und Entsorgungsprozesse ermöglicht. Problematische Bereiche von Bauwerken, wie z. B. spezifische Baumaterialien oder Bauteilgruppen, lassen sich identifizieren und verbessern. Mit dem Ziel, Bauwerke in Zukunft nachhaltig zu planen, werden Instrumente wie die in Kapitel 4 beschriebenen benötigt.

Da zum jetzigen Zeitpunkt Entscheidungen im Planungsprozess oft nur auf Grundlage kurzfristiger Betrachtungen getroffen werden, sind die derzeitigen Entwürfe für Bauwerke in der Regel nicht an Nachhaltigkeitszielen orientiert. Mit einer Lebenszyklusanalyse können in Zukunft die Vor- und Nachteile verschiedener Entwurfskonzepte erkannt und intensiviert bzw. beseitigt werden. Auf der Grundlage von quantitativen und qualitativen Einzelbewertungen können ökologisch lohnende Investitionen bereits in der Planungsphase identifiziert und umgesetzt werden.

9 Resümee

Der Wirtschaftsbereich „Bauen und Wohnen" vermag einen maßgeblichen Beitrag für eine nachhaltigkeitsorientierte Entwicklung unserer Gesellschaft zu leisten. Diesbezüglich werden bereits heute eine Reihe verschiedenartiger Strategien zur Optimierung von Baukonstruktionen im Hinblick auf die ökologische, ökonomische und soziale Dimension der Nachhaltigkeit verfolgt. Eine ganzheitliche Betrachtung aller Nachhaltigkeitsaspekte ist allerdings noch nicht Stand der Technik, da für die Komplexität des Bauwesen geeignete Beurteilungsmethoden einschließlich der zugehörigen Basisdaten bisher nicht zur Verfügung stehen. Im Rahmen dieses Buches wird eine Analysemethodik einschließlich der wissenschaftlichen Grundlagen vorgestellt, die alle wesentlichen Einflussgrößen realitätsnah abbilden kann. Die durchgeführten Nachhaltigkeitsstudien mit Hilfe des neu entwickelten Softwaretools *bauloop* verdeutlichen das Potential, welches bei einer ganzheitlichen Betrachtungsweise erreicht werden kann.

Maßgeblich für die Realisierung der Ziele einer nachhaltigen Entwicklung im Bauwesen sind Lebenszyklusbetrachtungen als Grundlage für Entscheidungen in der Entwurfs- und Planungsphase von Baukonstruktionen. Hier werden die wesentlichen Vorgaben festgelegt, die darüber befinden, welche ökologischen Auswirkungen in der Nutzungsphase sowie der Abbruch- und Entsorgungsphase am Lebensende des Bauwerks verursacht werden. Zudem wird die Gesamtwirtschaftlichkeit, d. h. die ökonomische Dimension der Nachhaltigkeit, bereits in der Entwurfsphase im Wesentlichen determiniert. Daher sollten der verantwortungsbewusste Bauherr und sein entwerfender Ingenieur alle zukünftigen Auswirkungen eines Gebäudes mit großer Sorgfalt bedenken und die vielfältigen Aspekte der Nachhaltigkeit in die Entscheidungsfindung einbeziehen.

Bei dem derzeitigen Gebäudebestand dominiert der Energiebedarf in der Nutzungsphase die ökologischen Umweltwirkungen und stellt den überwiegenden Anteil der Lebenszykluskosten dar. Daher muss die Reduzierung der Verbrauchsprozesse im Gebäudebetrieb vorrangiges Ziel sein und wird auch mit der neuen Energieeinsparverordnung vorangetrieben. In Zukunft wird dadurch ein großes Einsparungspotential hinsichtlich der einzusetzenden Ressourcen erreicht werden können. Mit der Entwicklung von Niedrigenergiehäusern verlagert sich der Energiebedarf zukünftig jedoch von der Nutzungsphase des Gebäudes in die Erstellungs- und Entsorgungsphase. Diesem Trend ist bei der Nachhaltigkeitsbeurteilung verstärkt Rechnung zu tragen. Insbesondere der Rückbau von Gebäuden und die Entsorgung nicht sortenreiner Baurestmassen können erhebliche ökologische Auswirkungen haben und beeinflussen maßgebend die am Lebensende entstehenden Kosten.

Ein die Nachhaltigkeit signifikant beeinflussendes Kriterium ist die Flexibilität von Gebäuden in Bezug auf Nutzungsänderungen. Diesbezüglich kann durch eine geeignete Wahl der Tragstruktur und der Ausbaukomponenten die Gesamtnutzungsdauer der Konstruktion deutlich verlängert werden. Zur Ressourcenschonung sind Stoffkreisläufe anzustreben. Daher ist ein Bauwerk möglichst demontierbar zu entwerfen, damit im Falle des Abbruchs sortenreine Baurestmassen anfallen. Der demontagegerechte Entwurf ist in diesem Zusammenhang ein vielversprechendes Konzept zur Verwirklichung des Nachhaltigkeitsgedankens.

Bauteile der Tragkonstruktion und die Ausbaukomponenten bestehen aus einer Vielzahl von Materialien, die häufig mit unterschiedlichsten Verbindungstechniken miteinander verbunden sind. Dies hat große Bedeutung auf die bei Instandhaltungsmaßnahmen und bei Bauwerksertüchtigungen im Zuge von Umnutzungen entstehenden Materialströme und die verursachten Kosten. Ein Analyseverfahren zur Identifikation von Optimierungspotentialen in den einzelnen Lebensphasen eines Gebäudes muss diesem Sachverhalt Rechnung tragen. Nur bei entsprechend detaillierter Modellierung des Konstruktionsaufbaus und bei Berücksichtigung von Nachhaltigkeitskriterien mit nicht direkt quantifizierbaren Auswirkungen im Bewertungsverfahren ist eine zutreffende Gesamtbeurteilung über den vollständigen Lebenszyklus möglich.

Anhand der Untersuchung mehrerer Baukonstruktion mit Hilfe von *bauloop* konnte festgestellt werden, dass sich durch demontagegerechte Konstruktionen die Nachhaltigkeit in ökologischer Hinsicht verbessern lässt. Insbesondere im Bereich des Ausbaus und der technischen Installationen versprechen detaillierte Untersuchungen zu Instandsetzungsmaßnahmen, Entsorgungs- und Rückbaukonzepten deutliche Optimierungspotentiale. Die Spannweite fällt für unterschiedliche Baukonstruktionen allerdings sehr unterschiedlich aus. Es sind für jeden Einzelfall individuelle Analysen in Abhängigkeit verschiedener Randbedingungen erforderlich. Generell sollte darauf geachtet werden die einzelnen Materialschichten eines Bauteils hinsichtlich ihrer zu erwartenden Lebensdauer aufeinander abzustimmen. Komponenten des Ausbaus und der Gebäudeausrüstung mit vergleichsweise geringer Lebenserwartung sollten grundsätzlich ohne Beeinträchtigung der tragenden Rohbaustruktur ausgetauscht werden können.

Zur Förderung der Nachhaltigkeit im Bauwesen können anhand der in Nachhaltigkeitsanalysen gewonnenen Erkenntnisse allgemeine Handlungsempfehlungen abgeleitet werden und für die verschiedenen am Entscheidungsprozess für die Planung von Baumaßnahmen Beteiligten wie folgt zusammengefasst werden:

- **Architekten/Planer**
  Insbesondere der planende Ingenieur hat große Einflussmöglichkeiten auf die Umsetzung alternativer Entwurfskonzepte. In der Planungsphase werden die wesentlichen Vorkehrungen für eine wirtschaftlich umsetzbare und ökologisch vorteilhafte Kreislaufführung von Baustoffen sowie eine optimierte Instandhaltung von Bauteilschichten und von Bauteilen getroffen. Aufgrund der vielen zu berücksichtigenden Einflussgrößen und der Komplexität der Bewertungsverfahren ist die Identifikation der optimalen Lösung im Regelfall sehr schwierig. Daher sollte eine Nachhaltigkeitsanalyse stets mehrere Entwurfsvarianten vergleichend umfassen, wobei darauf zu achten ist, dass für alle Varianten die gleichen Randbedingungen und Systemgrenzen zu Grunde liegen.

- **Baustoffhersteller**
  Für Baustoffhersteller besteht für die Umsetzung von Nachhaltigkeitszielen die Aufgabe, gut recyclingfähige und leicht instandzuhaltende Baumaterialien mit einer möglichst langen Lebensdauer zu entwickeln. Eine Optimierung von Baumaterialien darf sich nicht nur auf die Herstellung der Materialien bzw. des Bauwerks beschränken, sondern muss den kompletten Lebenszyklus eines Gebäudes berücksichtigen.

- **Bauausführung/Bauunternehmen**
  Die endgültige Entscheidung über den Einsatz bestimmter Materialien wird bei der Bauausführung getroffen. Zur Verwirklichung des Nachhaltigkeitsgedankens dürfen keine schadstoffhaltigen Materialien verwendet werden und nicht recyclingfähige Baustoffe sowie Verbundstoffe nur in geringem Umfang zur Anwendung kommen. Ist deren Einsatz unvermeidbar, so sollte die Lebensdauer dieser Materialien möglichst optimiert werden und es sind während des Einbaus Vorkehrungen zu treffen, dass diese Stoffe nur dann aus-

getauscht werden, wenn es die technische Lebensdauer erfordert (z. B. durch den Einsatz lösbarer Verbindungen). Bauunternehmen können einen wesentlichen Beitrag zur Dokumentation verbauter Baumaterialien sowie der eingesetzten Verbindungstechniken leisten und dadurch den Demontagevorgang erleichtern. Diesbezüglich können bereits in der Entstehungsphase so genannte Gebäudepässe anlegt werden, die bei jedem späteren Umbau- oder einem Abbruch zur Verfügung stehen.

- **Umweltpolitische Entscheidungsträger**
  Die Ergebnisse verschiedener Nachhaltigkeitsanalysen haben gezeigt, dass sich ökologisch sinnvolle Konstruktionen nicht über alle Lebensphasen als ökonomisch vorteilhaft bei der Bauwerkserstellung erweisen. Eine Durchsetzung von Nachhaltigkeitsaspekten in der Praxis hängt daher zur Zeit in vielen Fällen von der Eigenverantwortlichkeit von Planern und Bauherren ab. Da kurzfristige Wirtschaftlichkeitsaspekte in der Entscheidungsfindung nach wie vor eine maßgebliche Rolle spielen, ist ohne die Einführung umweltpolitischer Vorgaben auch in Zukunft nur eine zögerliche Umsetzung der Nachhaltigkeitsaspekte zu erwarten.

  Die recyclinggerechte Gewinnung und Kreislaufführung von Baumaterialien sowie der Einsatz umweltfreundlicher Baustoffe kann grundsätzlich durch umweltpolitische Instrumente gefördert werden (z. B. Kreislaufwirtschafts-Abfallgesetz). Auch über Entsorgungsgebühren und deren Berücksichtigung im Rahmen einer Lebenszyklusbetrachtung kann die Durchsetzung von Nachhaltigkeitszielen gesteuert werden.

  Es ist notwendig, dass von Seiten der Gesellschaft und der Politik eindeutige Richtlinien für eine nachhaltige Entwicklung festgelegt werden. Zielsetzung umweltpolitischer Instrumente muss es sein, nachhaltige Konstruktionen bereits in der Entwurfs- bzw. der Erstellungsphase, in der positive Auswirkungen zum größten Teil noch nicht sichtbar sind, zu belohnen. Anderenfalls besteht die Gefahr, dass aufwändige Lebenszyklusbetrachtungen auch in Zukunft innerhalb des komplexen Planungsprozesses nur eine untergeordnete Rolle spielen. Um entsprechende Fördermittel zielsicher einsetzen zu können, sind Analyseinstrumente erforderlich, die es politischen Entscheidungsträgern ermöglichen, auf der Grundlage objektiver Bewertungen die Einhaltung umweltpolitisch festgelegter Vorschriften zu überprüfen.

Werden in Zukunft die bereits vorhandenen Analysemethoden und die zugehörigen Softwaretools im Hinblick auf eine verbreitete Anwendung weiterentwickelt und von der Legislative die entsprechenden Rahmenbedingungen geschaffen, so ist zu erwarten, dass nachhaltige Entwurfskonzepte zukünftig verstärkt umgesetzt werden. Ein Schwerpunkt weiterer Forschungsarbeiten muss die Schaffung einheitlicher Datengrundlagen für die verschiedenen Verfahren der Nachhaltigkeitsanalyse sein. Nur bei objektiver Darstellung und Bewertung der Nachhaltigkeitsproblematik kann die entsprechende Akzeptanz bei allen Beteiligten erreicht werden.

Häufig wird das Thema einer nachhaltigen Entwicklung als ein weiterer „ökologischer Belastungsfaktor" in einem ohnehin schwierigen Umfeld empfunden. Nur wenn es gelingt, den sparsamen Umsatz mit Ressourcen Bestandteil des betriebswirtschaftlichen Ergebnisses über den kompletten Lebenszyklus werden zu lassen, wird die Umsetzung des Nachhaltigkeitsgedankens im Bauwesen gelingen. Es wird daher von großer Bedeutung sein, zunehmend wirtschaftliche Aspekte in die Betrachtung der Nachhaltigkeit von Konstruktionen einzubeziehen und die ökonomischen Vorteile nachhaltig entworfener Gebäude transparent zu machen.

Anhang 1
Instandsetzungs- und Austauschzyklen von Einzelbauteilen und Baumaterialschichten

Die Tabelle A-1 gibt einen Überblick über mögliche Instandsetzungs- und Austauschzyklen für verschiedene Baumaterialien. In [127] werden die ermittelten Lebensdauern der verschiedenen Baumaterialien und Bauteile erläutert. Hierbei wird außer auf den Instandsetzungszyklus und die technische Lebensdauer, auf praktische Erfahrungen und ansatzweise auch auf die ökonomische Lebensdauer eingegangen.

Tabelle A-1: Austausch- und Instandsetzungszyklen von Baumaterialien und Bauteilen

Bauteile	Bauteilschichten/Material	Technische Lebensdauer in Jahren	Instandsetzung nach Jahren
Dach			
Dachhaut	Kunststofffolie	100	keine
Flachdach	doppelte Papplage ohne Bekiesung	15	keine
	doppelte Papplage mit Bekiesung	25	keine
	Bekiesung	40	15
	Bitumen/Kunststoff	25	keine
	Umkehrdach	30	keine
Steildach	Faserzement-Wellplatten	35	15
	Tondachziegel	60–70	40
	Zementdachziegel	40–50	30
	Unterkonstruktion aus Holz	80–100	keine
	Schiefer	80–100	20
	Stahlblech, verzinkt	30	20
Dachstuhl	Holz	90–100	keine
	Stahl	90–100	keine
Dämmung	offen	30	keine
	verkleidet	40	keine
Verkleidung	Gipskarton	50	keine
	Holz	60	40
Schornstein	Klinker	80	15–20
	Ziegel	60	15–20
	Formsteine	80	keine
	Fertigteil	70	30

Tabelle A-1 (Fortsetzung)

Bauteile	Bauteilschichten/Material	Technische Lebensdauer in Jahren	Instandsetzung nach Jahren
Wände			
Außenwände	Mauerwerk	100	keine
	Stahlbeton als Sichtbeton	100	30–40
	Stahlbeton schalungsrau	100	keine
	Stahl	100	40 (Lackierung)
	Holz	100	keine
Fassade	Holz	50–60	2 (lasieren) 5 (streichen)
	Isolierputz	40	keine
	Putz auf mineral. Untergrund	30	keine
	Faserzement	35	keine
	Naturstein freihängend	50–60	40
	Naturstein vorgeklebt	80	40
	Aluminium	80	40
Fassade	Stahlblech verzinkt	30	15
	Zinkblech	40–50	20
	Kupferblech	100 (kaum verwendet)	25
Dämmung	Hartschaumplatten	60	keine
	Mineralwolle	40	keine
	Vormauerung	100	keine
Innendämmung Außenwände	Hartschaumplatten	60	keine
	Mineralwolle	40	keine
	senkrechte Isolierung unter GOK	80–100	keine
Innenwände	Mauerwerk	100	keine
	Stahlbeton	100	keine
	Stahl	100	keine
	Holz	100	keine
Leichtbauwände	Holz- u. Holzwerkstoff	80	40
	Vollgips- u. Gipskarton	50	keine
Wandverkleidung	Fliesen	50	30
	Massivholz, Holzwerkstoff	60	40
Gründung			
Fundamente	Einzel- und Streifenfundamente, Bodenplatten	100	keine
	Perimeterdämmung unterhalb Bodenplatte	100	keine

Tabelle A-1 (Fortsetzung)

Bauteile	Bauteilschichten/Material	Technische Lebensdauer in Jahren	Instandsetzung nach Jahren
Decken			
Tragkonstruktion	Holzbalken-Einschubdecke	100	40 (chemischer Holzschutz)
	Stahlträger mit Zementdielen	100	keine
	Stahlbetondecke	100	keine
Deckenverkleidung	Holzwerkstoff	15	keine
	Gips	40	keine
	Holz	60	40
	Putz	80	keine
Dämmung Kellerdecke	sichtbar	80	keine
	verputzt	80	keine
	verkleidet	80	keine
Treppen			
Tragkonstruktion	Massivtreppen	100	keine
	Weichholz	60	20–30 (abschleifen und versiegeln)
	Hartholz	100	30–35 (s. o.)
Treppenstufen	Naturstein	80	40–50
	Kunststein	80	40–50
	Kunststoff	30	10
Putze			
Außenwandputz	Kalk- oder Kalkzementmörtel	50	keine
	Trockenmörtel (Edelputz)	50	keine
	Zementmörtel	80	keine
Innendeckenputz in Wohnräumen	Gipsputz	60	keine
	Kalkzementmörtel	80	keine
Innendeckenputz in Feuchträumen	Kalkzementmörtel	80	keine
Innenwandputz in Wohnräumen	Gipsputz	60	keine
	Kalkzementmörtel	80	keine

Tabelle A-1 (Fortsetzung)

Bauteile	Bauteilschichten/Material	Technische Lebensdauer in Jahren	Instandsetzung nach Jahren
Fußböden			
Plattenböden im Mörtelbett	Hartbrandziegel	70	20
	Naturstein	70–80	20
	Kunststein	60	20
	Steinzeugplatten	80	40
Holzböden	Weichholz	80 (kaum verwendet)	10 (abschleifen und versiegeln)
	Hartholz	80	10 (abschleifen und versiegeln)
	Fertigparkett	60	10 (abschleifen und versiegeln)
	Laminat (Kunststoff)	60	keine
Beläge	Textilbeläge	10	keine
	PVC	30	keine
	Linoleum	30	10
	Korkplatten	30	10
	Fliesen	50	25
Verfugungen	elastisch	10	keine
	Zementmörtel	wie Belag	15–20
	Dehnungsfugenprofile	wie Belag	keine
Estrich	Anhydrit ohne Belag	20	10
	Anhydrit mit Belag	40	wie Belag
	Zementestrich ohne Belag	30	15
	Zementestrich mit Belag	60–70	wie Belag
	Spachtelmasse	60–70	wie Zementestrich
Trittschalldämmung	Hartschaumplatten	60	wie Aufbau
	Mineralwolle	40	wie Aufbau
	Kunststofffolie	100	wie Aufbau

Tabelle A-1 (Fortsetzung)

Bauteile	Bauteilschichten/Material	Technische Lebensdauer in Jahren	Instandsetzung nach Jahren
Tischler- und Schreinerarbeiten			
Fenster	Weichholz	35 (kaum verwendet)	2 (lasieren) 5 (streichen)
	Hartholz	50	2 (lasieren) 5 (streichen)
	Leichtmetallfenster	60	15
	Kunststofffenster	40	15
	Einfachverglasung	80	keine
	Isolierverglasung	30	keine
Fensterbänke	Holz, nicht verkleidet	40	2 (lasieren) 5 (streichen)
	Holz, verkleidet	wie Verkleidung	keine
	Metall, mit Fenster verbunden	60	keine
	Metall, nicht mit Fenster verbunden	80	keine
	Naturstein	80	40
	Kunststoff	50	keine
Fensterläden	Rollläden	20–30	10
	Jalousien	20–30	10
Türen			
Innentüren	Weich- oder Hartholz	80	5 bis 10
	Kunststoff	80	5 bis 10
	Stahl/Leichtmetall	80	5 bis 10
Außentüren	Weichholz	50	2 (lasieren) 5 (streichen)
	Hartholz	80	2 (lasieren) 5 (streichen)
	Stahl/Leichtmetall	60	5 bis 10
Schlosserarbeiten			
Haustür	Schmiedeeisen	150	5 bis 10
Beschläge	Türen	50–60	5
	Fenster	40	5
Gitter und Geländer	außen	50	10
	innen	80–100	15

Tabelle A-1 (Fortsetzung)

Bauteile	Bauteilschichten/Material	Technische Lebensdauer in Jahren	Instandsetzung nach Jahren
Tapezier- und Malerarbeiten			
Tapeten			
geringer Qualität	Papier	6	keine
mittlerer Qualität	Papier	8	keine
sehr guter Qualität	Papier	12	keine
	Kunst- und Webstoffe	15–20	keine
Innenanstrich			
Wohn- und Arbeitsräume	Kalkfarbe/Ölfarbe/Binderfarbe	nicht mehr Stand der Technik	
	Mineralfarbe	10	keine
	Dispersions- und Acrylfarbe	15	keine
Küche und Feuchträume	Dispersionsfarbe	10	keine
Außenanstrich			
auf Putz	Mineralfarbe	10	keine
auf Holz	Schutzanstrich (Lack)	5	keine
auf Stahl	Schutzanstrich (Lack)	20	keine
Heizkörperfarbe	Spezialfarbe	10	keine
Fußbodenfarbe	ölbeständige Farbe (stark frequentiert)	10	5
	ölbeständige Farbe (wenig frequentiert)	20	10
Elektrotechnische Anlagen			
Leitungen	unter Putz	50–60	keine
	auf Putz	50–60	keine
	Feuchtraumleitungen	50–60	keine
Schalter und Steckdosen	neu: Flächenschalter	20–25	keine
	alt: Dreh- oder Knopfschalter	60	keine
Warmwasserboiler		15	10
Durchlauferhitzer		15	10
Blitzschutzanlagen	Kupfer	wird kaum verwendet	keine
	verzinktes Eisen	30	keine

Tabelle A-1 (Fortsetzung)

Bauteile	Bauteilschichten/Material	Technische Lebensdauer in Jahren	Instandsetzung nach Jahren
Sanitäre Anlagen			
Abwasserrohre	Gusseisen	60	keine
	Blei	(80) nicht mehr Stand der Technik	
	Asbestzement	(80) nicht mehr Stand der Technik	
	Stahl, beschichtet	wird nicht verwendet	
	Kunststoff (PE)	60–70	keine
Wasserrohrleitungen	Stahl verzinkt	30	keine
	Blei	(80) nicht mehr Stand der Technik	
	Kunststoff	70	keine
	Kupfer	40–50	keine
Wasch- und Spülbecken	Gusseisen, emailliert	40	keine
	Stahlblech, emailliert	30	keine
	Keramik	60	keine
Armaturen	Einhebelmischer, Messing verchromt	25	8 bis 10
	Zweihebelmischer, Messing verchromt	35	8 bis 10
Spülkasten	auf Putz	20–25	5 bis 10
	unter Putz	15–20	5 bis 10
Toiletten	wandhängend	40	5 bis 10
	stehend	50	5 bis 10
Bade-/Duschwannen	Kunststoff oder Gusseisen	40	15
Sanitärwände	Kunststoff	15	5
	Glas	20	5
Zentralheizungsanlagen			
Rohrleitungen	Stahlrohr schwarz	30	keine
	Kunststoff (Niedertemperatur)	50	keine
	Kupfer	60	keine
Rohrisolierung	Schaumstoff	35	keine
	Glasfasergewebe	80	keine

Tabelle A-1 (Fortsetzung)

Bauteile	Bauteilschichten/Material	Technische Lebensdauer in Jahren	Instandsetzung nach Jahren
Heizgeräte			
Heizkörper	Stahl	20–25	10 bis 15 (Lackierung)
Radiatoren	Grauguss	60	10 bis 15 (Lackierung)
	Stahl	20–25	10 bis 15 (Lackierung)
Konvektoren	Kupfer, Messing mit Alulamellen	40–50	keine, unzugänglich
Fußbodenheizung	Kunststoff	40	10 bis 15 (Reinigung)
Ventile und Hähne	Messing, Rotguss	30	5
Heizkessel	Grauguss	30	10 + jährl. Wartung
	Stahl	20–25	10 + jährl. Wartung
Boiler	freistehend: V2A-Stahl	50	10 + jährl. Wartung
Kombigerät		30	10 + jährl. Wartung
Einzelheizungsanlagen			
Kachelöfen		40	keine
Gasheizgeräte		30	10
Eiserne Öfen	Stahlblech ausgemauert	20	keine
	Gusseisen ausgemauert	40	keine
Ölöfen	Stahl/Guss	25	keine
Warmluftblechkanäle	Schwarzblech	20–30	keine
	Stahlblech, verzinkt	60	keine
Raumlufttechnik			
Industrieanlage	Entstaubungsanlage	30	5 + jährl. Wartung
	Trocknungsanlage	30	5 + jährl. Wartung
	Absauganlage	30	5 + jährl. Wartung
Komfortanlage	Luftanlage	30	5 + jährl. Wartung
	Wasser-Luft-Anlage	30	5 + jährl. Wartung

Tabelle A-1 (Fortsetzung)

Bauteile	Bauteilschichten/Material	Technische Lebensdauer in Jahren	Instandsetzung nach Jahren
Balkone			
Balkonplatte	Stahlbeton	50	15–20
Unterkonstruktion	Isolierung	30	10 bis 15
	Estrich	30	10 bis 15
	Kies	80	keine
Belag	Fliesen	30	20
	Betonwerkstein	35–40	keine
	Naturstein	40	20
Brüstung	Ortbeton	40–50	20
	Fertigteil	60–70	30
Geländer	Metall	50	keine
	Holz	20	2 (lasieren) 5 (streichen)
	Metall – Kunststoff	35–40	10 (Kaltverzinker)
Glasbau			
Treppenhausglas	mit Metallrahmen	60	keine
Brüstungsverglasung	mit Metallrahmen	80	keine
Vordächer	Kunststoffeinfassung	30	keine
	Metalleinfassung	40	keine
Wintergarten	Kunststoffeinfassung	30	keine
	Metalleinfassung	40	keine
Glasbausteine		80	30 (Fugen)
Garage/Parkplatz			
Belag	Kies	80	keine
	Pflasterstein	60	20
	Asphalt	30	20
	Beton	40	30
Garagen-Konstruktion	Holz	20–30	2 (lasieren) 5 (streichen)
	Stahlbeton (Ortbeton)	30–40	20
	Mauerwerk	80–100	keine
	Stahlbeton-Fertiggarage	50–60	25–30

Tabelle A-1 (Fortsetzung)

Bauteile	Bauteilschichten/Material	Technische Lebensdauer in Jahren	Instandsetzung nach Jahren
Brandschutzanlage			
Wasser-Löschanlage	Sprinkleranlage	30–35	5 + jährl. Wartung
	Sprühwasseranlage	40	5 bis 10 und jährl. Wartung
	Wandhydranten	40	5 bis 10 und jährl. Wartung
Trocken-Löschanlage		30	5 + jährl. Wartung
Brandmeldeanlage		20	5 + jährl. Wartung

Anhang 2
Verbindungstypen

Unlösbare Verbindungen

Als unlösbar gelten Verbindungen, die nicht regelmäßig oder wiederholbar gelöst werden können. Sie unterscheiden sich nach den bei ihnen wirksamen physikalischen Kräften. Die unlösbare Verbindung kann nur unter Inkaufnahme einer Beschädigung oder Zerstörung der gefügten Teile wieder gelöst werden. Das verhindert ein stoffreines Trennen von Bauteilen oder Bauteilschichten.

Unlösbare mechanische Verbindungen

Unlösbare mechanische Verbindungen wirken durch elastische Haftkräfte. Trotz der Bezeichnung „unlösbar" sind alle mechanischen Verbindungen durch Krafteinwirkung lösbar. Sie unterscheiden sich vielmehr nach Art und Anzahl des nach einem Lösen möglichen Zusammenfügens.

Keilverbindungen

Keilverbindungen erzeugen einen Reib-(Kraft)schluss über eine oder mehrere unter geringen Winkeln zueinander stehende, sich elastisch verformende Flächen. Diese Verbindungen werden meist von Hand mit Handwerkzeugen zusammengebaut. Die Anwendung von Keilverbindungen ist wegen der Grenzen der Belastbarkeit, der Zuverlässigkeit und der Sicherheit sehr begrenzt. Das Lösen von Keilverbindungen ist kaum möglich, da beim Einpressen der Verbindung plastische Verformungen entstehen.

Stiftverbindungen

Stifte höherer Festigkeit als die zu verbindenden Werkstücke erzeugen durch elastische Verformungen der Bohrungen einen Reibschluss. Stiftverbindungen eignen sich zum Zentrieren von Werkstücken und zur Aufnahme von kleinen bis mittleren Kräften. Das Lösen von Stiftverbindungen ist kaum möglich. Die Stiftverbindungen eignen sich zur Aufnahme kleiner bis mittlerer Querkräfte.

Pressverbindungen

Pressverbindungen entstehen durch einen mit Übermaß und/oder gezielte Temperaturänderungen erzeugten Reib-(Kraft)schluss zweier Teile, der durch zusätzliches Umformen verstärkt werden kann. Sie können große Kräfte übertragen. Trotz des größeren Aufwandes sind Pressverbindungen einfacher herzustellen, höher belastbar, sicherer und damit oft wirtschaftlicher als andere unlösbare mechanische Verbindungen. Ein Lösen der Verbindung ist kaum möglich.

Schweißverbindungen

Das Schweißen zählt zu den wichtigsten Fertigungsverfahren der metallverarbeitenden Industrie. Heute können bis auf wenige Ausnahmen alle metallischen Werkstoffe geschweißt werden. Durch das Schweißen können sehr feste, stabile Verbindungen erreicht werden. Diese feste Verbindung entsteht durch Stoffschluss zwischen zwei Materialien. Es können Querkräfte und Momente übertragen werden. Das Schweißen ermöglicht in vielen Fällen eine technisch befriedigende und wirtschaftlich günstige Fertigung. Obwohl diese Verbindung als unlösbar gilt kann sie mit Sägen getrennt werden. Jedoch ist dies mit der Zerstörung oder Beschädigung der Verbindung und wahrscheinlich auch der Baustoffe verbunden.

Unlösbare Verbindungen mit Zwischenschichten

Löten

Löten ist ein thermisches Verfahren zum stoffschlüssigen Verbinden von Werkstoffen, wobei eine flüssige Phase durch Schmelzen eines Lotes (Schmelzlöten) oder durch Diffusion aus den Grenzflächen (Diffusionslöten) entsteht. Eine Lötverbindung ist normalerweise nicht ohne Beschädigung oder Zerstörung der Verbindung lösbar.

Kleben

Kleben ist neben dem Schweißen oft die einzige Möglichkeit eine stoffschlüssige Verbindung zwischen Bauteilen zu erreichen. Das Kleben schafft dichte, flexible, feste flächenhafte Verbindungen. Nachteilig bei dieser Verbindung ist, dass die Verbindung nicht sofort belastbar ist, sondern eine Zeit zum Abbinden braucht. Die Klebeverbindungen sind optimal für die Übertragung von Schubkräften. Ein Lösen der Klebverbindung ist teilweise ohne Beschädigung oder Zerstörung der Bauteile oder Bauteilschichten möglich.

Das Kleben nimmt im Vergleich zum Nieten, Schweißen und Löten stets eine Sonderstellung ein, weil es bis auf wenige Ausnahmen kein konkurrierendes, sondern ein die anderen Verfahren ergänzendes ist.

Lösbare Verbindungen

Lösbare Verbindungen bieten nach einer Demontage gute Möglichkeiten, Bauteile oder Bauteilschichten vollständig wiederzuverwerten.

Schraubverbindungen

Schraubenverbindungen sind die wichtigsten lösbaren Verbindungen. Sie sind die einzigen Verbindungen, die beliebig wiederholbar definierte Lasten aufnehmen und übertragen können. Sie können alle beliebigen Kräfte und Momente übertragen. Mit Schrauben montierte Stahlbetonteile sind sofort belastbar. Als Korrosions- und Brandschutz wird in der Regel eine zusätzliche Beschichtung aufgebracht werden. Ein Lösen von Schraubverbindungen ist normalerweise ohne jegliche Zerstörung der Bauteile möglich. Sogar die Verbindung selbst kann ohne Einschränkung wieder benutzt werden. Mit Schraubverbindungen kann eine fast 100-prozentige Wiederverwendung von Bauteilen und Verbindungsmitteln erfolgen.

Spannverbindungen

Spannverbindungen sind für technische Produkte von wesentlicher Bedeutung. Sie werden als Verschlüsse, Befestigungen, Verstellsysteme und zu anderen Zwecken in fast allen Bereichen der Technik angewandt. Sie werden oft als Klemm- und/oder Spannverbindungen bezeichnet. Spannverbindungen sind unmittelbare oder mittelbare feste Verbindungen zweier Bauteile, bei denen die Unbeweglichkeit in wenigstens einer Richtung eines Freiheitsgrades durch Reibschluss erzeugt wird. Sie ist eine lösbare Verbindung und kann somit ohne Beschädigung oder Zerstörung von der Verbindung selbst wie ohne Beschädigung oder Zerstörung von den Bauteilen/Bauteilschichten getrennt werden.

Schnappverbindungen

Schnappverbindungen können als Stanz- und Kunststoffspritzgussteile sehr wirtschaftlich gefertigt werden. Sie lassen sich sowohl von Hand als auch mit Automaten mit geringem Aufwand zusammenbauen. Wegen ihres einfachen Fügens sind sie für vollautomatische Montagen geeignet. Wegen ihrer einfachen Demontagemöglichkeit sind Schnappverbindungen für die Konstruktion aufbereitungsgerechter Produkte von zentraler Bedeutung.

Verzahnungsverbindung

Bei der Verbindung durch Verzahnung ist kein spezielles Verbindungsmittel und ebenso wenig ein besonderes Verbindungswerkzeug nötig. Die Verbindung ist nur auf die Haft- und Reibungskraft zwischen Bauteilen zurückzuführen.

Anhang 3
Ökobilanzierung mit dem Programm SimaPro

Im Rahmen dieses Buches werden für die beispielhaften Auswertungen Ökobilanzen verwendet, die nach einheitlicher Methodik und auf Grundlage einheitlicher Randbedingungen bei der Datenermittlung, mit Hilfe der Software *Sima ProIV* [139] erstellt wurden. Das Programm bietet zum einen die Möglichkeit, auf bestehende Datenbanken zu Basisprozessen (Stromerzeugung, Transporte etc.) zurückzugreifen und erlaubt die einfache Handhabung der erheblichen Datenmengen, die im Rahmen einer Ökobilanzierung verarbeitet werden. Die Ergebnisse werden in Form einer wirkungsorientierten Klassifizierung ähnlich der CML-Methode nach Heijungs [72] in das Analyseverfahren „bauloop" übernommen.

Die Ergebnisse der mit Hilfe des gewählten Programms berechneten Ökobilanzen werden in einer Datenbank zusammengestellt und dienen als Basis für die ausgewerteten Beispiel konstruktionen.

Im Folgenden wird das verwendete Computerprogramm sowie die Vorgehensweise bei der Bilanzierung kurz beschrieben. Ausführlich Angaben zu den einzelnen Bilanzierungen der verschiedenen Baumaterialien können [76] entnommen werden.

Das Programm SimaPro IV

SimaPro IV wurde von Pré Consultants speziell für die Erstellung von Lebenszyklusanalysen entwickelt und basiert auf der LCA-Methodik. Kosten können nicht berechnet werden.

Das Programm bietet die Möglichkeit, den gesamten Lebenszyklus eines Produktes zu berücksichtigen, es können aber auch einzelne Lebensphasen für sich betrachtet werden. Da bei Betrachtung eines kompletten Lebenszyklus mit Hilfe von Sima ProIV nicht auf die spezifischen Anforderungen des Bauwesens an eine Lebenszyklusanalyse eingegangen wird, können mit Hilfe des Programms nur einzelne Lebensphasen isoliert betrachtet werden.

Datenbanken in Sima ProIV

Die Software enthält verschiedene Datenbanken, die vom Nutzer bearbeitet und erweitert werden können. Die SimaPro Standard-Datenbanken enthalten Prozessdaten zu Stoffherstellung, Energiebereitstellung, Transport, Nutzung und Reststoffbehandlung aus verschiedenen, öffentlich zugänglichen Quellen (z. B. Pré-Datenbank[1], BUWAL-Datenbank[2], IDEMAT-Datenbank[3]).

Eingabedaten zur Produktdefinition

Die Eingabe aller erforderlichen Daten zur Definition eines zu bilanzierenden Produktes (hier Baumaterial) erfolgt unter Verwendung von Datenblättern, in denen alle relevanten Input- und Outputgrößen eingegeben werden (vgl. Abb. A-1). Baumaterialien können durch Eingabe der unterschiedlichen Materialien und/oder bereits bestehender zusammengesetzter „Assemblies"[4] definiert werden. Darüber hinaus können zugehörige Prozesse (z. B. Transport, Energie usw.) aus den zur Verfügung stehenden Standarddatenbanken ausgewählt werden.

Im **Input**-Teil werden Rohstoffe unter *Inputs aus der Natur* eingegeben. Bei *Inputs aus der Technosphäre* handelt es sich in der Regel um Outputprodukte anderer Prozesse, die über Datenbanken ausgewählt werden. Verschiedene Input-Level sind so miteinander zu verknüpfen und ermöglichen die relativ einfache Erfassung komplexer Zusammenhänge.

Der **Output**-Teil zählt alle Substanzemissionen in Luft, Wasser und Boden auf, sowie feste Reststoffe und nicht stoffliche Emissionen wie Wärme. Des Weiteren werden die *Bekannten Outputs in die Technosphäre* (Endprodukt der Materialherstellung) aufgezählt.

---

[1] Öffentlich zugängliche Daten aus der Schweiz, aus Deutschland, Schweden und den Niederlanden. Der Schwerpunkt der Datenzusammenstellung liegt auf Materialien, Energie, Weiterverarbeitung und Abfallverwertung.

[2] Fachmännisch überprüfte, offiziell lizenzierte Datenbank, die im SPOLD Format (standardisiertes Dateiformat) eingerichtet ist. Die BUWAL-Datenbank konzentriert sich vorwiegend auf Verpackungsmaterialien wie Plastik, Karton, Papier, Glas, Blech und Aluminium.

[3] Entwicklung durch die Technische Universität Delft. Der Schwerpunkt liegt bei dieser Datenbank auf Materialien für Ingenieure wie Metalle, Plastik, Holz sowie Energie und Transport.

[4] Aus mehreren Materialien und Prozessen zusammengesetzte Konstruktionen bzw. Module.

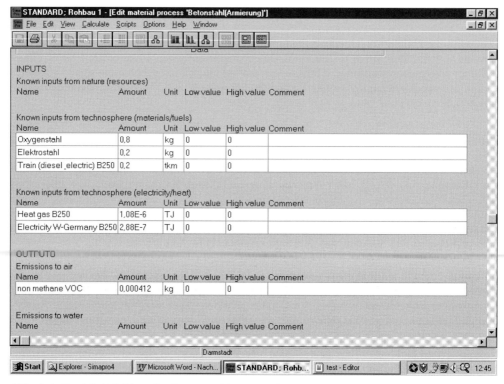

Abb. A-1: Produktdefinition über Input- und Outputgrößen

Bilanzierungsschritte und Bewertungsmethoden

Die auf Sachbilanzebene berechneten Input- und Output-Ströme werden in einer so genannten Sachbilanztabelle zusammengefasst, in der alle Rohstoff-Inputs und Emissions-Outputs aufgeführt werden. In einem weiteren Schritt muss das Ergebnis der Sachbilanzierung bewertet werden. In der Vollversion von Sima ProIV kann zwischen vier unterschiedlichen Bewertungsmethoden gewählt werden. Im Rahmen der hier beschriebenen Ökobilanzen kommt die Bewertungsmethode „SimaPro 3.0 Eco-Indicator 95" zum Einsatz, welche im Folgenden kurz beschrieben wird.

Zunächst werden alle Einwirkungen auf die Umwelt in Klassen, so genannten Wirkkategorien, gesammelt (*Klassifizierung*). Zur Berücksichtigung unterschiedlicher Schädigungspotentiale der einzelnen Substanzen werden Wichtungsfaktoren eingeführt (*Charakterisierung*). Als Ergebnis dieser zwei Auswertungsschritte wird ersichtlich, welcher Einzelprozess oder welches Einzelmaterial eines zusammengesetzten Produktes, welche relative Wirkung innerhalb einer Umweltkategorie hat. Wirkungskategorien der Eco-Indicator 95-Methode sind:

- Treibhauseffekt, Global Warming Potential (GWP) in kg CO_2-Äquiv.
- Stratosphärischer Ozonabbau, Ozone Depletion Potential (ODP) in kg R11-Äquiv.
- Versauerung, Acidification Potential (AP) in kg SO_2-Äquiv.
- Überdüngung, Nutriphication Potential (NP) in kg PO_4-Äquiv.

- Sommersmog, Photochemical Ozone Creation Potential (POCP) in kg C_2H_4-Äquiv.
- Energieverbrauch in MJ

Die verschiedenen Wirkkategorien sind noch nicht gegeneinander gewichtet und somit vergleichbar. Die Anteile der verschiedenen Einzelmaterialien werden auf das 100 %-Gesamtergebnis für jede Kategorie dargestellt (vgl. Abb. A-2). In einer tabellarischen Übersicht können alle Einzelwerte mit ihren Absolutwerten eingesehen und ausgelesen werden. Die Ergebnisse der tabellarischen Zusammenstellung bilden die Schnittstelle zur Übergabe von Daten aus dem Programm Sima ProIV in das Verfahren *bauloop*.

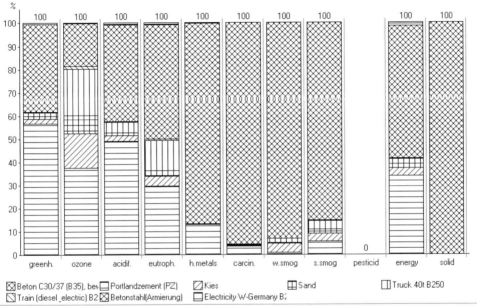

Analyse 1 kg material 'Beton C30/37 (B35), bewehrt'; Method: SimaPro 3.0 Eco-indicator 95 / Europe g / characterisation

Abb. A-2: Charakterisierung des Stoffes Beton C30/37

Dateneingabe und Ergebnisse der Ökobilanzierung mit SimaPro IV

Grundlage der Bilanzierung sind im Allgemeinen neuere Literatur- und Herstellerangaben aus Deutschland. Die im Rahmen dieses Berichtes angegebenen Werte basieren somit zu einem großen Teil auf aktuellen Verhältnissen in Deutschland. Das folgende Flussdiagramm in Abbildung A-3 stellt die ideale Vorgehensweise bei der Erstellung der Ökobilanzen dar.

Ausgangspunkt für eine Bilanzierung ist in den meisten Fällen eine Volldeklaration der verschiedenen Baustoffe. Diese Informationen sind zum größten Teil aus erster Hand direkt verfügbar. Außerhalb des Verantwortungsbereiches und mit zunehmender Anzahl von Vorprodukten wird es schwieriger, den Produktlebenszyklus zu erfassen, da Informationen zu vorgelagerten Prozessen (Vorketten) benötigt werden. Diese „Background-Datensätze"

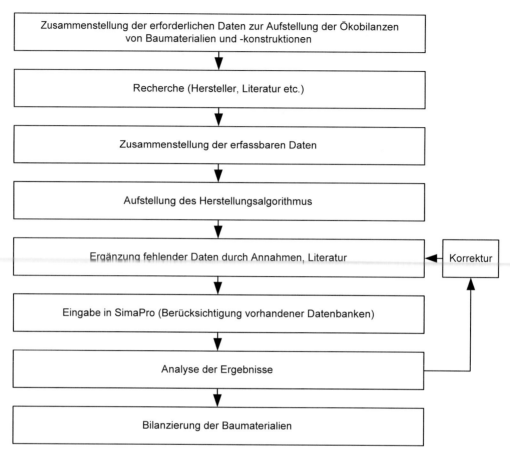

Abb. A-3: Ablauf bei der Bilanzierung der Baumaterialien

werden aus den Datenbanken, die im Programm Sima ProIV zur Verfügung stehen, übernommen und garantieren so eine einheitliche Berücksichtigung der Basisprozesse (z. B.
Transporte und Energiebereitstellungsprozesse bzw. Herstellungsprozesse).

Im Folgenden werden die wichtigsten Grundlagen und Randbedingungen für die im Rahmen dieser Arbeit durchgeführte Ökobilanzierung dargestellt.

Untersuchungsrahmen

Die durchgeführten Bilanzierungen erfassen die Materialherstellung mit allen vorgelagerten
Prozessen (Rohstoffgewinnung, Herstellung von Rohbaumaterialien, Produktion, produk-
tionsinterne Recyclingprozesse). Die Systemgrenze ist vor dem Verbauen der Materialien
auf der Baustelle gezogen, d. h. die Transporte vom Werk zur Baustelle werden anhand von
mittleren geschätzten Transportdistanzen einbezogen. Außerhalb des Untersuchungsrahmens liegen:

- Errichtung der Produktionsstätten
- Menschliche Arbeitskraft
- Errichtung und Unterhalt der Infrastruktur

Abschneidekriterium

Es werden die im Programm Sima ProIV vorgegebenen Abschneidekriterien verwendet. Im Rahmen der durchgeführten Prozesskettenanalysen werden Einzelprozesse so lange berücksichtigt bis sie das Gesamtergebnis nicht mehr als 5 % verändern. Alle weiteren Prozessstufen finden dann keine weitere Berücksichtigung.

Bilanzraum

Die Ökobilanzen für die Baumaterialherstellung sind auf Deutschland ausgerichtet. Dies hat zur Folge, dass die für Deutschland relevanten Vorstufen, für Strom- und Energieträgerbereitstellung zu verwenden sind.

Strom Mix

Mit der Wahl des Strom-Mix kann das Resultat einer Ökobilanz entscheidend verändert werden. In dieser Arbeit wird im Allgemeinen ein deutsches Szenario verwendet, welches aus der BUWAL-Datenbank übernommen wurde. In den Daten sind der Anteil des jeweiligen Energieträgers an der Gesamtheit des in Deutschland produzierten Stroms und die durchschnittlichen Wirkungsgrade der Kraftwerke enthalten.

Transport

Es werden alle erforderlichen Transporte bis zur Auslieferung der Materialien auf der Baustelle aufsummiert. Es handelt sich hierbei um Transporte bei der Rohstoffgewinnung, innerbetriebliche Transporte sowie Transporte zu weiterverarbeitenden Werken. Des Weiteren wird die Transportdistanz des fertigen Produktes bis zur Baustelle dazugezählt.

Emissionen

Beim Einsatz von Heizöl, Gas, Kohle oder Strom sind mit dem Eintrag der jeweiligen Module in Sima ProIV deren Emissionen bei der Verfeuerung bereits enthalten. Beim Einsatz dieser Module werden daher keine zusätzlichen feuerungsbedingten Emissionen ermittelt. Prozessbedingte Emissionen werden zusätzlich ausgewiesen.

Holz als nachwachsender Rohstoff

Während des Wachstums binden Bäume Kohlendioxid aus der Luft. Es bleibt über eine Lebensdauer von 40 bis 80 Jahren fest eingebunden, bis es dann bei der Entsorgung verbrannt wird. Aufgrund der großen zeitlichen Trennung zwischen der Aufnahme und der Freisetzung von CO_2 wird eine negative Emission verbucht.

Beim Einsatz von pflanzlichen Ressourcen als Brennstoff ist das Wachstum der Pflanzen in die Systemgrenze zu integrieren. Dies hat zur Folge, dass die beim Brennprozess entstehenden CO_2-Emissionen durch CO_2-Aufnahme beim Wachstum der Pflanzen aufgehoben werden und somit in der Bilanz als neutral angesehen werden können.

Datenqualität

In [116] wird im Anschluss an eine Beschreibung der bilanzierten Herstellungsprozesse eine Aussage über die Qualität der vorliegenden Daten getroffen. In Abhängigkeit von der Datenqualität muss die Vertrauenswürdigkeit der dargelegten Bilanzierungen eingeordnet werden.

Für alle untersuchten Module und Systeme wurden die Daten auf Plausibilität und Vollständigkeit überprüft. Anhand der Eingangsstoffe in einen Prozess und der speziellen Prozessart kann eine Abschätzung der Emissionen vorgenommen werden (z. B. Kohlendioxid, Kohlenmonoxid, Stickoxide etc. bei Verbrennungen).

Werden Ersatzwerte oder Schätzungen verwendet, sind diese Werte als solche ausgewiesen und begründet. Bezugsraum, Bezugseinheit und betrachtete Technologie sind dokumentiert und alle sonstigen Annahmen erläutert.

Die Ergebnisse der Ökobilanzierung werden in Form von Baustoffprofilen dargestellt. Auf eine umfangreiche Dokumentation wurde bei jeder Bilanzierung besonderen Wert gelegt, um eine nachvollziehbare und transparente Datengrundlage für eine weitere Verarbeitung im Rahmen der Nachhaltigkeitsanalyse zur Verfügung zu stellen [116]. Eine Überarbeitung, Ergänzung und Aktualisierung der Ökobilanzdaten ist jederzeit möglich.

Die Bilanzierung von Baumaterialien mit Sima ProIV wurde mit Ergebnissen aus dem Projekt „Ganzheitliche Bilanzierung" ergänzt [56][5]. Neben weiteren Materialien können so einige Baustellenprozesse und Nachnutzungsaktivitäten quantitativ erfasst werden.

Die Tabellen A-2 und A-3 zeigen Auszüge aus den Ergebnissen. Es werden Ergebnisse der Materialherstellung (Tabelle A-2) sowie für einige Entsorgungsprozesse (vgl. Tabellen A-3 und A-4) dargestellt.

---

[5] Innerhalb des Forschungsprojektes „Ganzheitliche Bilanzierung von Baustoffen" werden die mit der Herstellung von Baustoffen verbundenen Einwirkungen auf die Umwelt erfasst und eine Datenbasis mit konsistenten, nach gleicher Methodik und vergleichbaren Randbedingungen erhobenen Daten geschaffen. Den Ausgangspunkt für die Ermittlung der Sachbilanzdaten für die Ökobilanzierung stellen repräsentative, weitgehend aus der Industrie stammende, aktuelle, konsistente, unter gleichen Randbedingungen und Systemgrenzen erhobene Daten dar, wodurch die Wirkungsabschätzung und die Ergebnispräsentation unter vergleichbarer Voraussetzung und Vorgehensweise ermöglicht wird.

Tabelle A-2: Ausschnitt aus Ökobilanzierung der Materialherstellung [116]

Stoffbezeichnung	Ein-heit	greenh.	ozone	acidif.	eutroph.	h.metals	carcin.
		kg CO$_2$	kg CFC11	kg SO$_x$	kg PO$_4$	kg Pb	kg B(a)P
Beton C20/25	kg	1,36E-01	1,62E-08	5,90E-04	3,12E-05	6,41E-07	1,20E-09
Hochofenzement (HZ)	kg	3,40E-01	1,91E-08	1,54E-03	6,25E-05	1,89E-06	3,88E-09
Baustahl Fe360 (St37)	kg	2,28E+00	1,00E-07	1,17E-02	8,10E-04	1,06E-04	6,33E-07
Kalksandstein	kg	−2,01E-01	3,11E-08	4,67E-04	3,91E-05	5,11E-07	4,78E-09
Kantschnittholz	kg	−1,45E+00	1,96E-08	1,93E-03	1,92E-04	2,13E-06	8,45E-09
Außenputz, mineralisch	kg	1,78E-01	1,16E-08	6,36E-04	2,91E-05	7,63E-07	1,99E-09
Glaswolle	kg	7,70E-01	3,26E-08	8,09E-03	5,59E-04	4,08E-06	5,43E-09
Dampfbremse PE ohne Fl.	kg	1,63E+00	1,24E-07	1,88E-02	1,79E-03	4,04E-06	1,26E-08
Dickschichtlasur	kg	8,25E+00	1,24E-05	6,40E-02	3,77E-03	5,54E-05	1,85E-07
PVC-Bodenbelag	m²	1,04E+02	5,51E-06	7,08E-01	4,28E-02	6,90E-04	2,56E-06
Vollholzbodenbelag	m²	5,02E+00	2,07E-05	1,90E-01	1,18E-02	1,99E-04	7,53E-07
Polyamid-Teppich	m²	1,14E+02	5,30E-06	5,93E-01	3,70E-02	6,75E-04	2,60E-06
Keramische Fliesen	m²	2,24E+00	1,77E-07	1,14E-02	1,28E-03	4,22E-07	2,34E-09
Raufasertapete	kg	1,71E+00	0,00E+00	1,61E-02	1,69E-03	2,90E-08	0,00E+00
Holz-Fenster	m²	2,30E+02	1,13E-04	2,66E+00	2,46E-01	1,30E-03	6,72E-06
Kupferrohr	m	5,67E+02	8,35E-05	4,48E+01	2,00E-01	1,81E-02	7,10E-06

Stoffbezeichnung	Ein-heit	w.smog	s.smog	pesticid	energy	solid waste
		kg SPM	kg C$_2$H$_4$	kg act.s	MJ LHV	kg
Beton C20/25	kg	1,55E-05	3,53E-05	0,00E+00	8,68E-01	9,50E-07
Hochofenzement (HZ)	kg	1,53E-05	3,55E-05	0,00E+00	3,09E+00	7,96E-08
Baustahl Fe360 (St37)	kg	4,95E-03	4,98E-03	0,00E+00	3,23E+01	2,64E-01
Kalksandstein	kg	2,26E-05	5,03E-05	0,00E+00	1,24E+00	1,71E-04
Kantschnittholz	kg	2,12E-04	1,74E-04	0,00E+00	2,20E+01	4,63E-04
Außenputz, mineralisch	kg	3,42E-05	2,78E-05	0,00E+00	1,20E+00	2,89E-04
Glaswolle	kg	5,62E-03	2,61E-03	0,00E+00	3,09E+01	2,01E-02
Dampfbremse PE ohne Fl.	kg	8,94E-03	8,78E-03	0,00E+00	9,24E+01	6,09E-02
Dickschichtlasur	kg	1,91E-02	7,84E-03	0,00E+00	2,52E+02	1,86E-01
PVC-Bodenbelag	m²	5,21E-01	7,21E-02	0,00E+00	2,11E+03	1,43E+01
Vollholzbodenbelag	m²	8,04E-02	1,64E-02	0,00E+00	8,84E+02	2,05E+00
Polyamid-Teppich	m²	4,01E-01	4,17E-02	0,00E+00	2,19E+03	1,26E+01
Keramische Fliesen	m²	5,12E-03	6,38E-04	0,00E+00	2,98E+01	1,76E-01
Raufasertapete	kg	1,69E-02	2,85E-03	0,00E+00	8,92E+01	1,73E-01
Holz-Fenster	m²	1,06E+00	2,34E-01			6,64E+01
Kupferrohr	m	4,29E+01	3,24E-01	0,00E+00	7,95E+03	4,81E+03

In der Tabelle A-3 werden die Ergebnisse der Ökobilanzierung einiger Entsorgungsprozesse aufgeführt. Der erste Teil der Tabelle enthält allgemeine Informationen zur Vorgehensweise bei der Bilanzierung (Beschreibung des analysierten Prozesses sowie Verweis zum bilanzierten Prozess im Programm SimaPro). Der hintere Teil der Tabelle enthält die Ergebnisse der Ökobilanzierung für einige ausgewählte Wirkkategorien.

Tabelle A-3: Ergebnisse der Ökobilanzierung von Entsorgungsprozessen

Stoffbezeichnung		Ein- heit	Beschreibung	Prozessverweis
Ther- mische Besei- tigung	Analyse 1 kg Abfallbehandlung „Thermische Beseitigung Karton und Papier"	kg	Moderne Abfallbehandlung, Daten beruhen auf theoretischen Berechnungen. Alle Prozesse der Behandlung werden berücksichtigt.	Incin. Cardboard & Paper Sima Pro Heizwertangabe: 2,09 GJ/746 kg Abfall
	Analyse 1 kg Abfallbehandlung „Thermische Beseitigung PS"	kg	Thermische Beseitigung von PS-Verpackungsmaterial bezogen auf ein zukünftiges Abfallszenario (vgl. auch Beschreibung im Bericht zur Baurestmassenbehandlung)	Analyse 1 kg waste treatment ‚Incin. PS 2000 B250' Sima Pro
	Analyse 1 kg Abfallbehandlung „Thermische Beseitigung Papier"	kg	vgl. Szenario zur Beseitigung von PS	Analyse 1 kg waste treatment ‚Incin. Paper 2000 B250' Sima Pro
	Thermische Beseitigung von Plastik (außer PVC)	kg	vgl. Szenario Karton und Papier	Incin. Plastics (excl. PVC) Sima Pro Heizwertangabe: 6,46 GJ/900 kg Abfall
	Thermische Beseitigung von PVC	kg	vgl. Szenario Karton und Papier	Incin. PVC Sima Pro Heizwertangabe: 2,93 GJ/900 kg Abfall
	Thermische Beseitigung Textilien	kg	vgl. Szenario Karton und Papier	Incin. Textile Sima Pro
Recyc- ling von Alumi- nium	Recycling Aluminium	kg	Geschätzte Daten (vgl. auch Angaben im Sima Pro)	Recycling Aluminium Sima Pro
	LKW (long distance)	kg		Truck long distance B Sima Pro
	Strom UCPTE Med. Voltage	kg		Electricity UCPTE Med. Voltage Sima Pro
	Aluminium (Rohstoff)	kg		Aluminium raw Sima Pro

Tabelle A-3 (Fortsetzung)

Stoffbezeichnung		Ein-heit	Beschreibung	Prozessverweis
Recyc-ling von Karton und Papier	Recycling Karton und Papier	kg	Es sind keine spezifischen Emissionen bekannt, außer einer Transportdistanz von ca. 150 km. Das substituierte Produkt ist „Pulp" (vgl. auch Angaben im Sima Pro)	Recycling Cardboard Sima Pro
	LKW (long distance)	kg		Truck long distance B Sima Pro
	Strom UCPTE Med. Voltage	kg		Electricity UCPTE Med. Voltage Sima Pro
	Pulp (Rohstoff)	kg		Pulp for cardboard B Sima Pro
Recyc-ling von Stahl-schrott	Recycling Stahlschrott	kg	Stahlschrottrecycling nach Sammlung. Es sind keine spezifischen Emissionen bekannt, außer einer Transportdistanz. Das substituierte Produkt ist „Stahl" (vgl. auch Angaben im Sima Pro)	Recycling Ferro metals Sima Pro
	LKW (long distance)	kg		Truck long distance B Sima Pro
	Strom UCPTE Med. Voltage	kg		Electricity UCPTE Med. Voltage Sima Pro
	Eisen (Rohstoff)	kg		Iron Sima Pro
Recyc-ling von Glas	Recycling Glas	kg	Geschätzte Daten (vgl. auch Angaben im Sima Pro)	Recycling Glass Sima Pro
	LKW (long distance)	kg		Truck long distance B Sima Pro
	Strom UCPTE Med. Voltage	kg		Electricity UCPTE Med. Voltage Sima Pro
	Glas (100 % recycelt)	kg		Glass 100 % recycled B Sima Pro
Recyc-ling von Plastik (excl. PVC)	Recycling Plastik (excl. PVC)	kg	Recycling von Plastik Hausmüll (vgl. auch Angaben im Sima Pro)	Recycling Plastics (excl. PVC) Sima Pro
	LKW (long distance)	kg		Truck long distance B Sima Pro
	Strom UCPTE Med. Voltage für Schredder, Sortierung, Granu-lierung etc.	kg		Electricity UCPTE Med. Voltage for shredding etc. + extrusion etc. Sima Pro
	PEP (Rohstoff)	kg		PEP Sima Pro

Tabelle A-3 (Fortsetzung)

Stoffbezeichnung		Ein-heit	Beschreibung	Prozessverweis
Recyc-ling Bau-schutt	Bauschuttaufbereitung (aufbereitet)	t	1 Tonne Bauschutt aufbereitet (es wird davon ausgegangen, dass bei der Bauschuttaufbereitung ca. 6 % Abfälle anfallen)	GaBi
	Bauschuttaufbereitung (unaufbereitet)	t	94 % der Auswirkungen durch 1 Tonne Bauschutt aufbereitet	GaBi
Depo-nierung	Analyse 1 kg Abfallbehandlung „Entsorgung Aluminium"	kg	Entsorgung von Aluminiumabfällen auf einer Deponie (heutige Technologie, vgl. auch Angaben im Sima Pro)	Analyse 1 kg waste treatment „Landfill Aluminium B250" Sima Pro
	Abfälle in Inertstoffdeponie	t		Energie- und Stoffflussbilanzen
	Abfälle in SAVA	t		Energie- und Stoffflussbilanzen
	Analyse 1 kg Abfallbehandlung „Entsorgung Papier"	kg	vgl. Szenario Aluminium (1995)	Analyse 1 kg waste treatment „Landfill Paper B250" Sima Pro
Sonstige Prozesse	1 MJ Geräteeinsatz	MJ		1 MJ Geräteeinsatz Sima Pro
	1 kWh Geräteeinsatz	kWh	3,6 MJ/kWh	1 kWh Geräteeinsatz Sima Pro
	LKW (long distance, schweres Material, Dichte > 2 t/m³)	tkm	Berücksichtigung von Transporten	Truck long distance B (schweres Material, Dichte > 2 t/m³) Sima Pro
	LKW (long distance, leichtes Material, Dichte < 2 t/m³)	tkm		Truck long distance B (leichtes Material, Dichte < 2 t/m³) Sima Pro
	Betonieren	m³		GaBi
	Betonieren	t	1 m³/2,4 t	GaBi
	Säubern (Sandstrahlen)	m²	1 kWh/m², Dicke: 20 cm	Säubern (Sandstrahlen)
	Bauteil abschleifen	m²	5 kW Leistung, 0,1 h/m², 0,5 kWh/m², Dicke 8 cm	Bauteil abschleifen

Tabelle A-3 (Fortsetzung)

Stoffbezeichnung	greenh.	ozone	acidif.	eutroph.	s.smog	energy
	kg CO_2	kg CFC11	kg SO_x	kg PO_4	kg C_2H_4	MJ LHV
„Thermische Beseitigung Karton und Papier"	1,59E+00	1,69E-07	1,59E-03	2,23E-04	8,61E-06	0,00E+00
„Thermische Beseitigung PS"	3,19E+00	1,20E-08	7,26E-04	8,90E-05	4,52E-05	2,54E-01
„Thermische Beseitigung Papier"	2,49E-02	1,32E-08	7,74E-04	1,03E-04	4,81E-05	3,00E-01
Thermische Beseitigung von Plastik (außer PVC)	2,82E+00	3,44E-07	4,25E-03	7,31E-04	1,76E-05	0,00E+00
Thermische Beseitigung von PVC	1,38E+00	1,60E-07	4,69E-03	7,66E-05	8,16E-06	0,00E+00
Thermische Beseitigung von Textilien	1,81E+00	1,91E-07	1,89E-02	3,34E-03	9,77E-06	0,00E+00
Recycling Aluminium	0,00E+00	0,00E+00	0,00E+00	0,00E+00	0,00E+00	0,00E+00
LKW (long distance)	1,78E-02	0,00E+00	2,20E-04	3,36E-05	3,35E-05	2,32E-01
Strom UCPTE Med. Voltage	1,42E-01	3,19E-08	9,13E-04	4,20E-05	3,23E-05	3,15E+00
Aluminium (Rohstoff)	–9,51E+00	–1,36E-09	–1,37E-01	–5,08E-03	–8,14E-03	–1,72E+02
Recycling Karton und Papier	0,00E+00	0,00E+00	0,00E+00	0,00E+00	0,00E+00	0,00E+00
LKW (long distance)	1,78E-02	0,00E+00	2,20E-04	3,36E-05	3,35E-05	2,32E-01
Strom UCPTE Med. Voltage	1,42E-01	3,19E-08	9,13E-04	4,20E-05	3,23E-05	3,15E+00
Pulp (Rohstoff)	–6,82E-01	0,00E-00	–6,57E-03	–1,69E-03	–3,50E-04	–6,09E+01
Recycling Stahlschrott	0,00E+00	0,00E+00	0,00E+00	0,00E+00	0,00E+00	0,00E+00
LKW (long distance)	1,78E-02	0,00E+00	2,20E-04	3,36E-05	3,35E-05	2,32E-01
Strom UCPTE Med. Voltage	7,10E-01	1,59E-07	4,56E-03	2,10E-04	1,62E-04	1,58E+01
Eisen (Rohstoff)	–1,04E-00	–6,56E-09	–4,75E-03	–3,06E-04	–1,31E-02	–6,46E+01
Recycling Glas	0,00E+00	0,00E+00	0,00E+00	0,00E+00	0,00E+00	0,00E+00
LKW (long distance)	1,78E-02	0,00E+00	2,20E-04	3,36E-05	3,35E-05	2,32E-01
Strom UCPTE Med. Voltage	4,26E-01	9,57E-08	2,74E-03	1,26E-04	9,69E-05	9,45E+00
Glas (100 % recycelt)	–4,69E-01	0,00E-00	–3,62E-03	–1,97E-04	–4,26E-04	–5,58E+00
Recycling Plastics (excl. PVC)	0,00E+00	0,00E+00	0,00E+00	0,00E+00	3,98E-05	0,00E+00
LKW (long distance)	1,07E-02	0,00E+00	1,32E-04	2,02E-05	2,01E-05	1,39E-01
Strom UCPTE Med. (Zerkleinerung, Sortieren)	1,42E-01	3,19E-08	9,13E-04	4,20E-05	3,23E-05	3,15E+00
Strom UCPTE Med. Voltage (Granulieren)	1,79E+00	4,02E-07	1,15E-02	5,29E-04	4,07E-04	3,97E+01
PE P	–9,90E-01	0,00E+00	–1,26E-02	–1,20E-03	–7,52E-03	–7,73E+01
Bauschuttaufbereitung (aufbereitet)	5,90E+00	0,00E+00	5,70E-02	9,00E-03	8,00E-03	8,44E+01

Tabelle A-3 (Fortsetzung)

Stoffbezeichnung	greenh.	ozone	acidif.	eutroph.	s.smog	energy
	kg CO_2	kg CFC11	kg SO_x	kg PO_4	kg C_2H_4	MJ LHV
Bauschuttaufbereitung (unaufbereitet)	5,50E+00	0,00E+00	5,30E-02	8,50E-03	7,50E-03	7,93E+01
Analyse 1 kg Abfallbehandlung „Entsorgung Aluminium"	1,38E-02	1,59E-08	1,56E-04	2,56E-05	3,70E-05	1,88E-01
Abfälle in Inertstoffdeponie	5,38E-01	2,00E-03	7,00E-03			8,00E+00
Abfälle in SAVA	3,47E+03	4,08E+00	5,93E+00			3,66E+04
Analyse 1 kg Abfallbehandlung „Entsorgung Papier"	2,02E-02	2,00E-08	1,35E-03	1,00E-03	4,32E-05	3,69E-01
1 MJ Geräteeinsatz	9,12E-02	0,00E+00	9,27E-04			2,33E+00
1 kWh Geräteeinsatz	3,28E-01	0,00E+00	3,34E-03			8,39E+00
LKW (long distance, schweres Material, Dichte > 2 t/m³)	1,78E-02	0,00E+00	2,20E-04			2,32E-01
LKW (long distance, leichtes Material, Dichte < 2 t/m³)	1,07E-02	0,00E+00	1,32E-04			1,39E-01
Betonieren	1,55E+01	0,00E+00	1,20E-02			2,52E+01
Betonieren	6,46E+00	0,00E+00	5,00E-03			1,05E+01
Säubern (Sandstrahlen)	3,28E-01	0,00E+00	3,34E-03			8,39E+00
Bauteil abschleifen	1,64E-01	0,00E+00	1,67E-03			4,19E+00

Die Tabelle A-4 enthält die Ergebnisse der Bilanzierung der Referenzprozesse der Hauptmaterialgruppen. Im ersten Teil der Tabelle werden allgemeine Angaben zur Vorgehensweise gemacht.

Prozessbezeichnung: Bezeichnung des bilanzierten Prozesses

Bemerkung: Bezug zu den in Tabelle A-3 bilanzierten Prozessen, welche zur Auswertung der Referenzprozesse herangezogen wurden

Weitere Details: Datenqualität, Anfallende Restmengen

Im zweiten Teil der Tabelle A-4 werden die Ergebnisse der Ökobilanzierung für einige ausgewählte Wirkkategorien dargestellt.

Tabelle A-4: Ergebnisse der Ökobilanzierung der Referenzprozesse der Hauptmaterialgruppen

Hauptmaterialgruppe	Prozessbezeichnung	Bemerkung	Datenqualität	Anfallende Restmengen	Berücksichtigung, wenn größer als 5 %
Mineralische Baustoffe	Bauschuttaufbereitung (unaufbereitet) + 6 % Abfälle in Inertstoffdeponie	Bauschuttaufbereitung (unaufbereitet) + 6 % Inertstoffdeponie)	gut	6,00 %	Ja
	Säubern (Sandstrahlen)	0,2 m³/m² (angenommene Dicke 20 cm), 2,4 t/m³, 2,08 m²/t			
	Reparatur (Ausbessern per Hand)	3 % Betonieren des Bauteils, Dicke 20 cm			
	Säubern und Reparatur von 1 t Stahlbetonbauteil inkl. Transport	1 t Säubern + 1 t Reparatur + 1 t Transport schweres Material			
	Deponieren mineralischer Baustoffe	Abfälle in Inertstoffdeponie			
	Kiesabbau (substituiert)	Kiesherstellung (vgl. Ökobilanzierung)			
	Herstellung Fertigteil (substituiert)	1 t Betonieren + 1 t Betonherstellung			
Gips (Bauschutt-aufbereitung)	Aufbereitung von Gipsbaustoffen	Bauschuttaufbereitung (unaufbereitet) + 6 % Inertstoffdeponie)	schlecht	6,00 %	Ja
	Deponieren von Gipsbaustoffen	Abfälle in Inertstoffdeponie			
	Herstellung Gips	Gips (vgl. Ökobilanzierung)			
Holz	Holzaufbereitung	Analyse 1 kg waste treatment „Recycling Cardboard", ohne eingesparte Prozesse	schlecht	1,87 %	Nein
	Abschleifen von Holzkonstruktionen	Bauteil abschleifen (0,08 m³/m², 0,6 t/m³, 0,048 t/m², 20,8 m²/t			
	Wiederverwendung von Holzkonstruktionen	1 t Bauteil abschleifen + 1 t Transport leichtes Material			
	Verbrennung von Holz	Analyse 1 kg waste treatment „Incin. Cardboard & Paper", ohne die Energiegewinnung		9,95 %	Ja
	Verbrennung von Holz inkl. Deponierung	Verbrennung + 10 % Deponierung Inertstoffdeponie			
	Holzdeponierung nach Vorbehandlung (Verbrennung)	Analyse 1 kg waste treatment „Landfill Cardboard and Paper"			
	Holzdeponierung (unbelastet)	Abfälle in Inertstoffdeponie			
	Holzdeponierung (belastet)	Abfälle in Sonderabfalldeponie			
	Herstellung von Holzbauteilen	Brettschichtholz			

Tabelle A-4 (Fortsetzung)

Hauptmaterialgruppe	Prozessbezeichnung	Bemerkung	Datenqualität	Anfallende Restmengen	Berücksichtigung, wenn größer als 5 %
Stahl	Stahlaufbereitung	Analyse 1 kg waste treatment „Ferro Metals", ohne gesparte Prozesse	mittel	14,35 %	Ja
	Stahlaufbereitung inkl. Deponierung	Stahlaufbereitung + 14,5 % Deponierung (Inertstoffdeponie)			
	Säubern eines Stahlbauteils	Säubern 1 m², Annahme: Dicke 2 cm: 0,02 m³/m², 7,8 t/m³, 0,156 t/m², 6,4 m²/t			
	Wiederverwendung von Stahlbauteilen	1 t Bauteile säubern + 1 t Transport schweres Material			
	Stahldeponierung ohne Behandlung	Analyse 1 kg waste treatment „Landfill Ferro Metals"			
	Stahldeponierung (Behandlung)	Abfälle in Inertstoffdeponie			
	Herstellung von Stahlbauteilen	Baustahl			
NE-Metalle	NE-Metallaufbereitung	Analyse 1 kg waste treatment „Recycling Aluminium", ohne gesparte Prozesse	mittel	1,87 %	Nein
	NE-Metalldeponierung (ohne Behandlung)	Analyse 1 kg waste treatment „Landfill Aluminium B250"			
	NE-Metalldeponierung (Behandlung)	Abfälle in Inertstoffdeponie			
	Ne-Metallproduktion (Rohmaterial)	Aluminium (Analyse 1 kg material „Aluminium (raw) bj")			
Glas	Glasaufbereitung	Analyse 1 kg waste treatment „Recycling Glass", ohne gesparte Prozesse	mittel	10,61 %	Ja
	Glasaufbereitung inkl. Deponierung	Glasaufbereitung + 10 % Deponierung (Inertstoffdeponie)			
	Wiederverwendung Glasscheibe	Glasscheibe wird manuell gesäubert. Es entstehen keine Belastungen. Es werden nur Transporte für schweres Material berücksichtigt.			
	Glasdeponierung (inkl. Zerkleinerung)	Analyse 1 kg waste treatment „Landfill Glass B250"			
	Glasdeponierung (Behandlung)	Abfälle in Inertstoffdeponie			
	Glasproduktion (Flachglas unbeschichtet)	Flachglas unbeschichtet			
	Glasproduktion (Rohmaterial)	100 % Recycling Glass (Analyse 1 kg material „Glass 100 % recycled B")			

Tabelle A-4 (Fortsetzung)

Hauptmaterialgruppe	Prozessbezeichnung	Bemerkung	Datenqualität	Anfallende Restmengen	Berücksichtigung, wenn größer als 5 %
Gipskarton (Holzaufbereitung)	Gipskartonplattenaufbereitung	Analyse 1 kg waste treatment „Recycling Cardboard", ohne eingesparte Prozesse	schlecht	1,87 %	Nein
	Aufbereiten von Gipskartonplatten	Bauteil abschleifen (0,08 m³/m², 0,9 t/m³, 0,072 t/m², 13,9 m²/t)			
	Wiederverwendung von Gipskartonplatten	1 t Bauteil abschleifen + 1 t Transport leichtes Material			
	Verbrennung von Gipskartonplatten	Analyse 1 kg waste treatment „Incin. Cardboard & Paper", ohne die Energiegewinnung		9,95 %	Ja
	Verbrennung von Gipskarton inkl. Deponierung	Verbrennung + 10 % Deponierung Inertstoffdeponie			
	Gipskartonplattendeponierung nach Vorbehandlung (Verbrennung)	Analyse 1 kg waste treatment „Landfill Cardboard and Paper"			
	Gipskartonplattendeponierung (unbelastet)	Abfälle in Inertstoffdeponie			
	Herstellung von Gipskartonplatten	Gipskartonplatte (vgl. Ökobilanzierung)			
Mineralwolle/PUR Dämmplatte	PS Aufbereitung	Analyse 1 kg waste treatment „Recycling PS" ohne eingesparte Prozesse	mittel	10,03 %	Ja
	PS Aufbereitung inkl. Deponierung	PS Aufbereitung + 10 % Deponierung			
	Wiederverwendung von WDVS-Platten	Nur Transporte			
	Verbrennung von PS	Analyse „1 kg incineration PS"			
	PS Deponierung unbelastet				
	Herstellung PS Granulat	Analyse 1 kg PS Granulat (Sima Pro)			

Tabelle A-4 (Fortsetzung)

Hauptmaterialgruppe	Prozessbezeichnung	Bemerkung	Datenqualität	Anfallende Restmengen	Berücksichtigung, wenn größer als 5 %
Kunststoffbodenbelag	Kunststoffbodenbelag-aufbereitung	Analyse 1 kg waste treatment „Recycling PVC", ohne eingesparte Prozesse	mittel	35,47 %	Ja
	Kunststoffaufbereitung inkl. Deponierung	Kunststoffaufbereitung + 35 % Inertstoffdeponie			
	Verbrennung von Kunststoffbodenbelag	Analyse 1 kg waste treatment „Incin. PVC", ohne die Energiegewinnung		4,56 %	Nein
	Kunststoffbodenbelag-deponierung (unbelastet)	Abfälle in Inertstoffdeponie			
	Herstellung von PVC-Granulat	PVC (e) I Sima Pro IV (Inputs and outputs associated with the production of 1 kg PVC granulate in Europe averaged over the emulsion polymerisation processes. The energy requirement is 74.88 MJ/kg Source: IDEMAT 96)			
Dichtungsbahn/Folie	Dichtungsbahnfolien-aufbereitung	Analyse 1 kg waste treatment „Recycling PVC", ohne eingesparte Prozesse	mittel	35,47 %	Ja
	Dichtungsbahnaufbereitung inkl. Deponierung	Dichtungsbahnaufbereitung + 35 % Inertstoffdeponie			
	Verbrennung der Dichtungsbahn	Analyse 1 kg waste treatment „Incin. Plastic excl. PVC", ohne die Energiegewinnung		4,89 %	Nein
	Dichtungsbahndeponierung	Abfälle in Inertstoffdeponie			
	Herstellung von PE	PE(P)			

Tabelle A-4 (Fortsetzung)

Hauptmaterialgruppe	Prozessbezeichnung	Bemerkung	Datenqualität	Anfallende Restmengen	Berücksichtigung, wenn größer als 5 %
Tapeten	Tapetenrecycling	Analyse 1 kg waste treatment „Recycling Paper", ohne eingesparte Prozesse	schlecht	6,87 %	Ja
	Tapetenrecycling inkl. Deponierung	Papierrecycling + 7 % Deponierung (Inertstoffe)			
	Verbrennung von Tapeten	Analyse 1 kg waste treatment „Incin. Paper", ohne die Energie-gewinnung		0 %	Nein
	Verbrennung von Tapeten inkl. Deponierung	Verbrennung + 10 % Deponierung Inertstoffdeponie			
	Tapetendeponierung nach Vorbehandlung (Verbrennung)	Analyse 1 kg waste treatment „Landfill Paper"			
	Tapetendeponierung (unbelastet)	Abfälle in Inertstoffdeponie			
	Herstellung von Papier	Papierherstellung (Analyse 1 kg material „Paper bleached B"), Sima Pro			

Tabelle A-4 (Fortsetzung)

Weitere Hauptstoffe	Prozessbezeichnung	Bemerkung	Datenqualität	Anfallende Restmengen	Berücksichtigung, wenn größer als 5 %
Holzfaserplatten (Holzaufbereitung)	Holzfaserplattenaufbereitung	Analyse 1 kg waste treatment „Recycling Cardboard", ohne eingesparte Prozesse	schlecht	1,87 %	Nein
	Abschleifen von Holzfaserplatten	Bauteil abschleifen) 0,08 m³/m², 0,6 t/m³, 0,048 t/m², 20,8 m²/t			
	Wiederverwendung von Holzfaserplatten	1 t Bauteil abschleifen + 1 t Transport leichtes Material			
	Verbrennung von Holzfaserplatten	Analyse 1 kg waste treatment „Incin. Cardboard & Paper", ohne die Energiegewinnung		9,95 %	Ja
	Verbrennung von Holzfaserplatten inkl. Deponierung	Verbrennung + 10 % Deponierung Inertstoffdeponie			
	Holzfaserplattendeponierung	Analyse 1 kg waste treatment „Landfill Cardboard and Paper"			
	Holzfaserplattendeponierung (unbelastet)	Abfälle in Inertstoffdeponie			
	Herstellung von Holzfaserplatten	Brettschichtholz			
Perlite (Bauschuttaufbereitung)	Bauschuttaufbereitung (unaufbereitet) + 6 % Abfälle in Inertstoffdeponie	Bauschuttaufbereitung (unaufbereitet + 6 % Inertstoffdeponie)	schlecht		
	Deponieren mineralischer Baustoffe	Abfälle in Inertstoffdeponie			
	Kiesabbau	Kiesherstellung (vgl. Ökobilanzierung)			

Tabelle A-4 (Fortsetzung)

Weitere Hauptstoffe	Prozessbezeichnung	Bemerkung	Datenqualität	Anfallende Restmengen	Berücksichtigung, wenn größer als 5 %
Naturstein (Bauschuttaufbereitung)	Bauschuttaufbereitung (unaufbereitet) + 6 % Abfälle in Inertstoffdeponie	Bauschuttaufbereitung (unaufbereitet + 6 % Inertstoffdeponie)	mittel		
	Säubern (Sandstrahlen)	Prozess Säubern: 0,05 m³/m² (angenommene Dicke 5 cm), 2,7 t/m³, 7,4 m²/t			
	Säubern von 1 t Naturstein inkl. Transport	1 t Säubern + 1 t Transport schweres Material			
	Deponieren mineralischer Baustoffe	Abfälle in Inertstoffdeponie			
	Kiesabbau	Kiesherstellung (vgl. Ökobilanzierung)			
	Herstellung Natursteinbodenbelag	Natursteinbodenbelagherstellung („")			
Kunststoff (Kunststoffbodenbelag)	Kunststoffaufbereitung	Analyse 1 kg waste treatment „Recycling PVC", ohne eingesparte Prozesse	mittel	35,47 %	Ja
	Kunststoffaufbereitung inkl. Deponierung	Kunststoffaufbereitung + 35 % Inertstoffdeponie			
	Verbrennung von Kunststoff	Analyse 1 kg waste treatment „Incin. PVC", ohne die Energie-gewinnung		4,56 %	Nein
	Kunststoffdeponierung (unbelastet)	Abfälle in Inertstoffdeponie			
	Herstellung von PVC-Granulat	PVC (e) I Sima Pro IV (Inputs and outputs associated with the production of 1 kg PVC granulate in Europe averaged over the emulsion polymerisation processes. The energy requirement is 74.88 MJ/kg Source: IDEMAT 96)			

Tabelle A-4 (Fortsetzung)

Hauptmaterialgruppe	Prozessbezeichnung	ozone CFC-Äqu. [kg]	acidif. SO$_x$-Äqu. [kg]	greenh. CO$_2$-Äqu. [kg]	eutroph. kg PO$_4$-Äqu.	s.smog kg C$_2$H$_4$	energy [MJ]	outputs to technosphere	solid emissions	Bezugseinheit
Mineralische Baustoffe	Bauschuttaufbereitung (unaufbereitet) + 6 % Abfälle in Inertstoffdeponie	1,20E-04	5,34E-02	5,53E+00	8,50E-03	7,50E-03	7,98E+01			t
	Säubern (Sandstrahlen)	0,00E+00	6,94E-03	6,83E-01			1,74E+01			t
	Reparatur (Ausbessern per Hand)	0,00E+00	1,50E-04	1,94E-01			3,15E-01			t
	Säubern und Reparatur von 1 t Stahlbetonbauteil inkl. Transport	0,00E+00	7,31E-03	8,94E-01			1,80E+01			t
	Deponieren mineralischer Baustoffe	2,00E-03	7,00E-03	5,38E-01			8,00E+00			t
	Kiesabbau	3,9E-06	4,97E-2	9,74E+00			1,15E+02			t
	Herstellung Fertigteil	1,97E-5	1,05E-00	2,33E+02			2,07E+03			t
Gips	Aufbereitung von Gipsbaustoffen	1,20E-04	5,34E-02	5,53E+00	8,50E-03	7,50E-03	7,98E+01			t
	Deponieren von Gipsbaustoffen	2,00E-03	7,00E-03	5,38E-01			8,00E+00			t
	Herstellung Gips	6,68E-05	1,86E+00	2,65E+02			1,95E+03			t
Holz	Holzaufbereitung	3,19E-05	1,13E+00	1,60E+02	7,56E-02	6,58E-02	3,38E+03	1 t pulp for card-board1 t Brett-schicht-holz		t
	Abschleifen von Holzkonstruktionen	0,00E+00	3,47E-02	3,41E+00			8,72E+01			t
	Wiederverwendung von Holzkonstruktionen	0,00E+00	3,48E-02	3,43E+00			8,74E+01			t
	Verbrennung von Holz	1,69E-04	1,59E+00	1,59E+03			0,00E+00	2,8 GJ Electricity UCPTE High Voltage	101,8 kg slag (road construc-tion)	t
	Verbrennung von Holz inkl. Deponierung	3,69E-04	1,59E+00	1,59E+03			8,00E-01			t
	Holzdeponierung nach Vorbehandlung (Verbrennung)	0,00E+00	0,00E+00	0,00E+00			0,00E+00			t
	Holzdeponierung (unbelastet)	2,00E-03	7,00E-03	5,38E-01			8,00E+00			t
	Holzdeponierung (belastet)	4,08E+00	5,93E+00	3,47E+03			3,66E+04			t
	Herstellung von Holzbauteilen	1,75E-04	4,25E+00	−1,78E+03			3,78E+04			t
NE-Metalle	NE-Metallaufbereitung	3,19E-05	1,13E+00	1,60E+02	7,56E-02	6,58E-02	3,38E+03			t
	NE-Metalldeponierung (ohne Behandlung)	1,59E-05	1,56E-01	1,38E+01	2,56E-02	3,70E-02	1,88E+02			t
	NE-Metalldeponierung (Behandlung)	2,00E-03	7,00E-03	5,38E-01			8,00E+00			t
	Ne-Metallproduktion (Rohmaterial)	1,36E-06	1,37E+02	9,51E+03	5,08E+00	8,14E+00	1,72E+05			t

Tabelle A-4 (Fortsetzung)

Hauptmate-rialgruppe	Prozessbezeichnung	ozone CFC-Äqu. [kg]	acidif. SO_x-Äqu. [kg]	greenh. CO_2-Äqu. [kg]	eutroph. kg PO_4-Äqu.	s.smog kg C_2H_4	energy [MJ]	outputs to technosphere	solid emissions	Bezugseinheit
Stahl	Stahlaufbereitung	1,59E-04	4,78E+00	7,28E+02	2,44E-01	1,96E-01	1,60E+04	1 t Baustahl		t
	Stahlaufbereitung inkl. Deponierung	4,49E-04	4,78E+00	7,28E+02			1,60E+04			t
	Säubern eines Stahlbauteils	0,00E+00	2,14E-02	2,10E+00			5,37E+01			t
	Wiederverwendung von Stahlbauteilen	0,00E+00	2,16E-02	2,12E+00			5,39E+01			t
	Stahldeponierung ohne Behandlung	0,00E+00	0,00E+00	0,00E+00			0,00E+00			t
	Stahldeponierung (Behandlung?)	2,00E-03	7,00E-03	5,38E-01			8,00E+00			t
	Herstellung von Stahlbauteilen	1,00E-04	1,17E+01	2,28E+03			3,23E+04			t
Glas	Glasaufbereitung	9,57E-05	2,96E+00	4,44E+02	1,60E-01	1,30E-01	9,68E+03			t
	Glasaufbereitung inkl. Deponierung	2,96E-04	2,96E+00	4,44E+02			9,68E+03			t
	Wiederverwendung Glasscheibe	0,00E+00	2,20E-04	1,78E-02	3,36E-05	3,35E-05	2,32E-01			t
	Glasdeponierung (inkl. Zerkleinerung)	1,59E-05	1,56E-01	1,38E+01	2,56E-02	3,70E-02	1,88E+02			t
	Glasdeponierung (Behandlung)	2,00E-03	7,00E-03	5,38E-01			8,00E+00			t
	Glasproduktion (Flachglas unbeschichtet)	3,34E-05	1,92E+00	1,20E+03	2,70E-01	1,32E-01	7,77E+03			t
	Glasproduktion (Rohmaterial)	0,00E+00	3,81E+00	4,93E+02	2,07E-01	4,48E-01	5,88E+03			t
	Kiesabbau	5,9E-06	4,97e-02	9,74E+00			1,45E+02			t
Gipskarton	Gipskartonplattenaufbereitung	3,19E-05	1,13E+00	1,60E+02	7,56E-02	6,58E-02	3,38E+03	1 t pulp for card-board1 t Brett-schicht-holz		t
	Aufbereiten von Gipskartonplatten	0,00E+00	2,32E-02	2,28E+00			5,83E+01			t
	Wiederverwendung von Gipskartonplatten	0,00E+00	2,33E-02	2,29E+00			5,84E+01			t
	Verbrennung von Gipskartonplatten	1,69E-04	1,59E+00	1,59E+03			0,00E+00	2,8 GJ Electricity UCPTE High Voltage	101,8 kg slag (road construc-tion)	t
	Verbrennung von Gipskarton inkl. Deponierung	3,69E-04	1,59E+00	1,59E+03			8,00E-01			t
	Gipskartonplattendeponierung nach Vorbehandlung (Verbrennung)	0,00E+00	0,00E+00	0,00E+00			0,00E+00			t
	Gipskartonplattendeponierung (unbelastet)	2,00E-03	7,00E-03	5,38E-01			8,00E+00			t
	Herstellung von Gipskartonplatten		3,93E+00	2,86E+02		1,78E+00				t

Tabelle A-4 (Fortsetzung)

Hauptmaterialgruppe	Prozessbezeichnung	ozone CFC-Äqu. [kg]	acidif. SO_2-Äqu. [kg]	greenh. CO_2-Äqu. [kg]	eutroph. kg PO_4-Äqu.	s.smog kg C_2H_4	energy [MJ]	outputs to technosphere	solid emissions	Bezugseinheit
Mineralwolle/ PUR Dämmplatte	PS Aufbereitung	4,34E-07	1,25E-02	1,94E+00	5,91E-04	4,03E-02	4,30E+01			t
	PS Aufbereitung inkl. Deponierung	2,00E-04	1,32E-02	2,00E+00	5,91E-04	4,03E-02	4,38E+01			t
	Wiederverwendung von WDVS-Platten	0,00E+00	1,32E-04	1,07E-02	2,02E-05	2,01E-05	1,39E-01			t
	Verbrennung von PS	1,20E-05	7,26E-01	3,19E+03	8,90E-02	4,52E-02	2,54E+02	Heizwert ca. 30 GJ/t		t
	PS Deponierung unbelastet	2,00E-03	7,00E-03	5,38E-01			8,00E+00			t
	Herstellung PS Granulat	0,00E+00	1,75E+01	2,45E+03	1,42E+00	1,22E+00	7,77E+04			t
Kunststoffbodenbelag	Kunststoffboden-belagaufbereitung	4,34E-04	1,25E+01	1,94E+03	5,91E-01	4,99E-01	4,30E+04			t
	Kunststoffaufbereitung inkl. Deponierung	1,13E-03	1,25E+01	1,94E+03			4,30E+04			t
	Verbrennung von Kunststoffbodenbelag	1,60E-04	4,69E+00	1,38E+03	7,66E-02	8,16E-03	0,00E+00	3,26 GJ Electricity UCPTE High Voltage	45,6 kg slag	t
	Kunststoffbodenbelag-deponierung (unbelastet)	2,00E-03	7,00E-03	5,38E-01			8,00E+00			t
	Herstellung von PVC-Granulat	0,00E+00	3,16E+01	2,74E+03	2,50E+00	1,03E+01	7,06E+04			t
Dichtungsbahn/Folie	Dichtungsbahnfolien-aufbereitung	4,34E-04	1,25E+01	1,94E+03	5,91E-01	4,99E-01	4,30E+04			t
	Dichtungsbahnaufbereitung inkl. Deponierung	1,13E-03	1,25E+01	1,94E+03			4,30E+04			t
	Verbrennung der Dichtungsbahn	3,44E-04	4,25E+00	2,82E+03	7,31E-01	1,76E-02	0,00E+00	37,17 GJ Electricity UCPTE High Voltage	45,6 kg slag	t
	Dichtungsbahndeponierung	2,00E-03	7,00E-03	5,38E-01	0,00E+00	0,00E+00	8,00E+00			t
	Herstellung von PE	0,00E+00	1,26E+01	9,9E+02	1,2E+00	7,52E+00	7,73E+04			t
Tapeten	Tapetenrecycling	3,19E-05	1,05E+00	1,53E+02	6,22E-02	5,24E-02	3,29E+03	1 t pulp for card-board, 1 t Brett-schicht-holz		t
	Tapetenrecycling inkl. Deponierung	1,72E-04	1,05E+00	1,53E+02	6,22E-02	5,24E-02	3,29E+03			t
	Verbrennung von Tapeten	1,32E-05	7,74E-01	2,49E+01			3,00E+02	2,8 GJ Electricity UCPTE High Voltage	101,8 kg slag (road construction)	t
	Verbrennung von Tapeten inkl. Deponierung	2,13E-04	7,75E-01	2,50E+01			3,01E+02			t
	Tapetendeponierung nach Vorbehandlung (Verbrennung)	2,00E-05	1,35E+00	2,02E+01			3,69E+02			t
	Tapetendeponierung (unbelastet)	2,00E-03	7,00E-03	5,38E-01			8,00E+00			t
	Herstellung von Papier	0,00E+00	1,61E+01	1,71E+02	1,69E+00	2,85E+00	8,92E+04			t

Tabelle A-4 (Fortsetzung)

Weitere Hauptstoffe	Prozessbezeichnung	ozone CFC-Äqu. [kg]	acidif. SOₓ-Äqu. [kg]	greenh. CO₂-Äqu. [kg]	eutroph. kg PO₄-Äqu.	s.smog kg C₂H₄	energy [MJ]	outputs to technosphere	solid emissions	Bezugseinheit
Holzfaserplatten	Holzfaserplattenaufbereitung	3,19E-05	1,13E+00	1,60E+02	7,56E-02	6,58E-02	3,38E+03	1 t pulp for card-board1 t Brett-schicht-holz		t
	Abschleifen von Holzfaserplatten	0,00E+00	3,47E-02	3,41E+00			8,72E+01			t
	Wiederverwendung von Holzfaserplatten	0,00E+00	3,48E-02	3,43E+00			8,74E+01			t
	Verbrennung von Holzfaserplatten	1,69E-04	1,59E+00	1,59E+03			0,00E+00	2,8 GJ Electricity UCPTE High Voltage	101,8 kg slag (road construc-tion)	t
	Verbrennung von Holzfaser-platten inkl. Deponierung	3,69E-04	1,59E+00	1,59E+03			8,00E-01			t
	Holzfaserplattendeponierung	0,00E+00	0,00E+00	0,00E+00			0,00E+00			t
	Holzfaserplattendeponierung (unbelastet)	2,00E-03	7,00E-03	5,38E-01			8,00E+00			t
	Herstellung von Holzfaserplatten	1,75E-04	4,25E+00	-1,78E+03			3,78E+04			t
Perlite	Bauschuttaufbereitung (unaufbereitet) + 6 % Abfälle in Inertstoffdeponie	1,20E-04	5,34E-02	5,53E+00	8,50E-03	7,50E-03	7,98E+01			t
	Deponieren mineralischer Baustoffe	2,00E-03	7,00E-03	5,38E-01			8,00E+00			t
Naturstein	Bauschuttaufbereitung (unaufbereitet) + 6 % Abfälle in Inertstoffdeponie	1,20E-04	5,34E-02	5,53E+00	8,50E-03	7,50E-03	7,98E+01			t
	Säubern (Sandstrahlen)	0,00E+00	2,47E-02	2,43E+00			6,21E+01			t
	Säubern von 1 t Naturstein inkl. Transport	0,00E+00	2,49E-02	2,45E+00			6,23E+01			t
	Deponieren mineralischer Baustoffe	2,00E-03	7,00E-03	5,38E-01			8,00E+00			t
	Kiesabbau	5,90E-06	4,97E-02	9,74E+00			1,45E+02			t
	Herstellung Natursteinbodenbelag		8,20E-02	8,01E+00		7,50E-02				t
Kunststoff	Kunststoffaufbereitung	4,34E-04	1,25E+01	1,94E+03	5,91E-01	4,99E-01	4,30E+04			t
	Kunststoffaufbereitung inkl. Deponierung	1,13E-03	1,25E+01	1,94E+03			4,30E+04			t
	Verbrennung von Kunststoff	1,60E-04	4,69E+00	1,38E+03	7,66E-02	8,16E-03	0,00E+00	3,26 GJ Electricity UCPTE High Voltage	45,6 kg slag	t
	Kunststoffdeponierung (unbelastet)	2,00E-03	7,00E-03	5,38E-01			8,00E+00			t
	Herstellung von PVC-Granulat	0,00E+00	3,16E+01	2,74E+03	2,50E+00	1,03E+01	7,06E+04			t

Anhang 4
Bewertung von Rückbauprozessen

Kriterien der Bewertung von Rückbauprozessen

Im Folgenden werden die einzelnen Kriterien sowie die Skalen zur Bewertung von Rückbauprozessen beschrieben. Die Bewertungsmaßstäbe und das Produkt aus der Grundbewertungszahl „1" bis „5" und einem Faktor zur Erfassung der Bewertungseinheiten *Volumeneinheit* und *Flächeneinheit* wird angegeben.

Ökologische Kriterien

Mit dem Ziel einen Rückbauprozess in ökologischer Hinsicht zu bewerten, müssen verschiedene Kriterien betrachtet werden. Transportvorgänge werden im Rahmen dieser Bewertung nicht betrachtet, da die erforderlichen Transporte des abgebauten Materials zum Standort der Entsorgung bzw. Verwertung im Rahmen der Bewertung der Entsorgungsprozesse berücksichtigt wird.

Emission von gesundheitsgefährdenden Stoffen

Zu den gesundheitsgefährdenden Stoffen zählen toxische Stoffe wie z. B. Quecksilber oder Chrom sowie Asbest, Cadmium, Benzol, Formaldehyd, PCB, Toluol etc.

Die Punktzahl „1" sollte vergeben werden, wenn entweder keine gesundheitsgefährdenden Stoffe freigesetzt werden oder eventuell vorhandene Emissionen unter bzw. gerade an der Nachweisbarkeitsgrenze liegen. Die Punktzahl „5" für „Sehr große Emissionen" gesundheitsgefährdender Stoffe ist anzunehmen, wenn es sich um eine sehr hohe Konzentrationen von als gesundheitsgefährdend eingestuften Stoffen (z. B. MAK-Werte oder Grenzwerte der Gefahrstoffverordnung, WHO oder Bundesgesundheitsamt) handelt, die nach sehr kurzer Einwirkungsdauer zu starken gesundheitlichen körperlichen Schädigungen führen. Des Weiteren wird diese Punktzahl vergeben, wenn als hochgiftig eingestufte Stoffen in sehr hoher Konzentration frei werden, die deutlich über den dafür vorhandenen Grenzwerten liegen und nach kürzester Zeit zu sehr starken gesundheitlichen Schäden bzw. zum Tod führen.

Die Punktzahl „3" ist erforderlich, wenn beim Rückbau Emissionen frei werden, die als gesundheitsgefährdend eingestuft sind und für die offizielle Grenzwerte (z. B. MAK-Grenzwerte) existieren, welche aber (deutlich) unterschritten werden. Des Weiteren wird die Punktzahl vergeben, wenn die entweichenden Stoffe durch geeignete Schutzmaßnahmen nicht in die Umwelt gelangen oder über einen längeren Zeitraum keine Gesundheitsschäden verursachen.

Die Bewertung erfolgt anhand einer *Ordinalskala*. Die Bewertungspunkte für unterschiedliche Rückbauprozesse können daher nicht aggregiert werden, sondern müssen bezogen auf die rückzubauende Baurestmasse abgebildet werden. So wird z. B. erfasst, dass 20 % der

Baurestmasse bei „minimaler" Emission gesundheitsgefährdender Stoffe rückgebaut werden kann, während der Rückbau von 80 % der Baurestmasse Emissionen hervorruft, die als gesundheitsgefährdend eingestuft sind, aber welche die offiziellen Grenzwerte nicht überschreiten.

Tabelle A-5: Bewertungsskala „Emission von gesundheitsgefährdenden Stoffen" (ÖK1)

Beschreibung	Punktzahl
minimale/keine Emission gesundheitsgefährdender Stoffe	1
geringe Emissionen gesundheitsgefährdender Stoffe	2
gemäßigte Emissionen gesundheitsgefährdender Stoffe	3
große Emissionen gesundheitsgefährdender Stoffe	4
sehr große Emissionen gesundheitsgefährdender Stoffe	5

CFC-(Äquivalente)-Emission (Ozonschichtabbau)

Es werden die beim Rückbau entstehenden Emissionen beurteilt, die zum Abbau der stratosphärischen Ozonschicht beitragen. Angegeben wird das Ozonabbaupotential in CFC-Äquivalenten. Die Bewertung kann anhand einer Kardinalskala erfolgen. Da keine quantitativen Ergebnisse zum Ausstoß von CFC-Äquivalenten vorliegen, kann dieses Kriterium zum jetzigen Zeitpunkt nicht berücksichtigt werden.

Tabelle A-6: Bewertungsskala „CFC-(Äquivalenten)-Emission (Ozonschichtabbau)" (ÖK2)

Verbale Beschreibung (CFC-Äqu.-Emission)	Bewertungsskala / Volumeneinheit	Punktzahl Volumen	Bewertungsskala / Flächeneinheit	Punktzahl Fläche
minimale/keine		1		
geringe		2		
gemäßigte		3		
große		4		
sehr große		5		

SO_x-(Äquivalenten)-Emission (Versauerung)

Zur Beurteilung der Wirkkategorie Versauerung wird das Versauerungspotential in Schwefeldioxid-Äquivalenten (SO_x-Äq.) verwendet. Die Bewertung erfolgt anhand einer Kardinalskala. Der Faktor zur Bewertung von Flächeneinheiten wird zu 1/30 festgelegt.

Tabelle A-7: Bewertungsskala „SO_x-(Äquivalenten)-Emission (Versauerung)" (ÖK3)

Verbale Beschreibung (SO_x-Äqu.-Emission)	Bewertungsskala / Volumeneinheit	Punktzahl Volumen	Bewertungsskala / Flächeneinheit	Punktzahl Fläche
keine	0 kg	0	0 kg	0
minimale/keine	$0,1 < x \le 0,5$ kg	1	0 bis 0,0083 kg	1/30
geringe	$0,5 < x \le 1,0$ kg	2	0,0083 bis 0,017 kg	2/30
gemäßigte	$1,0 < x \le 1,5$ kg	3	0,017 bis 0,025 kg	3/30
große	$1,5 < x \le 2,0$ kg	4	0,025 bis 0,033 kg	4/30
sehr große	$> 2,00$ kg	5	0,033 bis 0,1 kg	5/30

CO_2-(Äquivalenten)-Emission (Treibhauseffekt)

Es erfolgt eine Bewertung der beim Rückbauprozess entstehenden Emissionen, die zum Treibhauseffekt beitragen, also den Wärmehaushalt der Atmosphäre beeinflussen. Der Treibhauseffekt wird in Kohlendioxid-Äquivalenten (CO_2-Äq.) angegeben. Der Faktor zur Bewertung von Flächeneinheiten beträgt 1/30.

Tabelle A-8: Bewertungsskala „CO_2-(Äquivalenten)-Emission (Treibhauseffekt)" (ÖK4)

Verbale Beschreibung (CO_2-Äqu.-Emission)	Bewertungsskala / Volumeneinheit (CO_2-Äqu.-Emission)	Punktzahl Volumen	Bewertungsskala / Flächeneinheit (CO_2-Äqu.-Emission)	Punktzahl Fläche
keine	0 kg	0	0 kg	0
minimale/keine	$10 < x \le 50$ kg	1	$0 < x \le 0,83$ kg	1/30
geringe	$50 < x \le 100$ kg	2	$0,83 < x \le 1,7$ kg	2/30
gemäßigte	$100 < x \le 150$ kg	3	$1,7 < x \le 2,5$ kg	3/30
große	$150 < x \le 200$ kg	4	$2,5 < x \le 3,3$ kg	4/30
sehr große	> 200 kg	5	$3,3 < x < 10$ kg	5/30

Lärmemission

Die Vergabe von Punktzahlen zur Beurteilung der Lärmemission erfolgt anhand qualitativ beschreibbarer Kriterien, die auf Grundlage des Bundes Imissionsschutzgesetztes [13] sowie der Norm zum Baulichen Schallschutz [36] formuliert werden. Die Punktzahl „1" wird vergeben, wenn keine bzw. minimale Lärmemission entsteht. Als minimal werden Lärmemissionen angesehen, die dem zumutbaren Schallpegel in Aufenthaltsräumen genügen (< 40 dB(A)[165]). Die Punktzahl „5" wird vergeben, wenn der beim Abbruch entstehende Lärm die Schmerzgrenze des menschlichen Ohres überschreitet und der Mensch diesem selbst mit Gehörschutz auf lange Zeit nicht ohne Gehörschädigung ausgesetzt werden kann

(> 100 dB(A), in Anlehnung an Angaben zur Arbeitssicherheit[6] sowie zum zulässigen Schalleistungspegel von Baugeräten[7]).

Die Punktzahlen 2 bis 4 werden ungefähr gleichmäßig auf die drei Zwischenbereiche verteilt:

- 40 bis 60 dB(A): Lärmpegel bis Stufe II gem. Tabelle 8, DIN 4109, Schallschutz im Hochbau („laut")
- 60 bis 85 dB(A): Lärmpegel bis Stufe VII gem. Tabelle 8, DIN 4109 („besonders laut")
- 85 bis 100 dB(A): Das Tragen eines Gehörschutzes am Arbeitsplatz ist Pflicht[8]

Die Bewertung erfolgt anhand einer *Kardinalskala*. Allerdings werden die Bewertungspunkte für den Rückbau unterschiedlicher Bauteilschichten eines Bauteils bzw. verschiedener Bauteile in einem Gebäude nicht addiert, sondern bezogen auf die Einwirkungszeit dargestellt (Bezugsgröße: Dauer der Einwirkung).

Tabelle A-9: Bewertungsskala „Lärmemission" (ÖK5)

Verbale Beschreibung	Bewertungsskala	Punktzahl
minimale/keine Lärmemissionen	bis 40 dB(A)	1
geringe Lärmemissionen	bis 60 dB(A)	2
gemäßigte Lärmemissionen	bis 85 dB(A)	3
große Lärmemissionen	bis 100 dB(A)	4
sehr große Lärmemissionen	größer als 100 dB(A)	5

Staubemission

Staubemissionen, die beim Rückbau entstehen, werden mit Hilfe von Standardbeschreibungen anhand einer *Ordinalskala* eingeordnet. Die Vergabe der Punktzahl „1" erfolgt, wenn entweder keine Belästigung durch Staub entsteht oder nur minimale Mengen an Staub über kürzere Zeiträume auftreten, die keine Schutzmaßnahmen erfordern. Ebenso wird die Punktzahl „1" vergeben, wenn Staub beim Abbruch entsteht, dieser aber in geschlossenen, abgekapselten Systemen anfällt, aus denen kein Staub an die Umgebung (Nachbarschaft) gelangt. Es handelt sich hierbei prinzipiell immer um manuelle Rückbauprozesse.

Die Punktzahl „3" für mittlere Emissionen wird vergeben, wenn zum Beispiel beim Abgreifen kleinerer Bauteile Staub entsteht, der nicht vollständig zurückgehalten werden kann. Sind Emissionen extrem stark und erfordern das Tragen von Staubschutzanzügen oder handelt es sich um gesundheitsgefährdende Stoffe wie Asbeststaub, wird die Punktzahl „5" vergeben. Bezugsgröße für die Darstellung ist die Dauer der Einwirkung.

---

[6] Richtlinie 86/188/EWG des Rates vom 12. Mai 1996 über den Schutz der Arbeitnehmer gegen Gefährdung am Arbeitsplatz, Artikel 5.

[7] Richtlinie 2000/14/EG, Geräuschemissionen von Geräten und Maschinen im Freien, Artikel 12.

[8] Richtlinie 86/188/EWG des Rates vom 12. Mai 1996 über den Schutz der Arbeitnehmer gegen Gefährdung am Arbeitsplatz, Artikel 4.

Tabelle A-10: Bewertungsskala „Staubemission" (ÖK6)

Verbale Beschreibung	Punktzahl
minimale/keine Staubemissionen	1
geringe Staubemissionen	2
mittlere Staubemissionen	3
große Staubemissionen	4
sehr große Staubemissionen	5

Erschütterungen

Nach BimSchG sind Erschütterungsimmissionen schädliche Umwelteinwirkungen, wenn sie nach Art, Ausmaß oder Dauer geeignet sind, Gefahren, erhebliche Nachteile oder erhebliche Belästigungen für die Allgemeinheit oder die Nachbarschaft herbeizuführen [13]. Werden die im Erlass des Ministeriums für Umwelt und Naturschutz, Landwirtschaft und Verbraucherschutz angegebenen Beurteilungsmaßstäbe eingehalten, ist immer der Gefahrenschutz, insbesondere der Gesundheitsschutz von Menschen, sichergestellt[9].

Regelungen beziehen sich auf Erschütterungseinwirkungen sowohl auf Gebäude als auch auf Menschen. Erschütterungen durch Abbruch können in den meisten Fällen als seltene bzw. kurzfristige Einwirkungen verstanden werden.

Nach Tabelle 3 der DIN 4150, Teil 2 [37] werden die beim Abbruch auftretenden Erschütterungen verbal beschrieben. Als Bewertungsskala wird die „Bewertete Schwingstärke" herangezogen. Die unterschiedlichen Auswirkungen in den einzelnen Bewertungsklassen lassen sich wie folgt beschreiben:

Punktzahl 1:   Erschütterungen werden von einzelnen ruhenden Personen wahrgenommen.

Punktzahl 2:   sichtbare Bewegungen, hörbares Klappern von Gegenständen, evtl. Beeinträchtigung der bestimmungsmäßigen Nutzung.

Punktzahl 3:   leichte Schäden an Gebäuden, feine Risse im Verputz.

Punktzahl 4:   Risse im Putz von Decken und Wänden, Vergrößerung von bereits vorhandenen Rissen, Abreißen von Trenn- und Zwischenwänden von tragenden Wänden oder Decken.

Punktzahl 5:   Große Risse, Beeinträchtigung der Standfestigkeit.

Die Bewertungspunkte für unterschiedliche Rückbauprozesse werden analog der Vorgehensweise bei der Bewertung von Lärmbelästigungen nicht addiert, sondern bezogen auf ihre Einwirkungszeit dargestellt (Dauer der Einwirkung).

---

[9]   Messung, Beurteilung und Verminderung von Erschütterungsimmissionen – VB2 – 8829 – (V Nr. 4/00), Paragraph 2.1.

Tabelle A-11: Bewertungsskala „Erschütterungen" (ÖK7)

Bewertete Schwingstärke KB	Verbale Beschreibung	Punktzahl
< 0,4	gar nicht bis gerade spürbar	1
0,4–1,6	gut spürbar	2
1,6–6,3	stark spürbar	3
6,3–100	sehr stark spürbar	4
> 100	sehr stark spürbar	5

Energiebedarf für die Behandlung von Baurestmassen

Zur Bewertung von Rückbauprozessen wird der Energieverbrauch pro behandelter Bewertungseinheit erfasst. Die Punktzahl „1" wird vergeben, wenn entweder kein oder nur ein geringer Energieeinsatz nötig ist. Als minimaler Energieeinsatz werden manuell, mit und ohne handgeführte Maschinen (Schleifmaschine etc.) durchgeführte Arbeiten, eingestuft, wie z. B. das Ausbauen, Abheben oder Abziehen von flächenhaften Bauteilschichten. Die Punktzahl „5" für einen hohen Energieverbrauch wird z. B. beim Einsatz großer Maschinen und Hebezeuge vergeben. Die Punktzahl „3" für mittleren Energieverbrauch wird vergeben, wenn wenige kleine Maschinen eingesetzt werden. Die Bewertung erfolgt anhand einer *Kardinalskala*. Der Faktor zur Bewertung von *Flächeneinheiten* beträgt 1/30.

Tabelle A-12: Bewertungsskala „Energiebedarf für den Rückbauprozess" (ÖK8)

Verbale Beschreibung (MJ)	Bewertungsskala / Volumeneinheit (MJ)	Punktzahl Volumen	Bewertungsskala / Flächeneinheit (MJ)	Punktzahl Fläche
kein Energieverbrauch	0 MJ	0	0 MJ	0
sehr niedriger Energieverbrauch	100 bis 500 MJ	1	0 bis 9 MJ	1/30
niedriger Energieverbrauch	500 bis 1000 MJ	2	9 bis 18 MJ	2/30
mittlerer Energieverbrauch	1000 bis 1500 MJ	3	18 bis 27 MJ	3/30
hoher Energieverbrauch	1500 bis 2000 MJ	4	27 bis 36 MJ	4/30
sehr hoher Energieverbrauch	> 2000 MJ	5	36 bis 100 MJ	5/30

Dekontamination der rückgebauten Oberfläche

Mit dem Ziel der Verwertung möglichst großer Mengen an Baurestmassen sind schadstoffbelastete Materialien möglichst getrennt von den unbelasteten Materialien zu erfassen und zu halten. Im Rahmen des Verfahrens wird davon ausgegangen, dass die Dekontamination schadstoffbelasteter Oberflächen im Rahmen des Rückbaus erfolgt. Das Ausmaß der Dekontamination bezieht sich auf die Fläche, die mit Hilfe unterschiedlicher Verfahren zu dekontaminieren ist, sowie auch auf die Tiefe der Dekontamination.

Eine „leichte" Dekontamination kann z. B. mit einem Hochdruckwasserstrahl entfernt werden. „Schwere" Dekontaminationen erfordern den Einsatz aufwendiger Verfahren. Die Bewertung erfolgt anhand einer *Ordinalskala*. Das Ergebnis wird bezogen auf die zu behandelnde Fläche dargestellt.

Tabelle A-13: Bewertungsskala „Dekontamination" (ÖK9)

Verbale Beschreibung	Punktzahl
leichte Dekontamination erforderlich	1
	2
mäßige Dekontamination erforderlich	3
	4
schwere Dekontamination erforderlich	5

Ökonomische Kriterien

Mit Hilfe verschiedener „Ökonomischer Kriterien" erfolgt eine Bewertung der wirtschaftlichen Umsetzbarkeit der Rückbaumaßnahmen. Es werden im wesentlichen die maßgeblichen Kriterien der Kostenbeeinflussung betrachtet.

Planungskosten

Ein Selektiver Rückbau ist oft mit erhöhtem Erkundungs- und Planungsaufwand verbunden. Bei einfachen Objekten mit einer einfachen Struktur genügt häufig ein geringer Aufwand mit einer groben Massenschätzung und einer Pauschalausschreibung. Bei Gebäuden mit einer komplexeren Struktur kann der Planungsaufwand vor dem eigentlichen Rückbau sehr groß werden. Beim Konventionellen Abbruch dagegen wird der Planungsaufwand vor einer Abbruchmaßnahme immer in einem vertretbaren Rahmen bleiben. Die Bewertung erfolgt anhand einer *Ordinalskala* mit der Bezugseinheit „Masse".

Tabelle A-14: Bewertungsskala „Planungskosten" (OK1)

Verbale Beschreibung	Punktzahl
lösbare Verbindung (Einfache Planung) oder Konventioneller Abbruch	1
Erkungungsaufwand zur Bestimmung von Materialien besteht	2
unlösbare Verbindungen (Einfache Struktur)	3
unlösbare Verbindungen	4
unlösbare Verbindungen (Komplexe Bauwerksstruktur)	5

Minimierung der Rückbaukosten

Die Rückbaukosten setzen sich aus Lohnkosten (Personaleinsatz), Kosten für Maschineneinsatz und Kosten für Energieeinsatz zusammen. Im Rahmen des Verfahrens werden Rückbaukosten mit betrachtet.

Technische Realisierbarkeit der Rückbaumaßnahme

Bei der Bewertung verschiedener Rückbauprozesse muss zusätzlich zu ökologischen und ökonomischen Kriterien die „Technische Realisierbarkeit" betrachtet werden.

Betrachtung lokaler Aspekte (Platzverhältnisse am Abbruchort)

Die Art der gewählten Rückbaumaßnahme und hier insbesondere die Entscheidung für oder gegen einen Selektiven Rückbau hängt in vielen Fällen von den Gegebenheiten der Baustelle ab. Die Bewertung der Platzverhältnisse am Abbruchort erfolgt anhand einer *Ordinalskala*. Bezugsgröße für die Darstellung ist die Masse an rückzubauendem Material.

Tabelle A-15: Bewertungsskala „Lokale Aspekte"

Verbale Beschreibung	Punktzahl
Unabhängigkeit von lokalen Gegebenheiten	1
	2
Abhängigkeit von lokalen Gegebenheiten	3
	4
starke Abhängigkeit von lokalen Gegebenheiten	5

Anhang 5
Anwendung des Rückbaubewertungsverfahrens

Es werden einige klassifizierte Rückbauvorgänge mit Hilfe des entwickelten Verfahrens bewertet. Eine Klassifizierung berücksichtigt die in Kapitel 5 definierten Verbindungstypen. Es werden die Verbindungstypen „Lösbar (Typ 1)", „Bedingt lösbar (Typ 2)" und „Unlösbar (Typ 4)" betrachtet.

Typ 1: Die demontierbare Verbindung muss gelöst und das Material auf einem Lagerplatz zwischengelagert werden. Erforderliche Reinigungs-, Instandsetzungs- oder Aufbereitungsprozesse werden den Entsorgungsprozessen zugeordnet und in einem weiteren Bewertungsmodul (Kapitel 10) erfasst.

Typ 2: Die bedingt demontierbare Verbindung wird während des Rückbauvorgangs zerstört und eine Wiederverwendung der ausgebauten Materialschicht bzw. eines Einzelbauteils ist fraglich.

Typ 4: Zur Trennung unlösbar miteinander verbundener Einzelbauteile werden Großgeräte mit zerstörender Wirkung eingesetzt. Das Abbruchmaterial liegt geringfügig zerkleinert, entweder sortenrein oder als Baumischabfall vor.

Die Tabellen A-16 und A-17 beschreiben die Klassifizierung verschiedener Rückbauvorgänge. Neben der Beschreibung des Rückbauprozesses (Spalte: Materialbeschreibung) werden je nach Verbindungstyp mögliche Rückbaumethoden für einen konventionellen oder selektiven Rückbau, der dafür erforderliche Maschineneinsatz sowie die Qualität der anfallenden Baurestmasse beschrieben. Die Rückbaunummer (RB Nr.) bezieht sich auf die im Folgenden durchgeführte Bewertung (Tabelle A-19).

Tabelle A-16: Definition verschiedener Klassen (RB Nr.) für den Rückbau von Materialschichten

Trennkategorie	Material-beschreibung	Beispiel	Bewertungs-einheit	RB Nr.	Zu lösender Verbindungstyp	Konventioneller Abbruch		
						Mögliche Rückbau-verfahren	Maschineneinsatz konventioneller Abbruch	Anfallende Baurest-masse nach konventionellem Abbruch
Trennen von Flächenverbindungen	Flächenhafte, abziehbare Materialien	Teppich-boden, Tapete, Folien	m²	1	Typ 1	Abgreifen Einschlagen Einreißen Sprengen	Seilbagger mit Greifern oder Zangen, Hydraulikbagger mit Fallbirne, Seilzug Explosivstoffe	Verbundmaterial Baustellen-mischabfall
				2	Typ 2			
	Flächenhafte, nicht abziehbare Materialien	Estrich Fliesen Naturstein	m²	3	Typ 1	Abgreifen Einschlagen Einreißen Sprengen	Seilbagger mit Greifern oder Zangen, Hydraulikbagger mit Fallbirne, Seilzug Explosivstoffe	Verbundmaterial Bauschutt
				4	Typ 2			
	Leichtes Material, Geringe Masse/ Großes Volumen	Dämm-stoffe	m²	5	Typ 1	Abgreifen Einschlagen Einreißen Sprengen	Seilbagger mit Greifern oder Zangen, Hydraulikbagger mit Fallbirne, Seilzug Explosivstoffe	Verbundmaterial Baustellen-mischabfall
				6	Typ 2			
	Schweres Material, Große Masse/ Kleines Volumen	Dachziegel	m²	7	Typ 1	Abgreifen Einschlagen Einreißen Sprengen	Seilbagger mit Greifern oder Zangen, Hydraulikbagger mit Fallbirne, Seilzug Explosivstoffe	Verbundmaterial Bauschutt
				8	Typ 2			

Trennkategorie	Material-beschreibung	Beispiel	Bewertungs-einheit	RB Nr.	Zu lösender Verbindungstyp	Selektiver Rückbau		
						Mögliche Rückbau-verfahren	Maschineneinsatz selektiver Abbruch	Anfallende Baurest-masse nach selektivem Abbruch
Trennen von Flächenverbindungen	Flächenhafte, abziehbare Materialien	Teppich-boden, Tapete, Folien	m²	1	Typ 1	Ausbauen Abheben Abziehen	kleines Gerät manuell	Sortenrein evtl. Wieder-verwendbar
				2	Typ 2	Ausbauen Abheben Abziehen	Mittlere Geräte Manuell	Sortenrein Zerstört
	Flächenhafte, nicht abziehbare Materialien	Estrich Fliesen Naturstein	m²	3	Typ 1	Ausbauen Abheben	kleines Gerät manuell	Sortenrein evtl. Wieder-verwendbar
				4	Typ 2	Ausbauen Abheben Stemmen	Mittlere Geräte, Stemmwerkzeig Manuell	Sortenrein Zerstört
	Leichtes Material, Geringe Masse/ Großes Volumen	Dämm-stoffe	m²	5	Typ 1	Ausbauen Demontieren Abheben Abziehen	Mittlere Geräte	Sortenrein evtl. Wieder-verwendbar
				6	Typ 2	Ausbauen Abheben Abziehen	Mittlere Geräte	Sortenrein Zerstört
	Schweres Material, Große Masse/ Kleines Volumen	Dachziegel	m²	7	Typ 1	Ausbauen Abheben Demontieren	Mittlere Geräte	Sortenrein evtl. Wieder-verwendbar
				8	Typ 2	Ausbauen Abheben	Mittlere Geräte	Sortenrein Zerstört

Tabelle A-17: Definition verschiedener Klassen (RB Nr.) für den Rückbau von Einzelbauteilen

Trennkategorie	Material-beschreibung	Beispiel	Bewertungseinheit	RB Nr.	Zu lösender Verbindungstyp	Konventioneller Abbruch		
						Mögliche Rückbau-verfahren	Maschineneinsatz konventioneller Abbruch	Anfallende Baurest-masse nach konventio-nellem Abbruch
Trennen von Einzelverbindungen	Schweres Material, Große Masse/ Volumen (Rohbau)	Beton, Mauerwerk	m³	9	Typ 1	Abgreifen Einschlagen Einreißen Sprengen	Seilbagger mit Greifern oder Zangen, Hydraulikbagger mit Fallbirne, Seilzug, Explosivstoffe	Verbundmaterial Bauschutt
				10	Typ 2			
				11	Typ 3			
	Leichtes Material, Geringe Massen (Rohbau)	Holztrag-werke	m³	12	Typ 1	Eindrücken Sprengen	hydraulisch betriebene Geräte, Explosivstoffe	Verbundmaterial Bauschutt
				13	Typ 2			
				14	Typ 3			
	Schweres Material, Große Masse/ Kleines Volumen (Rohbau)	Stahltrag-werk	m³	15	Typ 1	Sprengen Abgreifen Einschlagen	Explosivstoffe	Verbundmaterial Bauschutt
				16	Typ 2			
				17	Typ 3			

Trennkategorie	Material-beschreibung	Beispiel	Bewertungs-einheit	RB Nr.	Zu lösender Verbindungstyp	Selektiver Rückbau		
						Mögliche Rückbau-verfahren	Maschineneinsatz selektiver Abbruch	Anfallende Baurest-masse nach selektivem Abbruch
Trennen von Einzelverbindungen	Schweres Material, Große Masse/ Volumen (Rohbau)	Beton, Mauerwerk	m³	9	Typ 1	Demontieren	Hebezeuge, Kran, Schraubgeräte	Sortenrein, evtl. wiederverwendbar
				10	Typ 2	Thermische u. hydraulische Trennverfahren Sägen/ Scherschneiden Stemmen	Sägegeräte, Wasserwerfer	Sortenrein Verbindung zerstört evtl. wieder-verwendbar
				11	Typ 3	Thermische u. hydraulische Trennverfahren Abtragen	Hebezeuge, Sägegeräte, Wasserwerfer, Elektro-, Hydraulik- und Drucklufthammer	Verbundmaterial Nicht wieder-verwendbar
	Leichtes Material, Geringe Massen (Rohbau)	Holztrag-werke	m³	12	Typ 1	Demontieren	Hebezeuge, Kran, Schraubgeräte	Sortenrein, evtl. wiederverwendbar
				13	Typ 2	Sägen	Sägegeräte, Hebezeuge	Sortenrein Verbindung zerstört evtl. wieder-verwendbar
				14	Typ 3	Abtragen Sägen	Elektro-, Hydraulik- und Drucklufthammer, Sägegeräte	Verbundmaterial nicht wieder-verwendbar
	Schweres Material, Große Masse/ Kleines Volumen (Rohbau)	Stahltrag-werk	m³	15	Typ 1	Demontieren	Hebegeräte, Kran, Schraubgeräte	Sortenrein, evtl. wiederverwendbar
				16	Typ 2	Thermische Trennverfahren Scherschneiden	Sägegeräte	Sortenrein Verbindung zerstört evtl. wieder-verwendbar
				17	Typ 3	Abtragen Thermische Trennverfahren	Elektro-, Hydraulik- und Drucklufthammer	Verbundmaterial nicht wieder-verwendbar

Die Bewertung der klassifizierten Rückbauprozesse erfolgt anhand des in Kapitel 6 vorgestellten Verfahrens. Tabelle A-18 zeigt einen Auszug der Daten, welche zur Bewertung herangezogen wurden [vgl. auch 115]. Die aus verschiedenen Literaturquellen entnommenen Demontagezeiten basieren auf Zeitaufnahmen, die kontinuierlich während der gesamten Dauer von Demontagearbeiten festgehalten wurden. Dabei wurden An- und Abfahrtszeiten nicht berücksichtigt. Das Verladen der Materialien in Sammelbehälter auf der Baustelle wird berücksichtigt [120]. Der Abtransport zum Entsorgungsstandort bzw. Verwertungsstandort wird nicht im Rahmen des Rückbaus, sondern bei der „Entsorgungsprozessbewertung" berücksichtigt.

Die Erfassung von Daten zur Ökobilanz erfolgt mit Hilfe von Annahmen zum Maschineneinsatz beim Rückbau und der Verknüpfung dieser Annahmen mit Daten zur maschinenspezifischen Leistung [9]. Es wird von einem Dieselverbrauchs von 0,05 kg Diesel/MJ Leistung ausgegangen [115]. Im Folgenden wird beispielhaft der Rückbauprozess „Ausbau von 1 m² Fliesen" beschrieben und bewertet. Die Bewertung weiterer Rückbauprozesse ist in Tabelle A-19 dargestellt.

Beispielhafte Auswertung des Ausbaus von Fliesen (3(S))

Der Ausbau von Fliesen kann sowohl im Rahmen einer Instandsetzung als auch am Ende der Lebensdauer von Bauwerken erfolgen. Fliesen sind mit dem tragenden Untergrund verklebt. Sie werden zunächst gelockert und dann ausgebaut. Es werden hauptsächlich manuelle Arbeiten mit geringem Maschineneinsatz ausgeführt. Das Material wird in Transportbehältern gesammelt und direkt zu einer Sammelstelle (Container) vor das Bauwerk transportiert. Die Bewertungseinheit ist „m²".

Emissionen und Energieeinsatz

Es wird ein Dieselverbrauch für Maschineneinsatz (Elektrohammer) von 0,435 kWh/m² × 3,6 MJ/kWh = 1,57 MJ/m² angenommen. Beim Ausbau der Fliesen werden die für diesen Dieselverbrauch anfallenden Emissionen freigesetzt. Die entsprechenden Punktzahlen werden gemäß den festgelegten Bewertungsmaßstäben für eine *Flächeneinheit* vergeben.

Emission gesundheitsgefährdender Stoffe: Minimal-Punktzahl 1

SO_x-Emission:	0,0016 SO_x-Äquivalente/m² – Punktzahl 1/30
CO_2-Emission:	0,26 CO_2-Äquivalente/m² – Punktzahl 1/30
Lärm:	Die Belästigungen liegen im Bereich zwischen 40 und 60 dB(A) – Punktzahl 2
Staub:	Die Belästigung durch Staub erfordert keine Schutzmaßnahmen – Punktzahl 1
Erschütterungen:	Es entstehen Erschütterungen, die gerade spürbar sind – Punktzahl 1
Energie:	1,57 MJ/m² – Punktzahl 1/30
Kosten:	ca. 10,0 DM/m²
Lokale Aspekte:	Der Ausbau erfolgt nur innerhalb des Gebäudes, ist demnach unabhängig von äußeren Randbedingungen – Punktzahl 1
Zeitaufwand:	0,29 h/m²

Tabelle A-18: Zusammenstellung zu Maschineneinsatz, Kosten und Zeitaufwand von Rückbauprozessen

Rückbauprozess	Einheit	Demontagezeit h/Einheit	Kosten DM/ Einheit	Quelle	Bemerkung
Demontage sanitärer Installationen	m³ BRI	0,002	0,07	[120]	
Demontage Teppichboden	m²	0,086	2,73	[120]	Kleber auf Holzdielen, ausbauen und aus dem Gebäude transportieren
PVC-Fußbodenbelag herausreißen	m²	0,025	1,5	[138]	Anlösen und manuell abziehen
Estrich entfernen	m²	0,219	13,14	[138]	Schwimmender Estrich (8 cm) einschl. Wärmedämmung (Perlite-Schüttung) herausstemmen, Material aus dem Gebäude entfernen und entsorgen
Demontage Fliesen	m²	0,29	10,71	[120]	Gut lösbar
Dachdemontage/ Demontage Dachziegel	m²	0,088	2,58	[120]	Dachabdeckung: Dachziegel, Trennung von Aluminiumfolie und Bitumenbahn
Demontage Dachstuhl	m²	0,27	8,33	[120]	Demontage Schornstein, Demontage Dachlattung, Demontage Holzbalken
Demontage Stahlbetonrippendecke (ebenerdig) mit Sortierung	m²	0,15	5,69	[120]	Abbruch mit Bagger
OWA Mineralfaserplattendecke abbauen, einschl. Unterkonstruktion	m²	0,086	4,3	[138]	Mineralfaserplatten einschl. Unterkonstruktion abbauen
Ablösen von Putz (Mauerwerk)	m²			[120]	Testversuch im Rahmen eines Forschungsvorhabens
Demontage Tapete	m²	0,0165	0,4865	[120]	
Verputzte, mineralische Innenwände abbrechen	m²	0,389	19,45	[138]	Mit Vorschlaghammer auf Wand einschlagen, Wandteile fallen ein und zerbrechen beim Umfallen

Rückbauprozess	Geräte	Verbrauch für Maschineneinsatz nach BGL			
		Leistung [kW]	Zeitanteil	kWh/ Einheit	Strom/ Diesel
Demontage sanitärer Installationen	Stromaggregat, Schneidgerät, Brecheisen	5	30 %	0,003	Strom
Demontage Teppichboden	Brecheisen	manuell			
PVC-Fußbodenbelag herausreißen	Schabeisen, Flachschaufel	manuell			
Estrich entfernen	Zerkleinerung mit Elektrohammer, Herausheben mit Schaufel, Verpacken in Kunststoffsäcken	5	50 %	0,55	Strom
Demontage Fliesen	Elektrohammer, Spezialmeißel	5	30 %	0,435	Strom
Demontage Dachziegel	Schuttrohr	manuell			
Demontage Dachstuhl	Hammer, Brecheisen, Hebebühne	5	90 %	1,215	Diesel
Demontage Stahlbetonrippendecke	(ebenerdig) mit Sortierung Bagger, Brecheisen	65	50 %	4,88	Diesel
OWA Mineralfaserplattendecke abbauen, einschl. Unterkonstruktion	Leiter, Brechstange, Schaufel	manuell			
Ablösen von Putz (Mauerwerk)		manuell			
Demontage Tapete		manuell			
Verputzte, mineralische Innenwände abbrechen	Vorschlaghammer	manuell			

Tabelle A-19: Einordnung verschiedener Rückbauprozesse

Rückbau Nr. (S): Selektiv (K): Konvent.	Bewertungseinheit	Referenzszenario	Kriterien der Bewertung							
			Emission gesundheitsgef. Stoffe	CFC-Äquivalente	SO_x-Äquivalente	CO_2-Äquivalente	Lärm	Staub	Erschütterungen	Energie
1(S)*	m²	Abziehen von nicht verklebten Teppich	1	–	0	0	1	1	1	0
2(S)*	m²	Abziehen von verklebten Teppich	2	–	0	0	2	1	1	0
3(S)*	m²	Ausbau von Fliesen	1	–	1/30	1/30	2	1	1	1/30
3a(S)*	m²	Ausbau Parkettboden	1	–	0	0	2	1	1	0
4(S)*	m²	Abstemmen eines Estrichbelags	2	–	1/30	1/30	2	1	1	1/30
4a(S)	m²	Ausbau Wärmedämmschüttung	1	–	0	0	1	1	1	0
5(S)*	m²	Lösen von punkt. Verbind. Dämmschicht	1	–	3/30	3/30	3	2	2	3/30
6(S)*	m²	Abziehen einer Dämmschicht (vertikal)	2	–	5/30	5/30	3	2	2	5/30
7(S)*	m²	Abnehmen von Dachziegeln	1	–	2/30	1/30	2	2	2	1/30
8(S)*	m²	Abnehmen von Dachziegeln, teilweise Zerstörung	1	–	0	0	3	2	2	0
9(S)	m³	Demontage von Betonfertigteilen	1	–	1	1	4	2	2	1
10(S)	m³	Demontage von Betonfertig- teilen (Schweißverbindungen)	1	–	1	1	4	2	2	1
11(S)	m³	Thermische oder hydraulische Trennverfahren, Abtragen	2	–	3	2	5	4	4	3
12(S)	m³ (100 % d. Volumens)	Demontage von Holzbauteilen (Schraubverbindung)	1	–	1	1	4	2	2	1
13(S)	m³ (100 % d. Volumens)	Demontage von Holzbauteilen (Lösen von Vernagelungen)	1	–	1	1	4	2	2	1
14(S)	m³	Sägen, Abtragen	2	–	1	1	4	3	3	1
15(S)	m³	Demontage von Stahlbauteilen	1	–	3	3	4	1	2	3
16(S)	m³	Demontage von Stahlbauteilen (Schweißverbindungen)	1	–	4	4	4	1	2	4
17(S)	m³	Thermische Trennverf., Abtragen	2	–	4	4	5	3	4	5
1/2(K)*	m³	als Verbundmaterial vgl. 9/10/11(K)	2	–	4	4	5	4	4	4
3/4(K)*	m³	als Verbundmaterial vgl. 9/10/11(K)	2	–	4	4	5	4	4	4
5/6(K)*	m³	als Verbundmaterial vgl. 9/10/11(K)	2	–	4	4	5	4	4	4
7/8(K)*	m³	als Verbundmaterial vgl. 9/10/11(K)	2	–	4	4	5	4	4	4
9/10/11(K)*	m³	Abbruch bewehrter Beton	2	–	3	2	5	4	4	3
12/13/14(K)	m³	Eindrücken Holztragwerk	2	–	1	1	4	3	3	1
15/16/17(K)	m³	Abgreifen/Einschlagen Stahltragwerk	2	–	4	4	5	3	4	5
18 (S)	m	Manueller Ausbau von Leisten oder Leitungen	1	–	0	0	1	1	1	0

Tabelle A-19 (Fortsetzung)

Rückbau Nr. (S): Selektiv (K): Konvent.	Bewertungseinheit	Referenzszenario	Planungskosten	Zeitaufwand h	Kosten DM	Lokale Aspekte
1(S)*	m²	Abziehen von nicht verklebten Teppichböden	2	0,05	1,8	1
2(S)*	m²	Abziehen von verklebten Teppichböden	2	0,02	1,0	1
3(S)*	m²	Ausbau von Fliesen	2	0,29	10,0	1
3a(S)*	m²	Ausbau Parkettboden	2	0,13	3,5	1
4(S)*	m²	Abstemmen eines Estrichbelags	2	0,13	8,0	1
4a(S)	m²	Ausbau Wärmedämmschüttung	2	0,09	5,0	1
5(S)*	m²	Lösen von punktuellen Verbindungen einer Dämmschicht (vertikal)	2	0,12	6,0	3
6(S)*	m²	Abziehen einer Dämmschicht (vertikal)	2	0,12	6,0	3
7(S)*	m²	Abnehmen von Dachziegeln	2	0,1	3,0	3
8(S)*	m²	Abnehmen von Dachziegeln, teilweise Zerstörung	2	0,1	3,0	3
9(S)	m³	Demontage von Betonfertigteilen	2	1,0	310,0	4
10(S)	m³	Demontage von Betonfertigteilen (Trennnen von Schweißverbindungen)	2	1,0	310,0	4
11(S)	m³	Thermische oder hydraulische Trennverfahren, Abtragen	1	1,0	300,0	1
12(S)	m³	Demontage von Holzbauteilen (Lösen von Schraubverbindungen)	2	1,2	600,0	4
13(S)	m³	Demontage von Holzbauteilen (Lösen von Vernagelungen)	2	1,2	600,0	4
14(S)	m³	SäGen, Abtragen	1	1,2	535,0	1
15(S)	m³	Demontage von Stahlbauteilen (Trennen von Schraubverbindungen)	2	4,8	2300,0	4
16(S)	m³	Demontage von Stahlbauteilen (Trennen von Schweißverbindungen)	2	4,8	2300,0	4
17(S)	m³	Thermische Trennverfahren, Abtragen	1	4,8	2140,0	1
1/2(K)*	m³	als Verbundmaterial vgl. 9/10/11(K)	1	1,0	300,0	1
3/4(K)*	m³	als Verbundmaterial vgl. 9/10/11(K)	1	1,0	300,0	1
5/6(K)*	m³	als Verbundmaterial vgl. 9/10/11(K)	1	1,0	300,0	1
7/8(K)*	m³	als Verbundmaterial vgl. 9/10/11(K)	1	1,0	300,0	1
9/10/11(K)*	m³	Abbruch bewehrter Beton	1	1,0	300,0	1
12/13/14(K)	m³	Eindrücken Holztragwerk	1	1,2	535,0	1
15/16/17(K)	m³	Abgreifen und Einschlagen eines Stahltragwerkes	1	4,8	2140,0	1
18 (S)	m	Manueller Ausbau von Leisten oder Leitungen	2	0,012	0,6	1

* Die Bewertungseinheit ist in diesen Fällen die Fläche und bei Vergabe der Punktzahlen wurde der entsprechende Faktor zur Bewertung von Flächeneinheiten berücksichtigt.

Anhang 6
Bewertungskriterien der Entsorgungsprozessbewertung

Im Folgenden werden die einzelnen Kriterien des Bewertungsverfahrens zur Einordnung von Entsorgungsprozessen erläutert und mit ihren entsprechenden Bewertungsskalen, Standardbeschreibungen und Grundbewertungszahlen für die Hauptmaterialgruppe „Mineralische Baurestmassen" dargestellt. Des Weiteren werden Multiplikationsfaktoren zur Abbildung der unterschiedlichen Entsorgungswege innerhalb der Hauptmaterialgruppe angegeben. Das Produkt aus Multiplikationsfaktor und Grundbewertungszahl ergibt die endgültige Bewertungspunktzahl. Für die Bewertung einer Baurestmasse, die einer anderen Hauptmaterialgruppe zugeordnet wird (z. B. „Stahl"), müssen die angegebenen Punktzahlen für die kardinal bewerteten Kriterien der Tabellen A-20 bis A-50 durch die entsprechenden Punktzahlen und Skalenbereiche, welche für alle Hauptmaterialgruppen in Tabelle A-51 (Anhang 7) aufgeführt sind, ersetzt werden.

Ökologische Kriterien

Die Bewertung der Entsorgung einer Baurestmasse für verschiedene ökologische Kriterien erfolgt in zwei Schritten. Im ersten Schritt werden die Umweltbelastungen betrachtet, die durch die Verarbeitung des jeweiligen Baureststoffes entstehen, also durch Trennen, Säubern, Reparieren, Weiterverarbeiten, Verbrennen etc. Im zweiten Schritt werden die „gesparten" Umweltbelastungen durch Substitution von Prozessen, die für eine Neuherstellung von durch die Baurestmassenbehandlung ersetzten Produkte nötig wären, betrachtet. Saubere, sortenreine Polyurethan-Hartschaumdämmplatten lassen sich beispielsweise durch ein Glycolyseverfahren wiederverwerten, bei dem sie in ein Polyolrezyklat umgewandelt werden, das als Rohstoff für die Produktion von neuen PUR-Dämmplatten eingesetzt werden kann. Im ersten Schritt werden die bei der Wiederverwertung (Glycolyse) von PUR-Dämmplattenabfall zu Polyolrezyklat entstehenden Umweltbelastungen bewertet. Im zweiten Schritt werden dann die Umweltbelastungen beurteilt, die bei einer Neuherstellung (kein Recycling) dieses Polyolrezyklates anfallen würden. Bei der Bewertung der „gesparten Prozesse" ist zur Ermittlung des Gesamtergebnisses der *Faktor Z* zu berücksichtigen.

A. Umweltbelastung durch Baurestmassenbehandlung

Kriterium A1: Transport

Beurteilt werden alle erforderlichen Transporte vom Ort des Anfalls der betrachteten Baurestmasse bis zum Ort der Abfallbehandlung. Die Vergabe von Punktzahlen erfolgt in Abhängigkeit der Transportentfernung und der zu transportierenden Massen (schwere oder leichte Massen). Je weiter die Transporte und je schwerer die zu transportierenden Materialien sind, um so schlechter ist der Zielerfüllungsgrad. Die Bewertung erfolgt anhand einer *Kardinalskala* mit dem Bewertungsmaßstab „Tonnenkilometer" [tkm].

Tabelle A-20: Bewertungsskala „Transportvorgänge für die Behandlung von Baurestmassen"

Bewertungsskala „Mineralische Baurestmassen"	Standardbeschreibung	Grundbe-wertungs-zahl (GZ)	Multipli-kations-faktor (MF)	Punktzahl
0 bis 40 tkm	lokal, sehr nah	1	1	1
40 bis 80 tkm	lokal, nah	2	1	2
80 bis 120 tkm	innerhalb von Deutschland, nähere Umgebung	3	1	3
120 bis 160 tkm	innerhalb von Deutschland	4	1	4
> 160 tkm	innerhalb von Deutschland, weitere Umgebung	5	1	5

Kriterium A2: Emission von gesundheitsgefährdenden Stoffen

Eine Beschreibung dieses Kriteriums erfolgte bereits für den Rückbau in Anhang 4. Die Bewertung erfolgt anhand einer *Ordinalskala*. Die Bewertungspunkte werden für unterschiedliche Baurestmassenbehandlungsprozesse nicht aggregiert, sondern bezogen auf die summierten Baurestmasse in kg pro Bewertungsstufe dargestellt.

Tabelle A-21: Bewertungsskala „Emission von gesundheitsgefährdenden Stoffen"

Standardbeschreibung	Punktzahl
minimale/keine Emissionen gesundheitsgefährdender Stoffe	1
geringe Emissionen gesundheitsgefährdender Stoffe	2
gemäßigte Emissionen gesundheitsgefährdender Stoffe	3
große Emissionen gesundheitsgefährdender Stoffe	4
sehr große Emissionen gesundheitsgefährdender Stoffe	5

Kriterium A3: CFC-(Äquivalenten)-Emission (Ozonschichtabbau)

Eine Beschreibung dieses Kriteriums erfolgte bereits für den Rückbau. Die Bewertung erfolgt anhand einer *Kardinalskala* mit dem Bewertungsmaßstab CFC-Äquivalente.

Tabelle A-22: Bewertungsskala „CFC-(Äquivalenten)-Emission (Ozonschichtabbau)"

Bewertungsskala „Mineralische Baurestmassen" (CFC-Äqu. / Bewertungseinheit)	Standardbeschreibung	GZ	MF	Punktzahl
0 bis 1,0E-04 kg	minimale/keine	1	1	1
1,0E-04 bis 1,0E-03 kg	geringe	2	5	10
1,0E-03 bis 1,0E-02 kg	mittlere	3	33,33	100
1,0E-02 bis 1,0E-01 kg	große	4	250	1000
> 1,0E-01 kg	sehr große	5	2000	10000

Kriterium A4: SO_x-(Äquivalenten)-Emission (Versauerung)

Eine Beschreibung dieses Kriteriums erfolgte bereits für den Rückbau. Die Bewertung erfolgt anhand einer *Kardinalskala* mit dem Bewertungsmaßstab SO_x-Äquivalente.

Tabelle A-23: Bewertungsskala „SO_x-(Äquivalenten)-Emission (Versauerung)"

Bewertungsskala „Mineralische Baurestmassen" (SO_x-Äqu. / Bewertungseinheit)	Standardbeschreibung	GZ	MF	Punktzahl
0 bis 8,0E-03 kg	minimale/keine	1	1	1
8,0E-03 bis 2,0E-02 kg	geringe	2	1,25	2,5
2,0E-02 bis 4,0E-02 kg	gemäßigte	3	1,67	5
4,0E-2 bis 6,0E-2 kg	große	4	1,88	7,5
> 6,0E-02 kg	sehr große	5	2	10

Kriterium A5: CO_2-(Äquivalenten)-Emission (Treibhauseffekt)

Eine Beschreibung dieses Kriteriums erfolgte bereits für den Rückbau. Die Bewertung erfolgt anhand einer *Kardinalskala* mit dem Bewertungsmaßstab CO_2-Äquivalente.

Tabelle A-24: Bewertungsskala „CO_2-(Äquivalenten)-Emission (Treibhauseffekt)"

Bewertungsskala „Mineralische Baurestmassen" (CO_2-Äqu. / Bewertungseinheit)	Standardbeschreibung	GZ	MF	Punktzahl
0 bis 0,6 kg	minimale/keine	1	1	1
0,6 bis 1,5 kg	geringe	2	21,25	2,5
1,5 bis 3,0 kg	gemäßigte	3	1,67	5
3,0 bis 4,5 kg	große	4	1,88	7,5
> 4,5 kg	sehr große	5	2	10

Kriterium A6: Lärmemission

Eine Beschreibung dieses Kriteriums erfolgte bereits für den Rückbau. Die Bewertung erfolgt anhand einer *Kardinalskala*. Die Bewertungspunkte werden für unterschiedliche Baurestmassenbehandlungsprozesse nicht aggregiert, sondern bezogen auf die jeweils zu behandelnde Masse dargestellt.

Tabelle A-25: Bewertungsskala „Lärmemission"

Bewertungsskala	Standardbeschreibung	Punktzahl
bis 40 dB(A)	minimale/keine Lärmemissionen	1
bis 60 dB(A)	geringe Lärmemissionen	2
bis 85 dB(A)	gemäßigte Lärmemissionen	3
bis 100 dB(A)	große Lärmemissionen	4
größer als 100 dB(A)	sehr große Lärmemissionen	5

Kriterium A7: Staubemission

Eine Beschreibung dieses Kriteriums erfolgte bereits für den Rückbau. Die Bewertung erfolgt anhand einer *Kardinalskala*. Die Bewertungspunkte werden für unterschiedliche Baurestmassenbehandlungsprozesse bezogen auf die jeweils zu behandelnde Masse dargestellt.

Tabelle A-26: Bewertungsskala „Staubemission"

Standardbeschreibung	Punktzahl
minimale/keine Staubemissionen	1
geringe Staubemissionen	2
gemäßigte Staubemissionen	3
große Staubemissionen	4
sehr große Staubemissionen	5

Kriterium A8: Flächenverbrauch / Kriterium A10: Versiegelung natürlichen Bodens

Ziel eines Recycling oder einer sinnvollen Entsorgung ist die Ressourcenschonung. In dieser Kategorie wird der Flächenverbrauch sowie auch die Versiegelung natürlichen Bodens für die jeweilige Baurestmassenbehandlung in Form von Deponieraum bzw. Raum für Recyclinganlagen und Zwischenlagerfläche berücksichtigt. Der Flächenverbrauch wird mit Hilfe einer *Kardinalskala* bewertet. Die Umweltbelastung ist abhängig von der Dauer und Größe des Flächenverbrauches. Der Bewertungsmaßstab wird aus diesem Grund als Produkt aus Fläche und Dauer in „m²a" dargestellt. Die Punktzahl „5" wird für einen lang andauernden, großflächigen Flächenverbrauch, wie er bei der Deponierung entsteht, vergeben. Die Punktzahl „1" wird für einen minimalen Flächenverbrauch und die kürzeste Dauer vergeben.

Tabelle A-27: Bewertungsskala „Flächenverbrauch"

Bewertungsskala „Mineralische Baurestmassen"	Standardbeschreibung	GZ	MF	Punktzahl
0 bis 0,015 m²a	minimaler Flächenverbrauch	1	1	1
0,015 bis 3,75 m²a	geringer Flächenverbrauch	2	125	250
3,75 bis 7,5 m²a	gemäßigter Flächenverbrauch	3	166,67	500
7,5 bis 12,5 m²a	großer Flächenverbrauch	4	187,5	750
größer als 12,5 m²a	sehr großer Flächenverbrauch	5	200	1000

Kriterium A9: Einsatz von Neumaterial (Ressourceneinsatz)

Für eine Aufarbeitung sowie die Aufbereitung von Baurestmassen ist in den meisten Fällen der Einsatz von Neumaterialien erforderlich. Auch bei einer Verbrennung in einer Müllverbrennungsanlage werden zusätzliche Ressourcen verbraucht, z. B. in Form von Zement für die Reststoffverfestigung. So werden die aus der MVA stammenden Reststoffe (Kesselasche, Elektrofilterasche) mit 0,6 kg Zement und 0,4 kg Wasser pro kg Reststoff verfestigt. Die Bewertung dieses Kriteriums erfolgt anhand einer *Kardinalskala*. Der Bewertungsmaßstab wird in dem Verhältnis von Neumaterial/Baurestmasse in Prozent dargestellt. Die Bewertung erfolgt in Bezug zur Masse der anfallenden Baureste in kg.

Tabelle A-28: Bewertungsskala „Neumaterial"

Bewertungsskala (Verhältnis Neumaterial / Baurestmasse)	Standardbeschreibung	Punktzahl
Verhältnis < 0,2	Verhältnis sehr klein	1
Verhältnis 0,2 bis 0,4	Verhältnis klein	2
Verhältnis 0,4 bis 0,6	Verhältnis gemäßigt	3
Verhältnis 0,6 bis 0,8	Verhältnis groß	4
Verhältnis > 0,8	Verhältnis sehr groß	5

Kriterium A11:   Minimierung des Energiebedarfs für die Behandlung von Baurestmassen

Eine Beschreibung dieses Kriteriums erfolgte bereits für den Rückbau. Die Bewertung erfolgt anhand einer *Kardinalskala* mit dem Bewertungsmaßstab MJ.

Tabelle A-29: Bewertungsskala „Energiebedarf für den Entsorgungsprozess"

Bewertungsskala „Mineralische Baurestmassen" (MJ / Bewertungseinheit)	Standardbeschreibung	GZ	MF	Punktzahl
0 bis 10 MJ	kein oder niedriger Energieverbrauch (manuelle Arbeit)	1	1	1
10 bis 25 MJ		2	1,25	2,5
25 bis 50 MJ	mittlerer Energieverbrauch (geringer Maschineneinsatz)	3	1,67	5
50 bis 75 MJ		4	1,88	7,5
größer als 75 MJ	hoher Energieverbrauch (großer Maschineneinsatz)	5	2	10

Kriterium A12: Sichere Erkennung und Trennung schadstoffbelasteter Chargen

Mit Hilfe dieses Kriteriums wird beurteilt, ob bzw. inwieweit eine Erkennung und anschließende Trennung von schadstoffbelasteten Chargen bei der Baurestmassenbehandlung möglich ist. Die Punktzahl „1" wird vergeben, wenn entweder keine schadstoffbelasteten Chargen vorliegen bzw. eine Erkennung und Trennung einfach möglich ist. Die Punktzahl „5" wird vergeben, wenn die Abtrennung schadstoffbelasteter Chargen nicht möglich ist. Die Bewertung erfolgt anhand einer *Ordinalskala* mit Hilfe von Standardbeschreibungen. Als Bezugsgröße wird die Masse der bewerteten Baurestmasse in kg angegeben. Die Bewertungspunkte werden für unterschiedliche Baurestmassenbehandlungsprozesse nicht aggregiert, sondern bezogen auf die summierten Baurestmasse in kg pro Bewertungspunkt dargestellt.

Tabelle A-30: Bewertungsskala „Sichere Erkennung und Trennung schadstoffbelasteter Chargen"

Standardbeschreibung	Punktzahl
Erkennung und Trennung schadstoffbelasteter Chargen ist möglich	1
	2
Erkennung und Trennung schadstoffbelasteter Chargen ist schwer möglich	3
	4
Erkennung und Trennung schadstoffbelasteter Chargen ist unmöglich	5

Kriterium A13: Anfallende Abfallstoffe bei der Baurestmassenbehandlung

Bei einer Behandlungen von Baurestmassen fallen in der Regel Abfallstoffe an, die sicher auf Deponien mit oder ohne vorherige Vorkehrungen entsorgt werden müssen. Die Bewertung der Entsorgung der anfallenden Abfallstoffe bei der Baurestmassenbehandlung erfolgt anhand des Verhältnisses der anfallenden und zu entsorgenden Abfallstoffe zur Baurestmasse. Die Punktzahl „1" wird vergeben, wenn das Verhältnis Abfallstoff/Baurestmasse kleiner als 15 % ist. Die Punktzahl „5" wird vergeben, wenn das Verhältnis größer als 60 % beträgt. Die einzelnen Bereiche sind der folgenden Tabelle zu entnehmen. Die Bewertung erfolgt anhand einer *Kardinalskala.*

Tabelle A-31: Bewertungsskala „Anfallende Abfallstoffe bei der Baurestmassenbehandlung"

Bewertungsskala „Mineralische Baurestmassen" (Verhältnis Abfallstoffe/Baurestmasse)	Standardbeschreibung	GZ	MF	Punktzahl
Verhältnis < 15 %	Verhältnis sehr klein	1	1	1
Verhältnis 15 % bis 30 %	Verhältnis klein	2	1	2
Verhältnis 30 % bis 45 %	Verhältnis gemäßigt	3	1	3
Verhältnis 45 % bis 60 %	Verhältnis groß	4	1	4
Verhältnis > 60 %	Verhältnis sehr groß	5	1	5

Kriterium A14: Entsorgung der anfallenden Abfallstoffe

Die bei der Baurestmassenbehandlung anfallenden Abfallstoffe können entweder im Rahmen eines Downcyclings uneingeschränkt, eingeschränkt oder eingeschränkt mit Sicherheitsmaßnahmen wieder eingebaut werden. Des Weiteren kann die Beseitigung auf den Deponien der Klasse I und II oder einer Sondermülldeponie erfolgen. Der Bewertungsmaßstab wird in Anlehnung an die Einbauklassen der TA-Siedlungsabfall gewählt. Die Bewertung erfolgt anhand einer *Ordinalskala* mit Hilfe von Standardbeschreibungen. Als Bezugsgröße wird die Masse der bewerteten Baurestmasse in kg angegeben.

Tabelle A-32: Bewertungsskala „Entsorgung anfallender Abfallstoffe"

Standardbeschreibung	Punktzahl
Einbauklasse Z0 oder Z1	1
Einbauklasse Z2	2
Einbauklasse Z3 (Deponie Klasse I)	3
Einbauklasse Z4 (Deponie Klasse II)	4
Einbauklasse Z5 (Sonderabfalldeponie)	5

B. Gesparte Umweltbelastung durch Substitution von Neuherstellungsprozessen

Bei einer Bewertung von Entsorgungsprozessen müssen entsprechend der in Abschnitt 7.2.3 vorgestellten Verteilungsmodelle „Gesparte Umweltbelastungen" mit bewertet werden. Der *Faktor D* muss Berücksichtigung finden.

Kriterium B1: Transporte

Beurteilt werden alle nötigen Transporte vom Ort des Rohstoffabbaus bis zur Herstellung des substituierten Prozesses. Die Bewertung erfolgt anhand einer *Kardinalskala* mit dem Bewertungsmaßstab „Tonnenkilometer" [tkm].

Tabelle A-33: Bewertungsskala „Transportvorgänge für die Neuherstellung (substituierte Prozesse)"

Bewertungsskala „Mineralische Baurestmassen"	Standardbeschreibung	GZ	MF	Punktzahl
0 bis 20 tkm	lokal, sehr nah	1	0,5	0,5
20 bis 40 tkm	lokal, nah	2	0,5	1
40 bis 60 tkm	innerhalb von Deutschland, nähere Umgebung	3	0,5	1,5
60 bis 80 tkm	innerhalb von Deutschland	4	0,5	2
80 bis 100 tkm	innerhalb von Deutschland, weitere Umgebung	5	0,5	2,5

Kriterium B2: Emission von gesundheitsgefährdenden Stoffen

Der Bewertungsmaßstab wird analog dem zur Bewertung der Baurestmassenbehandlung gewählt. Die Bewertung erfolgt anhand einer *Ordinalskala*. Als Bezugsgröße wird die Masse der bewerteten Baurestmasse in kg angegeben.

Tabelle A-34: Bewertungsskala „Emission von gesundheitsgefährdenden Stoffen (substituierte Prozesse)"

Standardbeschreibung	Punktzahl
minimale/keine Emissionen gesundheitsgefährdender Stoffe	1
geringe Emissionen gesundheitsgefährdender Stoffe	2
gemäßigte Emissionen gesundheitsgefährdender Stoffe	3
große Emissionen gesundheitsgefährdender Stoffe	4
sehr große Emissionen gesundheitsgefährdender Stoffe	5

Kriterium B3: CFC-(Äquivalenten)-Emission (Ozonschichtabbau)

Die Standardbeschreibung wird analog der zur Bewertung der Baurestmassenbehandlung gewählt. Die Bewertung erfolgt anhand einer *Kardinalskala* mit dem Bewertungsmaßstab CFC-Äquivalente.

Tabelle A-35: Bewertungsskala „CFC-(Äquivalenten)-Emission (Ozonschichtabbau) (substituierte Prozesse)"

Bewertungsskala „Mineralische Baurestmassen" (CFC-Äqu. / Bewertungseinheit)	Standardbeschreibung	GZ	MF	Punktzahl
0 bis 1,0E-05 kg	minimale/keine	1	0,1	0,1
1,0E-05 bis 5,0E-05 kg	geringe	2	0,25	0,5
5,0E-05 bis 1,0E-04 kg	gemäßigte	3	0,33	1
1,0E-04 bis 1,5E-04 kg	große	4	0,375	1,5
> 1,5E-04 kg	sehr große	5	0,4	2

Kriterium B4: SO_x-(Äquivalenten)-Emission (Versauerung)

Die Standardbeschreibung wird analog dem zur Bewertung der Baurestmassenbehandlung gewählt. Die Bewertung erfolgt anhand einer *Kardinalskala* mit dem Bewertungsmaßstab SO_x-Äquivalente.

Tabelle A-36: Bewertungsskala „SO_x-(Äquivalenten)-Emission (Versauerung) (substituierte Prozesse)"

Bewertungsskala „Mineralische Baurestmassen" (SO_x-Äqu. / Bewertungseinheit)	Standardbeschreibung	GZ	MF	Punktzahl
0 bis 8,0E-02 kg	minimale/keine	1	10	10
8,0E-02 bis 8,0E-01 kg	geringe	2	50	100
8,0E-01 bis 1,2 kg	gemäßigte	3	50	150
1,2 bis 1,6 kg	große	4	50	200
> 1,6 kg	sehr große	5	50	250

Kriterium B5: CO_2-(Äquivalenten)-Emission (Treibhauseffekt)

Die Standardbeschreibung wird analog der zur Bewertung der Baurestmassenbehandlung gewählt. Die Bewertung erfolgt anhand einer *Kardinalskala* mit dem Bewertungsmaßstab CO_2-Äquivalente.

Tabelle A-37: Bewertungsskala „CO_2-(Äquivalenten)-Emission (Treibhauseffekt) (substituierte Prozesse)"

Bewertungsskala „Mineralische Baurestmassen" (CO_2-Äqu. / Bewertungseinheit)	Standardbeschreibung	GZ	MF	Punktzahl
0 bis 12 kg	minimale/keine	1	20	20
12 bis 120 kg	geringe	2	100	200
120 bis 240 kg	gemäßigte	3	133,3	400
240 bis 360 kg	große	4	150	600
> 360 kg	sehr große Emissionen	5	160	800

Kriterium B6: Flächenverbrauch / Kriterium B8: Versiegelung natürlichen Bodens

Der Flächenverbrauch sowie die Versiegelung natürlichen Bodens wird mit Hilfe einer *Kardinalskala* bewertet. Flächenverbrauch wird maßgeblich durch den Rohstoffabbau bestimmt. Die Umweltbelastung ist abhängig von der Dauer und Größe des Flächenverbrauches. Die Dauer des Flächenverbrauchs richtet sich nach der Rekultivierungszeit für die betroffene Fläche. Der Bewertungsmaßstab wird analog dem zur Bewertung der Baurestmassenbehandlung gewählt. Dieses Kriterium wird im Rahmen dieser Arbeit auf Grund fehlender Daten nicht bewertet.

Tabelle A-38: Bewertungsskala „Flächenverbrauch (substituierte Prozesse)"

Bewertungsskala	Standardbeschreibung	Punktzahl
0 bis 10 m²a	minimaler Flächenverbrauch	1
10 bis 20 m²a	geringer Flächenverbrauch	2
20 bis 30 m²a	gemässigter Flächenverbrauch	3
30 bis 40 m²a	grosser Flächenverbrauch	4
größer als 40 m²a	sehr großer Flächenverbrauch	5

Kriterium B7: Einsatz regenerierbarer Ressourcen und nicht regenerierbarer Ressourcen

Die Bewertung erfolgt anhand einer *Kardinalskala*. Der Bewertungsmaßstab wird mit Hilfe des Verhältnisses von „Masse an Neumaterial/Masse an Ressourcen" erfasst. Dieses Kriterium wird im Rahmen dieser Arbeit auf Grund fehlender Daten nicht bewertet.

Tabelle A-39: Bewertungsskala „Regenerierbare und nicht regenerierbare Ressourcen"

Bewertungsskala	Standardbeschreibung	Punktzahl
Verhältnis Neumaterial/Ressourcen < 0,2	Verhältnis sehr klein	1
Verhältnis Neumaterial/Ressourcen 0,2 bis 0,4	Verhältnis klein	2
Verhältnis Neumaterial/Ressourcen 0,4 bis 0,6	Verhältnis gemäßigt	3
Verhältnis Neumaterial/Ressourcen 0,6 bis 0,8	Verhältnis groß	4
Verhältnis Neumaterial/Ressourcen > 0,8	Verhältnis sehr groß	5

Kriterium B9: Minimierung des Energiebedarfs für die Baumaterialherstellung

Die Bewertung erfolgt analog der Bewertung der Baurestmassenbehandlung anhand einer *Kardinalskala* mit dem Bewertungsmaßstab MJ.

Tabelle A-40: Bewertungsskala „Energiebedarf für den Entsorgungsprozess (substituierte Prozesse)"

Bewertungsskala „Mineralische Baurestmassen" (MJ / Bewertungseinheit)	Standardbeschreibung	GZ	MF	Punktzahl
0 bis 200 MJ	kein bzw. niedriger Energieverbrauch	1	20	20
200 bis 1000 MJ		2	50	100
1000 bis 2000 MJ	mittlerer Energieverbrauch	3	66,7	200
2000 bis 3000 MJ		4	75	300
> 3000 MJ	hoher Energieverbrauch	5	80	400

Kriterium B10: Anfallende Abfallstoffe bei der Baumaterialherstellung

Bei Baumaterialherstellung fallen in der Regel Abfallstoffe an, die sicher auf Deponien mit oder ohne vorherige Vorkehrungen entsorgt werden müssen. Die Bewertung der Entsorgung der anfallenden Abfallstoffe erfolgt anhand des Verhältnisses der anfallenden und zu entsorgenden Abfallstoffe zum neu hergestellten Baumaterial. Die Bewertung erfolgt analog zur Baurestmassenbehandlung anhand einer *Kardinalskala*.

Tabelle A-41: Bewertungsmaßstab „Anfallende Abfallstoffe bei der Baurestmassenbehandlung (substituierte Prozesse)"

Bewertungsskala „Mineralische Baurestmassen" (Verhältnis Abfallstoffe / Neumaterial)	Standardbeschreibung	GZ	MF	Punktzahl
Verhältnis < 1,5 %	Verhältnis sehr klein	1	0,001	0,001
Verhältnis 1,5 % bis 3 %	Verhältnis klein	2	0,001	0,002
Verhältnis 3 % bis 4,5 %	Verhältnis gemäßigt	3	0,001	0,003
Verhältnis 4,5 % bis 6 %	Verhältnis groß	4	0,001	0,004
Verhältnis > 6 %	Verhältnis sehr groß	5	0,001	0,005

Kriterium B11: Entsorgung der anfallenden Abfallstoffe

Die Bewertung erfolgt analog der Bewertung der Baurestmassenbehandlung anhand einer *Ordinalskala* mit Hilfe der Einordnung in Einbauklassen. Als Bezugsgröße wird die Masse der bewerteten Baumaterialmasse in kg angegeben. Die Bewertungspunkte werden für unterschiedliche Baumaterialherstellungsprozesse nicht aggregiert, sondern bezogen auf die summierten Baurestmasse in kg pro Bewertungspunkt dargestellt.

Tabelle A-42: Bewertungsskala „Entsorgung anfallender Abfallstoffe (substituierte Prozesse)"

Standardbeschreibung	Punktzahl
Einbauklasse Z0 oder Z1	1
Einbauklasse Z2	2
Einbauklasse Z3	3
Einbauklasse Z4	4
Einbauklasse Z5	5

C. Einordnung der „Auswirkungen" durch Thermische bzw. Energetische Verwertung

Kriterium C1: Heizwert der anfallenden Baurestmasse

Die Bewertung erfolgt anhand einer *Ordinalskala* mit Hilfe der Einordnung in verschiedene Heizwertklassen. Der Heizwert ist ein Maß für das Potential zur Energienutzung einer Baurestmasse. In der Regel darf der Heizwert nicht unter 11.000 kJ/kg Baurestmasse liegen. Die Bewertungspunkte werden für unterschiedliche Baurestmassen nicht aggregiert, sondern, bezogen auf die summierten Baurestmasse, in kg pro Bewertungspunkt dargestellt.

Tabelle A-43: Bewertungsskala „Heizwert"

Standardbeschreibung	Punktzahl
Heizwert < 9.000 kJ/kg	1
Heizwert < 12.000 kJ/kg	2
Heizwert < 15.000 kJ/kg	3
Heizwert < 18.000 kJ/kg	4
Heizwert > 18.000 kJ/kg	5

Kriterium C2: Feuerungswirkungsgrad der anfallenden Baurestmasse

Die Bewertung erfolgt anhand einer *Ordinalskala* mit Hilfe der Einordnung in verschiedene Klassen. Der Feuerungswirkungsgrad ist ein Maß dafür, welches Potential zur Energienutzung eine Baurestmasse besitzt. In der Regel darf der Heizwert nicht unter 75 % liegen. Die Bewertungspunkte werden für unterschiedliche Baurestmassen nicht aggregiert, sondern, bezogen auf die summierten Baurestmasse, in kg pro Bewertungspunkt dargestellt.

Tabelle A-44: Bewertungsskala „Feuerungswirkungsgrad"

Standardbeschreibung	Punktzahl
Feuerungswirkungsgrad < 70 %	1
Feuerungswirkungsgrad < 80 %	2
Feuerungswirkungsgrad < 90 %	3
Feuerungswirkungsgrad < 95 %	4
Feuerungswirkungsgrad > 95 %	5

D. Ökonomische Kriterien

Mit Hilfe der Ökonomischen Kriterien erfolgt eine Bewertung der wirtschaftlichen Umsetzbarkeit der Entsorgungsmaßnahme.

Kriterium D1: Vorschriften

Es muss berücksichtigt werden, ob eine Verschärfung technischer Anforderungen den Einsatz des Recyclingproduktes in Zukunft verhindern kann. Dies können technische Anforderungen an das Recyclingprodukt und dessen Verarbeitung sowie auch Vorschriften im Hinblick auf die Anwendung sein. Durch eine Verschärfung von Vorschriften kann ein momentan sinnvoller und ökonomisch attraktiver Recycling- oder Entsorgungsprozess schnell unattraktiv werden.

Der Einsatz eines Langzeitproduktes oder eine wiederholte Verwendung nach zwischengeschalteter Aufarbeitung ist nicht immer einem Materialrecycling durch Verwertung vorzuziehen. In der Zeitspanne zwischen der ersten und jeder weiteren Verwendung können neue Produkte mit z. B. besserem ökologischem Verhalten oder höheren Wirkungsgraden entwickelt werden.

Die Einordnung für dieses Kriterium erfolgt mit Hilfe von Standardbeschreibungen auf einer *Ordinalskala*. Die Bewertung wird auf die Masse des betrachteten Baustoffes bezogen.

Tabelle A-45: Bewertungsskala „Vorschriften"

Standardbeschreibung	Punktzahl
Eine entscheidende Verschärfung der Anforderungen (Vorschriften) wird innerhalb der Lebenszeit des Produktes nicht erwartet.	1
	2
Eine entscheidende Verschärfung der Anforderungen (Vorschriften) kann innerhalb der Lebenszeit des Produktes erwartet werden.	3
	4
Eine entscheidende Verschärfung der Anforderungen wird innerhalb der Lebenszeit des Produktes erwartet.	5

Kriterium D2: Akzeptanz

Eine Baurestmassenbehandlung ist unter wirtschaftlichen Gesichtspunkten nur dann sinnvoll, wenn das dabei entstehende Produkt auf Akzeptanz stößt und genutzt wird. Je größer die Akzeptanz in Gesellschaft und Industrie für die behandelte Baurestmasse und deren Einsatz ist, desto größer ist die Nachfrage nach diesem Recyclingprodukt. Je größer die Akzeptanz, desto größer sind die Marktchancen und somit der ökonomische Nutzen eines Entsorgungsprozesses (hoher Zielerfüllungsgrad). Die Bewertung erfolgt mit Hilfe von Standardbeschreibungen auf einer *Ordinalskala*. Die Bewertung wird auf die Masse des betrachteten Baustoffes bezogen.

Tabelle A-46: Bewertungsskala „Akzeptanz"

Standardbeschreibung	Punktzahl
Die Akzeptanz der behandelten Baurestmasse ist groß.	1
Die Akzeptanz der behandelten Baurestmasse ist mäßig.	2
Die Akzeptanz der behandelten Baurestmasse ist schlecht.	3
Die Akzeptanz der behandelten Baurestmasse ist zurzeit nicht vorhanden, kann aber künftig gegeben sein.	4
Die Akzeptanz der behandelten Baurestmasse ist und wird nicht gegeben sein.	5

Kriterium D3: Notwendige Kapazitäten

Eine wichtige Voraussetzung für die Wirtschaftlichkeit einer Baurestmassenbehandlung sind ausreichende Kapazitäten an Recyclinganlagen, Kompostieranlagen, Müllverbrennungsanlagen, Deponien etc. für eine Verarbeitung. Nur wenn sowohl genügend Baurestmasse anfällt als auch die notwendigen Kapazitäten zur Verfügung stehen, ist der höchste ökonomische Zielerfüllungsgrad für eine Baurestmassenbehandlung erreicht.

Die Bewertung für dieses Kriterium erfolgt anhand von Standardbeschreibungen auf einer *Ordinalskala*. Die Bewertung wird auf die Masse des betrachteten Baustoffes bezogen.

Tabelle A-47: Bewertungsskala „Notwendige Kapazitäten"

Standardbeschreibung	Punktzahl
Die Kapazitäten zur Baureststoffverarbeitung sind vorhanden, und es wird ausreichend Material produziert.	1
Die Kapazitäten zur Baureststoffverarbeitung sind vorhanden, aber es wird weniger Material produziert als erforderlich. Die Kapazitäten könnten in Zukunft nicht ausreichend vorhanden sein.	2
Es ist zu erwarten, dass die erforderlichen Kapazitäten zur Baureststoffverarbeitung in Zukunft vorhanden sein werden und ausreichend Material produziert wird.	3
Es ist zu erwarten, dass die erforderlichen Kapazitäten zur Baureststoffverarbeitung in Zukunft vorhanden sein werden, aber es wird nicht ausreichend Material produziert.	4
Es ist zu erwarten, dass die erforderlichen Kapazitäten zur Baureststoffverarbeitung heute und in Zukunft nicht vorhanden sein werden.	5

Kriterium D4: Kosten

Eine sehr entscheidende Rolle für die Entscheidung für oder gegen ein bestimmtes Entsorgungsszenario spielen die Kosten für die Baurestmassenbehandlung im Vergleich zu eventuell eingesparten Kosten durch Substitution eines Neuproduktes. Je geringer der Preis für das Recyclingprodukt gegenüber dem dadurch substituierbaren gleichwertigen Neuprodukt ist, desto größer ist der ökonomische Nutzen einer Reststoffverarbeitung und damit der Anreiz zu deren Durchführung sowie die Akzeptanz für das recycelte Produkt.

Weiterhin ist zu prüfen, wie hoch die Behandlungs- bzw. Entsorgungskosten, d. h. die Annahmegebühren von Deponien oder Müllverbrennungsanlagen für den jeweiligen Baureststoff sind. Sind diese gering, wie dies zurzeit z. B. bei den Deponiegebühren der Fall ist, kann eine ökologisch und technisch sinnvolle Recyclingmaßnahme aufgrund höherer Kosten schnell an Attraktivität verlieren.

Die Bewertung erfolgt anhand einer *Kardinalskala*, auf der das Verhältnis der Kosten für Baurestmassenbehandlung bis zum Erwerb eines Neuproduktes zu den Kosten des Neuproduktes abgebildet ist. Je kleiner das Verhältnis wird, um so größer wird der Zielerreichungsgrad, der wiederum *ordinal* bewertet wird.

Tabelle A-48: Bewertungsskala „Kosten"

Standardbeschreibung	Punktzahl
Das Verhältnis Kosten Behandlung bis Erwerb Neuprodukt/Kosten Neuprodukt ist niedrig.	1
Das Verhältnis Kosten Behandlung bis Erwerb Neuprodukt/Kosten Neuprodukt ist relativ niedrig.	2
Das Verhältnis Kosten Behandlung bis Erwerb Neuprodukt/Kosten Neuprodukt ist ungefähr 1.	3
Das Verhältnis Kosten Behandlung bis Erwerb Neuprodukt/Kosten Neuprodukt ist groß.	4
Das Verhältnis Kosten Behandlung bis Erwerb Neuprodukt/Kosten Neuprodukt ist sehr groß.	5

E. Technische Kriterien

Die Bewertung einer Baurestmassenbehandlung im Hinblick auf technische Kriterien erfolgt anhand der folgenden Kriterien.

Kriterium E1: Hochwertigkeit

Anhand dieses Kriteriums wird das bei der jeweiligen Baurestmassenbehandlung entstehende Produkt auf seine qualitative Hochwertigkeit untersucht und bewertet. Es wird beurteilt, ob es sich bei dem betrachteten Entsorgungsszenario um ein „Downcycling", also eine niederwertigere Verwertung oder um ein „Up- bzw. Recycling", also eine hochwertige Verwertung durch Gewinnung von Produkten auf gleichem oder ähnlich hohem Produktniveau wie das ehemalige Ausgangsprodukt, handelt. Die Bewertung erfolgt anhand von Standardbeschreibungen auf einer *Ordinalskala*. Als Bezugsgröße wird die Masse der bewerteten Baurestmasse betrachtet.

Tabelle A-49: Bewertungsskala „Qualitative Hochwertigkeit"

Standardbeschreibung	Punktzahl
Es wird eine qualitativ hochwertige Verwertung umgesetzt.	1
	2
Es wird eine qualitativ mittelmäßige Verwertung umgesetzt.	3
	4
Es wird eine qualitativ schlechte Verwertung umgesetzt.	5

Kriterium E2: Technische Realisierbarkeit

Mit Hilfe dieses Kriteriums wird bewertet, ob die zu der jeweiligen Behandlung der Baurestmassen erforderliche Technik bereits existiert. Des Weiteren soll eingeschätzt werden, ob es sich bei einer Technik nur um theoretisch mögliche Behandlungsprozesse oder bereits im vollen technisch ausgereiften Einsatz befindliche Techniken handelt. Der höchste Zielerfüllungsgrad ist erreicht, wenn die Technik bereits existiert, technisch ausgereift ist und möglichst schon angewendet wird. Die Bewertung erfolgt anhand von Standardbeschreibungen auf einer *Ordinalskala*. Als Bezugsgröße wird die Masse der behandelten Baurestmasse angegeben.

Tabelle A-50: Bewertungsskala „Technische Realisierbarkeit"

Standardbeschreibung	Punktzahl
Die erforderliche Technik zur Verwertung existiert bereits und ist technisch ausgereift.	1
Die erforderliche Technik zur Verwertung existiert bereits.	2
Die erforderliche Technik zur Verwertung existiert bereits in Ansätzen.	3
Die erforderliche Technik zur Verwertung existiert eventuell in Zukunft.	4
Die erforderliche Technik zur Verwertung existiert nicht.	5

Anhang 7
Bewertungsskalen und zugehörige Bewertungspunktzahlen verschiedener Hauptmaterialgruppen

In Tabelle A-51 werden für jedes kardinal zu bewertende Kriterium die sich aus Grundbewertungszahl und Skalierungsfaktor ergebenden Punktzahlen sowie die zugehörigen Bewertungskalen für die verschiedenen Hauptmaterialgruppen dargestellt (vgl. auch komplette Zusammenstellung in [115]). Für ordinal bewertete Kriterien werden keine Skalierungsfaktoren benötigt.

Der Skalierungsfaktor zur Umrechnung der Punktzahlen „1" bis „5" in ein normiertes Ergebnis ergibt sich zu P_N / P_0 und kann jederzeit bestimmt werden. P_N ist hierbei die normierte Punktzahl (vgl. folgende Tabelle), während P_0 die noch nicht normierte Punktzahl von „1" bis „5" beschreibt. Die Skalierungsfaktoren werden nicht explizit angegeben, da sie zur Durchführung von Bewertungen nicht unbedingt benötigt werden.

Tabelle A-51: Skala und Punktevergabe (Produkt aus Grundbewertungszahl und Skalierungsfaktor)

Hauptmaterialgruppe	Mineralische Baurestmassen		Stahl		Kunststoff-bodenbelag	
Standardbeschreibung	Skala	Punkte P_N	Skala	Punkte P_N	Skala	Punkte P_N
Ökologische Kriterien						
Minimierung von Transportvorgängen						
Lokal, sehr nah	4,00E+01	1,000	3,00E+01	0,750	2,00E+01	0,500
Lokal, nah	8,00E+01	2,000	6,00E+01	1,500	4,00E+01	1,000
Innerhalb von Deutschland, nähere Umgebung	1,20E+02	3,000	9,00E+01	2,250	6,00E+01	1,500
Innerhalb von Deutschland	1,60E+02	4,000	1,20E+02	3,000	8,00E+01	2,000
Innerhalb von Deutschland, ferne Umgebung	2,00E+02	5,000	1,50E+02	3,750	1,00E+02	2,500
Minimierung von Emissionen CFC-Emissionen						
Minimale Emissionen	1,00E-04	1,000	1,50E-04	1,500	2,00E-04	2,000
Geringe Emissionen	1,00E-03	10,000	3,00E-04	3,000	1,50E-03	15,000
Gemäßigte Emissionen	1,00E-02	100,000	4,50E-04	4,500	5,00E-03	50,000
Große Emissionen	1,00E-01	1000,000	6,00E-04	6,000	1,00E-02	100,000
Sehr große Emissionen	1,00E+00	10000,000	7,50E-04	7,500	1,50E-02	150,000
Minimierung von SO_x-Emissionen						
Minimale Emissionen	0,00E-03	1,000	2,10E-02	3,000	3,20E+00	400,000
Geringe Emissionen	2,00E-02	2,500	1,20E+00	150,000	6,40E+00	800,000
Gemäßigte Emissionen	4,00E-02	5,000	2,40E+00	300,000	9,60E+00	1200,000
Große Emissionen	6,00E-02	7,500	3,60E+00	450,000	1,28E+01	1600,000
Sehr große Emissionen	8,00E-02	10,000	4,80E+00	600,000	1,60E+01	2000,000
Minimierung von CO_2-Emissionen						
Minimale Emissionen	6,00E-01	1,000	2,40E+00	4,000	4,80E+02	800,000
Geringe Emissionen	1,50E+00	2,500	2,40E+02	400,000	9,60E+02	1600,000
Gemäßigte Emissionen	3,00E+00	5,000	4,80E+02	800,000	1,44E+03	2400,000
Große Emissionen	4,50E+00	7,500	7,20E+02	1200,000	1,92E+03	3200,000
Sehr große Emissionen	6,00E+00	10,000	9,60E+02	1600,000	2,40E+03	4000,000
Minimierung des Flächenverbrauchs						
Minimaler Flächenverbrauch	1,50E-02	1,000	1,50E-02	1,000	6,00E-02	4,000
Geringer Flächenverbrauch	3,75E+00	250,000	3,75E-01	25,000	1,20E-01	8,000
Gemäßigter Flächenverbrauch	7,50E+00	500,000	1,50E+00	100,000	1,80E-01	12,000
Großer Flächenverbrauch	1,13E+01	750,000	2,25E+00	150,000	2,40E-01	16,000
Sehr großer Flächenverbrauch	1,50E+01	1000,000	6,75E+00	450,000	3,00E-01	20,000
Versiegelung natürlichen Bodens						
Minimale Versiegelung	1,50E-02	1,000	1,50E-02	1,000	6,00E-02	4,000
Geringe Versiegelung	3,75E+00	250,000	3,75E-01	25,000	1,20E-01	8,000
Gemäßigte Versiegelung	7,50E+00	500,000	1,50E+00	100,000	1,80E-01	12,000
Große Versiegelung	1,13E+01	750,000	2,25E+00	150,000	2,40E-01	16,000
Sehr große Versiegelung	1,50E+01	1000,000	6,75E+00	450,000	3,00E-01	20,000
Energieverbrauch						
Niedriger Energieverbrauch	1,00E+01	1,000	1,00E+02	10,000	9,00E+03	900,000
	2,50E+01	2,500	1,00E+03	100,000	1,80E+04	1800,000
Mittlerer Energieverbrauch	5,00E+01	5,000	5,00E+03	500,000	2,70E+04	2700,000
	7,50E+01	7,500	1,00E+04	1000,000	3,60E+04	3600,000
Hoher Energieverbrauch	1,00E+02	10,000	2,00E+04	2000,000	4,50E+04	4500,000
Anfallende Abfallmengen						
Das Verhältnis anfallender Abfallstoffe/ Baurestmasse ist sehr gering.	1,50E+01	1,000	1,50E+01	1,000	1,50E+01	1,000
Verhältnis ist gering.	3,00E+01	2,000	3,00E+01	2,000	3,00E+01	2,000
Verhältnis ist gemäßigt.	4,50E+01	3,000	4,50E+01	3,000	4,50E+01	3,000
Verhältnis ist groß.	6,00E+01	4,000	6,00E+01	4,000	6,00E+01	4,000
Verhältnis ist sehr groß.	7,50E+01	5,000	7,50E+01	5,000	7,50E+01	5,000

Tabelle A-51 (Fortsetzung)

Hauptmaterialgruppe	Mineralische Baurestmassen		Stahl		Kunststoff-bodenbelag	
Standardbeschreibung	Skala	Punkte P_N	Skala	Punkte P_N	Skala	Punkte P_N
Gesparte Umweltbelastung durch Substitution						
Transporte						
Lokal (< 50 km)	2,00E+01	0,500	1,00E+02	2,500	2,00E+01	0,500
Lokal (> 50 km)	4,00E+01	1,000	2,00E+02	5,000	4,00E+01	1,000
Innerhalb von Deutschland	6,00E+01	1,500	3,00E+02	7,500	6,00E+01	1,500
Innerhalb Deutschland	8,00E+01	2,000	4,00E+02	10,000	8,00E+01	2,000
Außerhalb von Deutschland	1,00E+02	2,500	5,00E+02	12,500	1,00E+02	2,500
Emission von CFC-Äquivalenten						
Minimale Emissionen	1,00E-05	0,100	1,00E-04	1,000	1,00E-04	1,000
Geringe Emissionen	5,00E-05	0,500	2,00E-04	2,000	2,00E-04	2,000
Gemäßigte Emissionen	1,00E-04	1,000	3,00E-04	3,000	3,00E-04	3,000
Große Emissionen	1,50E-04	1,500	4,00E-04	4,000	4,00E-04	4,000
Sehr große Emissionen	2,00E-04	2,000	5,00E-04	5,000	5,00E-04	5,000
Emission von SO-Äquivalenten						
Minimale Emissionen	8,00E-02	10,000	1,00E+00	500,000	2,00E+01	2500,000
Geringe Emissionen	8,00E-01	100,000	8,00E+00	1000,000	2,50E+01	3125,000
Gemäßigte Emissionen	1,20E+00	150,000	1,20E+01	1500,000	3,00E+01	3750,000
Große Emissionen	1,60E+00	200,000	1,60E+01	2000,000	3,50E+01	4375,000
Sehr große Emissionen	2,00E+00	250,000	2,00E+01	2500,000	4,00E+01	5000,000
Emission von CO_2-Äquivalenten						
Minimale Emissionen	1,20E+01	20,000	6,00E+02	1000,000	9,00E+02	1500,000
Geringe Emissionen	1,20E+02	200,000	1,20E+03	2000,000	1,50E+03	2500,000
Gemäßigte Emissionen	2,40E+02	400,000	1,80E+03	3000,000	2,10E+03	3500,000
Große Emissionen	3,60E+02	600,000	2,40E+03	4000,000	2,70E+03	4500,000
Sehr große Emissionen	4,80E+02	800,000	3,00E+03	5000,000	3,60E+03	6000,000
Energieverbrauch						
Niedriger Energieverbrauch/Masseneinheit	2,00E+02	20,000	2,50E+04	2500,000	1,00E+03	100,000
	1,00E+03	100,000	2,75E+04	2750,000	5,00E+03	500,000
Mittlerer Energieverbrauch/Masseneinheit	2,00E+03	200,000	3,00E+04	3000,000	1,00E+04	1000,000
	3,00E+03	300,000	3,25E+04	3250,000	2,50E+04	2500,000
Hoher Energieverbrauch/Masseneinheit	4,00E+03	400,000	3,50E+04	3500,000	7,50E+04	7500,000
Anfallende Abfallmengen						
Das Verhältnis anfallender Abfallstoffe (Deponie)/Neumaterial ist sehr gering.	1,50E-02	0,001	1,50E-01	0,010	1,50E-01	0,010
Verhältnis ist gering.	3,00E-02	0,002	3,00E-01	0,020	2,25E-01	0,015
Verhältnis ist gemäßigt.	4,50E-02	0,003	4,50E-01	0,030	3,00E-01	0,020
Verhältnis ist groß.	6,00E-02	0,004	6,00E-01	0,040	3,75E-01	0,025
Verhältnis ist sehr groß.	7,50E-02	0,005	7,50E-01	0,050	4,50E-01	0,030

Tabelle A-51 (Fortsetzung)

Hauptmaterialgruppe	Sonderabfalldeponie		Gips		Holz	
Standardbeschreibung	Skala	Punkte P_N	Skala	Punkte P_N	Skala	Punkte P_N
Minimierung von Transportvorgängen						
Lokal, sehr nah	4,00E+01	1,000	2,00E+01	0,500	3,00E+01	0,750
Lokal, in der Nähe	8,00E+01	2,000	4,00E+01	1,000	6,00E+01	1,500
Innerhalb von Deutschland, nähere Umgebung	1,20E+02	3,000	6,00E+01	1,500	9,00E+01	2,250
Innerhalb von Deutschland	1,60E+02	4,000	8,00E+01	2,000	1,20E+02	3,000
Innerhalb von Deutschland, ferne Umgebung	2,00E+02	5,000	1,00E+02	2,500	1,50E+02	3,750
Minimierung von Emissionen CFC-Emissionen						
Minimale Emissionen	1,00E+00	10000,000	1,00E-04	1,000	3,00E-06	0,030
Geringe Emissionen	2,00E+00	20000,000	1,00E-03	10,000	3,00E-05	0,300
Gemäßigte Emissionen	3,00E+00	30000,000	1,00E-02	100,000	3,00E-04	3,000
Große Emissionen	4,00E+00	40000,000	1,00E-01	1000,000	3,00E-03	30,000
Sehr große Emissionen	5,00E+00	50000,000	1,00E+00	10000,000	3,00E-02	300,000
Minimierung von SO$_x$-Emissionen						
Minimale Emissionen	2,00E+00	250,000	8,00E-03	1,000	4,80E-01	60,000
Geringe Emissionen	3,00E+00	375,000	2,00E-02	2,500	9,60E-01	120,000
Gemäßigte Emissionen	4,00E+00	500,000	4,00E-02	5,000	1,44E+00	180,000
Große Emissionen	5,00E+00	625,000	6,00E-02	7,500	1,92E+00	240,000
Sehr große Emissionen	6,00E+00	750,000	8,00E-02	10,000	2,40E+00	300,000
Minimierung von CO$_2$-Emissionen						
Minimale Emissionen	1,20E+02	200,000	6,00E-01	1,000	6,00E+00	10,000
Geringe Emissionen	9,00E+02	1500,000	1,50E+00	2,500	7,50E+02	1250,000
Gemäßigte Emissionen	1,80E+03	3000,000	3,00E+00	5,000	1,50E+03	2500,000
Große Emissionen	2,70E+03	4500,000	4,50E+00	7,500	2,25E+03	3750,000
Sehr große Emissionen	3,60E+03	6000,000	6,00E+00	10,000	3,00E+03	5000,000
Minimierung des Flächenverbrauchs						
Minimaler Flächenverbrauch	1,50E-02	1,000	3,00E+00	200,000	7,50E-02	5,000
Geringer Flächenverbrauch	3,75E+00	250,000	1,20E+01	800,000	2,25E-01	15,000
Gemäßigter Flächenverbrauch	7,50E+00	500,000	2,40E+01	1600,000	3,75E-01	25,000
Großer Flächenverbrauch	1,13E+01	750,000	3,60E+01	2400,000	5,25E-01	35,000
Sehr großer Flächenverbrauch	1,50E+01	1000,000	4,50E+01	3000,000	6,75E-01	45,000
Versiegelung natürlichen Bodens						
Minimale Versiegelung	1,50E-02	1,000	3,00E+00	200,000	7,50E-02	5,000
Geringe Versiegelung	3,75E+00	250,000	1,20E+01	800,000	2,25E-01	15,000
Gemäßigte Versiegelung	7,50E+00	500,000	2,40E+01	1600,000	3,75E-01	25,000
Große Versiegelung	1,13E+01	750,000	3,60E+01	2400,000	5,25E-01	35,000
Sehr große Versiegelung	1,50E+01	1000,000	4,50E+01	3000,000	6,75E-01	45,000
Energieverbrauch						
Niedriger Energieverbrauch/Masseneinheit	1,00E+03	100,000	1,00E+01	1,000	1,00E+00	0,100
	1,50E+03	150,000	2,50E+01	2,500	1,00E+02	10,000
Mittlerer Energieverbrauch/Masseneinheit	2,50E+03	250,000	5,00E+01	5,000	1,00E+03	100,000
	3,50E+03	350,000	7,50E+01	7,500	1,00E+04	1000,000
Hoher Energieverbrauch/Masseneinheit	4,50E+03	450,000	1,00E+02	10,000	1,00E+05	10000,000
Anfallende Abfallmengen						
Das Verhältnis anfallender Abfallstoffe (Deponie)/Baurestmasse ist sehr gering.	1,50E+01	1,000	1,50E+01	1,000	1,50E+01	1,000
Das Verhältnis anfallender Abfallstoffe (Deponie)/Baurestmasse ist gering.	3,00E+01	2,000	3,00E+01	2,000	3,00E+01	2,000
Das Verhältnis anfallender Abfallstoffe (Deponie)/Baurestmasse ist gemäßigt.	4,50E+01	3,000	4,50E+01	3,000	4,50E+01	3,000
Das Verhältnis anfallender Abfallstoffe (Deponie)/Baurestmasse ist groß.	6,00E+01	4,000	6,00E+01	4,000	6,00E+01	4,000
Das Verhältnis anfallender Abfallstoffe (Deponie)/Baurestmasse ist sehr groß.	7,50E+01	5,000	7,50E+01	5,000	7,50E+01	5,000

Tabelle A-51 (Fortsetzung)

Hauptmaterialgruppe	Sonderabfall-deponie		Gips		Holz	
Standardbeschreibung	Skala	Punkte P_N	Skala	Punkte P_N	Skala	Punkte P_N
Gesparte Umweltbelastung durch Substitution						
Transporte						
Lokal (< 50 km)	2,00E+01	0,500	6,00E+00	0,150	2,00E+01	0,500
Lokal (> 50 km)	4,00E+01	1,000	1,20E+01	0,300	4,00E+01	1,000
Innerhalb von Deutschland	6,00E+01	1,500	1,80E+01	0,450	6,00E+01	1,500
Innerhalb Deutschland	8,00E+01	2,000	2,40E+01	0,600	8,00E+01	2,000
Außerhalb von Deutschland	1,00E+02	2,500	3,00E+01	0,750	1,00E+02	2,500
Emission von CFC-Äquivalenten						
Minimale Emissionen	1,00E-05	0,100	1,00E-05	0,100	1,00E-04	1,000
Geringe Emissionen	5,00E-05	0,500	2,50E-05	0,250	2,00E-04	2,000
Gemäßigte Emissionen	1,00E-04	1,000	5,00E-05	0,500	3,00E-04	3,000
Große Emissionen	1,50E-04	1,500	7,50E-05	0,750	4,00E-04	4,000
Sehr große Emissionen	2,00E-04	2,000	1,00E-04	1,000	5,00E-04	5,000
Emission von SO-Äquivalenten						
Minimale Emissionen	8,00E-02	10,000	4,80E-02	6,000	1,80E-01	30,000
Geringe Emissionen	8,00E-01	100,000	4,80E-01	60,000	2,40E+00	300,000
Gemäßigte Emissionen	1,20E+00	150,000	9,60E-01	120,000	3,20E+00	400,000
Große Emissionen	1,60E+00	200,000	1,44E+00	180,000	4,00E+00	500,000
Sehr große Emissionen	2,00E+00	250,000	1,92E+00	240,000	4,80E+00	600,000
Emission von CO_2-Äquivalenten						
Minimale Emissionen	1,20E+01	20,000	1,20E+01	20,000	3,60E+02	600,000
Geringe Emissionen	1,20E+02	200,000	1,20E+02	200,000	7,20E+02	1200,000
Gemäßigte Emissionen	2,40E+02	400,000	2,40E+02	400,000	1,08E+03	1800,000
Große Emissionen	3,60E+02	600,000	3,60E+02	600,000	1,44E+03	2400,000
Sehr große Emissionen	4,80E+02	800,000	4,80E+02	800,000	1,80E+03	3000,000
Energieverbrauch						
Niedriger Energieverbrauch/Masseneinheit	2,00E+02	20,000	5,00E+02	50,000	1,00E+02	10,000
	1,00E+03	100,000	1,00E+03	100,000	1,00E+03	100,000
Mittlerer Energieverbrauch/Masseneinheit	2,00E+03	200,000	1,50E+03	150,000	1,00E+04	1000,000
	3,00E+03	300,000	2,00E+03	200,000	2,00E+04	2000,000
Hoher Energieverbrauch/Masseneinheit	4,00E+03	400,000	2,50E+03	250,000	4,00E+04	4000,000
Anfallende Abfallmengen						
Das Verhältnis anfallender Abfallstoffe (Deponie)/Neumaterial ist sehr gering.	1,50E-02	0,001	1,50E-02	0,001	1,50E-02	0,001
Das Verhältnis anfallender Abfallstoffe (Deponie)/Neumaterial ist gering.	3,00E-02	0,002	3,00E-02	0,002	3,00E-02	0,002
Das Verhältnis anfallender Abfallstoffe (Deponie)/Neumaterial ist gemäßigt.	4,50E-02	0,003	4,50E-02	0,003	4,50E-02	0,003
Das Verhältnis anfallender Abfallstoffe (Deponie)/Neumaterial ist groß.	6,00E-02	0,004	6,00E-02	0,004	6,00E-02	0,004
Das Verhältnis anfallender Abfallstoffe (Deponie)/Neumaterial ist sehr groß.	7,50E-02	0,005	7,50E-02	0,005	7,50E-02	0,005

Tabelle A-51 (Fortsetzung)

Hauptmaterialgruppe	Glas		Mineralwolle		NE-Metalle	
Standardbeschreibung	Skala	Punkte P_N	Skala	Punkte P_N	Skala	Punkte P_N
Minimierung von Transportvorgängen						
Lokal, sehr nah	2,00E+01	0,500	3,00E+01	0,750	2,00E+01	0,500
Lokal, in der Nähe	4,00E+01	1,000	6,00E+01	1,500	4,00E+01	1,000
Innerhalb von Deutschland, nähere Umgebung	6,00E+01	1,500	9,00E+01	2,250	6,00E+01	1,500
Innerhalb von Deutschland	8,00E+01	2,000	1,20E+02	3,000	8,00E+01	2,000
Innerhalb von Deutschland, ferne Umgebung	1,00E+02	2,500	1,50E+02	3,750	1,00E+02	2,500
Minimierung von Emissionen CFC-Emissionen						
Minimale Emissionen	1,50E-05	0,150	3,00E-06	0,030	8,00E-06	0,080
Geringe Emissionen	1,50E-04	1,500	3,00E-05	0,300	1,60E-05	0,160
Gemäßigte Emissionen	3,00E-04	3,000	3,00E-04	3,000	2,40E-05	0,240
Große Emissionen	4,50E-04	4,500	3,00E-03	30,000	3,20E-05	0,320
Sehr große Emissionen	6,00E-04	6,000	3,00E-02	300,000	4,00E-05	0,400
Minimierung von SO_2-Emissionen						
Minimale Emissionen	2,40E-04	0,030	1,00E-03	0,125	1,60E-01	20,000
Geringe Emissionen	2,40E-01	30,000	2,00E-02	2,500	4,80E-01	60,000
Gemäßigte Emissionen	2,40E+00	300,000	1,00E+00	125,000	9,60E-01	120,000
Große Emissionen	3,20E+00	400,000	2,00E+00	250,000	1,20E+00	150,000
Sehr große Emissionen	4,00E+00	500,000	3,00E+00	375,000	1,44E+00	180,000
Minimierung von CO_2-Emissionen						
Minimale Emissionen	3,00E-02	0,050	2,00E-01	0,333	1,50E+01	25,000
Geringe Emissionen	3,00E-01	0,500	2,00E+00	3,333	6,00E+01	100,000
Gemäßigte Emissionen	2,10E+02	350,000	2,00E+02	333,333	1,20E+02	200,000
Große Emissionen	4,50E+02	750,000	2,00E+03	3333,333	1,80E+02	300,000
Sehr große Emissionen	6,00E+02	1000,000	3,00E+03	5000,000	2,40E+02	400,000
Minimierung des Flächenverbrauchs						
Minimaler Flächenverbrauch	1,50E-02	1,000	7,50E-02	5,000	1,50E-02	1,000
Geringer Flächenverbrauch	1,50E-01	10,000	2,25E-01	15,000	3,75E-01	25,000
Gemäßigter Flächenverbrauch	3,00E-01	20,000	7,50E-01	50,000	1,50E+00	100,000
Großer Flächenverbrauch	1,50E+00	100,000	1,50E+00	100,000	2,25E+00	150,000
Sehr großer Flächenverbrauch	3,00E+00	200,000	3,00E+00	200,000	6,75E+00	450,000
Versiegelung natürlichen Bodens						
Minimale Versiegelung	1,50E-02	1,000	7,50E-02	5,000	1,50E-02	1,000
Geringe Versiegelung	1,50E-01	10,000	2,25E-01	15,000	3,75E-01	25,000
Gemäßigte Versiegelung	3,00E-01	20,000	7,50E-01	50,000	1,50E+00	100,000
Große Versiegelung	1,50E+00	100,000	1,50E+00	100,000	2,25E+00	150,000
Sehr große Versiegelung	3,00E+00	200,000	3,00E+00	200,000	6,75E+00	450,000
Energieverbrauch						
Niedriger Energieverbrauch/Masseneinheit	1,00E+02	10,000	2,00E-01	0,020	5,00E+01	5,000
	2,40E+02	24,000	5,00E+01	5,000	2,00E+02	20,000
Mittlerer Energieverbrauch/Masseneinheit	3,00E+03	300,000	2,50E+02	25,000	1,00E+03	100,000
	6,00E+03	600,000	5,00E+02	50,000	2,50E+03	250,000
Hoher Energieverbrauch/Masseneinheit	1,00E+04	1000,000	1,00E+03	100,000	5,00E+03	500,000
Anfallende Abfallmengen						
Das Verhältnis anfallender Abfallstoffe (Deponie)/Baurestmasse ist sehr gering.	1,50E+01	1,000	1,50E+01	1,000	1,50E+01	1,000
Das Verhältnis anfallender Abfallstoffe (Deponie)/Baurestmasse ist gering.	3,00E+01	2,000	3,00E+01	2,000	3,00E+01	2,000
Das Verhältnis anfallender Abfallstoffe (Deponie)/Baurestmasse ist gemäßigt.	4,50E+01	3,000	4,50E+01	3,000	4,50E+01	3,000
Das Verhältnis anfallender Abfallstoffe (Deponie)/Baurestmasse ist groß.	6,00E+01	4,000	6,00E+01	4,000	6,00E+01	4,000
Das Verhältnis anfallender Abfallstoffe (Deponie)/Baurestmasse ist sehr groß.	7,50E+01	5,000	7,50E+01	5,000	7,50E+01	5,000

Tabelle A-51 (Fortsetzung)

Hauptmaterialgruppe	Glas		Mineralwolle		NE-Metalle	
Standardbeschreibung	Skala	Punkte P_N	Skala	Punkte P_N	Skala	Punkte P_N
Gesparte Umweltbelastung durch Substitution						
Transporte						
Lokal (< 50 km)	6,00E+01	1,500	2,00E+01	0,500	1,00E+02	2,500
Lokal (> 50 km)	1,20E+02	3,000	4,00E+01	1,000	2,00E+02	5,000
Innerhalb von Deutschland	1,80E+02	4,500	6,00E+01	1,500	3,00E+02	7,500
Innerhalb Deutschland	2,40E+02	6,000	8,00E+01	2,000	4,00E+02	10,000
Außerhalb von Deutschland	3,00E+02	7,500	1,00E+02	2,500	5,00E+02	12,500
Emission von CFC-Äquivalenten						
Minimale Emissionen	2,00E-05	0,200	1,00E-04	1,000	1,00E-06	0,010
Geringe Emissionen	4,00E-05	0,400	2,00E-04	2,000	1,50E-06	0,015
Gemäßigte Emissionen	6,00E-05	0,600	3,00E-04	3,000	2,00E-06	0,020
Große Emissionen	8,00E-05	0,800	4,00E-04	4,000	3,00E-06	0,030
Sehr große Emissionen	1,00E-04	1,000	5,00E-04	5,000	4,00E-06	0,040
Emission von SO-Äquivalenten						
Minimale Emissionen	9,60E-01	120,000	1,00E+00	125,000	5,00E+01	6250,000
Geringe Emissionen	1,92E+00	240,000	5,00E+00	625,000	1,00E+02	12500,000
Gemäßigte Emissionen	2,88E+00	360,000	1,00E+01	1250,000	1,50E+02	18750,000
Große Emissionen	3,84E+00	480,000	2,00E+01	2500,000	2,00E+02	25000,000
Sehr große Emissionen	4,80E+00	600,000	3,00E+01	3750,000	2,50E+02	31250,000
Emission von CO_2-Äquivalenten						
Minimale Emissionen	2,40E+02	400,000	7,20E+02	1200,000	2,40E+03	4000,000
Geringe Emissionen	4,80E+02	800,000	1,44E+03	2400,000	4,80E+03	8000,000
Gemäßigte Emissionen	7,20E+02	1200,000	2,88E+03	4800,000	7,20E+03	12000,000
Große Emissionen	9,60E+02	1600,000	3,60E+03	6000,000	9,60E+03	16000,000
Sehr große Emissionen	1,20E+03	2000,000	4,32E+03	7200,000	1,20E+04	20000,000
Energieverbrauch						
Niedriger Energieverbrauch/Masseneinheit	2,00E+02	20,000	2,00E+04	2000,000	2,50E+04	2500,000
	2,00E+03	200,000	4,00E+04	4000,000	2,75E+04	2750,000
Mittlerer Energieverbrauch/Masseneinheit	4,00E+03	400,000	6,00E+04	6000,000	3,00E+04	3000,000
	6,00E+03	600,000	8,00E+04	8000,000	3,25E+04	3250,000
Hoher Energieverbrauch/Masseneinheit	8,00E+03	800,000	1,00E+05	10000,000	3,50E+04	3500,000
Anfallende Abfallmengen						
Das Verhältnis anfallender Abfallstoffe (Deponie)/Neumaterial ist sehr gering.	1,20E-02	0,001	1,50E-02	0,001	4,50E-01	0,030
Das Verhältnis anfallender Abfallstoffe (Deponie)/Neumaterial ist gering.	2,40E-02	0,002	3,00E-02	0,002	6,00E-01	0,040
Das Verhältnis anfallender Abfallstoffe (Deponie)/Neumaterial ist gemäßigt.	3,00E-02	0,002	4,50E-02	0,003	7,50E-01	0,050
Das Verhältnis anfallender Abfallstoffe (Deponie)/Neumaterial ist groß.	3,60E-02	0,002	6,00E-02	0,004	9,00E-01	0,060
Das Verhältnis anfallender Abfallstoffe (Deponie)/Neumaterial ist sehr groß.	4,80E-02	0,003	7,50E-02	0,005	1,00E+00	0,067

Tabelle A-51 (Fortsetzung)

Hauptmaterialgruppe	Gipskarton		Dichtungsbahn/Folie		Tapete	
Standardbeschreibung	Skala	Punkte P_N	Skala	Punkte P_N	Skala	Punkte P_N
Minimierung von Transportvorgängen						
Lokal, sehr nah	2,00E+01	0,500	2,00E+01	0,500	2,00E+01	0,500
Lokal, in der Nähe	4,00E+01	1,000	4,00E+01	1,000	4,00E+01	1,000
Innerhalb von Deutschland, nähere Umgebung	6,00E+01	1,500	6,00E+01	1,500	6,00E+01	1,500
Innerhalb von Deutschland	8,00E+01	2,000	8,00E+01	2,000	8,00E+01	2,000
Innerhalb von Deutschland, ferne Umgebung	1,00E+02	2,500	1,00E+02	2,500	1,00E+02	2,500
Minimierung von Emissionen CFC-Emissionen						
Minimale Emissionen	3,00E-06	0,030	5,00E-04	5,000	3,00E-06	0,030
Geringe Emissionen	3,00E-05	0,300	1,50E-03	15,000	3,00E-05	0,300
Gemäßigte Emissionen	3,00E-04	3,000	5,00E-03	50,000	3,00E-04	3,000
Große Emissionen	3,00E-03	30,000	1,00E-02	100,000	3,00E-03	30,000
Sehr große Emissionen	3,00E-02	300,000	1,50E-02	150,000	3,00E-02	300,000
Minimierung von SO_2-Emissionen						
Minimale Emissionen	2,40E-02	3,000	3,20E+00	400,000	4,80E-01	60,000
Geringe Emissionen	6,00E-01	75,000	6,40E+00	800,000	9,60E-01	120,000
Gemäßigte Emissionen	1,20E+00	150,000	9,60E+00	1200,000	1,44E+00	180,000
Große Emissionen	1,80E+00	225,000	1,28E+01	1600,000	1,92E+00	240,000
Sehr große Emissionen	2,40E+00	300,000	1,60E+01	2000,000	2,40E+00	300,000
Minimierung von CO_2-Emissionen						
Minimale Emissionen	3,00E+00	5,000	4,80E+02	800,000	1,50E+02	250,000
Geringe Emissionen	9,00E+01	150,000	9,60E+02	1600,000	3,00E+02	500,000
Gemäßigte Emissionen	1,80E+02	300,000	1,44E+03	2400,000	1,50E+03	2500,000
Große Emissionen	2,40E+02	400,000	1,92E+03	3200,000	2,25E+03	3750,000
Sehr große Emissionen	3,00E+02	500,000	2,70E+03	4500,000	3,00E+03	5000,000
Minimierung des Flächenverbrauchs						
Minimaler Flächenverbrauch	4,50E-02	3,000	6,00E-02	4,000	7,50E-02	5,000
Geringer Flächenverbrauch	1,35E-01	9,000	1,20E-01	8,000	2,25E-01	15,000
Gemäßigter Flächenverbrauch	1,80E-01	12,000	1,80E-01	12,000	3,75E-01	25,000
Großer Flächenverbrauch	3,75E-01	25,000	2,40E-01	16,000	5,25E-01	35,000
Sehr großer Flächenverbrauch	5,25E-01	35,000	3,00E-01	20,000	6,75E-01	45,000
Versiegelung natürlichen Bodens						
Minimale Versiegelung	4,50E-02	3,000	6,00E-02	4,000	7,50E-02	5,000
Geringe Versiegelung	1,35E-01	9,000	1,20E-01	8,000	2,25E-01	15,000
Gemäßigte Versiegelung	1,80E-01	12,000	1,80E-01	12,000	3,75E-01	25,000
Große Versiegelung	3,75E-01	25,000	2,40E-01	16,000	5,25E-01	35,000
Sehr große Versiegelung	5,25E-01	35,000	3,00E-01	20,000	6,75E-01	45,000
Energieverbrauch						
Niedriger Energieverbrauch/Masseneinheit	1,00E+00	0,100	9,00E+03	900,000	3,00E+00	0,300
	1,00E+02	10,000	1,80E+04	1800,000	3,00E+02	30,000
Mittlerer Energieverbrauch/Masseneinheit	1,00E+03	100,000	2,70E+04	2700,000	3,00E+03	300,000
	2,50E+03	250,000	3,60E+04	3600,000	3,00E+04	3000,000
Hoher Energieverbrauch/Masseneinheit	5,00E+03	500,000	4,50E+04	4500,000	3,00E+05	30000,000
Anfallende Abfallmengen						
Das Verhältnis anfallender Abfallstoffe (Deponie)/Baurestmasse ist sehr gering.	1,50E+01	1,000	1,50E+01	1,000	1,50E+01	1,000
Das Verhältnis anfallender Abfallstoffe (Deponie)/Baurestmasse ist gering.	3,00E+01	2,000	3,00E+01	2,000	3,00E+01	2,000
Das Verhältnis anfallender Abfallstoffe (Deponie)/Baurestmasse ist gemäßigt.	4,50E+01	3,000	4,50E+01	3,000	4,50E+01	3,000
Das Verhältnis anfallender Abfallstoffe (Deponie)/Baurestmasse ist groß.	6,00E+01	4,000	6,00E+01	4,000	6,00E+01	4,000
Das Verhältnis anfallender Abfallstoffe (Deponie)/Baurestmasse ist sehr groß.	7,50E+01	5,000	7,50E+01	5,000	7,50E+01	5,000

Tabelle A-51 (Fortsetzung)

Hauptmaterialgruppe	Gipskarton		Dichtungsbahn/Folie		Tapete	
Standardbeschreibung	Skala	Punkte P_N	Skala	Punkte P_N	Skala	Punkte P_N
Gesparte Umweltbelastung durch Substitution						
Transporte						
Lokal (< 50 km)	6,00E+00	0,150	2,00E+01	0,500	2,00E+01	0,500
Lokal (> 50 km)	1,20E+01	0,300	4,00E+01	1,000	4,00E+01	1,000
Innerhalb von Deutschland	1,80E+01	0,450	6,00E+01	1,500	6,00E+01	1,500
Innerhalb Deutschland	2,40E+01	0,600	8,00E+01	2,000	8,00E+01	2,000
Außerhalb von Deutschland	3,00E+01	0,750	1,00E+02	2,500	1,00E+02	2,500
Emission von CFC-Äquivalenten						
Minimale Emissionen	1,00E-04	1,000	1,00E-04	1,000	1,00E-04	1,000
Geringe Emissionen	2,00E-04	2,000	2,00E-04	2,000	2,00E-04	2,000
Gemäßigte Emissionen	3,00E-04	3,000	3,00E-04	3,000	3,00E-04	3,000
Große Emissionen	4,00E-04	4,000	4,00E-04	4,000	4,00E-04	4,000
Sehr große Emissionen	5,00E-04	5,000	5,00E-04	5,000	5,00E-04	5,000
Emission von SO-Äquivalenten						
Minimale Emissionen	1,00E+00	125,000	4,00E+00	500,000	1,60E+01	2000,000
Geringe Emissionen	2,00E+00	250,000	8,00E+00	1000,000	2,40E+01	3000,000
Gemäßigte Emissionen	3,00E+00	375,000	1,20E+01	1500,000	3,20E+01	4000,000
Große Emissionen	4,00E+00	500,000	1,60E+01	2000,000	4,00E+01	5000,000
Sehr große Emissionen	5,00E+00	625,000	2,00E+01	2500,000	4,80E+01	6000,000
Emission von CO_2-Äquivalenten						
Minimale Emissionen	9,00E+01	150,000	3,00E+02	500,000	1,80E+02	300,000
Geringe Emissionen	1,50E+02	250,000	6,00E+02	1000,000	3,60E+02	600,000
Gemäßigte Emissionen	3,00E+02	500,000	9,00E+02	1500,000	7,20E+02	1200,000
Große Emissionen	4,50E+02	750,000	1,20E+03	2000,000	1,44E+03	2400,000
Sehr große Emissionen	6,00E+02	1000,000	1,50E+03	2500,000	2,88E+03	4800,000
Energieverbrauch						
Niedriger Energieverbrauch/Masseneinheit	1,00E+02	10,000	1,00E+03	100,000	1,00E+02	10,000
	1,00E+03	100,000	5,00E+03	500,000	1,00E+03	100,000
Mittlerer Energieverbrauch/Masseneinheit	2,00E+03	200,000	1,00E+04	1000,000	1,00E+04	1000,000
	3,00E+03	300,000	2,50E+04	2500,000	5,00E+04	5000,000
Hoher Energieverbrauch/Masseneinheit	4,00E+03	400,000	7,50E+04	7500,000	1,00E+05	10000,000
Anfallende Abfallmengen						
Das Verhältnis anfallender Abfallstoffe (Deponie)/Neumaterial ist sehr gering.	1,50E-02	0,001	1,50E-01	0,010	1,50E-01	0,010
Das Verhältnis anfallender Abfallstoffe (Deponie)/Neumaterial ist gering.	2,25E-02	0,002	2,25E-01	0,015	2,25E-01	0,015
Das Verhältnis anfallender Abfallstoffe (Deponie)/Neumaterial ist gemäßigt.	3,00E-02	0,002	3,00E-01	0,020	3,00E-01	0,020
Das Verhältnis anfallender Abfallstoffe (Deponie)/Neumaterial ist groß.	3,75E-02	0,003	3,75E-01	0,025	3,75E-01	0,025
Das Verhältnis anfallender Abfallstoffe (Deponie)/Neumaterial ist sehr groß.	4,50E-02	0,003	4,50E-01	0,030	4,50E-01	0,030

Klassifizierung von Verbund- und Nebenkategorien

In der Tabelle A-52 sind die unterschiedlichen Verbundkategorien der einzelnen Baurestmassen dargestellt. Eine Verbundkategorie setzt sich aus dem Hauptstoff (1. Spalte) und unterschiedlichen Nebenkategorien (Zeilen) zusammen.

Tabelle A-52: Definition von Verbundkategorien für Baurestmassen

Nebenkategorie der Nebenstoffe (Spalten 1–19):

1. Mineralischer Baustoff
2. Stahl
3. NE-Metalle
4. Mauermörtel mit Kunststoffzusatz, Kunstharzputz
5. Gipsputz
6. Anhydritestrich
7. Holz
8. Glas
9. Dämmmaterial
10. PUR/EPS
11. Gipskartonplatten
12. Tapete
13. Mineralfarbe
14. Kunstfarbe
15. Lösungsmittelklebstoff
16. Kunststoff
17. Bodenbelag (Teppich)
18. Bitumen
19. toxisches Material/Sondermüll

Hauptstoff	Verbundkategorie	1	2	3	4	5	6	7	8	9	10	11	12	13	14	15	16	17	18	19
Unbewehrter Beton	V1	x							x											
	V2	x				x	x		x			x								
	V3	x	x	x	x	x	x	x	x	x	x	x	x	x	x	x		x	x	
	V4	x	x	x	x	x	x	x	x	x	x	x	x	x	x	x	x	x	x	
	V5	x	x	x	x	x	x	x	x	x	x	x	x	x	x	x	x	x	x	x
Stahlbeton, Leichtbeton	V1	x	x						x											
	V2	x	x			x	x		x			x								
	V3	x	x	x	x	x	x	x	x	x	x	x	x	x	x	x		x	x	
	V4	x	x	x	x	x	x	x	x	x	x	x	x	x	x	x	x	x	x	
	V5	x	x	x	x	x	x	x	x	x	x	x	x	x	x	x	x	x	x	x
Stahl	V1	x	x	x	x	x	x	x	x	x	x	x	x	x	x	x	x	x		
	V2	x	x	x	x	x	x	x	x	x	x	x	x	x	x	x	x	x	x	x
Kalksandstein, Ziegelstein, Schiefer	V1	x	x						x											
	V2	x	x			x	x		x			x								
	V3	x	x	x	x	x	x	x	x	x	x	x	x	x	x	x	x	x	x	
	V4	x	x	x	x	x	x	x	x	x	x	x	x	x	x	x	x	x	x	x
Restholz oder Altholz	V1	x	x	x	x	x	x	x	x	x	x	x	x	x				x	x	
	V2	x	x	x	x	x	x	x	x	x	x	x	x	x	x	x	x	x	x	
	V3	x	x	x	x	x	x	x	x	x	x	x	x	x	x	x	x	x	x	x

Tabelle A-52 (Fortsetzung)

Nr. Nebenkategorie		1	2	3	4	5	6	7	8	9	10	11	12	13	14	15	16	17	18	19
Hauptstoff	Verbundkategorie	Mineralischer Baustoff	Stahl	NE-Metalle	Mauermörtel mit Kunststoffzusatz, Kunstharzputz	Gipsputz	Anhydritestrich	Holz	Glas	Dämmmaterial	PUR/EPS	Gipskartonplatten	Tapete	Mineralfarbe	Kunstfarbe	Lösungsmittelklebstoff	Kunststoff	Bodenbelag (Teppich)	Bitumen	toxisches Material/Sondermüll
Gipskarton-platte	V1											x	x	x	x					
	V2	x	x	x	x	x	x	x	x	x	x	x	x	x	x	x	x	x	x	
	V3	x	x	x	x	x	x	x	x	x	x	x	x	x	x	x	x	x	x	x
Holzfaserplatte	V1	x			x	x	x	x	x			x	x	x	x		x	x		
	V2																		x	
	V3	x	x	x	x	x	x	x	x	x	x	x	x	x	x	x	x	x	x	
	V4	x	x	x	x	x	x	x	x	x	x	x	x	x	x	x	x	x	x	x
Mineralputz, Kalkputz, Leichtputz, Estrich	V1	x							x											
	V2	x	x	x	x	x	x	x	x	x	x	x	x	x	x	x	x	x	x	
	V3	x	x	x	x	x	x	x	x	x	x	x	x	x	x	x	x	x	x	x
Gipsputz, Anhydritestrich	V1	x				x	x		x			x								
	V2	x	x	x	x	x	x	x	x	x	x	x	x	x	x	x	x	x	x	
	V3	x	x	x	x	x	x	x	x	x	x	x	x	x	x	x	x	x	x	x
Kunstharzputz, Putz/Glasgewebe	V1 V2	x	x	x	x	x	x	x	x	x	x	x	x	x	x	x	x	x	x	
	V3	x	x	x	x	x	x	x	x	x	x	x	x	x	x	x	x	x	x	x
Bitumen	V1	x							x										x	
	V2	x	x	x	x	x	x	x	x	x	x	x	x	x	x	x	x	x	x	
	V3	x	x	x	x	x	x	x	x	x	x	x	x	x	x	x	x	x	x	x
Mineralwolle, Glaswolle, EPS, PUR, Perlite	V1	x			x	x	x	x	x	x	x	x						x		
	V2		x	x						x	x			x	x		x			
	V3																		x	
	V4	x	x	x	x	x	x	x	x	x	x	x	x	x	x	x	x	x	x	
	V5	x	x	x	x	x	x	x	x	x	x	x	x	x	x	x	x	x	x	x
PE-Folie, Dichtungsbahn	V1	x			x	x	x				x							x		
	V2	x	x	x	x	x	x	x	x	x	x	x	x	x	x	x	x	x	x	
	V3	x	x	x	x	x	x	x	x	x	x	x	x	x	x	x	x	x	x	x
Kunststoff	V1																x			
	V2	x	x	x	x	x	x	x	x	x	x	x	x	x	x	x	x	x	x	
	V3	x	x	x	x	x	x	x	x	x	x	x	x	x	x	x	x	x	x	x

Tabelle A-52 (Fortsetzung)

Nr. Nebenkategorie		1	2	3	4	5	6	7	8	9	10	11	12	13	14	15	16	17	18	19
Hauptstoff	**Ver-bund-kate-gorie**	Mineralischer Baustoff	Stahl	NE-Metalle	Mauermörtel mit Kunststoff-zusatz, Kunstharzputz	Gipsputz	Anhydritestrich	Holz	Glas	Dämmmaterial	PUR/EPS	Gipskartonplatten	Tapete	Mineralfarbe	Kunstfarbe	Lösungsmittelklebstoff	Kunststoff	Bodenbelag (Teppich)	Bitumen	toxisches Material/Sondermüll
NE-Metall	V1												x	x	x		x			
	V2		x	x																
	V3		x	x				x					x	x	x		x			
	V4	x	x	x	x	x	x	x	x	x	x	x	x	x	x	x	x	x	x	
	V5	x	x	x	x	x	x	x	x	x	x	x	x	x	x	x	x	x	x	x
PVC-Boden-belag, Lino-leum, Laminat	V1	x			x	x	x										x			
	V2	x	x	x	x	x	x	x	x	x	x	x	x	x	x	x	x	x	x	
	V3	x	x	x	x	x	x	x	x	x	x	x	x	x	x	x	x	x	x	x
Holzbelag	V1		x	x				x												
	V2							x									x			
	V3	x			x	x	x	x	x				x				x			
	V4	x	x	x	x	x	x	x	x	x	x	x	x	x	x	x	x	x	x	
	V5	x	x	x	x	x	x	x	x	x	x	x	x	x	x	x	x	x	x	x
Polyamid-teppichboden, Wollteppich-boden	V1	x			x	x	x		x								x	x		
	V2	x	x	x	x	x	x	x	x	x	x	x	x	x	x	x	x	x	x	
	V3	x	x	x	x	x	x	x	x	x	x	x	x	x	x	x	x	x	x	x
Naturstein, Keramik	V1	x			x	x	x					x					x			
	V2	x	x	x	x	x	x	x	x	x	x	x	x	x	x	x	x	x	x	
	V3	x	x	x	x	x	x	x	x	x	x	x	x	x	x	x	x	x	x	x
Tapete, Textiltapete	V1							x						x		x				
	V2	x	x	x	x	x	x	x	x	x	x	x	x	x	x	x	x	x	x	
	V3	x	x	x	x	x	x	x	x	x	x	x	x	x	x	x	x	x	x	x
Glas	V1		x	x													x			
	V2	x	x	x	x	x	x	x	x	x	x	x	x	x	x	x	x	x	x	
	V3	x	x	x	x	x	x	x	x	x	x	x	x	x	x	x	x	x	x	x

Tabelle A-53: Klassifizierung unterschiedlicher Baurestmassen

Material-gruppe	Stoffbezeichnung	Bestandteile	Abfallart	Aufbereitungsprozess
Beton	Beton unbewehrt	Zement, Wasser, Zuschlag	Bauschutt	Bauschuttaufbereitungs-anlage Brecher, Über-bandmagnet, Nass- oder Trockensichtung
	Bewehrter Beton	Zement, Wasser, Zuschlag, Bewehrung	Bauschutt	s. o.
	Leichtbeton, Porenbeton	Zement, Wasser, Zuschlag (leicht) bzw. poriger Zuschlag, Bewehrung, evtl. Treibmittel	Bauschutt	s. o.
Baustahl	Baustahl Fe360 (St37) Betonstahl	Eisen-Kohlenstofflegierung	Bauschutt	Wiedereinschmelzen
Mauer-werk/ Dach-deckung	Kalksandstein	Kalk, Sand, Wasser	Bauschutt	Bauschuttaufbereitungs-anlage
	Ziegelstein	Ton, Sand, Wasser	Bauschutt	s. o.
	Beton- und Leichtbetonsteine	Zement, Wasser, Zuschlag	Bauschutt	s. o.
	Schiefer	tonhaltiges Sedimentgestein	Bauschutt	s. o.
	Zementdachziegel	Zement, Ton, Sand, Wasser	Bauschutt	s. o.
Holz-produkte	Weichfaserplatte	Altholz, Kunstharz oder mineralische Bindemittel	Baustellen-abfälle	Holzaufbereitungsanlage
	Brettschichtholz/ Brettschnittholz	Altholz, Kunstharz oder mineralische Bindemittel	Baustellen-abfälle	Holzaufbereitungsanlage
	Kantschnittholz	Holz, gehobelte Bretter verleimt	Baustellen-abfälle	Holzaufbereitungsanlage
	Spanplatte	Flachpressplatten mit härtbaren Kunststoffleimen gebunden	Baustellen-abfälle	Holzaufbereitungsanlage
	Hartfaserplatte	Altholz, Kunstharz oder mineralische Bindemittel	Baustellen-abfälle	Holzaufbereitungsanlage
Mörtel/ Putz	Mörtel,	Bindemittel, Zuschlag, Wasser	Bauschutt	Bauschuttaufbereitungs-anlage Brecher, Über-bandmagnet, Nass- oder Trockensichtung
	Dünnbettmörtel, Kunstharzputz	Bindemittel, Zuschlag, Wasser	Bauschutt	s. o.
	mineralischer Putz, Zementputz, Kalkputz	Bindemittel, Zuschlag, Wasser	Bauschutt	s. o.

Die Tabelle A-53 gibt einen Überblick über verschiedene Baurestmassen und deren Einordnung in Hauptstoffe und Nebenkategorien. Des Weiteren wird die Zuordnung des jeweiligen Hauptstoffes zu einer Hauptmaterialgruppen vorgenommen. In [115] sind weitere Baurestmassen klassifiziert.

Tabelle A-53 (Fortsetzung)

Material-gruppe	Stoffbezeichnung	Bestandteile	Abfallart	Aufbereitungsprozess
	Wärmedämmputz, Leichtmörtel, Leichtputz	Mineralischer Putz, Zuschlagstoffe aus Polysterol oder Perlite oder Vermiculite	Baustellen-abfälle	s. o.
	Einschicht-Glattputz	Bindemittel (Gips), Zuschlag, Wasser	Bauschutt	kein weiterer Aufwand, wenn sortenrein, Herstellung von Zement und Schwefelsäure
	Kratzputz, Dekorputz	mineralischer Kleber, Glasgewebe, mineralische Armierung, Kalk-Zement Kratzputz	Bauschutt	s. o.
	Dekorputz	mineralischer Kleber, Glasgewebe, mineralische Armierung, Kalk-Zement Dekorputz, Dispersionsfarbe	Bauschutt	s. o.
Kunststoff	HDPE, LDPE, PET, PUR, PP, PVC	Erdöl, Steinsalz	Baustellen-abfälle	Thermosplitting
Estrich	Anhydritestrich	Anhydritbinder, Spezialgipse, Kalkstein, Quarzsand	Bauschutt	kein weiterer Aufwand, wenn sortenrein, Herstellung von Zement und Schwefelsäure
	Zementestrich	Zement, Wasser, Zuschlag	Bauschutt	Bauschuttaufbereitungs-anlage Brecher, Über-bandmagnet, Nass- oder Trockensichtung
	Asphaltdeckschicht	Bitumen, Zuschlag	Straßen-aufbruch	s. o.
Dämm-material	Vliesstoffe (Vlies/Filz)	Trittschalldämmung oder Träger von Dichtungsbahnen Polyester, Avivage, Betonbinder	Baustellen-abfälle	Zerkleinerung im Schredder, Aufmahlen, Binden mit Portland-zement
	Glaswolle	Mineralische Stoffe, Glas, Kohlenstoffpulver	Baustellen-abfälle	s. o.
	Steinwolle (Dämmplatte)	Basalt, Diabas, Dolomit, Kalkstein	Bauschutt	Zerkleinerung im Schredder, Aufmahlen, Binden mit Portland-zement
Dämm-materialien	Expandiertes Polysterol PS	Gestein, Natriumchlorid, Kalkstein, Eisenerz, Bariterz, Bentonit, Bauxit, Wasser	Baustellen-abfälle	Zerkleinerung
	Zellulosefaser-, Flachfaserdämm-stoff	Papier, Borax, Borsäure, Taubes Gestein, Kalkstein, Natriumchlorid, Colemaniterz	Baustellen-abfälle	Zerkleinerung
	Polyurethan (PUR)	Erdöl und nachwachsende Rohstoffe wie z. B. Mais	Baustellen-abfälle	Zerkleinerung, Aufschmelzen
	Blähton	Mineralische Baustoffe	Bauschutt	Bauschuttaufbereitung

Tabelle A-53 (Fortsetzung)

Material-gruppe	Stoffbezeichnung	Bestandteile	Abfallart	Aufbereitungsprozess
Leichtbau-platten	Holzfaserplatte	mechanisch zerfaserte Holzspäne mit Bindemitteln	Baustellen-abfälle	Holzaufbereitungsanlage
	Gipskartonplatten	Karton und Gipskern	Baustellen-abfälle	Zerkleinerung und Fein-mahlung, Ofenaufarbei-tung zu Stuckgips
Dichtungs-bahnen	Dampfbremse PE mit Fl.	Erdöl	Baustellen-abfälle	Zerkleinerung zu Sekundärmaterial
	Dichtungsbahn FPO-A	PE, Kalkstein, Glasfasern, Formaldehyd	Baustellen-abfälle	s. o.
	Dichtungsbahn PVC	wie PVC mit Weichmachern	Baustellen-abfälle	Thermosplitting
	Bitumendachbahn	Bitumen, Bindemittel	Straßen-aufbruch	Zerkleinerung zu Sekundärmaterial
Metall	Zink	Zinkerz, Koks, (Schwefelsäure)	Baustellen-abfälle	Wiedereinschmelzen
	Kupfer	Sulfidische Kupfererze	Baustellen-abfälle	Wiedereinschmelzen
	Aluminium	Bauxit	Baustellen-abfälle	Wiedereinschmelzen
Anstriche	Alkydharzlack, weitere Farben	Alkydharz, Testbenzin, Zinkoxid, Bariumsulfat	Baustellen-abfälle	–
	Kalkfarbe, Binder-farbe, Mineralfarbe		Baustellen-abfälle	–
Glas	Isolierglas	Glas	Baustellen-abfälle	Wiedereinschmelzen
Klebstoffe	Kunstharz-Lsgm. Klebstoff, Disper-sionsklebstoff	Alkydharz, Testbenzin, Bariumsulfat	Baustellen-abfälle	–
Boden/Wand-beläge	PVC-Bodenbelag	Erdöl, Steinsalz	Baustellen-abfälle	Thermosplitting
	Vollholz-bodenbelag	Naturholz	Baustellen-abfälle	Holzaufbereitungsanlage
	Wollteppich	Wolle, Latex	Baustellen-abfälle	Aufbereitung
	Keramische Fliesen	Ton, Kaolin, Quarzsand, Kreide	Bauschutt	Bauschuttaufbereitungs-anlage
	Linoleum	Leinöl, Harz, Trockenstoffe, Holzmehl, Korkmehl, Kalkstein-pulver, Weiß- und Buntpigmente	Baustellen-abfälle	Zerkleinerung und Aufmahlen
	Naturstein-bodenbelag	Magma-, Erstarrungsgesteine	Baustellen-abfälle	Bauschuttaufbereitungs-anlage
	Raufasertapete	Papier	Baustellen-abfälle	Altpapierrecycling

Tabelle A-53 (Fortsetzung)

Material-gruppe	Stoff-bezeich-nung	Haupt-material-gruppe	Sortenreine Entsorgung	Entsorgung als Haupt-stoff	Nebenstoff	Neben-kategorie	Dichte [kg/m³]
Beton	Beton unbewehrt	Mineralische Baustoffe	Unbewehrter Beton	Unbewehrter Beton	Beton	Min. Baustoffe	2300
	Bewehrter Beton	Mineralische Baustoffe	Stahlbeton	Stahlbeton	Beton	Min. Baustoffe	2500
	Leichtbeton, Porenbeton	Mineralische Baustoffe	Leichtbeton	Leichtbeton	Leichtbeton	Min. Baustoffe	1400
Baustahl	Baustahl z. B. Fe360 (St37) Betonstahl	Stahl	Stahl	Stahl	Stahl	Stahl	7800
Mauer-werk/ Dach-deckung	Kalksand-stein	Mineralische Baustoffe	Kalksand-stein	Kalksand-stein	Kalksand-stein	Min. Baustoffe	1600
	Ziegelstein	Mineralische Baustoffe	Ziegelstein	Ziegelstein	Ziegel	Min. Baustoffe	1650
	Beton- und Leichtbeton-steine	Mineralische Baustoffe	Leichtbeton	Leichtbeton	Leichtbeton	Min. Baustoffe	2000–2500
	Schiefer	Mineralische Baustoffe	Schiefer	Schiefer	Schiefer	Min. Baustoffe	1800
	Zement-dachziegel,	Mineralische Baustoffe	Ziegelstein	Ziegelstein	Ziegel	Min. Baustoffe	2700
	Dachziegel	Mineralische Baustoffe	Ziegelstein	Ziegelstein	Ziegel	Min. Baustoffe	1700
Holz-produkte	Weichfaser-platte	Holz	Holzfaser-platte	Faserplatte	Faserplatte	Holz	300
	Brettschicht-holz/Brett-schnittholz	Holz	Holzfaser-platte	Faserplatte	Faserplatte	Holz	400–700
	Kantschnitt-holz	Holz	Restholz oder Altholz	Restholz oder Altholz	Holz	Holz	450
	Spanplatte	Holz	Holzfaser-platte	Faserplatte	Faserplatte	Holz	650
	Hartfaser-platte	Holz	Holzfaser-platte	Faserplatte	Faserplatte	Holz	900

Tabelle A-53 (Fortsetzung)

Material-gruppe	Stoff-bezeich-nung	Haupt-material-gruppe	Sortenreine Entsorgung	Entsorgung als Haupt-stoff	Nebenstoff	Neben-kategorie	Dichte [kg/m³]
Mörtel/ Putz	Mörtel	Mineralische Baustoffe	keine	Mineralputz	Mörtel (mi-neralisch)	Min. Baustoffe	1900
	Dünnbett-mörtel, Kunstharz-putz	Mineralische Baustoffe	Keine	Kunstharz-putz	Mauermörtel mit Kunst-stoffzusatz	Kunstharz-putz	1400
	Minerali-scher Putz, Zementputz, Kalkputz	Mineralische Baustoffe	Mineralputz	Estrich	Minerali-scher Putz (Zem.)	Min. Baustoffe	2000
	Wärme-dämmputz, Leicht-mörtel, Leichtputz	Mineralische Baustoffe	Leichtputz	Leichtputz	Minerali-scher Putz (Perlite)	Min. Baustoffe	
	Einschicht-Glattputz	Gips	Gipsputz	Gipsputz	Gipsputz	Gipsputz	1000
	Kratzputz	Mineralische Baustoffe	Putz/Glasge webe	Kunstharz-putz	Mauermörtel mit Kunst-stoffzusatz	Kunstharz-putz	35,7 kg/m²
	Dekorputz	Mineralische Baustoffe	Putz/Glas-gewebe	Kunstharz-putz	Mauermörtel mit Kunst-stoffzusatz	Kunstharz-putz	18,9 kg/m²
Kunststoff	HDPE, LDPE, PET, PUR, PP, PVC	Kunststoff-bodenbelag	Kunststoff	Kunststoff	Kunststoff	Kunststoff	Variabel
Estrich	Anhydrit-estrich	Gips	Anhydrit-estrich	Anhydrit-estrich	Anhydrit-estrich	Anhydrit-estrich	2000
	Zement-estrich	Mineralische Baustoffe	Estrich	Estrich	Estrich (mi-neralisch)	Min. Baustoffe	2000
	Asphalt-deckschicht	Bitumen	Bitumen	Bitumen	Asphalt-deckschicht	Bitumen	1800

Tabelle A-53 (Fortsetzung)

Material-gruppe	Stoff-bezeich-nung	Haupt-material-gruppe	Sortenreine Entsorgung	Entsorgung als Haupt-stoff	Nebenstoff	Neben-kategorie	Dichte [kg/m³]
Dämm-materialien	Vliesstoffe (Vlies/Filz)	Mineral-wolle	Mineral-wolle	Mineral-wolle	Mineral-wolle	Dämm-material	200–400 g/m²
	Glaswolle	Mineral-wolle	Glaswolle	Glaswolle	Glaswolle	Dämm-material	50
	Steinwolle (Dämm-platte)	Mineral-wolle	Mineral-wolle	Mineral-wolle	Mineral-wolle	Dämm-material	160 kg/m³
	Expandiertes Polysterol PS	Mineral-wolle	Expandiertes Polysterol	Expandiertes Polysterol	PUR/EPS	PUR/EPS	15 kg/m³
	Zellulose-faser-, Flachfaser-dämmstoff	Mineral-wolle	Mineral-wolle	Mineral-wolle	Zellulose-fasern	Dämm-material	40 kg/m³
	Polyurethan (PUR)	Mineral-wolle	PUR-Platten	PUR	PUR/EPS	PUR/EPS	
	Blähton	Mineralische Baustoffe	Perlite	Perlite	Perlite	Min. Baustoffe	400
Leichtbau-platten	Holzfaser-platte	Holz	Holzfaserplatte	Holzfaserplatte	Holz	Holz	900
	Gipskarton-platten	Gipskarton	Gipskarton	Gipskarton	Gipskarton-platte	Gipskarton-platte	900
Dichtung-bahnen	Dampfbremse PE mit Fl.	Dichtungs-bahn/Folie	PE-Folie	PE-Folie	Kunststoff-folie	Kunststoff	820
	Dichtungs-bahn FPO-A	Dichtungs-bahn/Folie	Dichtungsbahn PPO-A	Dichtungs-bahn	Kunststoff-folie	Kunststoff	911
	Dichtungs-bahn PVC	Kunststoff-bodenbelag	PVC-Folie	Dichtungs-bahn	Kunststoff-folie	Kunststoff	1290
	Bitumen-dachbahn	Bitumen	Bitumen	Bitumen	Bitumen	Bitumen	1000
Metall	Zink	NE-Metall	Zink	NE-Metalle	NE-Metalle	NE-Metalle	7900
	Kupfer	NE-Metall	Kupfer	NE-Metalle	NE-Metalle	NE-Metalle	7900
	Aluminium	NE-Metall	Aluminium	NE-Metalle	NE-Metalle	NE-Metalle	7900
Anstriche	Alkydharz-lack, weitere Farben, Grundierung	–	–	–	Kunstfarbe	Kunstfarbe	1600
	Kalkfarbe, Binderfarbe, Mineralfarbe	–	–	–	Mineralfarbe	Mineralfarbe	Ca. 1600
Glas	Isolierglas	Glas	Glas	Glas	Glas	Glas	20,1 kg/m²

Tabelle A-53 (Fortsetzung)

Material-gruppe	Stoff-bezeich-nung	Haupt-material-gruppe	Sortenreine Entsorgung	Entsorgung als Haupt-stoff	Nebenstoff	Neben-kategorie	Dichte [kg/m³]
Klebstoffe	Kunstharz-Lsgm. Klebstoff, Dispersions-klebstoff	–	–	–	Lösungs-mittel-klebstoff	Lösungs-mittel-klebstoff	Ca. 1100
Boden/ Wand-beläge	PVC-Bodenbelag	Kunststoff-bodenbelag	PVC-Bodenbelag	PVC-Bodenbelag	Bodenbelag (Kunstst.)	Kunststoff	1500
	Vollholz-bodenbelag	Holz	Holzbelag	Holzbelag	Bodenbelag (Holz)	Holz	500
	Wollteppich	Mineral-wolle	Wollteppich-boden	Wollteppich-boden	Bodenbelag (Teppich)	Bodenbelag (Teppich)	1000
	Polyamid-teppichboden	Mineral-wolle	Polyamidtep-pichboden	Polyamid-teppichboden	Bodenbelag (Teppich)	Bodenbelag (Teppich)	300
	Keramische Fliesen	Mineralische Baustoffe	Keramik	Keramik	Bodenbelag (mineral.)	Min. Baustoffe	2000
	Linoleum	Kunststoff-bodenbelag	Linoleum	Linoleum	Bodenbelag (Kunststoff)	Kunststoff	1000
	Naturstein-bodenbelag	Mineralische Baustoffe	Naturstein	Naturstein	Bodenbelag (mineral.)	Min. Baustoffe	2700
	Raufaser-tapete, Papier	Tapete	Tapete	Tapete	Papier	Tapete	1200

Anhang 9
Entsorgungswege verschiedener Verbundkategorien

In der Tabelle A-54 sind Vorschläge für Entsorgungswege verschiedener Hauptstoffe und unterschiedliche Verbundkategorien (V0 bis V5) einiger Baurestmassen beschrieben. Des Weiteren wird zur besseren Veranschaulichung jeweils ein Verbundstoff beispielhaft beschrieben. Die Entsorgungswege Wieder- und Weiterverwendung bzw. Wieder- und Weiterverwertung werden im ersten Teil der Tabellen beschrieben (vgl. Tabelle A-54). Die restlichen vier Entsorgungswege werden im hinteren Teil der Tabellen aufgeführt (vgl. Tabelle A-55).

Tabelle A-54: Entsorgungswege verschiedener Baurestmassen
(Entsorgungswege: Verwendung und Verwertung)

Haupt-baurest-masse	Haupt-stoff	Ver-bund-kate-gorie	Verbundstoffe (exemplarisch)	Entsorgungswege			
				Wieder-verwen-dung	Weiter-verwen-dung	Wiederverwertung	Weiterverwertung
Beton	Normal-beton	V0 V1	sortenrein, mineralische Baurestmassen			Recyclingzuschlag	Füllmaterial und Kies- und Schotterersatz, Lärmschutzwälle
		V2	hoher Gipsanteil				Rekultivierungsmaß-nahmen im Bergbau
			niedriger Gipsanteil				Verfüllmaterial, Dammbaumaterial
		V3	Papier, Holz, Kunststoff			Recyclingzuschlag	Füllmaterial und Kies- und Schotterersatz
		V4	Bitumen				
		V5	Toxische Stoffe				
	Konstruk-tions-leicht-beton	V0	sortenrein			Zuschlagstoff für Leichtbaustoffe	Wärmedämm-schüttungen Vegetationssubstrat bei Dachbegrünungen
		V1	mineralische Baurestmassen				Füllmaterial und Kies- und Schotterersatz
		V2	hoher Gipsanteil				Rekultivierungsmaß-nahmen im Bergbau
			niedriger Gipsanteil				Verfüllmaterial, Dammbaumaterial
		V3	Papier, Holz, Kunststoff				Zuschlagstoffe, Füll-material und Kies- und Schotterersatz
		V4	Bitumen				
		V5	toxische Stoffe				

Tabelle A-54 (Fortsetzung)

Haupt-baurest-masse	Haupt-stoff	Ver-bund-kate-gorie	Verbundstoffe (exemplarisch)	Entsorgungswege			
				Wieder-verwen-dung	Weiter-verwen-dung	Wiederverwertung	Weiterverwertung
Beton	Fertigteile	V0	sortenrein	Bauteil	Bauteil mit neuer Funktion	Recyclingzuschlag	Füllmaterial und Kies- und Schotterersatz
		V1	mineralische Baurestmassen			Recyclingzuschlag	Füllmaterial und Kies- und Schotterersatz
		V2	hoher Gipsanteil				Rekultivierungsmaß-nahmen im Bergbau
			niedriger Gipsanteil				Verfüllmaterial, Dammbaumaterial
		V3	Papier, Holz, Kunststoff			Recyclingzuschlag	Füllmaterial und Kies- und Schotterersatz
		V4	Bitumen				
		V5	toxische Stoffe				
Mauer-werk	Kalksand-stein	V0	sortenrein	Verwen-dung als Kalksand-stein		Rückführung in die Produktion (bis zu 50 %)	Kies- und Schüttgut für Untertagebau
		V1	mineralische Baurestmassen	Verwen-dung als Kalksand-stein		Rückführung in die Produktion (Qualitäts-verschlechterung), wird nicht durchgeführt	Schüttstoff (nicht im Straßenbau)
		V2	hoher Gipsanteil				Rekultivierungsmaß-nahmen im Bergbau
			niedriger Gipsanteil				Verfüllmaterial, Dammbaumaterial
		V3	Papier, Holz, Kunststoff				Schüttstoff (nicht im Straßenbau)
		V4	toxische Stoffe				
	Ziegel (Mauer-ziegel)	V0	sortenrein	Verwen-dung als Ziegel-stein		Rückführung in die Produktion (bis zu 10–20 %)	Zuschlagstoff für Leichtbeton, Beton-hohlblocksteine, Substrat, Kies- und Schotterersatz
		V1	mineralische Baurestmassen				Kies- und Schotterersatz
		V2	hoher Gipsanteil				Rekultivierungsmaß-nahmen im Bergbau
			niedriger Gipsanteil				Verfüllmaterial, Dammbaumaterial
		V3	Papier, Holz, Kunststoff				Kies- und Schotterersatz
		V4	toxische Stoffe				

Tabelle A-54 (Fortsetzung)

Haupt-baurest-masse	Haupt-stoff	Ver-bund-kate-gorie	Verbundstoffe (exemplarisch)	Entsorgungswege			
				Wieder-verwen-dung	Weiter-verwen-dung	Wiederverwertung	Weiterverwertung
Mörtel	Mauer-mörtel	V0	sortenrein			Rückführung in die Produktion	
		V1 V2	mineralische Baustoffe oder Holz, Kunststoff, Papier				Kies- und Schotterersatz
		V3	toxische Stoffe				
Putz	Kalk- und Zement-putz	V1, V2	mineralische Baustoffe oder Papier, Holz, Kunststoff				Kies- und Schotterersatz
		V3	toxische Stoffe				
	Gipsputz (Hoher Gips-anteil)	V0	sortenrein			Rückführung in die Produktion	Herstellung von Zement, Brandkalk, Schwefelsäure und Gips
		V1	mineralische Baurestmassen				Dammbaumaterial
		V2	Papier, Holz, Kunststoff				Kies- und Schotterersatz
		V3	toxische Stoffe				
Estrich	Anhydrit-estrich	V0 V1 V2	sortenrein, mineralische Baustoffe, Papier, Holz				Kies- und Schotterersatz
		V3	toxische Stoffe				
	Zement-estrich	V0 V1	sortenrein, mineralische Baurestmassen			Zuschlagstoff für Zementestrich	Kies- und Schotterersatz
		V2	Papier, Holz, Kunststoff				Splittbeton
		V3	toxische Stoffe				
Stahl	Stahl-träger, Beton-stahl	V0	sortenrein	Wieder-verwen-dung Bauteil	Weiter-verwen-dung Bauteil	Zerkleinerung und Verwertung als Stahlprodukt	Zerkleinerung und Verwertung als Stahlprodukt
		V1	andere Bau-restmassen	Wieder-verwen-dung Bauteil	Weiter-verwen-dung Bauteil	Zerkleinerung und Verwertung als Stahlprodukt	Zerkleinerung und Verwertung als Stahlprodukt

Tabelle A-54 (Fortsetzung)

Haupt-baurest-masse	Haupt-stoff	Ver-bund-kate-gorie	Verbundstoffe (exemplarisch)	Entsorgungswege			
				Wieder-verwen-dung	Weiter-verwen-dung	Wiederverwertung	Weiterverwertung
Holz	Restholz/ Altholz/ Konstruk-tionsholz	V0	sortenrein	Bauteil-wieder-verwen-dung	Bauteil-weiter-verwen-dung	z. B. Rückführung in Spanplattenproduktion	Holzaufbereitungs-anlage (Faserplatten, Papier, Aktivkohle)
		V1	andere Bau-restmassen (keine Farben und Lacke)		Bauteil-weiter-verwen-dung		Holzaufbereitungs-anlage (Faserplatten, Papier, Aktivkohle)
		V2	Farben, Lacke, keine toxischen Stoffe				
		V3	toxische Stoffe				
NE-Metalle	Alumi-nium	V0 V1 V2 V3 V4	sortenrein, Kunststoff, Papier, Farbe, Eisen, NE-Metalle, Holz			Einschmelzen und Verwertung als Zink (spart bis zu 95 % der Energie)	Einschmelzen und Verwertung als Zink
		V5	toxische Stoffe				
Glas	Fenster-glas	V0	sortenrein	Fenster - wieder-verwen-dung		Einschmelzen zur Neuglasproduktion	Zerkleinern als Verfüllmaterial, Glaswolleproduktion, Schaumglasproduktion
		V1	Dichtstoffe, Aluminium				Zerkleinerung
		V2	jegliche Ver-bundkategorie				
		V3	toxische Stoffe				
Dämm-stoffe	Stein-wolle	V0	sortenrein	Verwen-dung theoretisch möglich		Steinwolle (ca. 30 % der Masse)	Ziegelporosierungs-mittel
		V1 oder V3	Putz, Kunststoff-putz, Mörtel, Estrich Bitumen			Verwertung theoretisch möglich	
		V2 oder V4	Kunststoff, Farbe, Eisen				
		V5	toxische Stoffe				
	PUR	V0	sortenrein	Verwen-dung denkbar		Verwertung mit Hilfe des Glycolyse- bzw. des Hydrolyse-Verfahrens	PUR-Pressplatten als Ersatz für Holz und Holzspanplatten
		V1	Putz, Kunststoff-putz, Mörtel, Estrich				

Tabelle A-54 (Fortsetzung)

Haupt-baurest-masse	Haupt-stoff	Ver-bund-kate-gorie	Verbundstoffe (exemplarisch)	Entsorgungswege			
				Wieder-verwen-dung	Weiter-verwen-dung	Wiederverwertung	Weiterverwertung
Leicht-bauplatten	Gips-karton-platten	V0	sortenrein			Zurück in die Produktion	Rekultivierung, Herstellung von Anhydrit, Zement und Schwefelsäure
		V1	Tapete, Papier, Farbe			Zurück in die Produktion	Rekultivierung etc.
		V2	Putz, Kunststoff-putz, Mörtel, Estrich				Rekultivierung etc.
		V3	jegliche Ver-bundkategorie				
		V4	toxische Stoffe				
	Holz-faser-platten	V0	sortenrein	gleiche Nutzung	neue Nutzung		Verfüllmaterial im Bergbau
		V1	Putz, Kunststoff-putz, Tapete, Fliesenreste				Verfüllmaterial im Bergbau
		V2	Bitumen			Bitumenhaltige Holzfaserplatten	
		V3	toxische Stoffe				
Boden- und Wand-beläge	PVC-Boden-belag	V0	sortenrein			Aufbereitung zu Pulver	Thermo-Splitting (Salzsäure)
		V1	Estrich, Spach-telreste, Kunst-stoff, Kleber				Thermo-Splitting (Salzsäure)
		V2	jegliche Ver-bundkategorie				
		V3	toxische Stoffe				
	Fliesen + Natur-steinbelag	V0	sortenrein	Wieder-verwen-dung Bauteil		Rückführung in Pro-duktion (Schamotte-mehl), bis zu 30 %	Kies- und Schotterersatz
		V1	Estrich, Spach-telreste, Kunst-stoff, Kleber	Wieder-verwen-dung Bauteil			Kies- und Schotterersatz, Tragschichten, Verfüllungen
		V2	jegliche Ver-bundkategorie				Kies- und Schotterersatz
		V3	toxische Stoffe				

Tabelle A-54 (Fortsetzung)

Haupt-baurest-masse	Haupt-stoff	Ver-bund-kate-gorie	Verbundstoffe (exemplarisch)	Entsorgungswege			
				Wieder-verwen-dung	Weiter-verwen-dung	Wiederverwertung	Weiterverwertung
Boden- und Wand-beläge	Parkett/ Dielen	V0 V1	sortenrein oder nach Entfernung von Nägeln	Wieder-verwen-dung Bauteil			Verwertung in Holzaufbereitungs-anlage zu Papier, Spanplatten etc.
		V2	Kleber				Verwertung in Holzaufbereitungs-anlage
		V3	Kleber, Estrich, Papier				
		V4	jegliche Ver-bundkategorie				
		V5	toxische Stoffe				
	Teppich	V0	sortenrein	Wieder-verwen-dung denkbar			Isolationsmaterial, Einsatz in der Kunststoff- und Chemieindustrie
		V1	Estrich, Spachtelreste, Kunststoff, Kleber				Isolationsmaterial, Einsatz in der Kunststoff- und Chemieindustrie
		V2	jegliche Ver-bundkategorie				
		V3	toxische Stoffe				
Dach-deckung	Schiefer	V0	sortenrein	Wieder-verwen-dung			Kies- und Schotterersatz
		V1	mineralische Baurestmassen				Kies- und Schotterersatz
		V2	jegliche Ver-bundkategorie				
		V3	toxische Stoffe				
	Tondach-ziegel	V0	sortenrein	Wieder-verwen-dung		Rückführung in Produktionsprozess	Splitt- und Ziegelmehl
		V1	mineralische Baurestmassen				Kies- und Schotterersatz
		V2	jegliche Ver-bundkategorie				
		V3	toxische Stoffe				

Tabelle A-54 (Fortsetzung)

Haupt-baurest-masse	Haupt-stoff	Ver-bund-kate-gorie	Verbundstoffe (exemplarisch)	Entsorgungswege			
				Wieder-verwen-dung	Weiter-verwen-dung	Wiederverwertung	Weiterverwertung
Dach-bahnen und Folien	PVC-Folie	V0 V1	sortenrein oder mit Kleberresten			Rückführung in Produktionsprozess	Thermosplitting
		V2	jegliche Ver-bundkategorie				
		V3	toxische Stoffe				
	PE-Folien	V0 V1	sortenrein oder mit Kleberresten				Zugabestoff bei der Herstellung von Fahrbahnbelägen
		V2	jegliche Ver-bundkategorie				
		V3	toxische Stoffe				
	Bitumen-dachbahn	V0 V1	sortenrein oder mit Kleberresten			Bitumenrecyclat zum Einsatz für z. B. Bautenschutzmatten	Einsatz in Deck-schichten, bituminösen Tragschichten, Frostschutzschichten
		V2	jegliche Ver-bundkategorie				
		V3	toxische Stoffe				

Tabelle A-55: Entsorgungswege verschiedener Baurestmassen
(Entsorgungswege: Energetische Verwertung, Kompostierung und Beseitigung)

| Haupt-baurest-masse | Haupt-stoff | Ver-bund-kate-gorie | Verbundstoffe (exemplarisch) | Entsorgungswege | | | | Referenz-prozess-bewertung der Haupt-material-gruppe |
				Energeti-sche Ver-wertung	Kom-postierung	Thermi-sche Be-seitigung	Depo-nierung	
Beton	Normal-beton	V0 V1	sortenrein, mineralische Baurestmassen				Klasse I	Mineralische Baustoffe
		V2	hoher Gipsanteil				Klasse I bzw. II	Mineralische Baustoffe
			niedriger Gipsanteil				Klasse I bzw. II	Mineralische Baustoffe
		V3	Papier, Holz, Kunststoff				Klasse I	Mineralische Baustoffe
		V4	Bitumen				Klasse I	Mineralische Baustoffe
		V5	toxische Stoffe				Sonderab-falldeponie	Sonderab-falldeponie
	Konstruk-tions-leicht-beton	V0	sortenrein				Klasse I	Mineralische Baustoffe
		V1	mineralische Baurestmassen				Klasse I	Mineralische Baustoffe
		V2	hoher Gipsanteil				Klasse I bzw. II	Mineralische Baustoffe
			niedriger Gipsanteil				Klasse I bzw. II	Mineralische Baustoffe
		V3	Papier, Holz, Kunststoff				Klasse I	Mineralische Baustoffe
		V4	Bitumen				Klasse I	Mineralische Baustoffe
		V5	toxische Stoffe				Sonderab-falldeponie	Sonderab-falldeponie
	Fertigteile	V0	sortenrein				Klasse I	Mineralische Baustoffe
		V1	mineralische Baurestmassen				Klasse I	Mineralische Baustoffe
		V2	hoher Gipsanteil				Klasse I bzw. II	Mineralische Baustoffe
			niedriger Gipsanteil				Klasse I bzw. II	Mineralische Baustoffe
		V3	Papier, Holz, Kunststoff				Klasse I	Mineralische Baustoffe
		V4	Bitumen				Klasse I	Mineralische Baustoffe
		V5	toxische Stoffe				Sonderab-falldeponie	Sonderab-falldeponie

Tabelle A-55 (Fortsetzung)

Haupt-baurest-masse	Haupt-stoff	Ver-bund-kate-gorie	Verbundstoffe (exemplarisch)	Entsorgungswege				Referenz-prozess-bewertung der Haupt-material-gruppe
				Energeti-sche Ver-wertung	Kom-postierung	Thermi-sche Be-seitigung	Depo-nierung	
Mauer-werk	Kalksand-stein	V0	sortenrein				Klasse I	Mineralische Baustoffe
		V1	mineralische Baurestmassen				Klasse I	Mineralische Baustoffe
		V2	hoher Gipsanteil				Klasse I bzw. II	Mineralische Baustoffe
			niedriger Gipsanteil				Klasse I bzw. II	Mineralische Baustoffe
		V3	Papier, Holz, Kunststoff				Klasse I	Mineralische Baustoffe
		V4	toxische Stoffe				Sonderab-falldeponie	Sonderab-falldeponie
	Ziegel (Mauer-ziegel)	V0	sortenrein				Klasse I	Mineralische Baustoffe
		V1	mineralische Baurestmassen				Klasse I	Mineralische Baustoffe
		V2	hoher Gipsanteil				Klasse I bzw. II	Mineralische Baustoffe
			niedriger Gipsanteil				Klasse I bzw. II	Mineralische Baustoffe
		V3	Papier, Holz, Kunststoff				Klasse I	Mineralische Baustoffe
		V4	toxische Stoffe				Sonderab-falldeponie	Sonderab-falldeponie
Mörtel	Mauer-mörtel	V0	sortenrein					Mineralische Baustoffe
		V1 V2	mineralische Bau-stoffe oder Holz, Kunststoff, Papier				Klasse I	Mineralische Baustoffe
		V3	toxische Stoffe				Sonderab-falldeponie	Sonderab-falldeponie
Putz	Kalk- und Zement-putz	V1, V2	mineralische Baustoffe oder Papier, Holz, Kunststoff				Klasse I	Mineralische Baustoffe
		V3	toxische Stoffe				Sonderab-falldeponie	Sonderab-falldeponie
	Gipsputz (Hoher Gips-anteil)	V0	sortenrein				Klasse I	Gips
		V1	mineralische Baurestmassen				Klasse I	Mineralische Baustoffe
		V2	Papier, Holz, Kunststoff				Klasse I	Mineralische Baustoffe
		V3	toxische Stoffe				Sonderab-falldeponie	Sonderab-falldeponie

Tabelle A-55 (Fortsetzung)

| Haupt-baurest-masse | Haupt-stoff | Ver-bund-kate-gorie | Verbundstoffe (exemplarisch) | Entsorgungswege | | | | Referenz-prozess-bewertung der Haupt-material-gruppe |
				Energeti-sche Ver-wertung	Kom-postierung	Thermi-sche Be-seitigung	Depo-nierung	
Estrich	Anhydrit-estrich	V0 V1 V2	sortenrein, mineralische Baustoffe Papier, Holz				Klasse I	Mineralische Baustoffe
		V3	toxische Stoffe				Sonderab-falldeponie	Sonderab-falldeponie
	Zement-estrich	V0 V1	sortenrein, mineralische Baurestmassen				Klasse I	Mineralische Baustoffe
		V2	Papier, Holz, Kunststoff				Klasse I	Mineralische Baustoffe
		V3	toxische Stoffe				Sonderab-falldeponie	Sonderab-falldeponie
Stahl	Stahl-träger	V0	sortenrein				Klasse I	Stahl
		V1	andere Baurest-massen				Klasse I	Stahl
Holz	Restholz/ Altholz/ Konstruk-tionsholz	V0	sortenrein	Betriebs-eigene Feuerungs-anlagen, Zement-werk, Holz-vergasung	Kompostie-rung mög-lich nach Zerkleine-rung	Thermische Beseitigung	Klasse I	Holz
		V1	andere Baurest-massen (keine Farben und Lacke)	Betriebs-eigene Feuerungs-anlagen	Kompostie-rung mög-lich	Thermische Beseitigung	Klasse I	Holz
		V2	Farben, Lacke, keine toxischen Stoffe	Betriebs-eigene Feuerungs-anlagen		Thermische Beseitigung	Klasse I	Holz
		V3	toxische Stoffe				Sonderab-falldeponie	Sonderab-falldeponie
NE-Metalle	Alumi-nium	V0 V1 V2 V3 V4	sortenrein. Kunststoff, Papier, Farbe, Eisen, NE-Metalle, Holz				Klasse I	NE-Metalle
		V5	toxische Stoffe				Sonderab-falldeponie	Sonderab-falldeponie
Glas	Fenster-glas	V0	sortenrein				Klasse I	Glas
		V1	Dichtstoffe, Aluminium				Klasse I	Glas
		V2	jegliche Ver-bundkategorie				Klasse I	Glas
		V3	toxische Stoffe				Sonderab-falldeponie	Sonderab-falldeponie

Tabelle A-55 (Fortsetzung)

Haupt-baurest-masse	Haupt-stoff	Ver-bund-kate-gorie	Verbundstoffe (exemplarisch)	Entsorgungswege				Referenz-prozess-bewertung der Haupt-material-gruppe
				Energeti-sche Ver-wertung	Kom-postierung	Thermi-sche Be-seitigung	Depo-nierung	
Dämm-stoffe	Stein-wolle	V0	sortenrein			Thermische Beseitigung in Müllver-brennungs-anlage	Klasse I	Mineral-wolle
		V1 oder V3	Putz, Kunststoff-putz, Mörtel, Estrich Bitumen			Thermische Beseitigung	Klasse I	Mineral-wolle
		V2 oder V4	Kunststoff, Farbe, Eisen			Thermische Beseitigung	Klasse I	Mineral-wolle
		V5	toxische Stoffe				Sonderab-falldeponie	Sonderab-falldeponie
	PUR	V0	sortenrein	Energetische Verwertung in Müllver-brennungs-anlagen		Thermische Beseitigung in Müllver-brennungs-anlage	Klasse I	PUR-Dämm-platten
		V1	Putz, Kunststoff-putz, Mörtel, Estrich	Energetische Verwertung (25,5–40 MJ/kg)		Thermische Beseitigung	Klasse I	PUR-Dämm-platten
Leicht-bauplatten	Gips-karton-platten	V0	sortenrein				Klasse I bzw. II	Gipskarton
		V1	Tapete, Papier, Farbe				Klasse I bzw. II	Gipskarton
		V2	Putz, Kunststoff-putz, Mörtel, Estrich				Klasse I bzw. II	Gipskarton
		V3	jegliche Ver-bundkategorie				Klasse I bzw. II	Gipskarton
		V4	toxische Stoffe				Sonderab-falldeponie	Sonderab-falldeponie
	Holz-faser-platten	V0	sortenrein	Energetische Verwertung		Thermische Beseitigung	Klasse I	Holz
		V1	Putz, Kunststoff-putz, Tapete, Fliesenreste	Energetische Verwertung	Kompostie-rung von Holzfaser-platten	Thermische Beseitigung	Klasse I	Holz
		V2	Bitumen				Klasse I	Holz
		V3	toxische Stoffe				Sonderab-falldeponie	Sonderab-falldeponie

Tabelle A-55 (Fortsetzung)

Haupt-baurest-masse	Haupt-stoff	Ver-bund-kate-gorie	Verbundstoffe (exemplarisch)	Entsorgungswege				Referenz-prozess-bewertung der Haupt-material-gruppe
				Energeti-sche Ver-wertung	Kom-postierung	Thermi-sche Be-seitigung	Depo-nierung	
Boden- und Wand-beläge	PVC-Boden-belag	V0	sortenrein	Energetische Verwertung (18 bis 25 MJ/kg)		Thermische Beseitigung	Klasse II	Kunststoff-bodenbelag
		V1	Estrich, Spachtel-reste, Kunststoff, Kleber	Energetische Verwertung		Thermische Beseitigung	Klasse II	Kunststoff-bodenbelag
		V2	jegliche Ver-bundkategorie	Energetische Verwertung		Thermische Beseitigung	Klasse II	Kunststoff-bodenbelag
		V3	toxische Stoffe				Sonderab-falldeponie	Sonderab-falldeponie
	Fliesen + Natur-steinbelag	V0	sortenrein				Klasse I	Mineralische Baustoffe
		V1	Estrich, Spachtel-reste, Kunststoff, Kleber				Klasse I	Mineralische Baustoffe
		V2	jegliche Ver-bundkategorie				Klasse I	Mineralische Baustoffe
		V3	toxische Stoffe				Sonderab-falldeponie	Sonderab-falldeponie
	Parkett/ Dielen	V0 V1	sortenrein oder nach Entfernung von Nägeln	Energetische Verwertung		Thermische Beseitigung	Geschred-derte Ab-fälle auf Deponie-klasse I	Holz
		V2	Kleber	Energetische Verwertung		Thermische Beseitigung	Klasse I	Holz
		V3	Kleber, Estrich, Papier	Energetische Verwertung		Thermische Beseitigung	Klasse I	Holz
		V4	jegliche Ver-bundkategorie			Thermische Beseitigung	Klasse I	Mineralische Baustoffe
		V5	toxische Stoffe				Sonderab-falldeponie	Sonderab-falldeponie
	Teppich	V0	sortenrein	Energetische Verwertung		Thermische Beseitigung	Klasse I	Mineral-wolle
		V1	Estrich, Spachtel-reste, Kunststoff, Kleber	Energetische Verwertung		Thermische Beseitigung	Klasse I	Mineral-wolle
		V2	jegliche Ver-bundkategorie	Energetische Verwertung		Thermische Beseitigung	Klasse I	Mineral-wolle
		V3	toxische Stoffe				Sonderab-falldeponie	Sonderab-falldeponie

Tabelle A-55 (Fortsetzung)

Haupt-baurest-masse	Haupt-stoff	Ver-bund-kate-gorie	Verbundstoffe (exemplarisch)	Entsorgungswege				Referenz-prozess-bewertung der Haupt-material-gruppe
				Energeti-sche Ver-wertung	Kom-postierung	Thermi-sche Be-seitigung	Depo-nierung	
Dach-deckung	Schiefer	V0	sortenrein				Klasse I	Mineralische Baustoffe
		V1	mineralische Baurestmassen				Klasse I	Mineralische Baustoffe
		V2	jegliche Ver-bundkategorie				Klasse I	Mineralische Baustoffe
		V3	toxische Stoffe				Sonderab-falldeponie	Sonderab-falldeponie
	Tondach-ziegel	V0	sortenrein				Klasse I	Mineralische Baustoffe
		V1	mineralische Baurestmassen				Klasse I	Mineralische Baustoffe
		V2	jegliche Ver-bundkategorie				Klasse I	Mineralische Baustoffe
		V3	toxische Stoffe				Sonderab-falldeponie	Sonderab-falldeponie
Dach-bahnen und Folien	PVC-Folie	V0 V1	sortenrein oder mit Kleberresten	Energetische Verwertung (18 bis 25 MJ/kg)		Thermische Beseitigung	Klasse II	Kunststoff-bodenbelag
		V2	jegliche Ver-bundkategorie				Klasse II	Kunststoff-bodenbelag
		V3	toxische Stoffe				Sonderab-falldeponie	Sonderab-falldeponie
	PE-Folien	V0 V1	sortenrein oder mit Kleberresten	Energetische Verwertung (18 bis 25 MJ/kg)		Thermische Beseitigung	Klasse II	Kunststoff-bodenbelag
		V2	jegliche Ver-bundkategorie				Klasse II	Kunststoff-bodenbelag
		V3	toxische Stoffe				Sonderab-falldeponie	Sonderab-falldeponie
	Bitumen-dachbahn	V0 V1	sortenrein oder mit Kleberresten	Energetische Verwertung			Klasse I	Bitumen
		V2	jegliche Ver-bundkategorie				Klasse I	Bitumen
		V3	toxische Stoffe				Sonderab-falldeponie	Sonderab-falldeponie

Anhang 10
Referenzprozessbewertung verschiedener Hauptmaterialgruppen

In den Tabellen A-55 bis A-73 sind die auf Grundlage des in Kapitel 6 beschriebenen Verfahrens durchgeführten Bewertungen der Referenzprozesse der verschiedenen Hauptmaterialgruppen zusammengestellt. Der Faktor Z wurde bei der Angabe der Bewertungsergebnisse für die substituierten Prozesse bereits berücksichtigt und ist in den angegebenen Punktzahlen enthalten. Die Zusammensetzung des Faktors Z als Produkt aus den Einzelfaktoren W, X und Y kann Tabelle A-73 entnommen werden.

Tabelle A-56: Bewertung „Mineralische Baurestmassen" pro Tonne anfallende Baurestmasse

Referenzprozess: Bauschuttaufbereitung, Fertigteil Kriterium	Wiederverwendung	Weiterverwendung	Wiederverwertung	Weiterverwertung	Thermische Verwertung	Kompostierung	Thermische Beseitigung	Deponierung	Gesamtergebnis
Entsorgungsmix: Prozentuale Verteilung	0,05	0	0,4	0,3	0	0	0	0,25	1
A1: Transporte	1	0	2	2	0	0	0	1	1,7
A2: Emission gesundheitsgef. Stoffe	1	0	1	1	0	0	0	1	10110001
A3: CFC-Emissionen	1	0	10	10	0	0	0	100	32,05
A4: SO_x-Emissionen	1	0	7,5	7,5	0	0	0	1	5,55
A5: CO_2-Emissionen	2,5	0	10	10	0	0	0	1	7,375
A6: Lärmbelästigungen	1	0	3	3	0	0	0	1	10330001
A7: Staubbelästigung	1	0	3	3	0	0	0	1	10330001
A8: Flächenverbrauch	1	0	250	250	0	0	0	1000	425,05
A9: Versiegelung	1	0	250	250	0	0	0	1000	425,05
A10: Energieverbrauch	2,5	0	10	10	0	0	0	1	7,375
A11: Schadstoffbelastete Chargen	1	0	2	2	0	0	0	2	10220002
A12: Anfallende Abfallmengen	0		0,06	0,06				1	0,292
A13: Entsorgung der Abfallmengen	3	0	3	3	0	0	0	3	30330003
B1: Transporte	0,5	0	0,188	0,47					0,24
B2: Emission gesundheitsgef. Stoffe	1	0	1	1					10110000
B3: CFC-Emissionen	0,25	0	0,0188	0,047					0,0341
B4: SO_x-Emissionen	75	0	1,88	4,7					5,912
B5: CO_2-Emissionen	200	0	3,76	9,4					14,32
B6: Energieverbrauch	150	0	1,88	9,4					11,82
B7: Anfallende Abfallmengen	0,0107		1,2E-6	1,2E-6					0,000536
B8: Entsorgung der Abfallmengen	3	0	3	3					30330000
B9: Heizwert					0				00000000
C1: Hochwertigkeit	1	0	2	2	0	0	0	5	10220005
C2: Technische Realisierbarkeit	2	0	1	1	0	0	0	1	20110001
D1: Vorschriften	1	0	1	1	0	0	0	3	10110003
D2: Akzeptanz	4	0	1	1	0	0	0	2	40110002
D3: Kosten	1	0	3	3	0	0	0	4	10330004
D4: Kapazitäten	3	0	2	2	0	0	0	2	30220002

Tabelle A-57: Bewertung „Sonderabfalldeponie" pro Tonne anfallende Baurestmasse

Referenzprozess: Sonderabfalldeponie / Kriterium	Wieder-verwendung	Weiter-verwendung	Wieder-verwertung	Weiter-verwertung	Thermische Verwertung	Kompostierung	Thermische Beseitigung	Deponierung	Gesamtergebnis
Prozentuale Verteilung	0	0	0	0	0	0	0	1	1
A1: Transporte	0	0	0	0	0	0	0	1	1
A2: Emission gesundheitsgef. Stoffe	0	0	0	0	0	0	0	4	00000004
A3: CFC-Emissionen	0	0	0	0	0	0	0	50000	50000
A4: SO_x-Emissionen	0	0	0	0	0	0	0	750	750
A5: CO_2-Emissionen	0	0	0	0	0	0	0	6000	6000
A6: Lärmbelästigungen	0	0	0	0	0	0	0	1	00000001
A7: Staubbelästigung	0	0	0	0	0	0	0	1	00000001
A8: Flächenverbrauch	0	0	0	0	0	0	0	1000	1000
A9: Versiegelung	0	0	0	0	0	0	0	1000	1000
A10: Energieverbrauch	0	0	0	0	0	0	0	450	450
A11: Schadstoffbelastete Chargen	0	0	0	0	0	0	0	4	00000004
A12: Anfallende Abfallmengen								1	1
A13: Entsorgung der Abfallmengen	0	0	0	0	0	0	0	5	00000005
B1: Transporte	0	0	0	0					0
B2: Emission gesundheitsgef. Stoffe	0	0	0	0					00000000
B3: CFC-Emissionen	0	0	0	0					0
B4: SO_x-Emissionen	0	0	0	0					0
B5: CO_2-Emissionen	0	0	0	0					0
B6: Energieverbrauch	0	0	0	0					0
B7: Anfallende Abfallmengen	0	0	0	0					
B8: Entsorgung der Abfallmengen	0	0	0	0					00000000
B9: Heizwert					0				00000000
C1: Hochwertigkeit	0	0	0	0	0	0	0	5	00000005
C2: Technische Realisierbarkeit	0	0	0	0	0	0	0	1	00000001
D1: Vorschriften	0	0	0	0	0	0	0	3	00000003
D2: Akzeptanz	0	0	0	0	0	0	0	5	00000005
D3: Kosten	0	0	0	0	0	0	0	5	00000005
D4: Kapazitäten	0	0	0	0	0	0	0	2	00000002

Tabelle A-58: Bewertung „Gips" pro Tonne anfallende Baurestmasse

Referenzprozess: Gips, verschmutzt mit mineralischen Baurestmassen / Kriterium	Wiederverwendung	Weiterverwendung	Wiederverwertung	Weiterverwertung	Thermische Verwertung	Kompostierung	Thermische Beseitigung	Deponierung	Gesamtergebnis
Prozentuale Verteilung	0	0	0	0,2	0	0	0	0,8	1
A1: Transporte	0	0	0	1,5	0	0	0	0,5	0,7
A2: Emission gesundheitsgef. Stoffe	0	0	0	1	0	0	0	1	00010001
A3: CFC-Emissionen	0	0	0	10	0	0	0	100	82
A4: SO_x-Emissionen	0	0	0	7,5	0	0	0	1	2,3
A5: CO_2-Emissionen	0	0	0	10	0	0	0	1	2,8
A6: Lärmbelästigungen	0	0	0	3	0	0	0	1	00030001
A7: Staubbelästigung	0	0	0	3	0	0	0	1	00030001
A8: Flächenverbrauch	0	0	0	200	0	0	0	3000	2440
A9: Versiegelung	0	0	0	200	0	0	0	3000	2440
A10: Energieverbrauch	0	0	0	10	0	0	0	1	2,8
A11: Schadstoffbelastete Chargen	0	0	0	2	0	0	0	2	00020002
A12: Anfallende Abfallmengen				0,06				1	0,812
A13: Entsorgung der Abfallmengen	0	0	0	3	0	0	0	3	00030003
B1: Transporte	0	0	0	0,0282					0,00564
B2: Emission gesundheitsgef. Stoffe	0	0	0	1					00010000
B3: CFC-Emissionen	0	0	0	0,141					0,0282
B4: SO_x-Emissionen	0	0	0	45,12					9,024
B5: CO_2-Emissionen	0	0	0	112,8					22,56
B6: Energieverbrauch	0	0	0	37,6					7,52
B7: Anfallende Abfallmengen				2,1E-6					0,00000042
B8: Entsorgung der Abfallmengen	0	0	0	3					00030000
B9: Heizwert					0				00000000
C1: Hochwertigkeit	0	0	0	3	0	0	0	5	00030005
C2: Technische Realisierbarkeit	0	0	0	1	0	0	0	1	00010001
D1: Vorschriften	0	0	0	1	0	0	0	3	00010003
D2: Akzeptanz	0	0	0	1	0	0	0	2	00010002
D3: Kosten	0	0	0	4	0	0	0	4	00040004
D4: Kapazitäten	0	0	0	2	0	0	0	2	00020002

Tabelle A-59: Bewertung „Holz" pro Tonne anfallende Baurestmasse

Referenzprozess: Unbehandeltes Holz Kriterium	Wieder- verwendung	Weiter- verwendung	Wieder- verwertung	Weiter- verwertung	Thermische Verwertung	Kompostierung	Thermische Beseitigung	Deponierung	Gesamtergebnis
Prozentuale Verteilung	0,05	0	0	0,4	0,35	0	0,1	0,1	1
A1: Transporte	0,75	0	0	1,5	0,75	0	0,75	0,75	1,05
A2: Emission gesund- heitsgef. Stoffe	1	0	0	1	1	0	1	1	10011011
A3: CFC-Emissionen	0,03	0	0	0,3	3	0	3	0,3	1,5015
A4: SO_x-Emissionen	60	0	0	180	240	0	240	180	201
A5: CO_2-Emissionen	10	0	0	10	3750	0	3750	10	1693
A6: Lärmbelästigungen	2	0	0	3	2	0	2	3	20032023
A7: Staubbelästigung	2	0	0	3	2	0	2	3	20032023
A8: Flächenverbrauch	5	0	0	25	15	0	15	25	19,5
A9: Versiegelung	5	0	0	25	15	0	15	25	19,5
A10: Energieverbrauch	10	0	0	1000	0,1	0	0,1	1000	500,545
A11: Schadstoffbelastete Chargen	1	0	0	2	2	0	2	2	10022022
A12: Anfallende Abfallmengen	0			0,02	0,1		0,1	1	0,153
A13: Entsorgung der Abfallmengen	3	0	0	3	3	0	3	3	30033033
B1: Transporte	1,25	0	0	0,3675					0,2095
B2: Emission gesund- heitsgef. Stoffe	1	0	0	1					10010000
B3: CFC-Emissionen	1	0	0	0,294					0,1676
B4: SO_x-Emissionen	300	0	0	88,2					50,28
B5: CO_2-Emissionen	300	0	0	88,2					50,28
B6: Energieverbrauch	2000	0	0	588					335,2
B7: Anfallende Abfallmengen	0,026			0,026					0,0117
B8: Entsorgung der Abfallmengen	3	0	0	3					30030000
B9: Heizwert					5				00005000
C1: Hochwertigkeit	1	0	0	2	3	0	5	5	10023055
C2: Technische Realisierbarkeit	2	0	0	1	1	0	1	1	20011011
D1: Vorschriften	1	0	0	1	2	0	2	2	10012022
D2: Akzeptanz	4	0	0	1	2	0	2	2	40012022
D3: Kosten	1	0	0	4	4	0	5	5	10044055
D4: Kapazitäten	2	0	0	2	2	0	2	2	20022022

Tabelle A-60: Bewertung „Stahl" pro Tonne anfallende Baurestmasse

Referenzprozess: Stahlträger / Kriterium	Wiederverwendung	Weiterverwendung	Wiederverwertung	Weiterverwertung	Thermische Verwertung	Kompostierung	Thermische Beseitigung	Deponierung	Gesamtergebnis
Prozentuale Verteilung	0,05	0	0,93	0	0	0	0	0,02	1
A1: Transporte	0,75	0	1,5	0	0	0	0	0,75	1,4475
A2: Emission gesundheitsgef. Stoffe	1	0	1	0	0	0	0	1	10100001
A3: CFC-Emissionen	1,5	0	4,5	0	0	0	0	1,5	4,29
A4: SO$_x$-Emissionen	3	0	600	0	0	0	0	3	558,21
A5: CO$_2$-Emissionen	4	0	1200	0	0	0	0	4	1116,28
A6: Lärmbelästigungen	1	0	3	0	0	0	0	1	10300001
A7: Staubbelästigung	1	0	3	0	0	0	0	1	10300001
A8: Flächenverbrauch	1	0	100	0	0	0	0	450	102,05
A9: Versiegelung	1	0	100	0	0	0	0	450	102,05
A10: Energieverbrauch	10	0	2000	0	0	0	0	10	1860,7
A11: Schadstoffbelastete Chargen	1	0	2	0	0	0	0	2	10200002
A12: Anfallende Abfallmengen	0		0,145					1	0,15485
A13: Entsorgung der Abfallmengen	3	0	3	0	0	0	0	3	30300003
B1: Transporte	3,75	0	2,58	0					2,5869
B2: Emission gesundheitsgef. Stoffe	1	0	1	0					10100000
B3: CFC-Emissionen	0,5	0	0,344	0					0,34492
B4: SO$_x$-Emissionen	750	0	516	0					517,38
B5: CO$_2$-Emissionen	2000	0	1376	0					1379,68
B6: Energieverbrauch	1625	0	1118	0					1120,99
B7: Anfallende Abfallmengen	0,264		0,264						0,25872
B8: Entsorgung der Abfallmengen	3	0	3	0					30300000
B9: Heizwert					0				00000000
C1: Hochwertigkeit	1	0	2	0	0	0	0	5	10200005
C2: Technische Realisierbarkeit	2	0	1	0	0	0	0	1	20100001
D1: Vorschriften	1	0	1	0	0	0	0	3	10100003
D2: Akzeptanz	3	0	1	0	0	0	0	2	30100002
D3: Kosten	1	0	1	0	0	0	0	4	10100004
D4: Kapazitäten	3	0	2	0	0	0	0	2	30200002

Tabelle A-61: Bewertung „NE-Metalle" pro Tonne anfallende Baurestmasse

Referenzprozess: Sortenreines Aluminium / Kriterium	Wiederverwendung	Weiterverwendung	Wiederverwertung	Weiterverwertung	Thermische Verwertung	Kompostierung	Thermische Beseitigung	Deponierung	Gesamtergebnis
Prozentuale Verteilung	0	0	0,98	0	0	0	0	0,02	1
A1: Transporte	0	0	1,5	0	0	0	0	0,5	1,48
A2: Emission gesundheitsgef. Stoffe	0	0	1	0	0	0	0	1	00100001
A3: CFC-Emissionen	0	0	0,32	0	0	0	0	0,16	0,3168
A4: SO_x-Emissionen	0	0	150	0	0	0	0	20	147,4
A5: CO_2-Emissionen	0	0	300	0	0	0	0	25	294,5
A6: Lärmbelästigungen	0	0	3	0	0	0	0	1	00300001
A7: Staubbelästigung	0	0	3	0	0	0	0	1	00300001
A8: Flächenverbrauch	0	0	1	0	0	0	0	450	9,98
A9: Versiegelung	0	0	1	0	0	0	0	450	9,98
A10: Energieverbrauch	0	0	500	0	0	0	0	20	490,4
A11: Schadstoffbelastete Chargen	0	0	2	0	0	0	0	2	00200002
A12: Anfallende Abfallmengen			0,02					1	0,0396
A13: Entsorgung der Abfallmengen	0	0	3	0	0	0	0	3	00300003
B1: Transporte	0	0	2,94	0					2,8812
B2: Emission gesundheitsgef. Stoffe	0	0	1	0					00100000
B3: CFC-Emissionen	0	0	0,00588	0					0,0057624
B4: SO_x-Emissionen	0	0	7350	0					7203
B5: CO_2-Emissionen	0	0	6272	0					6146,56
B6: Energieverbrauch	0	0	1274	0					1248,52
B7: Anfallende Abfallmengen			0,643						0,63014
B8: Entsorgung der Abfallmengen	0	0	3	0					00300000
B9: Heizwert					0				00000000
C1: Hochwertigkeit	0	0	2	0	0	0	0	5	00200005
C2: Technische Realisierbarkeit	0	0	1	0	0	0	0	1	00100001
D1: Vorschriften	0	0	1	0	0	0	0	3	00100003
D2: Akzeptanz	0	0	1	0	0	0	0	2	00100002
D3: Kosten	0	0	1	0	0	0	0	4	00100004
D4: Kapazitäten	0	0	1	0	0	0	0	2	00100002

Tabelle A-62: Bewertung „Glas" pro Tonne anfallende Baurestmasse

Referenzprozess: Sortenreines Glas / Kriterium	Wieder-verwendung	Weiter-verwendung	Wieder-verwertung	Weiter-verwertung	Thermische Verwertung	Kompostierung	Thermische Beseitigung	Deponierung	Gesamtergebnis
Prozentuale Verteilung	0,05	0	0	0,6	0	0	0	0,35	1
A1: Transporte	0,5	0	0	1	0	0	0	0,5	0,8
A2: Emission gesundheitsgef. Stoffe	1	0	0	1	0	0	0	1	10010001
A3: CFC-Emissionen	0,15	0	0	3	0	0	0	1,5	2,3325
A4: SO_x-Emissionen	0,03	0	0	400	0	0	0	30	250,5015
A5: CO_2-Emissionen	0,05	0	0	750	0	0	0	0,5	450,1775
A6: Lärmbelästigungen	1	0	0	3	0	0	0	3	10030003
A7: Staubbelästigung	1	0	0	3	0	0	0	3	10030003
A8: Flächenverbrauch	1	0	0	20	0	0	0	200	82,05
A9: Versiegelung	1	0	0	20	0	0	0	200	82,05
A10: Energieverbrauch	24	0	0	1000	0	0	0	24	609,6
A11: Schadstoffbelastete Chargen	1	0	0	2	0	0	0	2	10020002
A12: Anfallende Abfallmengen	0			0,11				1	0,416
A13: Entsorgung der Abfallmengen	3	0	0	3	0	0	0	3	30030003
B1: Transporte	3	0	0	1,869					1,2714
B2: Emission gesundheitsgef. Stoffe	1	0	0	1					10010000
B3: CFC-Emissionen	0,2	0	0	0,0623					0,04738
B4: SO_x-Emissionen	120	0	0	149,52					95,712
B5: CO_2-Emissionen	1000	0	0	249,2					199,52
B6: Energieverbrauch	400	0	0	186,9					132,14
B7: Anfallende Abfallmengen	0,0116			0,0293					0,01816
B8: Entsorgung der Abfallmengen	3	0	0	3					30030000
B9: Heizwert					0				00000000
C1: Hochwertigkeit	1	0	0	2	0	0	0	5	10020005
C2: Technische Realisierbarkeit	2	0	0	1	0	0	0	1	20010001
D1: Vorschriften	5	0	0	2	0	0	0	2	50020002
D2: Akzeptanz	4	0	0	1	0	0	0	2	40010002
D3: Kosten	1	0	0	3	0	0	0	5	10030005
D4: Kapazitäten	2	0	0	2	0	0	0	2	20020002

Tabelle A-63: Bewertung „Gipskartonplatte" pro Tonne anfallende Baurestmasse

Referenzprozess: Gipskartonplatte sortenrein / Kriterium	Wiederverwendung	Weiterverwendung	Wiederverwertung	Weiterverwertung	Thermische Verwertung	Kompostierung	Thermische Beseitigung	Deponierung	Gesamtergebnis
Prozentuale Verteilung	0,05	0	0	0,4	0	0	0	0,55	1
A1: Transporte	0,5	0	0	1	0	0	0	0,5	0,7
A2: Emission gesundheitsgef. Stoffe	1	0	0	1	0	0	0	1	10010001
A3: CFC-Emissionen	0,03	0	0	0,3	0	0	0	0,3	0,2865
A4: SO$_x$-Emissionen	3	0	0	150	0	0	0	150	142,65
A5: CO$_2$-Emissionen	5	0	0	300	0	0	0	300	285,25
A6: Lärmbelästigungen	2	0	0	3	0	0	0	3	20030003
A7: Staubbelästigung	2	0	0	3	0	0	0	3	20030003
A8: Flächenverbrauch	3	0	0	12	0	0	0	12	11,55
A9: Versiegelung	3	0	0	12	0	0	0	12	11,55
A10: Energieverbrauch	10	0	0	500	0	0	0	500	475,5
A11: Schadstoffbelastete Chargen	1	0	0	2	0	0	0	2	10020002
A12: Anfallende Abfallmengen	0			0,02				1	0,558
A13: Entsorgung der Abfallmengen	3	0	0	3	0	0	0	3	30030003
B1: Transporte	0,075	0	0	0,02205					0,01257
B2: Emission gesundheitsgef. Stoffe	1	0	0	1					10010000
B3: CFC-Emissionen	0,5	0	0	0,147					0,0838
B4: SO$_x$-Emissionen	250	0	0	73,5					41,9
B5: CO$_2$-Emissionen	250	0	0	73,5					41,9
B6: Energieverbrauch	5	0	0	1,47					0,838
B7: Anfallende Abfallmengen	0,009			0,009					0,00405
B8: Entsorgung der Abfallmengen	3	0	0	3					30030000
B9: Heizwert					0				00000000
C1: Hochwertigkeit	1	0	0	2	0	0	0	5	10020005
C2: Technische Realisierbarkeit	2	0	0	1	0	0	0	1	20010001
D1: Vorschriften	2	0	0	2	0	0	0	2	20020002
D2: Akzeptanz	4	0	0	1	0	0	0	2	40010002
D3: Kosten	1	0	0	4	0	0	0	4	10040004
D4: Kapazitäten	4	0	0	2	0	0	0	2	40020002

Tabelle A-64: Bewertung „Kunststoffbodenbelag" pro Tonne anfallende Baurestmasse

Referenzprozess: Verschmutztes PVC / Kriterium	Wiederverwendung	Weiterverwendung	Wiederverwertung	Weiterverwertung	Thermische Verwertung	Kompostierung	Thermische Beseitigung	Deponierung	Gesamtergebnis
Prozentuale Verteilung	0	0	0	0,4	0,35	0	0	0,25	1
A1: Transporte	0	0	0	1,5	1	0	0	0,5	1,075
A2: Emission gesundheitsgef. Stoffe	0	0	0	1	1	0	0	1	00011001
A3: CFC-Emissionen	0	0	0	15	2	0	0	15	10,45
A4: SO_x-Emissionen	0	0	0	1600	800	0	0	1600	1320
A5: CO_2-Emissionen	0	0	0	3200	2400	0	0	3200	2920
A6: Lärmbelästigungen	0	0	0	3	2	0	0	3	00032003
A7: Staubbelästigung	0	0	0	3	2	0	0	3	00032003
A8: Flächenverbrauch	0	0	0	12	8	0	0	12	10,6
A9: Versiegelung	0	0	0	12	8	0	0	12	10,6
A10: Energieverbrauch	0	0	0	4500	900	0	0	4500	3240
A11: Schadstoffbelastete Chargen	0	0	0	2	2	0	0	2	00022002
A12: Anfallende Abfallmengen				0,36	0,05			1	0,4115
A13: Entsorgung der Abfallmengen	0	0	0	4	4	0	0	4	00044004
B1: Transporte	0	0	0	0,24					0,096
B2: Emission gesundheitsgef. Stoffe	0	0	0	1					00010000
B3: CFC-Emissionen	0	0	0	0,096					0,0384
B4: SO_x-Emissionen	0	0	0	420					168
B5: CO_2-Emissionen	0	0	0	432					172,8
B6: Energieverbrauch	0	0	0	720					288
B7: Anfallende Abfallmengen				0,336					0,1344
B8: Entsorgung der Abfallmengen	0	0	0	3					00030000
B9: Heizwert					5				00005000
C1: Hochwertigkeit	0	0	0	2	3	0	0	5	00023005
C2: Technische Realisierbarkeit	0	0	0	1	1	0	0	1	00011001
D1: Vorschriften	0	0	0	1	2	0	0	2	00012002
D2: Akzeptanz	0	0	0	1	2	0	0	2	00012002
D3: Kosten	0	0	0	4	4	0	0	4	00044004
D4: Kapazitäten	0	0	0	2	2	0	0	2	00022002

Tabelle A-65: Bewertung „Dichtungsbahnfolie" pro Tonne anfallende Baurestmasse

Referenzprozess: PE-Sekundärmaterial / Kriterium	Wieder-verwendung	Weiter-verwendung	Wieder-verwertung	Weiter-verwertung	Thermische Verwertung	Kompostierung	Thermische Beseitigung	Deponierung	Gesamtergebnis
Prozentuale Verteilung	0	0	0	0,4	0,35	0	0	0,25	1
A1: Transporte	0	0	0	1,5	1	0	0	0,5	1,075
A2: Emission gesund- heitsgef. Stoffe	0	0	0	1	1	0	0	1	00011001
A3: CFC-Emissionen	0	0	0	15	5	0	0	15	11,5
A4: SO_x-Emissionen	0	0	0	1600	800	0	0	1600	1320
A5: CO_2-Emissionen	0	0	0	3200	4500	0	0	3200	3655
A6: Lärmbelästigungen	0	0	0	3	2	0	0	3	00032003
A7: Staubbelästigung	0	0	0	3	2	0	0	3	00032003
A8: Flächenverbrauch	0	0	0	12	8	0	0	12	10,6
A9: Versiegelung	0	0	0	12	8	0	0	12	10,6
A10: Energieverbrauch	0	0	0	4500	900	0	0	4500	3240
A11: Schadstoffbelastete Chargen	0	0	0	2	2	0	0	2	00022002
A12: Anfallende Abfallmengen				0,36	0,05			1	0,4115
A13: Entsorgung der Abfallmengen	0	0	0	4	4	0	0	4	00044004
B1: Transporte	0	0	0	0,24					0,096
B2: Emission gesund- heitsgef. Stoffe	0	0	0	1					00010000
B3: CFC-Emissionen	0	0	0	0,096					0,0384
B4: SO_x-Emissionen	0	0	0	144					57,6
B5: CO_2-Emissionen	0	0	0	192					76,8
B6: Energieverbrauch	0	0	0	720					288
B7: Anfallende Abfallmengen				0,308					0,1232
B8: Entsorgung der Abfallmengen	0	0	0	3					00030000
B9: Heizwert					5				00005000
C1: Hochwertigkeit	0	0	0	2	3	0	0	5	00023005
C2: Technische Realisierbarkeit	0	0	0	1	1	0	0	1	00011001
D1: Vorschriften	0	0	0	1	2	0	0	2	00012002
D2: Akzeptanz	0	0	0	1	2	0	0	2	00012002
D3: Kosten	0	0	0	4	4	0	0	4	00044004
D4: Kapazitäten	0	0	0	2	2	0	0	2	00022002

Tabelle A-66: Bewertung „Tapete" pro Tonne anfallende Baurestmasse

Referenzprozess: Altpapierrecycling / Kriterium	Wiederverwendung	Weiterverwendung	Wiederverwertung	Weiterverwertung	Thermische Verwertung	Kompostierung	Thermische Beseitigung	Deponierung	Gesamtergebnis
Prozentuale Verteilung	0	0	0	0,7	0	0	0,2	0,1	1
A1: Transporte	0	0	0	0,5	0	0	0,5	0,5	0,5
A2: Emission gesundheitsgef. Stoffe	0	0	0	1	0	0	1	1	00010011
A3: CFC-Emissionen	0	0	0	3	0	0	3	3	3
A4: SO_x-Emissionen	0	0	0	180	0	0	120	180	168
A5: CO_2-Emissionen	0	0	0	250	0	0	500	250	300
A6: Lärmbelästigungen	0	0	0	3	0	0	2	3	00030023
A7: Staubbelästigung	0	0	0	3	0	0	2	3	00030023
A8: Flächenverbrauch	0	0	0	15	0	0	5	35	15
A9: Versiegelung	0	0	0	15	0	0	5	35	15
A10: Energieverbrauch	0	0	0	300	0	0	30	300	246
A11: Schadstoffbelastete Chargen	0	0	0	2	0	0	2	2	00020022
A12: Anfallende Abfallmengen				0,069			0	1	0,1483
A13: Entsorgung der Abfallmengen	0	0	0	3	0	0	3	3	00030033
B1: Transporte	0	0	0	0,58125					0,406875
B2: Emission gesundheitsgef. Stoffe	0	0	0	1					00010000
B3: CFC-Emissionen	0	0	0	0,2325					0,16275
B4: SO_x-Emissionen	0	0	0	465					325,5
B5: CO_2-Emissionen	0	0	0	69,75					48,825
B6: Energieverbrauch	0	0	0	2325					1627,5
B7: Anfallende Abfallmengen				0,173					0,1211
B8: Entsorgung der Abfallmengen	0	0	0	3					00030000
B9: Heizwert					0				00000000
C1: Hochwertigkeit	0	0	0	2	0	0	5	5	00020055
C2: Technische Realisierbarkeit	0	0	0	1	0	0	1	1	00010011
D1: Vorschriften	0	0	0	1	0	0	2	2	00010022
D2: Akzeptanz	0	0	0	1	0	0	2	2	00010022
D3: Kosten	0	0	0	4	0	0	5	5	00040055
D4: Kapazitäten	0	0	0	2	0	0	2	2	00020022

Tabelle A-67: Bewertung „Kalksandstein" pro Tonne anfallende Baurestmasse

Referenzprozess: Bauschuttaufbereitung, Kalksandstein Kriterium	Wieder-verwendung	Weiter-verwendung	Wieder-verwertung	Weiter-verwertung	Thermische Verwertung	Kompostierung	Thermische Beseitigung	Deponierung	Gesamtergebnis
Prozentuale Verteilung	0,05	0	0,1	0,6	0	0	0	0,25	1
A1: Transporte	1	0	2	2	0	0	0	1	1,7
A2: Emission gesund-heitsgef. Stoffe	1	0	1	1	0	0	0	1	10110001
A3: CFC-Emissionen	1	0	10	10	0	0	0	100	32,05
A4: SO_x-Emissionen	1	0	7,5	7,5	0	0	0	1	5,55
A5: CO_2-Emissionen	2,5	0	10	10	0	0	0	1	7,375
A6: Lärmbelästigungen	1	0	3	3	0	0	0	1	10330001
A7: Staubbelästigung	1	0	3	3	0	0	0	1	10330001
A8: Flächenverbrauch	1	0	250	250	0	0	0	1000	425,05
A9: Versiegelung	1	0	250	250	0	0	0	1000	425,05
A10: Energieverbrauch	2,5	0	10	10	0	0	0	1	7,375
A11: Schadstoffbelastete Chargen	1	0	2	2	0	0	0	2	10220002
A12: Anfallende Abfallmengen	0		0,06	0,06				1	0,292
A13: Entsorgung der Abfallmengen	3	0	3	3	0	0	0	3	30330003
B1: Transporte	0,5	0	0,235	0,235					0,1895
B2: Emission gesund-heitsgef. Stoffe	1	0	1	1					10110000
B3: CFC-Emissionen	0,25	0	0,0235	0,047					0,04305
B4: SO_x-Emissionen	50	0	2,35	4,7					5,555
B5: CO_2-Emissionen	10	0	4,7	9,4					6,61
B6: Energieverbrauch	100	0	4,7	9,4					11,11
B7: Anfallende Abfallmengen	1,7E-4		1,2E-6	0					8,617E-06
B8: Entsorgung der Abfallmengen	3	0	3	0					30300000
B9: Heizwert					0				00000000
C1: Hochwertigkeit	1	0	2	3	0	0	0	5	10230005
C2: Technische Realisierbarkeit	2	0	1	1	0	0	0	1	20110001
D1: Vorschriften	1	0	1	1	0	0	0	3	10110003
D2: Akzeptanz	4	0	1	1	0	0	0	2	40110002
D3: Kosten	1	0	3	3	0	0	0	4	10330004
D4: Kapazitäten	3	0	2	2	0	0	0	2	30220002

Tabelle A-68: Bewertung „Naturstein" pro Tonne anfallende Baurestmasse

Referenzprozess: Bauschuttaufbereitung, Naturstein / Kriterium	Wieder-verwendung	Weiter-verwendung	Wieder-verwertung	Weiter-verwertung	Thermische Verwertung	Kompostierung	Thermische Beseitigung	Deponierung	Gesamtergebnis
Prozentuale Verteilung	0,05	0	0,1	0,6	0	0	0	0,25	1
A1: Transporte	1	0	2	2	0	0	0	1	1,7
A2: Emission gesund-heitsgef. Stoffe	1	0	1	1	0	0	0	1	10110001
A3: CFC-Emissionen	1	0	10	10	0	0	0	100	32,05
A4: SO_x-Emissionen	1	0	7,5	7,5	0	0	0	1	5,55
A5: CO_2-Emissionen	2,5	0	10	10	0	0	0	1	7,375
A6: Lärmbelästigungen	1	0	3	3	0	0	0	1	10330001
A7: Staubbelästigung	1	0	3	3	0	0	0	1	10330001
A8: Flächenverbrauch	1	0	250	250	0	0	0	1000	425,05
A9: Versiegelung	1	0	250	250	0	0	0	1000	425,05
A10: Energieverbrauch	2,5	0	10	10	0	0	0	1	7,375
A11: Schadstoffbelastete Chargen	1	0	2	2	0	0	0	2	10220002
A12: Anfallende Abfallmengen	0		0,06	0,06				1	0,292
A13: Entsorgung der Abfallmengen	3	0	3	3	0	0	0	3	30330003
B1: Transporte	0,5	0	0,141	0,235					0,1801
B2: Emission gesund-heitsgef. Stoffe	1	0	1	1					10110000
B3: CFC-Emissionen	0	0	0,0141	0,047					0,02961
B4: SO_x-Emissionen	5	0	1,41	4,7					3,211
B5: CO_2-Emissionen	10	0	2,82	9,4					6,422
B6: Energieverbrauch	0	0	2,82	9,4					5,922
B7: Anfallende Abfallmengen	1,0E-3		1,2E-6	0					5,1617E-05
B8: Entsorgung der Abfallmengen	3	0	3	0					30300000
B9: Heizwert					0				00000000
C1: Hochwertigkeit	1	0	2	3	0	0	0	5	10230005
C2: Technische Realisierbarkeit	2	0	1	1	0	0	0	1	20110001
D1: Vorschriften	1	0	1	1	0	0	0	3	10110003
D2: Akzeptanz	4	0	1	1	0	0	0	2	40110002
D3: Kosten	1	0	3	3	0	0	0	4	10330004
D4: Kapazitäten	3	0	2	2	0	0	0	2	30220002

Tabelle A-69: Bewertung „Ziegel" pro Tonne anfallende Baurestmasse

Referenzprozess: Bauschuttaufbereitung, Ziegel Kriterium	Wiederverwendung	Weiterverwendung	Wiederverwertung	Weiterverwertung	Thermische Verwertung	Kompostierung	Thermische Beseitigung	Deponierung	Gesamtergebnis
Prozentuale Verteilung	0,05	0	0,1	0,6	0	0	0	0,25	1
A1: Transporte	1	0	2	2	0	0	0	1	1,7
A2: Emission gesundheitsgef. Stoffe	1	0	1	1	0	0	0	1	10110001
A3: CFC-Emissionen	1	0	10	10	0	0	0	100	32,05
A4: SO_x-Emissionen	1	0	7,5	7,5	0	0	0	1	5,55
A5: CO_2-Emissionen	2,5	0	10	10	0	0	0	1	7,375
A6: Lärmbelästigungen	1	0	3	3	0	0	0	1	10330001
A7: Staubbelästigung	1	0	3	3	0	0	0	1	10330001
A8: Flächenverbrauch	1	0	250	250	0	0	0	1000	425,05
A9: Versiegelung	1	0	250	250	0	0	0	1000	425,05
A10: Energieverbrauch	2,5	0	10	10	0	0	0	1	7,375
A11: Schadstoffbelastete Chargen	1	0	2	2	0	0	0	2	10220002
A12: Anfallende Abfallmengen	0		0,06	0,06				1	0,292
A13: Entsorgung der Abfallmengen	3	0	3	3	0	0	0	3	30330003
B1: Transporte	0,5	0	0,0705	0,235					0,17305
B2: Emission gesundheitsgef. Stoffe	1	0	1	1					10110000
B3: CFC-Emissionen	0,05	0	7,1E-3	0,047					0,031405
B4: SO_x-Emissionen	75	0	0,705	4,7					6,6405
B5: CO_2-Emissionen	300	0	1,41	9,4					20,781
B6: Energieverbrauch	150	0	1,41	9,4					13,281
B7: Anfallende Abfallmengen	7,7E-5		1,2E-6	0					3,957E-06
B8: Entsorgung der Abfallmengen	3	0	3	0					30300000
B9: Heizwert					0				00000000
C1: Hochwertigkeit	1	0	2	3	0	0	0	5	10230005
C2: Technische Realisierbarkeit	2	0	1	1	0	0	0	1	20110001
D1: Vorschriften	1	0	1	1	0	0	0	3	10110003
D2: Akzeptanz	4	0	1	1	0	0	0	2	40110002
D3: Kosten	1	0	3	4	0	0	0	4	10340004
D4: Kapazitäten	3	0	2	2	0	0	0	2	30220002

Tabelle A-70: Bewertung „Dachziegel" pro Tonne anfallende Baurestmasse

Referenzprozess: Bauschuttaufbereitung, Dachziegel / Kriterium	Wiederverwendung	Weiterverwendung	Wiederverwertung	Weiterverwertung	Thermische Verwertung	Kompostierung	Thermische Beseitigung	Deponierung	Gesamtergebnis
Prozentuale Verteilung	0,01	0	0	0,7	0	0	0	0,29	1
A1: Transporte	1	0	0	2	0	0	0	1	1,7
A2: Emission gesundheitsgef. Stoffe	1	0	0	1	0	0	0	1	10010001
A3: CFC-Emissionen	1	0	0	10	0	0	0	100	36,01
A4: SO_x-Emissionen	1	0	0	7,5	0	0	0	1	5,55
A5: CO_2-Emissionen	2,5	0	0	10	0	0	0	1	7,315
A6: Lärmbelästigungen	1	0	0	3	0	0	0	1	10030001
A7: Staubbelästigung	1	0	0	3	0	0	0	1	10030001
A8: Flächenverbrauch	1	0	0	250	0	0	0	1000	465,01
A9: Versiegelung	1	0	0	250	0	0	0	1000	465,01
A10: Energieverbrauch	2,5	0	0	10	0	0	0	1	7,315
A11: Schadstoffbelastete Chargen	1	0	0	2	0	0	0	2	10020002
A12: Anfallende Abfallmengen	0			0,06				1	0,332
A13: Entsorgung der Abfallmengen	3	0	0	3	0	0	0	3	30030003
B1: Transporte	0,5	0	0	0,235					0,1695
B2: Emission gesundheitsgef. Stoffe	1	0	0	0					10000000
B3: CFC-Emissionen	0,05	0	0	0,047					0,0334
B4: SO_x-Emissionen	100	0	0	4,7					4,29
B5: CO_2-Emissionen	400	0	0	9,4					10,58
B6: Energieverbrauch	200	0	0	9,4					8,58
B7: Anfallende Abfallmengen	7,7E-5			0					7,68E-07
B8: Entsorgung der Abfallmengen	3	0	0	0					30000000
B9: Heizwert					0				00000000
C1: Hochwertigkeit	1	0	0	3	0	0	0	5	10030005
C2: Technische Realisierbarkeit	2	0	0	1	0	0	0	1	20010001
D1: Vorschriften	1	0	0	1	0	0	0	3	10010003
D2: Akzeptanz	4	0	0	1	0	0	0	2	40010002
D3: Kosten	3	0	0	3	0	0	0	4	30030004
D4: Kapazitäten	3	0	0	2	0	0	0	2	30020002

Tabelle A-71: Bewertung „Mineralwolle, PUR-Dämmplatten" pro Tonne anfallende Baurestmasse

Referenzprozess: WDVS / Kriterium	Wieder-verwendung	Weiter-verwendung	Wieder-verwertung	Weiter-verwertung	Thermische Verwertung	Kompostierung	Thermische Beseitigung	Deponierung	Gesamtergebnis
Prozentuale Verteilung	0,1	0	0,4	0,2	0,2	0	0,05	0,05	1
A1: Transporte	0,75	0	1,5	1,5	0,75	0	0,75	0,75	1,2
A2: Emission gesund-heitsgef. Stoffe	1	0	1	1	1	0	1	1	10111011
A3: CFC-Emissionen	0,03	0	3	3	0,3	0	0,3	3	2,028
A4: SO_x-Emissionen	0,125	0	2,5	2,5	125	0	125	2,5	32,8875
A5: CO_2-Emissionen	0,33	0	3,33	3,33	5000	0	5000	3,33	1252,2
A6: Lärmbelästigungen	2	0	3	3	2	0	2	3	20332023
A7: Staubbelästigung	2	0	3	3	2	0	2	3	20332023
A8: Flächenverbrauch	15	0	50	50	5	0	5	200	42,75
A9: Versiegelung	15	0	50	50	5	0	5	200	42,75
A10: Energieverbrauch	0,02	0	5	5	25	0	25	5	9,502
A11: Schadstoffbelastete Chargen	1	0	2	2	2	0	2	2	10222022
A12: Anfallende Abfallmengen	0		0,1	0,1	0,01		0,01	1	0,1125
A13: Entsorgung der Abfallmengen	3	0	3	3	3	0	3	3	30333033
B1: Transporte	0,75	0	0,18	0,2					0,187
B2: Emission gesund-heitsgef. Stoffe	1	0	1	1					10110000
B3: CFC-Emissionen	0,5	0	0,12	0,4					0,178
B4: SO_x-Emissionen	625	0	300	50					192,5
B5: CO_2-Emissionen	1200	0	576	480					446,4
B6: Energieverbrauch	4000	0	960	800					944
B7: Anfallende Abfallmengen	0,026		0,026	0					0,013
B8: Entsorgung der Abfallmengen	3	0	3	0					30300000
B9: Heizwert					5				00005000
C1: Hochwertigkeit	1	0	2	2	3	0	5	5	10223055
C2: Technische Realisierbarkeit	2	0	1	1	1	0	1	1	20111011
D1: Vorschriften	2	0	2	2	2	0	2	2	20222022
D2: Akzeptanz	4	0	2	2	2	0	2	2	40222022
D3: Kosten	3	0	4	4	5	0	5	5	30445055
D4: Kapazitäten	2	0	2	2	2	0	2	2	20222022

Tabelle A-72: Bewertung „Baustellenabfälle" pro Tonne anfallende Baurestmasse

Referenzprozess: Baustellenabfälle Kriterium	Wieder-verwendung	Weiter-verwendung	Wieder-verwertung	Weiter-verwertung	Thermische Verwertung	Kompostierung	Thermische Beseitigung	Deponierung	Gesamtergebnis
Prozentuale Verteilung	0	0	0	0,3	0	0	0	0,7	1
A1: Transporte	0	0	0	2	0	0	0	1	1,3
A2: Emission gesund-heitsgef. Stoffe	0	0	0	1	0	0	0	1	00010001
A3: CFC-Emissionen	0	0	0	10	0	0	0	100	73
A4: SO_x-Emissionen	0	0	0	7,5	0	0	0	1	2,95
A5: CO_2-Emissionen	0	0	0	10	0	0	0	1	3,7
A6: Lärmbelästigungen	0	0	0	3	0	0	0	1	00030001
A7: Staubbelästigung	0	0	0	3	0	0	0	1	00030001
A8: Flächenverbrauch	0	0	0	250	0	0	0	1000	775
A9: Versiegelung	0	0	0	250	0	0	0	1000	775
A10: Energieverbrauch	0	0	0	10	0	0	0	1	3,7
A11: Schadstoffbelastete Chargen	0	0	0	3	0	0	0	2	00030002
A12: Anfallende Abfallmengen				0,06				1	0,718
A13: Entsorgung der Abfallmengen	0	0	0	3	0	0	0	3	00030003
B1: Transporte	0	0	0	0					0
B2: Emission gesund-heitsgef. Stoffe	0	0	0	0					00000000
B3: CFC-Emissionen	0	0	0	0					0
B4: SO_x-Emissionen	0	0	0	0					0
B5: CO_2-Emissionen	0	0	0	0					0
B6: Energieverbrauch	0	0	0	0					0
B7: Anfallende Abfallmengen				0					0
B8: Entsorgung der Abfallmengen	0	0	0	0					00000000
B9: Heizwert					0				00000000
C1: Hochwertigkeit	0	0	0	3	0	0	0	5	00030005
C2: Technische Realisierbarkeit	0	0	0	1	0	0	0	1	00010001
D1: Vorschriften	0	0	0	1	0	0	0	3	00010003
D2: Akzeptanz	0	0	0	2	0	0	0	2	00020002
D3: Kosten	0	0	0	4	0	0	0	4	00040004
D4: Kapazitäten	0	0	0	2	0	0	0	2	00020002

Tabelle A-73: Faktoren W, X, X und Z für die bewerteten Hauptmaterialgruppen

		Wieder-verwendung	Weiter-verwendung	Wieder-verwertung	Weiter-verwertung
Mineralische Baurestmassen	Faktor W	0,50	–	0,50	0,50
	Faktor X	1,00	–	0,40	1,00
	Faktor Y	1,00	–	0,94	0,94
	Faktor Z	0,50	–	0,19	0,47
Sonderabfalldeponie	Faktor W	–	–	–	–
	Faktor X	–	–	–	–
	Faktor Y	–	–	–	–
	Faktor Z	–	–	–	–
Gips	Faktor W	–	–	–	0,50
	Faktor X	–	–	–	0,40
	Faktor Y	–	–	–	0,94
	Faktor Z	–	–	–	0,19
Holz	Faktor W	0,50	–	–	0,50
	Faktor X	1,00	–	–	0,30
	Faktor Y	1,00	–	–	0,98
	Faktor Z	0,50	–	–	0,15
Stahl	Faktor W	0,50	–	0,50	–
	Faktor X	1,00	–	0,80	–
	Faktor Y	1,00	–	0,86	–
	Faktor Z	0,50	–	0,34	–
NE-Metalle	Faktor W	–	–	–	0,50
	Faktor X	–	–	–	0,80
	Faktor Y	–	–	–	0,98
	Faktor Z	–	–	–	0,39
Glas	Faktor W	0,50	–	–	0,50
	Faktor X	1,00	–	–	0,70
	Faktor Y	1,00	–	–	0,89
	Faktor Z	0,50	–	–	0,31
Gipskarton	Faktor W	0,50	–	–	0,50
	Faktor X	1,00	–	–	0,30
	Faktor Y	1,00	–	–	0,98
	Faktor Z	0,50	–	–	0,15
Kunststoffbodenbelag	Faktor W	–	–	–	0,50
	Faktor X	–	–	–	0,30
	Faktor Y	–	–	–	0,64
	Faktor Z	–	–	–	0,10

Tabelle A-73 (Fortsetzung)

		Wieder-verwendung	Weiter-verwendung	Wieder-verwertung	Weiter-verwertung
Dichtungsbahn	Faktor W	–	–	–	0,50
	Faktor X	–	–	–	0,30
	Faktor Y	–	–	–	0,64
	Faktor Z	–	–	–	0,10
Tapete	Faktor W	–	–	–	0,50
	Faktor X	–	–	–	0,50
	Faktor Y	–	–	–	0,93
	Faktor Z	–	–	–	0,23
Kalksandstein	Faktor W	0,50	–	0,50	0,50
	Faktor X	1,00	–	0,50	1,00
	Faktor Y	1,00	–	0,94	0,94
	Faktor Z	0,50	–	0,24	0,47
Naturstein	Faktor W	0,50	–	0,50	0,50
	Faktor X	1,00	–	0,30	1,00
	Faktor Y	1,00	–	0,94	0,94
	Faktor Z	0,50	–	0,14	0,47
Ziegel	Faktor W	0,50	–	0,50	0,50
	Faktor X	1,00	–	0,15	1,00
	Faktor Y	1,00	–	0,94	0,94
	Faktor Z	0,50	–	0,07	0,47
Dachziegel	Faktor W	0,50	–	–	0,50
	Faktor X	1,00	–	–	1,00
	Faktor Y	1,00	–	–	0,94
	Faktor Z	0,50	–	–	0,47
WDVS	Faktor W	0,50	–	0,50	0,50
	Faktor X	1,00	–	0,30	1,00
	Faktor Y	1,00	–	0,80	0,80
	Faktor Z	0,50	–	0,12	0,40
Baustellenabfälle	Faktor W	–	–	–	0,50
	Faktor X	–	–	–	0,40
	Faktor Y	–	–	–	0,94
	Faktor Z	–	–	–	0,10

Glossar

Abbruch
Vollständige oder teilweise Beseitigung von Bauwerken, baulichen Anlagen oder anderen Teilen.

Abfallbehandlung
Dieser Prozesstyp beschreibt die tatsächliche Verarbeitung des Abfalls (Papierrecycling, Abfallverbrennung etc.).

Baurestmasse
Durch Abbruch, Umbau, Wartung oder Sanierung anfallende Bauabfälle.

Behandlung von Baurestmassen
Die Baurestmassenbehandlung umfasst die Prozessstufen Rückbau und Entsorgung. Baurestmassen können im Hinblick auf verschiedene Entsorgungswege behandelt werden (Wiederverwendung, Verwertung, Deponierung).

CML
Centrum voor Milieukunde, Leiden.

CRB
Die Schweizerische Zentralstelle für Baurationalisierung CRB ist eine Dienstleistungsorganisation der Bauwirtschaft in Vereinsform. Das CRB wurde 1959 unter dem Namen Centre Suisse d'Études pour la Rationalisation du Bâtiment gegründet. Die Kurzform „das CRB" hat sich eingebürgert und wird für alle Sprachen verwendet.

Demontage
Trennen oder Zerlegen von vorgefertigten Teilen mit anschließendem Beseitigen vom Standort durch Hebevorrichtung.

Entkernung
Beseitigen von am Bauobjekt befestigten oder eingebauten Anlagen und Gegenständen, die keinen Einfluss auf die Standsicherheit des Bauwerks ausüben.

Entrümpelung
Beseitigen von nicht befestigten, ortsveränderlichen Materialien und Gegenständen.

Entsorgung
Verwerten oder Beseitigen von Abfällen.

Entsorgungsmix
Der Entsorgungsmix beschreibt die prozentuale Verteilung anfallender Baurestmassen auf verschiedene Entsorgungswege. Hier wird z. B. festgelegt, dass 95 % eines eisenhaltigen Metallabfalls einem Recyclingprozess übergeben wird, während der Rest des Abfalls einer Deponierung zugeführt wird.

Entsorgungsweg

Bei der Behandlung von Baurestmassen können unterschiedliche Entsorgungswege betrachtet werden. Im Rahmen dieser Veröffentlichung werden die folgenden Entsorgungswege berücksichtigt:

- Wiederverwendung
- Weiterverwendung
- Wiederverwertung
- Weiterverwertung
- Energetische Verwertung
- Kompostierung
- Thermische Beseitigung
- Deponierung

Konventioneller Abbruch

Methode des Abbruchs meist durch Zertrümmern ohne zwingende Anforderungen hinsichtlich Entrümpelung, Entkernung und Entsorgung.

LCA

Life Cycle Assessment: Lebenszyklusanalyse.

Materialstrom

Im Rahmen dieser Veröffentlichung werden unter Materialströmen die über den Lebenszyklus eines Bauwerks eingebrachten Neumaterialien sowie die anfallenden Baurestmassen verstanden. Den Materialströmen werden für eine Analyse die entsprechenden Prozesse zugewiesen.

Nebenkategorie

Nebenkategorien charakterisieren die im Verbund mit einer Baurestmasse anfallenden Materialien. Materialien in einer Nebenkategorie haben ähnliche Eigenschaften im Hinblick auf einen Entsorgungsprozess der Baurestmasse.

Nutzen (Substituierte Prozesse)

Nutzen, der durch ein Recycling bzw. eine Wiederverwendung erreicht wird. Durch diesen Nutzen können Prozesse für eine Neuherstellung substituiert werden. Der Substitutionswert eines Altproduktes auf einer bestimmten Rückgewinnungsebene entspricht dem Wert eines neuen Werkstoffes, der die für die betrachtete Rückgewinnungsebene geforderten Eigenschaften in gleicher Weise aufweist wie das auf dieser Ebene genutzte Altprodukt und daher durch das Altprodukt substituiert werden könnte.

Recyclingprodukt

Produkt als Ergebnis einer Verwertungsmaßnahme.

Rückbau

Methode des Abbruchs durch funktionsbezogenes oder materialspezifisches Beseitigen von Bau-, Konstruktions- und Ausrüstungsteilen mit dem Ziel einer Weiterverwendung, zumindest jedoch Verwertung, überwiegend durch Demontage in umgekehrter Reihenfolge des Auf- oder Einbaus.

Selektiver Abbruch

Methode des Abbruchs mit zumindest teilweise Entrümpelung, Entkernung und recyclinggerechter Entsorgung.

Stoffstrom

Ein Stoffstrom ist die räumliche Bewegung innerhalb eines definierten Bilanzraumes und/ oder die chemische oder physikalische Veränderung eines Stoffes oder mehrerer Stoffe pro Zeiteinheit [67].

Verbundkategorie

Im Verbund anfallende Baurestmassen werden einer „Verbundkategorie" zugeordnet. Diese Einordnung ist die Grundlage für die automatische Zuordnung von Entsorgungsprozessen, welche mit Hilfe eines Verfahrens zur Entsorgungsprozessbewertung erfasst werden.

Verwertungsmaßnahme

Maßnahmen, die erforderlich sind, um Baurestmassen wiederzuverwenden oder wiederzu-verwerten.

Zuordnung entsprechender Prozesse

Zur Analyse von Stoffströmen müssen diesen zunächst entsprechende Prozesse zugeordnet werden. Im Rahmen dieser Arbeit werden hierunter folgende Prozesse mit ihren jeweiligen vor- bzw. nachgelagerten Prozessstufen verstanden:

- Materialherstellung
- Einbau
- Rückbau
- Entsorgung/bzw. Nachnutzung

Unter vor- bzw. nachgelagerten Prozessstufen werden Prozesse zum Ressourcenabbau, zur Energiebereitstellung sowie auch zur Entsorgung verstanden.

Literaturverzeichnis

[1]   Gabler, Th.: ABC-Analyse, Preisanalyse für Einkäufer, Wiesbaden

[2]   Andrä, H.-P., Schneider, R.: Baustoff-Recycling – Arten, Mengen und Qualitäten der im Hochbau eingesetzten Baustoffe, Lösungsansätze für einen Materialkreislauf, Wickbold, Landsberg: ecomed 1994

[3]   Ankele, K., Steinfeld, M.: Ökobilanz für typische YTONG-Produktanwendungen, Schriftenreihe des IÖW 105/96, Berlin, 1996

[4]   Apol, E. J.: Die Auswirkungen neuer Entwicklungen im Betonfertigteilbau auf die Verbindungsdetails, Teil 2, BETONWERK + FERTGTEILTECHNIK, Heft 11/1987

[5]   Bauer, C.-O.: Handbuch der Verbindungstechnik, Hanser-Verlag, München-Wien, 1991

[6]   Bayerl, E.: Leitfaden Nachhaltiges Bauen, Bundesministerium für Verkehr, Bau- und Wohnungswesen, Vortrag im Rahmen des Seminars „Nachhaltigkeit im Bauwesen", Iphofen, März 2000

[7]   Bundesverband der deutschen Entsorgungswirtschaft e. V.: Kreislaufwirtschaft in der Praxis Nr. 6, Verwertung von Bauschutt, Position des BDE zu den LAGA-Technischen Regeln „Bauschutt", Köln, 1996

[8]   Bertelsmann Universallexikon, CD-ROM, Ausgabe 1997, München, 1996

[9]   Hauptverband der Deutschen Bauindustrie: Baugeräteliste BGL – technisch-wirtschaftliche Baumaschinendaten, Bauverlag Wiesbaden-Berlin, 1981

[10]   Bilitewski, B.: Recycling von Baureststoffen, Verlag für Energie- und Umwelttechnik, Berlin, 1993

[11]   Baustoffkreislauf im Massivbau (BIM) 2000: Beton mit recycliertem Zuschlag für Konstruktionen nach DIN 1045-1, Deutscher Ausschuss für Stahlbeton, Berlin, Mai 1999

[12]   Gesetz zum Schutz vor schädlichen Umwelteinwirkungen, durch Luftverunreinigungen, Geräusche, Erschütterungen und ähnliche Vorgänge – Bundes-Immissionsschutzgesetz – BImSchG, Fassung vom 14. Mai 1990 (BGBl. I, S. 880)

[13]   Bundesverband der Deutschen Ziegelindustrie e. V. und Arbeitsgemeinschaft Mauerziegel im Bundesverband der Deutschen Ziegelindustrie: Baulicher Schallschutz – Schallschutz mit Ziegeln, Bonn, 1999

[14]   Bio Cycle: Deconstruction fits the bill for business, Journal of Composting and Recycling, Vol. 40, No. 6, Juni 1999

[15]   Bossenmayer, H.: Rechtliche und technische Bestimmungen zur Verwendung von Bauprodukten unter Berücksichtigung von Gesundheits- und Umweltaspekten, Beitrag zum Symposium „Nachhaltigkeit im Bauwesen", Iphofen, März 2000

[16]   Bauproduktengesetz, Stand April 1998 (BGBl. I, S. 607)

[17]   Brand, S.: How Buildings Learn – What happens after they are built, Penguin Books, London, 1997

[18]   Brandt, R.: Kolloquium zur Kreislaufwirtschaft und Demontage, „Demontagefabriken zur Rückgewinnung von Ressourcen in Produkt- und Materialkreisläufen", Workshop: Konstruktion II „Methodischer Konstruktionsprozeß, Produktmodellierung, Expertensystem", Berlin, Januar 1997

[19]   Bredenbals, B., Willkomm, W.: Recyclinggerechte Bauweisen im Inennausbau, Bauforschungs-
         berichte des Bundesministeriums Raumordnung, Bauwesen und Städtebau, Bau- und Wohn-
         forschung, Fraunhofer IRB Verlag, Stuttgart, 1992

[20]   Bredenbals, B., Willkomm, W.: Neue Konstruktionsalternativen für recyclingfähige Wohnge-
         bäude, Bauforschung für die Praxis, Bd. 22, Bauforschungsergebnisse des Bundesministeriums
         für Raumordnung, Bauwesen und Städtebau, Fraunhofer IRB-Verlag, Stuttgart, 1996

[21]   Breiing, A., Knosola, R.: Bewerten Technischer Systeme – Theoretische und methodische Grund-
         lagen bewertungstechnischer Entscheidungshilfen, Springer-Verlag, Berlin – Heidelberg, 1997

[22]   Bruck, M., Koch, G., Grasser, S.: D-A-C-H Bericht, Ökobilanz Ziegel, Ökologische Bewertung
         von Mauerziegeln sowie ökologische und betriebswirtschaftliche Bewertung von Ziegel-
         Außenwandkonstruktionen, Wien, 1996

[23]   Büeler, B: BauBioDataBank – Ein Instrument zur baubiologischen und bauökologischen Beur-
         teilung, 8. Europa-Symposium „Ökologisches Bauen", Aachen, 1999

[24]   Cantacuzi, S.: Neue Nutzung alter Bauten – Die Zukunft der historischen Architektursubstanz,
         Kohlhammer Verlag, Stuttgart, Berlin, Köln, 1989

[25]   Gesetz zum Schutz vor gefährlichen Stoffen, Stand September 2001 (BGBl I, S. 2331)

[26]   Clevelend, C. J., Matthias, R.: Indicators of Dematerialization and the Materials Intensity of
         Use, Journal of Industrial Ecology, Vol. 2, No. 3, MIT 1999

[27]   Cosson, R.: Kreislaufwirtschafts- und Abfallgesetz, Taschenbuch der Entsorgungswirtschaft,
         Bundesverband der Deutschen Entsorgungswirtschaft, Friedhelm Merz Verlag, 1997

[28]   Crowther, P.: Environment Design Guide: Design for Disassembly, veröffentlicht durch das
         Royal Australian Institute of Architects, November 1999

[29]   DATA_BAUM, Datenbank zur Umweltverträglichkeit von Baustoffen in ihrer Anwendung,
         Version 1.3, Transferstelle Ökologisch orientiertes Bauen, Dresden, 1998

[30]   Transferstelle Ökologisch orientiertes Bauen: DATA_BAUM – Entscheidungshilfe zur Wahl
         von Materialien, 8. Europasymposium, Aachen, 1998

[31]   Deutscher Bundestag, Referat Öffentlichkeitsarbeit (Hrsg.): Konzept Nachhaltigkeit – Zwischen-
         bericht der Enquête-Kommission „Schutz des Menschen und der Umwelt – Ziele und Rahmen-
         bedingungen einer nachhaltig zukunftverträglichen Entwicklung" des 13. Deutschen Bundes-
         tages, Bonn 1997

[32]   Reinhardt, H.-W. et al: Sachstandbericht – Nachhaltig bauen mit Beton, 1. Aufl., Hrsg.: Deut-
         scher Ausschuss für Stahlbeton DAfStb, Beuth Verlag, Berlin, Wien, Zürich, 2001

[33]   Diederichs, C. J., Getto, P., Streck, S.: Bewertungssystem ÖÖB für Wohnungs- und Bürogebäude,
         Tischvorlage Sitzung Berlin, Bergische Universität Wuppertal, 2002

[34]   DIN 18 960, Teil 1, Baunutzungskosten von Hochbauten, April 1976

[35]   DIN 32 736, Gebäudemanagement, August 2000

[36]   Ernesti, W.: DIN 4109 – Schallschutz im Hochbau – Ausgabe November 1989, 2. aktualisierte
         und erweiterte Auflage, München, 1999

[37]   DIN 4150, Teil 2, Erschütterungen im Bauwesen, Einwirkungen auf Menschen in Gebäuden,
         Dezember 1992

[38]   DIN EN ISO 14 040: Ökobilanz – Prinzipien und allgemeine Anforderungen, August 1997

[39]   Doberenz, W., Kowalski, T.: Programmieren lernen in Borland Delphi 4, Carl Hanser Verlag,
         München, Wien, 1999

[40]   Drees, G.: Recycling von Baustoffen im Hochbau – Geräte, Materialgewinnung, Wirtschaft-
         lichkeitsberechnung, Wiesbaden, Berlin, 1989

[41]   Dyllick-Brenzinger, F.: Betriebskosten von Büro- und Verwaltungsgebäuden, Wiesbaden, Berlin, 1980

[42]   Eberle, U., Grießhammer, R.: Ökobilanzen und Produktlinienanalysen, Öko-Institut Verlag, Freiburg, 1996

[43]   Wilson, A.: Building Materials – What makes a product green?, Environmental Building News, Vol. 9, No. 1, January 2000

[44]   Brendel, Th.: Energiekennzahlen im Hochbau, Karlsruhe 1983

[45]   Gesetz zur Einsparung von Energie in Gebäuden, Stand November 2001 (BGBl. 1, S. 2992)

[46]   Energieeinsparverordnung – Verordnung über energiesparenden Wärmeschutz und energie-sparende Anlagentechnik bei Gebäuden, Ausgabe November 2001

[47]   Erhorn, H.: Nullheizenergiehäuser marktreif – auch marktgängig? Zeitschrift Bauphysik (1998), Heft 3, Verlag Ernst & Sohn, Berlin, 1998

[48]   Erhorn, H., Reiß, J., Kluttig, H., Runa, H.: Ultrahaus, Passivhaus oder Null-Heizenergiehaus. Zeitschrift Bauphysik (2000), Heft 1, Verlag Ernst & Sohn, Berlin, 2000

[49]   Weibel, Th., Stritz, A.: Ökoinventare und Wirkungsbilanzen von Baumaterialien – Grundlagen für den ökologischen Vergleich von Hochbaukonstruktionen, Eidgenossische Technische Hoch-schule Zürich, 1995

[50]   Eyerer, P.: Ganzheitliche Bilanzierung – Werkzeug zum Planen und Wirtschaften in Kreisläu-fen, Springer-Verlag, Berlin – Heidelberg, 1996

[51]   Findeisen, K.: Stoffströme im Bauwesen – Schutz des Menschen und der Umwelt – ökonomi-sche, ökologische und soziale Aspekte des Bedürfnisfeldes „Bauen und Wohnen", Beitrag zum Symposium „Nachhaltigkeit im Bauwesen", Iphofen, März 2000

[52]   Fletcher, S., Popovic, O., Plank, R.: Designing for future reuse and recycling, School of Archi-tecture, Sheffield University, Western Bank, Sheffield, 2000

[53]   Franke, L., Gätje, B., Krause, G.: Energiesparpotential im Wohnungsbestand einer deutschen Großstadt. Zeitschrift Bauphysik (2000), Heft 1, Verlag Ernst & Sohn, Berlin, 2000

[54]   Fritsche, U. R.: GEMIS – Gesamt-Emissions-Modell integrierter Systeme – ein Computer-Instrument zur Umwelt- und Kostenanalyse von Energie-, Transport- und Stoffsystemen, Öko-Institut, Darmstadt, 1998

[55]   IKP – Institut für Kunststoffprüfung und Kunststoffkunde, PE Product Engineering GmbH: GaBi 3.0 – Das Softwaresystem zur Ganzheitlichen Bilanzierung, Universität Stuttgart (IKP), 1998

[56]   Eyerer, P., Reinhardt, H.-W., Sauer, K.: Ganzheitliche Bilanzierung von Baustoffen und Gebäu-den – Industrielles Verbundprojekt, Stuttgart, 1998

[57]   Gay, J.-B., Homem de Freitas, J., Ospelt, Ch., Rittmeyer, P., Sindayigaya, O.: Towards a Sustainability Indicator for Buildings, Second International Conference Buildings and the En-vironment, June 1997, Paris, S. 577

[58]   Geiger, B.: Energetische Lebenszyklusanalyse von Gebäuden, Beitrag zur Tagung „Kumulierte Energie- und Stoffbilanzen – Ihre Bedeutung für Ökobilanzen, VDI-Berichte 1093, München, November und Dezember 1993

[59]   Geiger, B.: Struktur und Analyse des Energieverbrauchs im Kleinverbrauch der BRD und DDR als Ausgangsbasis für die Verbrauchsentwicklung in den alten und neuen Bundesländern, Forschungszentrum Jülich GmbH, Programmgruppe Technologieforschung, Jülich, 1994

[60]   Gertis, K.: Ökobilanz für Bauprodukte – Faktor Zeit muß stärker berücksichtigt werden, Son-derdruck aus Bundesbaublatt 47 (1998), Heft 11, S. 17–20

[61]   Gertis, K. et al: Sind neuere Fassadenentwicklungen bauphysikalisch sinnvoll?, Zeitschrift Bau-
       physik (1999), Heft 1, Verlag Ernst & Sohn, Berlin, 1999

[62]   Gewiese, A., Gladwitz-Funk, I., Schenk, B.: Recycling von Baureststoffen, Kontakt & Stu-
       dium, Bd. 390, Renningen-Malmsheim, 1994

[63]   Gefahrenstoffinformationssystem der Berufsgenossenschaft der Bauwirtschaft (Informationen
       unter www.gisbau.de, Stand September 2002)

[64]   Götze, U.: Investitionsrechnung: Modelle und Analysen zur Beurteilung von Investitionsvor-
       haben, Berlin, 1995

[65]   Graubner, C.-A., Reiche, K.: Recyclinggerechtes Bauen mit demontierbaren Konstruktionen,
       Darmstädter Massivbau Seminar „Kreislaufgerechtes Bauen im Massivbau", Darmstadt 1997

[66]   Graubner, C.-A., Reiche, K.: Grundlagen der Nachhaltigkeitsanalyse demontierbarer Bau-
       konstruktionen, Bautechnik 77, Heft 5, 2000

[67]   Grießhammer, R., Buchert, M.: Nachhaltige Entwicklung und Stoffflußmanagement am Bei-
       spiel Bau, Eigenprojekt des Öko-Institut e. V., Werkstattreihe Nr. 96, Freiburg, April 1996

[68]   Haas, M.: „TWIN-model" – Milieu Classificatie-model Bouw (Eindhoven 1997), 8. Europa-
       symposium, Aachen, 1998

[69]   Senatsverwaltung für Bauen, Wohnen und Verkehr, Wohnungsbaugesellschaft Hellersdorf mbH:
       Nachhaltige Strategie für Siedlungen in industrieller Bauweise – Ein Fallbeispiel für HABITAT
       II, Katalog zur Ausstellung, Berlin, 1996

[70]   Hassler, U.: Beitrag zum Symposium des Bundesministeriums für Raumordnung, Bauwesen
       und Städtebau „Nachhaltige Baupolitik zwischen Ökonomie und Ökologie", April 1997, Bad
       Godesberg

[71]   Fachverband Energie-Marketing und -Anwendung: Statistische Daten zum durchschnittlichen
       Energieverbrauch in Deutschland, 2002, www.hea.de

[72]   Heijungs, R., et al: Environmental life cycle assessment of products, Netherlands agency for
       energy and the environment – Guide and Backgrounds, Leiden, October 1992

[73]   Heinemann, A.: Nachhaltige Ressourcenschonung in der Bauwirtschaft, Arconis 4/98

[74]   Hendriks, Ch. F., Beitrag zum National Congress Bouwen Sloopafval, kwaliteit in de keten,
       Nederlands Studiecentrum, Rotterdam, 2000

[75]   Huber, F.: Methoden der Ökobilanzierung im Vergleich, Fachtagung Zement und Beton, 1998,
       S. 30

[76]   Hüske, K.: Nachhaltigkeitsanalyse demontagegerechter Baukonstruktionen, Dissertation, Darm-
       stadt, 2001

[77]   Kohler, N.: BEW Forschungsprojekt OGIP/DATO – Optimierung von Gesamtenergieverbrauch,
       Umweltbelastung und Baukosten, Institut für industrielle Bauproduktion, Universität Karlsruhe
       (TH), Schlußbericht, April 1996

[78]   Institut Wohnen und Umwelt: LEE – Leitfaden Elektrische Energie im Hochbau. Darmstadt,
       2000

[79]   Jentschura, L.: Kolloquium zur Kreislaufwirtschaft und Demontage, „Demontagefabriken zur
       Rückgewinnung von Ressourcen in Produkt- und Materialkreisläufen", Workshop: Konstruk-
       tion I „Verbindungstechnik, Fügezone, Baustruktur", Leiter: Lutz Jentschura, Kolloquium zur
       Kreislaufwirtschaft und Demontage Januar 1997 in Berlin

[80]   Steiger, P., Forschungsvereinigung Kalk – Sand e. V.: Ökobilanz für den Baustoff Kalksand-
       stein und Kalksandstein-Wandkonstruktionen, Forschungsbericht Nr. 82, Hannover, 1995

[81]   Kanatschnig, D.: Vorsorgeorientiertes Umweltmanagement – Grundlagen einer nachhaltigen Entwicklung von Gesellschaft und Wirtschaft, Springer-Verlag, Berlin, 1992

[82]   Kloft, H.: Baustoffliche Bewertung von Gebäuden, Darmstädter Massivbau-Seminar „Kreislaufgerechtes Bauen im Massivbau", Darmstadt 1997

[83]   Knospe, F.: Handbuch der argumentativen Bewertung. Methodische Leitfaden für Planungsbeiträge zum Naturschutz und zur Landschaftsplanung, Dortmund 1998

[84]   Kohler, G.: Recyclingpraxis Baustoffe, 3. Auflage, Köln, 1997

[85]   Kohler, N.: Energie- und Stofffußbilanzen von Gebäuden während ihrer Lebensdauer – Schlussbericht des Forschungsprojektes des Bundesamtes für Energie-wirtschaft, Bundesamt für Umwelt, Wald und Landschaft, Amt für Bundesbauten, Bundesamt für Konjunkturfragen, EPFL-LESO/-ifib Universität Karlsruhe (TH) Lausanne/Karlsruhe, 1994

[86]   Kohler, N.: Grundlagen zur Bewertung kreislaufgerechter, nachhaltiger Baustoffe, Bauteile und Bauwerke, Institut für Industrielle Bauprodukte (ifib), Universität Karlsruhe, 20. Aachener Baustofftag, März 1998

[87]   Thomé-Kozmienzky, K. J.: Recycling in der Bauwirtschaft, Verlag für Energie- und Umwelttechnik, Berlin, 1987

[88]   Krause, M. D.: Entwicklung eines integrierten Entsorgungskonzeptes für Baurestmassen des Hochbaues im bundesdeutschen Markt, Dissertation zur Erlangung des wirtschafts- und sozialwissenschaftlichen Doktorgrades des Fachbereiches Wirtschafts- und Sozialwissenschaften der Universität Lüneburg, Lüneburg, 1994

[89]   Kümmel, J.: Ökobilanzen im Bauwesen – die Bedeutung der funktionellen Einheit, Institut für Werkstoffe im Bauwesen, Universität Stuttgart, 2000, S. 195

[90]   Küsgen, H.: Investitionsrechnung im Bauwesen, Stuttgart, 1982

[91]   Gesetz zur Förderung der Kreislaufwirtschaft und Sicherung der umweltverträglichen Beseitigung von Abfällen, Stand Oktober 2001 (BGBl. I, S. 2785)

[92]   Mitteilung 26, Zuordnung LAGA-Abfallschlüssel zum europäischen Abfallkatalog, LAGA-Umsteigekatalog, Stand 04/1997

[93]   Lawson, B.: Recycling Building Materials, Environment Design Guide, Royal Australian Institute of Architects, August, 1996

[94]   Umwelt-Stiftung: Lebenszyklus von Gebäuden unter ökologischen Gesichtspunkten (Informationen unter www.legoe.de, Stand September 2002)

[95]   Bundesministerium für Verkehr, Bau- und Wohnungswesen: Leitfaden – Nachhaltiges Bauen, Berlin, 2001

[96]   Lippe, H.: Recyclingbaustoffe im Wohnungsbau, Kurzberichte aus der Bauforschung 37 (1996), Heft 10, S. 385

[97]   Lützkendorf, Th.: Die Einordnung ökologischer Aspekte in den Planungsprozess, Beitrag zum 2. Symposium Kunststoffe + Umwelt, Bauen und Umwelt heute und morgen, September 1994 in Göttingen

[98]   Lützkendorf, Th.: Zur Anwendung von Bewertungsmethoden, 8. Europasymposium, Aachen, 1998

[99]   Lützkendorf, Th.: Bewehrungsmethoden und -hilfsmittel für ein nachhaltiges Planen, Bauen und Bewirtschaften von Bauwerken, Kurzstudie, 2002-09-16

[100] Maas, A., Hauser, G.: Wirtschaftlichkeitsuntersuchungen zur Energieeinsparverordnung, Bauphysik 22, Heft 5, 2000, S. 325–330

[101]   Marlock-Rahn, G.-M.: Anforderungen an eine ökologische Kreislaufwirtschaft aus der Sicht
        der Bauabfallentsorgung, Bautechnik 76, Heft 5, 1999, S. 3

[102]   Mettke, A.: Wiederverwendung von Bauelementen des Fertigteilbaus, Taunusstein 1995

[103]   Schmidt-Bleek, F., Wuppertaler Institut für Klima: Das MIPS-Konzept, Droemer Knaur Verlag,
        München, 1998

[104]   Meadows, D.: Bericht des Club of Rome zur Lage der Menschheit, Deutsche Verlagsanstalt,
        Stuttgart, 1997

[105]   Informationen unter www.montagehausbau.de, Stand September 2002

[106]   Mötzl, H., Liebminger, A.: Ökologischer Bauteilkatalog – bewertete gängige Konstruktionen,
        Springer-Verlag, Wien – New York, 1999

[107]   Müller, K.: Kolloquium zur Kreislaufwirtschaft und Demontage, „Demontagefabriken zur Rück-
        gewinnung von Ressourcen in Produkt- und Materialkreisläufen", Methodik zur Bewertung der
        Recyclinggerechtheit, Berlin, Januar 1997

[108]   Nickel, W.: Recycling Handbuch, Strategien – Technologie – Produkte, Düsseldorf, 1996

[109]   Suter, P., Frischknecht, R.: Ökoinventare von Energiesystemen – Grundlagen für den ökologi-
        schen Vergleich von Energiesystemen und den Einbezug von Energiesystemen in Ökobilanzen
        für die Schweiz, Bundesamt für Energiewirtschaft, 1996

[110]   Peuportier, B.: REGENER – European methodology for the evaluation of environmental im-
        pact of buildings, Final Report, Januar 1997

[111]   Grießhammer, R.: Produktlinienanalyse und Ökobilanzen, Öko-Institut, Freiburg 1991

[112]   Psunder, M., Cafnik, F.: Zur Entwicklung und Anwendung demontierbarer Stahlbeton-
        konstruktionen, Bauplanung – Bautechnik, 42. Jg., Heft 1, Januar, 1988

[113]   „Dienstleistungssystem Qualitäts-Montagehausbau", unveröffentlichter Forschungsbericht des
        Verbundvorhabens, TU Darmstadt, Institut für Massivbau, 2002

[114]   Reiche, K., Graubner, C.-A.: Kostenreduzierung durch den Einsatz nachhaltiger Konstruktions-
        prinzipien, Beitrag zum Seminar „Kostengünstiges Bauen in Massivbauweise – Entwicklungen
        und Perspektiven im Wohnungsbau, Wiesbaden, 1998

[115]   Reiche, K.: Bericht zur Baurestmassenbehandlung, unveröffentlicher Bericht des Instituts für
        Massivbau im Rahmen des Verbundforschungsvorhabens „Qualitätsmontagehausbau", TU
        Darmstadt, 2001

[116]   Reiche, K.: Bericht zur Ökobilanzierung, unveröffentlicher Bericht des Instituts für Massivbau
        im Rahmen des Verbundforschungsvorhabens „Qualitätsmontagehausbau", TU Darmstadt, 2001

[117]   Reinhardt, H. W., Bouvy, J. J.: Demountable Concrete Structures – a challenge for precast con-
        crete, International Symposium, Delft University Press, 1985

[118]   Reinhardt, H. W.: Veröffentlichung des Bundesverband Baustoffe – Steine und Erden e. V.:
        Baustoff-Ökobilanzen, Wirkungsabschätzung und Auswertung in der Steine-Erden-Industrie,
        Frankfurt, 1999

[119]   Reinhardt, H. W.: Ganzheitliche Bilanzierung von Baustoffen und Gebäuden (GaBi) – Darstel-
        lung der Ergebnisse des Stuttgarter GaBi-Projektes an Beispielen, S. 10, Symposium Nach-
        haltigkeit, Iphofen, März 2000

[120]   Rentz, O., Ruch, M., Nicolai, M., Spengler, T., Schultmann, F.: Selektiver Rückbau und Recy-
        cling von Gebäuden – dargestellt am Beispiel des Hotel Post, Landsberg: ecomed, 1994

[121]   Rentz, O., Schultmann, F., Ruch, M., Sindt, V.: Demontage und Recycling von Gebäuden, Ent-
        wicklung von Demontage- und Verwertungskonzepten unter besonderer Berücksichtigung der
        Umweltverträglichkeit, Landsberg, 1997

[122] Rentz, O.: Selektiver Gebäuderückbau und konventioneller Abbruch, Landsberg, 1998

[123] National Institute of public health and environmental protection: Emission inventory in the Netherlands. Emissions to air and water in 1992, 1994

[124] Schaefer, H.: Zur Definition des kumulierten Energieaufwandes (KEA) und seiner primär-energetischen Bewertung, Beitrag zur Tagung „Kumulierte Energie- und Stoffbilanzen – ihre Bedeutung für Ökobilanzen, VDI-Berichte 1093, München, November und Dezember 1993, S. 12

[125] Schelle, H.: Wirtschaftlichkeitsrechnungen für die Angebotswertung im Bauwesen, 1992

[126] Schmeken, W.: TA Abfall, TA Siedlungsabfall, Textausgabe der Zweiten und der Dritten Allgemeinen Verwaltungsvorschrift zum Abfallgesetz mit einer erläuternden Einführung. 3. Auflage, Düsseldorf, 1990

[127] Schmidt, Th.: Instandsetzung- und Austauschzyklen von Baumaterialien, Dip 017/99, Diplomarbeit, Darmstadt, Juli 1999

[128] Schmitz, U.: Wissensbasierte Unterstützung des montage- und demontagegerechten Konstruierens, VDI Verlag GmbH, Düsseldorf, 1995

[129] Scholz, W.. Baustoffkenntnis, 12. neubearbeitete und erweiterte Auflage, Düsseldorf, 1990

[130] Schultmann, F.: Kreislaufführung von Baustoffen, Stoffflußbasiertes Projektmanagement für die operative Demontage- und Recyclingplanung von Gebäuden, Baurecht und Bautechnik, Bd. 10, Berlin, 1998

[131] Schwarz, J.: Ökologie im Bau – Entscheidungshilfen zur Beurteilung und Auswahl von Baumaterialien, Bern-Stuttgart-Wien, 1998

[132] Sedlbauer, K., Tanaka, K., Häussermann, R.: Sachbilanzierung in einer Ökobilanz an Beispielen, Sonderdruck aus Blick durch die Wirtschaft und Umwelt 8, Heft 6, 1998, Holzkirchen

[133] Sedlbauer, K., Wörle, G.: Ökobilanzierung von Bauprodukten, ohne Nutzungsphase sinnlos? Bauphysik 20 (1998), Heft 6, 1998

[134] SETAC (Society of Environmental Toxicology and Chemistry): Guidelines for Life-Cycle Assessment: A „Code of Practice", Sesimbra (Portugal), 1993

[135] Kasser, U., Ammann, D.: SIA Dokumentation D093 – Deklarationsraster für ökologische Merkmale von Baustoffen, FGA Fachgruppe für Architektur, Fachbereich C, Technik, Schweizerischer Ingenieur- und Architekten-Verein, Zürich, Oktober 1992

[136] Steiger, P.: SIA Dokumentation D123 – Hochbaukonstruktionen nach ökologischen Gesichtspunkten, Schweizer Ingenieur- und Architektenverein, Zürich, 1995

[137] SIA – Schweizerischer Ingenieur und Architektenverein: Nachhaltige Entwicklung der gestaltbaren Umwelt, Basisdokument – Stand Januar 1999

[138] Silbe, K.: Wirtschaftlichkeit kontrollierter Rückbauarbeiten, Berlin, 1999

[139] PRé Consultants B. V.: SimaPro 4, Amersfoort, 1998

[140] Spengler, Th.: Industrielle Demontage- und Recyclingkonzepte – Betriebswirtschaftliche Planungsmodelle zur ökonomisch effizienten Umsetzung abfallrechtlicher Rücknahme- und Verwertungspflichten, Abfallwirtschaft in Forschung und Praxis, Bd. 67, Erich Schmidt Verlag, Karlsruhe 1994

[141] Statistisches Bundesamt: Umweltschutz, Fachserie 19, Reihe 1.1 – Öffentliche Abfallbeseitigung, Zweigstelle Bonn für das Erhebungsjahr 1993

[142] Stein, V., Schmidt, M.: Der Bedarf an mineralischen Baustoffen – Gutachten über den künftigen Bedarf an mineralischen Rohstoffen unter Berücksichtigung des Einsatzes von Recycling-Baustoffen, Bundesverband Baustoffe – Steine + Erden e. V., Frankfurt, 2000

[143]   Stock, K.-D., Gütter, K.: Abrisskosten und Entsorgungskosten bei der Bewertung von Gebäu-
        den, Verlag Pflug und Feder, 2000

[144]   Report by Symonds, in association with ARGUS, COWI and PRC Bouwcentrum: Construction
        and demolition waste management practices, and their economic impact, Finals report to the
        European commission, Februar, 1999

[145]   Tomm, A., Rentmeister, O., Finke, H.: Geplante Instandhaltung – Ein verfahren zur systemati-
        schen Instandhaltung von Gebäuden, 1995, Aachen, S. 9

[146]   Treloar, G: Embodied energy analysis of buildings, Part 2: a case study. Exedra, 1993, 4 (1)

[147]   TU Darmstadt, Institut WAR: Abfalltechnik I – Grundlagen, Skript SS 1996

[148]   Haas, M.: Milieu Classificatie-model Bouw – TWIN-model, TU Eindhoven, 1997

[149]   Biet, J.: Ökobilanzen für Produkte – Bedeutung, Sachstand, Perspektiven, Berlin, 1992

[150]   Gesetz über die Umweltverträglichkeitsprüfung, Stand Februar 1990 (BGB1. I, S. 205)

[151]   VDI-Gesellschaft Werkstofftechnik: Fügetechniken im Vergleich, Werkstoff – Konstruktion –
        Fertigung, Tagung Baden-Baden, VDI-Berichte 883, Düsseldorf, April 1991

[152]   Verein Deutscher Ingenieure: Konstruieren recyclinggerechter technischer Produkte, VDI-2243,
        Neuentwurf, Berlin/Düsseldorf, 1993

[153]   Wagner, J.: Bewertung von Baumaterialien und Bauteilen bezüglich ihrer Recyclingfähigkeit
        bzw. Wiederverwendbarkeit, Diplomarbeit 086/98, Technische Universität Darmstadt, Institut
        für Massivbau, März 1998

[154]   Walraven, J.: Verbindungen im Betonfertigteilbau unter Berücksichtigung „stahlbaumäßiger“
        Ausführung, BETONWERK + FERTGTEILTECHNIK, Fertigteilbau-forum 20/88

[155]   Wanninger, K. J.: Umweltgerechter Rückbau von Gebäuden – Konzept und Vorstellung eines
        DIN Entwurfes, Bauen und Umwelt – heute und morgen, FH Rheinland Pfalz Mainz, Septem-
        ber 94, S. 1–10

[156]   Wanninger, K. J.: Umweltgerechter Rückbau von Bauwerken mit stofflicher Separierung,
        3. ÖkoBAU-Fachausstellung mit Kongreß – Wiesbaden 1996, Themenbereich Bauausführung-
        Verfahrenstechnik, Wiesbaden 1996

[157]   Weltring, R., Arlt, D., Hasemann, W.: Senkung der künftigen Bau- und Rückbaukosten durch
        Verwertung und Recycling von Kunststoff-Bauprodukten im Wohnungsbau, Institut für das
        Bauen mit Kunststoffen e. V., Darmstadt, August 1997

[158]   Werner, H., Röder, J.: Konstruktion und Berechnung von Niedrigenergiehäusern. in: Bauphysik
        Kalender 2001, Verlag Ernst & Sohn, Berlin, 2001

[159]   Werner, H.: Der Heizenergiebedarf nach DIN EN 832 und DIN V 4108-6. in: Bauphysik Kalender
        2001, Verlag Ernst & Sohn, Berlin, 2001

[160]   Gesetz zur Ordnung des Wasserhaushalts, Stand August 1996 (BGB1. I, S. 2455)

[161]   Willkomm, W.: Recyclinggerechtes Konstruieren im Hochbau – Recyclingbaustoffe einsetzen,
        Weiterverwertung einplanen, RG-Bau, Eschborn, 1996

[162]   Wisniewsky, G. K.: Befestigungstechnik: Systeme und Komponenten zur Anwendung im Bau-
        wesen, Verlag Moderne Industrie, Landsberg/Lech, 1988

[163]   Zangemeister, Ch.: Nutzwertanalyse in der Systemtechnik – eine Methodik zur multi-
        dimensionalen Bewertung und Auswahl von Projektalternativen, München, 1971

[164]   Zentralstelle für Bedarfsermittlung und wirtschaftliches Bauen/Arbeitskreis Technik im Bau:
        Betriebskosten von Hochbauten, Stuttgart, 1994

[165]   Zimmermann, M.: Ein Bauplaner-Werkzeug und seine Umsetzung, 8. Europasymposium, Aachen, 1998

[166]   Zwiener, G., Lehmann, J., Urban, H.-P.: Ökologisches Baustoff-Lexikon, 2. Auflage, Verlag C. F. Müller, Heidelberg, 1995

Stichwortverzeichnis